人民交通出版社“十一五”
高职高专土建类专业规划教材

建筑施工组织

主　编　侯洪涛　南振江
副主编　俞锡钢　肖金媛　郑建华
主　审　袁志文　侯君伟

人民交通出版社
China Communications Press

内 容 提 要

本教材内容主要包括：施工组织概论、施工组织基础知识、施工组织设计、项目管理基础知识四大部分。学生通过本课程的学习，可掌握现场施工组织与管理知识，具备基本的施工组织与管理技能。

本系列教材可作为高职高专院校、成人高校及二级职业技术学院、继续教育学院和民办高校土建类各专业的教材，也可用于项目经理、施工工长等岗位的培训。

图书在版编目（CIP）数据

建筑施工组织 / 侯洪涛等主编 .--北京：人民交通出版社，2007.2（2009.2 重印）

ISBN 978-7-114-06287-2

Ⅰ. 建…　Ⅱ. 侯…　Ⅲ. 建筑工程－施工组织

Ⅳ.TU721

中国版本图书馆 CIP 数据核字（2006）第 144892 号

书　　名：建筑施工组织
著 作 者：侯洪涛　南振江
责任编辑：陈志敏　邵　江
出版发行：人民交通出版社
地　　址：（100011）北京市朝阳区安定门外外馆斜街 3 号
网　　址：http://www.ccpress.com.cn
销售电话：（010）59757973
总 经 销：人民交通出版社股份有限公司发行部
经　　销：各地新华书店
印　　刷：北京市密东印刷有限公司
开　　本：787×960　1/16
印　　张：23.75
字　　数：421 千
版　　次：2007 年 2 月　第 1 版
印　　次：2016 年 1 月　第 8 次印刷
书　　号：ISBN 978-7-114- 06287- 2
定　　价：34.00 元

高职高专土建类专业规划教材出版说明

近年来我国职业教育蓬勃发展，教育教学改革不断深化，国家对职业教育的重视达到前所未有的高度。为了贯彻落实《国务院关于大力发展职业教育的决定》的精神，提高我国土建领域的职业教育水平，培养出适应新时期职业需要的高素质人才，人民交通出版社深入调研，周密组织，在全国高职高专教育土建类专业教学指导委员会的热情鼓励和悉心指导下，发起并组织了全国四十余所院校一大批骨干教师，编写出版本系列教材。

本套教材以《高等职业教育土建类专业教育标准和培养方案》为纲，结合专业建设、课程建设和教育教学改革成果，在广泛调查和研讨的基础上进行规划和展开编写工作，重点突出企业参与和实践能力、职业技能的培养，推进教材立体化开发，鼓励教材创新，教材组委会、编审委员会、编写与审稿人员全力以赴，为打造特色鲜明的优质教材做出了不懈努力，希望以此能够推动高职土建类专业的教材建设。

本系列教材先期推出建筑工程技术、工程监理和工程造价三个土建类专业共计四十余种主辅教材，随后在2~3年内全面推出土建大类中七类方向的全部专业教材，最终出版一套体系完整、特色鲜明的优秀高职高专土建类专业教材。

本系列教材适用于高职高专院校、成人高校及二级职业技术学院、继续教育学院和民办高校的土建类各专业使用，也可作为相关从业人员的培训教材。

人民交通出版社

2007年1月

前言

QIANYAN

本书主要讲述了：施工组织概论、施工组织基础知识、施工组织设计、项目管理基础知识。本课程为建筑工程技术专业一门主要专业课，是工程技术人员从事现场施工组织与管理必备的基本知识和能力。学生通过本书的学习，可以掌握现场施工组织与管理的基本知识，具备基本的施工组织与管理技能。本书主要可用于项目经理、施工工长等岗位培训。配套教材有：教师用书：施工组织设计和专项方案；实训指导书：指导学生在工地现场实习；电子教案。

本教材全面兼顾施工组织设计的各个环节，重点突出分项工程施工组织，注重组织、管理理论和工程实践相结合。本教材以项目施工管理为主线，兼顾施工企业要求的专业性和多元性之间的矛盾及学生就业方向的不确定性，所讲知识力求全面，从而可以为学生的再学习和持续提高打下基础。

本书共分八章，主要讲述了建筑施工组织与项目管理的基本理论及基本方法。介绍了施工组织概论、施工准备工作、流水作业原理、网络计划技术、建筑施工组织设计、"建设项目施工过程中的管理（进度、质量、职业健康安全、成本、资源、技术、现场、生产要素、合同、信息管理）。"

为了便于学习，本书各章均有复习思考题。本书的参考教学时数为 60～92 学时，鉴于全国各地施工情况和地区特点、条件等不尽相同，施工水平、施工方法、技术能力、施工习惯等也各有差别，在教学过程中，各地可根据具体情况进行适当调整。

本书由济南工程职业技术学院侯洪涛编写第一、二、八章；济南工程职业技术学院郑建华编写第七章；江西建设职业技术学院肖金媛编写第三章，浙江广厦建设职业技术学院俞锡钢编写第四章；黑龙江建职业技术学院南振江编写第五、六章。黑龙江建筑职业技术学院的李楠参与编写第五章中第七节施工组织设计实例。黑龙江省建工集团的南淑萍工程师参与编写第五章中第六节单位工程施工组织设计实例部分。本书由侯洪涛、南振江担任主编，由俞锡钢、肖金媛和郑建华担任副主编，全书由侯洪涛统稿。由湖南交通工程职业技术学院袁志文和北京建工集团侯君伟担任主审。

目录

MULU

第一章 建筑工程施工组织概论

【职业能力目标】

本章是建筑工程施工组织与管理的基础知识，是施工企业管理人员便于对建筑工程施工组织与管理有一个初步认识而必须了解和掌握的。

【学习要求】

了解建筑工程施工组织与管理的研究对象和任务；熟悉建筑产品的特点及建筑产品生产特点；掌握建筑施工组织与管理的概念、作用和基本原则；了解基本建设程序，掌握建筑施工程序。

第一节 建筑施工组织与管理的研究对象和任务

一 建筑施工组织与管理的研究对象

建筑施工组织与管理是研究建筑产品（一个建筑项目或单位工程等）生产（即施工）过程中生产诸要素（劳动力、材料、机具、资金施工方法等）之合理组织和系统管理的学科。

建筑施工组织与管理所研究的是生产力的组织问题。因此，建筑施工组织与管理就是针对工程施工的复杂性，探讨与研究建筑施工的全过程，为达到最优效果，寻求最合理的统筹安排与系统管理的客观规律的一门学科。

本学科所涉及的生产力组织问题只是一个具体的建筑产品或生产（施工）过程中的生产诸要素，即直接参与施工的建筑工人和直接使用的施工机械、建筑材料与构件等的组织问题。

二 建筑施工组织与管理的任务

本学科的任务在于深入研究国内外施工组织与管理科学的成就，总结我国施工组织与管理实践的规律，给建设工程的施工提供良好的组织与管理方案，为社会主义现代化建设服务。具体来讲，就是根据建筑施工的技术经济特点、国家的建设方针政策和法规、业主（建设单位）的计划与要求、施工现场的条件与环境，对耗用的大量人力、资金、材料、机械以及施工方法等进行合理的安排，协调各种关系，使之在一定的时间和空间内，得以实现有组织、有计划、有秩序的施工，以期使整个工程施工在可能的范围内达到相对最优的效果。即进度符合合同要求；质量优；成本低。

在我国，建筑施工组织与管理作为一门学科还很年轻，也还不够完善，但正日益引起广大施工管理者的重视，因为科学的施工组织与管理可为企业带来直接的、巨大的经济效益。目前，建筑施工组织与管理学科已作为建筑工程专业的必修课程，也是工程项目管理者必备的知识。

学习和研究建筑施工组织与管理，必须具有本专业的基础知识、建筑结构知识和施工技术知识。进行施工的组织与管理工作，即是对专业知识、组织管理能力、应变能力等的综合运用。目前，在施工组织与管理中还引入了现代化的计算机技术以及组织方法（即采用立体立交流水作业等），以使得在组织施工和工程的进度、质量、安全、成本控制中，做到更快、更准、更简便。

必须指出，施工对象千差万别，需要组织协调的关系错综复杂，不能局限于一种固定不变的管理方法与模式，必须充分掌握施工的特点和规律，从每一个环节入手，做到精心组织，科学管理与安排，制定切实可行的施工组织设计，并据此严格控制与管理，全面协调施工中的各种关系，充分利用各种资源以及时间与空间，以取得最佳效果。

第二节 建筑产品及其生产的特点

建筑产品的生产（施工）与一般工业生产相比较，有其相同之处，更有较多的不同之处。它们都是把一系列有限的资源投入到产品的生产过程中，其生产上的阶段性和连续性，组织上的专门化和协作化，是与其他工业产品的生产一致的。建筑产品与一般工业产品的不同之处，正是它的特点所在。由于这些特点对建筑施工组织与管理影响极大，因而，必须掌握它。

一 建筑产品的特点

由于建筑产品的生产都是根据每个建设单位各自的需要，按设计规定的图样，在指定地点建造的，加之建筑产品所用材料、结构与构造，以及平面与空间组合的变化多样，就构成了建筑产品的特殊性。

1.建筑产品在空间上的固定性

任何建筑产品（建筑物或构筑物）都是在建设单位所选定的地点建造和使用的，建筑及其所承受的荷重通过基础全部传给地基，直到拆除，它与所选定地点的土地是不可分割的。因此，建筑产品的建造和使用地点在空间上是固定的。这是建筑产品最显著的特点，建筑生产（施工）的特点都是由此引出的。

2.建筑产品的多样性

建筑产品种类繁多，用途各异，建筑产品不但需要满足用户对其使用功能和质量的要求，而且还要按照当地特定的社会环境、自然条件来设计和建造不同用途的建筑物。因此，使其建筑产品在规模、体型、结构、构造、材料选用、基础和装饰类型等诸方面组合起多种多样的变化，从而，构成了类型多样的建筑产品。

3.建筑产品体形庞大（庞体性）

建筑产品比起一般的工业产品会消耗大量的物质资源，为了满足特定的使用功能，必然占据较大的地面与空间，因而建筑产品的体形庞大。

4.建筑产品的复杂性

建筑物在艺术风格、建筑功能、结构构造、装饰做法等方面都堪称一种复杂的产品，其施工过程多并且错综复杂。

二 建筑产品生产（施工）的特点

建筑产品生产（施工）的特点是由建筑产品的特点决定的。建筑产品（建筑物或构筑物）的特点是空间上的固定性、多样性、体形庞大及复杂性。这些产品特点决定了建筑产品施工的特点。

1.建筑施工的流动性

由于建筑产品的固定性，在建筑施工中，工人、机具、材料等不仅要随着建筑物建造地点的变更而流动，而且还要随着建筑物施工部位的改变而在不同的空间流动，这就要求事先有一个周密的施工组织设计，使流动着的工人、机具、材料等互相协调配合，做好流水施工的安排，使建筑物的施工连续、均衡地进行。

2.建筑施工的单件性

由于建筑产品的多样性，不同的甚至相同的建筑物，在不同的地区、季节及现场条件下，施工准备工作、施工工艺和施工方法等也不尽相同，一般没有固定的模式。因此，建筑施工是按工程个别地、单件地进行的。这就要求事先有一个可行的施工组织设计，因地制宜、因时制宜、因条件制宜地搞好建筑施工。

3.建筑施工工期长(长期性)

建筑施工的产品一般工程量大，技术间歇性强，工程性质复杂，施工时间长。

4.建筑施工的复杂性

由于建筑产品的复杂性，加上施工的流动性和单件性，受自然条件影响大、高处作业、立体交叉作业、地下作业和临时用工多、协作配合关系较复杂等因素决定了施工组织与管理的复杂性。只有抓住这些特点，正确处理其中的相互关系和矛盾，才能较好地完成工程项目的组织与管理工作。

第三节 建筑施工组织与管理的作用和基本原则

一 建筑施工及其组织与管理的概念

建筑施工是生产建筑产品的活动。要进行这种生产，就需要有建筑材料、施工机具和具有一定生产经验和劳动技能的劳动者。并且需要把所有这些生产要素按照建筑施工的技术规律和组织规律以及设计文件的要求，在空间上按照一定的位置，在时间上按照先后的顺序，在数量上按照不同的比例，将它们合理地组织起来，让劳动者在统一的管理下进行活动，即由不同的劳动者运用不同的机具以不同的方式对不同的建筑材料进行加工。只有通过施工活动，才能建造出各种工厂、住宅、公用设施、道路、桥梁等，以满足人们生产和生活的需要。建筑施工组织工作就是指施工前对生产诸要素的计划安排，其中包括施工条件的调查研究、施工方案的制定与选优等。就狭义而言，建筑施工组织与管理工作仅指组织实施和具体施工过程中进行的指挥调度活动，其中也包括施工过程中对各项工作的检查、监督、控制与调节等。若就广义而言，通常建筑施工组织与管理这个概念是既包括上述的施工管理，也包括施工组织所组成的全部建筑施工活动的内容。

二 建筑施工组织与管理的作用

(1)建筑施工组织与管理是规划和指导拟建工程从施工准备到竣工验收全过程的一个综合性的技术经济文件。

(2)建筑施工组织与管理既是施工准备工作的核心,又是做好施工准备工作的主要依据和重要保证。

(3)建筑施工组织与管理是确定拟建工程的施工方案,合理地安排施工进度,保证按期完成各项施工任务,为国民经济各部门和人们生活提供各种生产和生活用建筑物、构筑物和设施。

(4)建筑施工组织与管理是进行有效的成本控制,降低生产费用,争取更多的盈利。

(5)建筑施工组织与管理是采取严格的质量与安全措施,保证所有建筑产品符合规定的质量标准和使用要求,保证生产人员的安全,杜绝各种质量和安全事故。

三 建筑施工组织与管理的基本原则

在建筑施工中,科学有序地组织高效率的施工是非常重要的,同时必须留有余地,以便充分发挥工人的积极性和创造性。在工程项目质量、工期、成本三个目标中,必须做到突出重点,这就要求在遵循施工组织基本原则的基础上,求得最佳方案,完成建筑施工任务。根据建筑施工的特点和经验,建筑施工组织与管理的基本原则是:

(1)严格遵守基本建设程序和施工程序,保证重点,统筹安排工程项目。

(2)积极采用先进技术,提高标准化程度,提高预制装配化和施工机械化水平。

(3)合理地安排施工计划,组织连续、均衡、紧凑的施工。

(4)强化施工管理,确保工程质量和施工安全。

(5)合理布置施工现场,节约用地,组织文明施工。

(6)进行技术经济活动分析,贯彻增产节约方针,降低工程成本。

第四节 基本建设程序与建筑施工程序

建筑施工是基本建设的一个重要环节,是基本建设工作中的一个重要阶段。所以,施工组织与管理同基本建设程序存在着密切的关系,并受到后者的制约。遵循基本建设程序和其中包含的施工程序组织施工并加强管理,才能顺利完成基本建设的施工任务,获得良好的效果。

一 基本建设程序

基本建设是固定资产的投资过程，也就是指建造、购置和安装固定资产的活动以及与此有关的其他工作。基本建设是一项极为复杂而又对国家建设和提高人民物质文化生活水平关系密切的工作，能否把这一工作做好，意义甚为重大。基本建设程序是指建设项目在设想、选择、评估、决策、设计、施工到竣工验收、投入生产的整个过程中，各项工作所必须遵循的先后次序。

基本建设程序一般可分为决策、设计、施工、竣工验收这四个阶段。

1. 决策阶段

基本建设是为国民经济各部门提供固定资产的。这个阶段是根据国民经济中、长期发展规划，进行建设项目的可行性研究，编制建设项目的计划任务书。其主要工作包括调查研究、可行性论证、选择与确定建设项目的性质类别、地址、规模和时间要求等。这个阶段解决了“做什么”的问题。

2. 设计阶段

设计工作是基本建设中的关键。正确良好的设计能够在满足设计任务书规定功能的前提下节约基本建设投资，为顺利施工创造条件，这个阶段主要是根据批准的计划任务书，进行勘察设计，做好建设准备，安排建设计划。其主要工作包括工程地质勘察，进行扩大初步设计和施工图设计，编制概算，设备订货，征地拆迁，编制分年度的投资及项目建设计划等。这个阶段解决了“怎样做”的问题。

3. 施工阶段

设计出来的工程还只是纸上的东西，要把它变成现实的固定资产还有赖于建筑施工和施工的质量。这个阶段主要是根据设计图纸和标准规范，合理地组织施工，保证工程符合设计要求和质量标准。它也是实现基本建设要求的一个重要环节。

4. 竣工验收阶段

竣工验收是基本建设的最后一个环节。通过验收，就可以鉴定工程的使用功能，检查其是否符合设计要求和质量标准，决定是否可以投入生产或交付使用。这个阶段主要是做好生产或使用准备工作，组织验收，办理工程移交手续等。

二 建筑施工程序

建筑施工程序是拟建工程项目在整个施工阶段中必须遵循的客观规律，它是多年来施工实践经验的总结，反映了整个施工阶段必须遵循的先后次序。不论是一个建设项目或是一个单位工程的施工，通常分为三个阶段进行，即施工准备阶段、施工过程阶段、竣工验收阶段，这也就是施工程序。一般建筑施工程序按以下步骤进行：

1. 承接施工任务，签订施工合同

施工单位承接任务的方式一般有三种：国家或上级主管部门直接下达；受建设单位（业主）委托而承接；通过投标而中标承接。不论是哪种方式承接任务，施工单位都要核查其施工项目是否有批准的正式文件，是否列入基本建设年度计划，是否落实投资等。

承接施工任务后，建设单位与施工单位应根据《合同法》和《建筑安装工程承包合同条例》的有关规定及要求签订施工承包合同。施工合同应规定承包的内容、要求、工期、质量、造价及材料供应等，明确合同双方应承担的义务和职责以及应完成的施工准备工作（如土地征购、申请施工用地、施工许可证、拆除障碍物、接通场外水源、电源、道路等内容）。施工合同应采用书面形式，经双方负责人签字盖章后具有法律效力，必须共同遵守。

2. 全面统筹安排，编制施工组织设计

签订施工合同后，施工单位应全面了解工程性质、规模、特点及工期要求等，进行场址勘察、技术经济和社会调查，收集有关资料，编制施工组织总设计。

当施工组织总设计经批准后，施工单位应组织先遣人员进入施工现场，与建设单位密切配合，共同做好各项开工前的准备工作，为顺利开工创造条件。

3. 落实施工准备，提出开工报告

根据施工组织总设计的规划，对首批施工的各单位工程，应抓紧落实各项施工准备工作。如会审图纸，编制单位工程施工组织设计，落实劳动力、材料、构件、施工机具及现场“三通一平”等。具备开工条件后，提出开工报告，并经审查批准，即可正式开工。

4. 精心组织施工，加强各项科学管理

施工过程是施工程序中的主要阶段，应从整个施工现场的全局出发，按照施工组织设计精心组织施工，加强各单位、各部门的配合与协作，协调解决各方面的问题，使施工活动顺利开展。

在施工过程中，应加强技术、材料、质量、安全、进度等各项管理工作，按工程项目管理方法，落实施工单位内部承包的经济责任制，全面做好各项经济核算与管理工作，严格执行各项技术、质量检验制度，抓紧工程收尾竣工。

施工阶段是直接生产建筑产品的过程，所以也是施工组织与管理工作的重点所在。这个阶段需要进行质量管理，以保证工程符合设计与使用的要求，并做好成本控制以增加经济效益。

5.进行工程验收,交付使用

这是施工的最后阶段。在交工验收前,施工单位内部应先进行预验收,检查各分部分项工程的施工质量,整理各项交工验收的技术经济资料。在此基础上,由建设单位组织竣工验收,经上级主管部门验收合格后,办理验收签证书,并交付使用。

竣工验收也是施工组织与管理工作的结束阶段,这一阶段主要做好竣工文件的准备工作和组织好工程的竣工收尾,同时也必须搞好施工组织与管理工作的总结,以积累经验,不断提高管理的水平。

从上面所讲的基本建设程序与施工程序来看,各环节之间的关系是极为密切的,其先后顺序是严格的,没有前一步的工作,后一步就不可能进行,但它们之间又是交叉搭接、平行进行的。顺序反映了客观规律的要求,交叉则体现了争取建设时间的主观努力。工作顺序不能违反,交叉则应适当,不适当的交叉不是违反了规律而造成损失,就是丧失时间而延误了建设的进程,都是对建设事业不利的。所以,掌握各个建设与施工环节交叉搭接的界限是一个极为重要的问题。在这里,我们必须反对两种不正确的做法:一种是盲目冒进,不顾客观规律而违反基本建设与施工的程序,把各个环节的工作交叉搭接得超过了客观允许的界限;另一种是等待各种条件自然成熟,不发挥人的主观能动性,不争取可以争取到的时间。这也是在施工组织与管理工作中应特别注意的问题。

本章小结

建筑施工是生产建筑产品的活动。要进行这种生产,就需要了解建筑产品的特点和建筑施工的特点,以及基本建设程序和施工程序,本章重点讲解了这方面的内容以及建筑施工及其组织与管理的概念、作用和基本原则。

复习思考题

1-1 建筑施工组织与管理课程的研究对象和任务是什么?

1-2 试述建筑产品的特点及其生产(施工)的特点?

1-3 何谓建筑施工组织与管理?它具有哪些作用?

1-4 建筑施工组织与管理的基本原则是什么?

1-5 什么叫基本建设程序?它分为哪几个阶段?

1-6 什么叫建筑施工程序?它分为哪几个阶段?

1-7 建筑施工程序应按哪几个步骤进行?

第二章
施工准备工作

【职业能力目标】

本章为施工准备工作方面的知识，掌握后可以胜任施工企业现场技术员、材料员等岗位的部分工作，技术员要进行图纸会审、现场临时用电、用水的设计、计算、布置。材料员要进行信息收集和组织材料进场。项目经理要熟悉施工准备工作的内容，安排各岗位的管理人员及时落实。并组织人员对重要的内容进行集体决策。

【学习要求】

了解施工准备工作的重要性、特点和要求；熟悉施工准备工作的内容；熟悉信息收集的途径、目的和主要内容；掌握如何进行图纸会审，了解编制施工组织设计、施工图预算和施工预算的内容；熟悉各种资源准备的内容；掌握临时用电、用水的设计、计算、布置。

第一节 概 述

一 施工准备工作的重要性

施工准备工作，是为保证施工正常进行而必须做好的工作。在建筑施工中，它作为一个重要阶段，应当自始至终坚持“不打无准备之仗”的原则。它之所以重要，是因为现代的建筑施工是一项十分复杂的生产活动，它需要耗用大量的人工、材料和机具，不仅数量巨大，而且组织安排的工种众多，使用的材料、机具设备繁多，另外还要处理各种复杂的技术问题、协调各种协作配合关系，所遇到的条件也是多种多样的，涉及的范围上至国家机关，下至各协作单位，十分广泛。可谓涉及面广、情况繁杂、千头万绪。如果事先缺乏统筹安排和准备，势必会形成某种混乱，使施工无法正常进行。而事先全面细致地做好施工准备工作，则对调动各方面的积极因素，合理组织、使用各种资源，加快施工进度，提高工程质量，降低工程成本，都会起着重要的作用。

大量实践经验证明，凡是重视和做好施工准备工作，能事先细致周到的为工程施工创造一切必要条件的，则该工程的施工任务就能顺利完成。反之，如果违背施工程序，忽视施工准备工作，工程仓促开工，又不及时做好施工中的各项准备，则虽有加快工程施工进度的主观愿望，也往往造成事与愿违的结果。所以施工准备实际上起着"开路"的作用。没有施工准备就会丧失主动权，处处被动，甚至使施工无法开展。因此，严格遵守施工规律，按照客观规律组织施工，做好各项施工准备工作，是施工顺利进行和工程圆满完成的重要保证。

二 施工准备工作的特点和要求

施工准备工作不是工程施工独立的一个阶段，而是贯穿在工程施工过程中；在施工的不同阶段，我们要做不同类型的施工准备工作。

在工程开工前，施工准备就是在拟建工程正式开工前所进行的一切施工准备，目的是为工程开工创造必要的施工条件。

在工程施工中，施工准备就是在拟建工程开工后各个施工阶段正式开始之前所进行的施工准备。

针对不同对象要进行的不同施工准备，主要有全场性施工准备、单项工程施工准备、单位工程施工准备、分部分项工程施工准备。

对于以一个建设项目为对象而进行的各项施工准备就是全场性施工准备，目的是为了全局性的准备，对于规模较小的建设项目，全场性施工准备就是单项工程施工准备，全场性施工准备要做大量的工作，它要兼顾单项工程施工准备、单位工程施工准备和分部分项工程施工准备。同时这些准备工作又要服从全场性的施工安排，是对全场性施工准备的补充和细化。

做好施工准备工作，要求我们注意下列工作：

(一)施工总承包单位要积极协调各单位，共同做好施工准备工作

建设项目的实施是一个系统工程，整个过程是在业主的主持下完成，在施工阶段，施工总承包单位是主要参与者。需要施工总承包单位积极的协调业主、设

计单位、勘察单位、监理单位、各专业分包单位、各咨询公司等各方面的关系，共同参与和支持施工准备工作，为工程施工争取最有利的条件。

建设单位在施工任务书及初步设计（或扩大初步设计）批准后，着手建设征地、障碍物拆迁、申请施工许可证、接通场外的道路、水源、电源及通信等项准备工作。及时确定各种主要设备的订货（各种大型专用机械设备和特殊材料要早做订购安排）。以便土建单项工程的设计、施工配合。

勘察、设计单位在初步设计和总概算批准以后，应抓紧进行现场地质勘测，单项（单位）工程施工图及相应的设计、概算等工作。

施工总承包单位应着手研究分析整个建设项目的施工部署，做好调查研究、收集资料等工作。在此基础上，编制施工组织设计，按其要求做好施工准备工作。

监理单位、各咨询公司一般是代表业主对各承包方进行管理，要理顺各种监督关系，明确监督程序。

各专业分包单位则要在施工总承包单位的指导和监督下完成各自专业的施工准备工作，同时也是对全场性施工准备工作的完善。

(二)施工准备要持续进行，持续改进

施工准备工作不仅要在开工前集中进行，而且要贯穿在整个施工过程中。随着工程施工的不断进展，在各分部的分项工程施工开始之前，都要做好准备工作，为各分部、分项工程施工的顺利进行创造必要的条件。

为了保证施工准备工作的按时完成，应编制施工准备工作计划，并纳入施工单位的施工组织设计和年度、季度及月度施工计划中去，认真贯彻执行。同时，计划和调整相结合，及时根据施工要求，及时调整和改进，保证过程施工顺利进行。

(三)施工准备工作要做好落实工作

为了确保施工准备工作的有效实施，应做到以下几点：

1.编制施工准备工作计划

作业条件的施工准备工作，要编制详细的计划，列出施工准备工作内容、要求完成的时间、负责人（单位）等，计划表格可参照表2-1。

施工准备工作计划表 表2-1

序号	项目	施工准备工作内容	要求	负责单位及负责人	配合单位	要求完成日期	备注

由于各项准备工作之间有相互依存关系，单纯的计划表格还难以表达明白，提倡编制施工准备工作网络计划，明确搭接关系并找出关键工作，在网络图上进行施工准备期的调整，尽量缩短时间。

作业条件的施工准备工作计划，应当在施工组织设计中予以安排，作为施工组织设计的基本内容之一，同时注重施工过程中短安排。

2. 建立施工准备工作责任制

由于施工准备工作项目多、范围广，因此必须要有严格的责任制，按施工准备工作计划将责任落实到有关部门和个人，同时明确各级技术负责人在施工准备工作中应负的责任。各级技术负责人应是各阶段施工准备工作的负责人，负责审查施工准备工作计划和施工组织计划，督促检查各项施工准备工作的实施，及时总结经验教训。在施工准备阶段，也要实行单位工程技术负责制，将建设、设计、施工三方组织在一起，并组织土建、专业协作配合单位，共同完成施工准备工作。

3. 建立施工准备工作检查制度

施工准备工作不但要有计划、有分工，而且要有布置、有检查，以利于经常督促、发现薄弱环节，不断改进工作。一是要做好日常检查；二是在检查施工计划完成情况时，应同时检查施工准备工作完成情况。

4. 坚持按基本建设程序办事，严格执行开工报告制度

只有在做好开工前的各项施工准备工作后才能提出开工报告，经申报上级批准方能开工。单位工程应具备的开工条件如下：

(1)施工图设计已经审核批准；

(2)施工合同已经签订；

(3)工程有关各项费用已交纳，已经获得施工执照；

(4)已办理工程质量、安全、环保、环卫监督手续，接受政府的各项监督；

(5)施工图纸已经会审并有会审记录；施工图预算和施工预算已经编制并审定；施工组织设计已经编制并审定；

(6)现场已具备条件：障碍物已清除，场地已平整，施工道路、水源、电源等已接通，排水沟渠畅通，能满足施工需要；各种临时设施已经搭设，能满足施工和生活的需要；

(7)各种资源已落实：劳动力安排已经落实，可以按时进场，现场安全守则、安全宣传牌已经建立，安全、防火的必要设施已具备。已做好安全、防火教育；材料、构件、半成品和生产设备等已经落实并能陆续进场，保证连续施工的需要；施工机具、设备的安排已经落实，先期使用的已运入现场，已经试运转并能正常使用。

(四)施工准备工作应做好几个结合

1.施工与勘测、设计的结合

施工任务一旦确定后,施工单位应尽早与勘测、设计单位结合,着重在总体规划、平面布局、基础选型、结构选型、构件选择、新材料、新技术的采用和出图顺序等方面与勘测、设计单位取得一致的意见,以利于日后施工。大型工程尽可能在初步设计阶段插入,一般工程可在施工图阶段插入。

2.内业与现场准备工作的结合

内业,指室内的准备工作,主要是指各种技术经济资料的编制和汇集(如熟悉图纸、编制施工组织设计等)、合同签订(劳务分包、材料采购、机械租赁等);现场准备工作主要是指施工现场的临时设施及物资进场。内业对现场准备起着指导作用,现场准备则是内业的具体落实。

3.施工总承包单位与专业工程施工队伍的结合

在施工准备工作中,施工总承包单位与专业工程施工队伍应互相配合。施工总承包单位(一般为土建施工单位)在明确施工任务、拟定出施工准备工作的初步计划时要考虑各专业工程的需要,并将计划和任务及时告知各协作专业单位,使各单位都能心中有数,各自及早做好必要的准备工作。同时协助和配合施工总承包单位。

4.开工前准备与施工中准备的结合

由于施工准备工作周期长,有一些是开工前做的,有一些是在开工后交叉进行的。因此,既要立足于前期的准备工作,又要着眼于后期的准备工作。要统筹安排好前、后期的准备工作,把握时机,及时做好近期的施工准备工作。

三 施工准备工作的内容

施工准备工作的内容主要包括:管理体系和管理人员确定、信息收集、技术准备、各种资源准备、施工现场准备以及其他相关准备工作。

项目管理是一个系统工作,要保证项目的顺利进行,必须有良好的管理体系,在这个管理体系中各岗位分工明确,又要相互协助,共同完成项目的各项工作。项目的管理体系的确定、各岗位的设置、管理人员的选择是施工总承包单位首先面临的问题,是项目成败的关键。只有管理人员确定后,才可以开展各项施工准备工作。

项目管理体系的确定与运行见项目管理章节的内容。

第二节 信息收集

当今世界是一个信息的世界,成功的关键决定于信息的占有量。建筑工程施工涉及的单位多、内容广、情况多变、问题复杂。编制施工组织设计的人员对建设地区的情况往往不太熟悉。因此,为了编制出一个符合实际情况、切实可行、质量较高的施工组织设计,就必须掌握足够的信息,信息收集工作是开工前施工准备工作的主要内容之一。

一 信息收集的途径

为了获得符合实际情况、切实可行、最佳的施工组织设计方案,在进行建设项目施工准备过程中必须进行自然条件和技术经济调查,以获得必要的自然条件和技术经济条件的信息,这信息资料称为原始资料。对这些信息资料的分析就称为原始资料的调查分析。原始资料的调查工作应有计划有目的地进行。根据工程的复杂程度事先要拟订明确详细的调查提纲。

调查时,可以向相关单位收集有关资料,如向建设单位、勘察设计单位索取工程设计任务书、工程地质报告、地形图;向当地的气象部门收集气象资料;向公司总部或有关单位收集类似工程的资料等。到实地勘测与调查是重要、有效的收集途径,这种方法比较准确,但费用较高;可以通过网络收集各种信息,如:材料价格、机械、工具租赁价格、地方法规,这种方法快捷、经济。

对调查收集的原始资料进行细致的分析与研究。分类、汇总后形成文件,供各单位、各岗位使用。

二 原始资料调查的目的

自然条件的调查是为了查明建设地区的自然条件,并提供有关资料;技术经济的调查是为了查明建设地区工业、资源、交通运输和生活福利设施等地区经济因素,以获得建设地区的技术经济条件资料;施工单位进行原始资料调查收集的目的如下:

(一)为工程投标提供依据

1984 年我国实行招标承包制,改变了过去用行政手段分配施工任务的办法。施工单位在投标前,除了认真研究投标文件及其附件以外,还要仔细地调查研究现场及社会经济技术条件，在综合分析的基础上进行投标。

(二)为签订承包合同提供依据

中标单位与招标单位签订工程承包合同，其中许多内容都直接与当地的技术经济情况有关。

(三)为编制施工组织设计提供依据

施工组织设计中的有关材料供应、交通运输、构件定货、机械设备选择、劳动力筹集、季节性施工方案等内容的确定，都要以技术经济调查资料为依据。

三 收集信息的主要内容

一般工程调查收集原始资料的主要内容：

(一)政府的法律、法规与有关部门规章信息；环境保护与防治公害的标准。

(二)市场信息

(1)地方建材生产企业情况，主要是钢筋混凝土构件、钢结构、门窗、水泥制品的加工条件。

(2)钢材、水泥、木材、砖、砂、石、装饰材料、特殊材料的价格与供应调查。

(3)机械设备供应情况，包括某些大型运输车辆、起重设备及其他机械施工设备的供应条件。

(4)社会劳动力和生活设施情况，包括可提供的劳动力和其他服务项目、房屋设施情况、生活情况。

(三)自然条件信息

工程地质包括地形、地质、地震、地下水、地面水(地面河流)等，气象信息包括气温、风、雪、风等情况。

(四)工程概况信息

1. 工程实体情况

主要来源于建设项目的计划任务书：包括建设的目的和依据、规模、水文地质情况；原材料、燃料、动力、用水等供应情况及运输条件；资料综合利用和治理

“三废”的要求;建设进度;投资控制数、资金来源;劳动定额控制数;要求达到的经济效益和技术水平;设计进度,设计概算,投资计划和工期计划。若为引进项目,应查清进口设备、零件、配件、材料的供货合同,有关条款,到货情况,质量标准以及相应的配合要求。

2.场地和环境概况

包括施工现场情况:施工用地范围、有否周转用地、现场地形、可利用的建筑物及设施、交通道路情况、附近建筑物的情况、水与电源情况等;地区交通运输条件,包括铁路、公路、水路、空运等运输条件;市政、公共服务设施:包括供水管网、污水排放点、供电条件、电话线路、热力、燃料供应情况、供气等。

3.参与建设的各单位概况

参加施工的各单位能力调查,包括工人、管理人员、施工机械情况及施工经验、经济指标。

4.工程合同

第三节 技术准备

技术经济资料的准备工作,即通常所说的“内业”工作。它是现场施工准备工作的基础,其内容包括:熟悉与会审图纸、编制施工组织设计、编制施工图预算和施工预算。

一 熟悉、审查施工图纸和有关设计资料

一个建筑物或构筑物的施工依据就是施工图纸,施工技术人员必须在施工前熟悉施工图中各项设计的技术要求,在熟悉施工图纸的基础上,由建设、施工、设计单位共同对施工图纸组织会审。

会审后要有图纸会审纪要,各参加会审的单位盖章,可作为与设计图纸同时使用的技术文件。

(一)熟悉施工图纸的重点

基础及地下室部分:核对建筑、结构、设备施工图中关于基础留口、留洞的位置及标高,地下室排水的去向,变形缝及人防出口的做法,防水体系的交圈及收头要求等。

主体结构部分：各层所用砂浆、混凝土的强度等级，墙、柱与轴线的关系，梁、柱（包括圈梁、构造柱）的配筋及节点做法，悬挑结构的锚固要求，楼梯间构造，设备图和土建图上洞口尺寸及位置的关系。

屋面及装修部分：结构施工应为装修施工提供的预埋件或预留洞，内、外墙和地面的材料做法，屋面防水节点等。

在熟悉图纸过程中，对发现的问题应做出标记，做好记录，以便在图纸会审时提出。

（二）图纸会审的主要内容

图纸会审一般先由设计人员对设计图纸中的技术要求和有关问题先作介绍和交底，对于各方提出的问题，经充分协商将意见形成图纸会审纪要，由建设单位正式行文，参加会议各单位加盖公章，作为与设计图纸同时使用的技术文件。图纸会审主要内容包括：

（1）施工图的设计是否符合国家有关技术规范。

（2）图纸及设计说明是否完整、齐全、清楚；图纸中的尺寸、坐标、轴线、标高、各种管线和道路的交叉连接点是否准确；同一套图纸的前、后各图及建筑与结构施工图是否吻合一致，有否矛盾；地下与地上的设计是否有矛盾。

（3）施工单位技术装备条件能否满足工程设计的有关技术要求；采用新结构、新工艺、新技术在施工时是否存在困难，土建施工、设备安装、管道、动力、电器安装要求采取特殊技术措施时，施工单位技术上有无困难；是否能确保施工质量和施工安全。

（4）设计中所选用的各种材料、配件、构件（包括特殊的、新型的），在组织采购供应时，其品种、规格、性能、质量、数量等方面能否满足设计规定的要求。

（5）对设计中不明确或疑问处，请设计人员解释清楚。

（6）图纸中的其他问题，并提出合理化建议。

二 编制施工组织设计

编制施工组织设计是施工准备工作的重要组成部分。施工组织设计是全面安排施工生产的技术经济文件，是指导施工的主要依据。编制施工组织设计本身就是一项重要的施工准备工作。所有施工准备的主要工作均集中反映在施工组织设计中。

施工组织设计文件要经过公司技术部门批准，并报业主、监理单位审批，经批准后方可使用，对于深基坑、脚手架、特殊工艺等关键分项要编制专项方案，必要时，请有关专家会审方案，确保安全施工。

三 编制施工图预算和施工预算

施工组织设计已被批准，即可着手编制单位工程施工图预算和施工预算，以确定人工、材料和机械费用的支出，并确定人工数量、材料消耗数量及机械台班使用量。以便于签订劳务合同和采购合同。

第四节　各种资源准备

一 劳动力准备

(一)施工队伍的组织

施工队伍的准备包括：根据施工图预算和施工预算指定的劳动力需求计划集结施工力量，调整、健全和充实施工组织机构；进行特殊工种、稀缺工种的技术培训；招收临时工和合同工；签订劳务合同，进行入场安全教育。

(二)分包管理

现代施工技术发展迅速，各种新技术层出不穷，施工分工越来越细，专业分包、劳务分包的管理也就非常重要，落实好专业施工队伍和劳务分包队伍也是全面质量管理的重要内容。首先，要建立分包队伍档案，尽量选择信誉好、实力强的施工队伍，从准入上把关，其次签订平等的、互惠互利的合同，明确约定双方的权利和义务，这样有利于合同的履行，实现“双赢”。

二 施工物资的准备

各种技术物资只有运到现场并有必要的储备后，才具备必要的开工条件，主要包括设备、施工机械、周转工具机具和各种材料、构配件等的准备。

(1)据施工方案确定的施工机械和周转工具需用量进行准备，自有的施工机械和周转工具要加强维护，按计划进场安装、检修和试运转。需租赁的机具要在考察市场的基础上，选定单位，签订租赁合同。

(2)根据施工组织设计确定的材料、半成品、预制构件的数量、质量、品种、规格，编制好物资供应计划，落实资金，按计划签订合同和组织进货，按照施工平面图要求在指定地点堆存或入库。

第五节　施工现场准备

一项工程开工之前，除了做好以上各项准备工作外，还必须做好现场的各项施工准备工作，即通常所说的室外准备(外业准备)，其主要内容包括“三通一平”、控制网建立和搭设临时设施三大部分。

一　三通一平

“三通一平”是指在建设工程的用地范围修通道路，接通水源、电源和平整场地的工作。这项工作应根据施工组织设计的规划来进行。它分为全场性“三通一平”和单位工程“三通一平”。前者必须有计划、分阶段地进行，后者必须在施工前完成。如工程规模较大，这段工作可以分阶段进行，保证在第一期开工的工程用地范围内完成，再依次进行其他的，为第一期工程项目的尽早开工创造条件。

1. 拆除障碍物

施工现场内的地上或地下一切障碍物应在开工前拆除。这项工作一般是由建设单位来完成，有时也委托施工单位来完成。如果委托施工单位来完成这项工作，一定要先摸清情况，尤其是原有障碍物情况复杂，而且资料不全的，应采取相应措施，防止发生事故。架空电线及埋地电缆、自来水、污水、煤气、热力等管线拆除，都应与有关部门取得联系并办好手续后，方可进行，一般最好由专业公司来进行。场内的树木，需报请园林部门批准后方可砍伐。一般平房只要把水源、电源截断后即可进行拆除，若房屋较大较坚固，则有可能采用爆破方法，这需要专业施工队来承担，并且必须经过主管部门的批准。

2. 平整施工场地

拆除障碍物后，全场性平整，要根据设计总平面图确定的标高，通过测量方格网的高程(水平)基准点及经纬方格网，计算出挖方与填方的数量，按土方调配计划，进行挖、填、运土方施工。

3.修通道路

必须首先修通铁路专用线与公路主干道,使物资直接运到现场,尽量减少二次或多次转运。其次修通单位工程施工的临时道路(也尽可能结合永久性道路位置)。

4.通水与通电

用水包括生产、消防、生活用水三部分。一般尽可能先建成永久给水系统,尽量利用永久性供排水管线。临时管线的铺设也要考虑节约的原则。整个现场排水沟渠也应修通。

供电包括施工用电及生活用电两部分。电源首先考虑从国家供电网路中获得(需要有批准手续)。如果供电量不足,可考虑自行发电。

施工中如需要蒸汽、压缩空气等能源时,也应按施工组织设计要求,事先做好铺设管道等工作。

二 控制网建立

为了使建筑物或构筑物的平面位置和高程符合设计要求,施工前应按总平面图,设置永久性的经纬坐标桩及水平坐标桩,建立工程测量控制网,以便建筑物在施工前的定位放线。

建筑物定位、放线,一般通过设计定位图中平面控制轴线来确定建筑物四周的轮廓位置。按建筑总平面及给定的永久性的平面控制网和高程控制基桩进行现场定位和测量放线工作。重要建筑物必须由规划测绘部门定位和测量放线。这项工作是确定建筑物平面位置和高程的关键环节,测定经自检合格后,提交有关部门(规划、设计、建设、监理单位)验线,以保证定位放线的准确性。并做好定位测量、放线、验线记录。沿红线(规划部门给定的建筑红线,在法律上起着建筑四周边界用地的作用)建的建筑物放线后,必须由城市规划部门验线,以防止建筑物压红线或超红线。

三 临时设施

(一)生产场地、生活设施

各种生产、生活需要的临时设施,包括各种仓库、搅拌站、预制构件厂(站、场)、各种生产作业棚、办公用房、宿舍、食堂、文化设施等均应按施工组织设计规定的数量、标准、面积位置等要求组织搭设。现场所需的临时设施应报请规划、市政、消防、交通、环保等有关部门审查批准。为了施工方便和行人安全,指定的施工用地四周应用围墙围护起来。围墙的形式和材料应符合市容管理的有关规定和要求。在主要出入口处应设置标牌，标明工程概况、建设、监理、设计、施工等单位工程负责人及施工平面图。

(二)现场临时供水(生产、生活、消防)

建筑工地现场临时供水的设计，一般包括以下几个内容：确定用水量；选择水源；设计配水管网(必要时并设计取水、净水和储水构筑物)。可按以下步骤进行：

1. 确定供水量

建筑工地现场临时供水，包括生产用水(含工程施工用水和施工机械用水)，生活用水(含施工现场生活用水和生活区生活用水)和消防用水三个方面。

1)工程施工用水量如式(2-1)：

$$q_1 = K_1 \times \sum Q_1 N_1 K_2 / T_1 \times b \times 8 \times 3600 \tag{2-1}$$

式中：q_1——施工工程用水量，升/秒；

K_1——未预见的施工用水系数(1.05～1.15)；

Q_1——年(季)度工程量(以实物计量单位表示)；

N_1——施工用水定额，见表 2-2；

T_1——年(季)度有效工作日，天；

b——每天工作班次，班；

K_2——用水不均衡系数，见表 2-3。

施工用水参考定额 表 2-2

序 号	用 水 对 象	单 位	耗 水 量 N_1	备 注
1	浇注混凝土全部用水	L/m^3	1700～2400	
2	搅拌普通混凝土	L/m^3	250	实测数据
3	搅拌轻质混凝土	L/m^3	300～350	
4	搅拌泡沫混凝土	L/m^3	300～400	
5	搅拌热混凝土	L/m^3	300～350	
6	混凝土养护(自然养护)	L/m^3	200～400	
7	混凝土养护(蒸汽养护)	L/m^3	500～700	
8	冲洗模板	L/m^3	5	
9	搅拌机清洗	L/台班	600	实测数据
10	人工冲洗石子	L/m^3	1000	
11	机械冲洗石子	L/m^3	600	
12	洗砂	L/m^3	1000	
13	砖工程全部用水	L/m^3	150～250	

续上表

序号	用水对象	单位	耗水量 N_1	备注
14	砌石工程全部用水	L/m^3	50～80	
15	粉刷工程全部用水	L/m^3	30	
16	砌耐火砖砌体	L/m^3	100～150	包括砂浆搅拌
17	洗砖	L/千块	200～250	
18	洗硅酸盐砌块	L/m^3	300～350	
19	抹面	L/m^3	4～6	
20	楼地面	L/m^3	190	不包括调制找平层用水
21	搅拌砂浆	L/m^3	300	
22	石灰消化	L/t	3000	

施工用水不均衡系数 表 2-3

用水不均衡系数	用水名称	系数
K_2	施工工程用水	1.5
	生产企业用水	1.25
K_3	施工机械及运输机械用水	2.00
	动力设备用水	1.05～1.10
K_4	施工现场生活用水	1.30～1.50
K_5	生活区居民用水	2.00～2.50

2)施工机械用水量如式(2-2)：

$$q_2=K_1\times\sum Q_2N_2K_3/8\times3600 \tag{2-2}$$

式中：q_2——施工机械用水量，升/秒；

K_1——未预见的施工用水系数(1.05～1.15)；

Q_2——同种机械台数，台；

N_2——施工机械用水定额，见表 2-4；

K_3——用水不均衡系数，见表 2-3。

3)施工现场生活用水量如式(2-3)：

$$q_3=P_1N_3K_4/b\times8\times3600 \tag{2-3}$$

式中：q_3——施工现场生活用水量，升/秒；

P_1——施工现场高峰期生活人数，人；

N_3——施工现场生活用水定额，见表 2-5；

K_4——施工现场生活用水不均衡系数，见表 2-3；

b——每天工作班次，班。

4)生活区用水量如式(2-4)：

$$q_4 = P_2 N_4 K_5 / 24 \times 3600 \tag{2-4}$$

式中：q_4——生活区用水量，升/秒；

P_2——生活区居民人数，人；

N_4——生活区昼夜全部用水定额，见表 2-4；

K_5——生活区用水不均衡系数，见表 2-3。

5)消防用水量 q_5(见表 2-6)。

6)总用水量 Q。

(1)当$(q_1+q_2+q_3+q_4)<q_5$ 时，则如式(2-5)：

$$Q = q_5 + (q_1+q_2+q_3+q_4)/2 \tag{2-5}$$

(2)当$(q_1+q_2+q_3+q_4)>q_5$ 时，则如式(2-6)：

$$Q = q_1+q_2+q_3+q_4 \tag{2-6}$$

(3)当工地面积小于 5 万平方米，并且$(q_1+q_2+q_3+q_4)<q_5$ 时，则如式(2-7)：

$$Q = q_5 \tag{2-7}$$

最后计算的总用水量，还应增加 10%，以补偿不可避免的水管渗漏损失。

施工机械用水参考定额 表 2-4

序 号	用 水 对 象	单 位	耗 水 量 N_2	备 注
1	内燃挖土机	L/(台·m^3)	200～300	以斗容量 m^3 计
2	内燃起重机	L/(台班·t)	15～18	以起重吨数计
3	蒸汽起重机	L/(台班·t)	300～400	以起重吨数计
4	蒸汽打桩机	L/(台班·t)	1000～1200	以锤重吨数计
5	蒸汽压路机	L/(台班·t)	100～150	以压路机吨数计
6	内燃压路机	L/(台班·t)	12～15	以压路机吨数计
7	拖拉机	L/(昼夜·台)	200～300	
8	汽车	L/(昼夜·台)	400～700	
9	标准轨蒸汽机车	L/(昼夜·台)	10000～20000	
10	窄轨蒸汽机车	L/(昼夜·台)	4000～7000	

续上表

序　号	用 水 对 象	单　位	耗 水 量 N_2	备　注
11	空气压缩机	L/台班·(m^3/min)	40～80	以压缩空气量 m^3/min 计
12	内燃机动力装置(直流水)	L/(台班·马力)	120～300	
13	内燃机动力装置(循环水)	L/(台班·马力)	25～40	
14	锅驼机	L/(台班·马力)	80～160	不利用凝结水
15	锅炉	L/(h·t)	1000	以小时蒸发量计
16	锅炉	L/(h·m^2)	15～30	以受热面积计
17	点焊机:25 型	L/h	100	实测数据
	50 型	L/h	150～200	
	75 型	L/h	250～350	
18	冷拔机	L/h	300	
19	对焊机	L/h	300	
20	凿岩机:01-30(CM-56)	L/min	3	
	01-45(TN-4)	L/min	5	
	01-38(KIIM-4)	L/min	8	
	YQ-100	L/min	8～12	

注:1 马力＝735.499W

生活用水量参考定额　　表 2-5

序　号	用 水 对 象	单　位	耗水量 N_3(N_4)	备　注
1	工地全部生活用水	L/(人·日)	100～120	
2	生活用水(漱洗生活饮用)	L/(人·日)	25～30	
3	食堂	L/(人·日)	15～20	
4	浴室(淋浴)	L/(人·次)	50	
5	淋浴带大池	L/(人·次)	30～50	
6	洗衣	L/人	30～35	
7	理发室	L/(人·次)	15	
8	小学校	L/(人·日)	12～15	
9	幼儿园托儿所	L/(人·日)	75～90	
10	医院	L/(病床·日)	100～150	

消 防 用 水 量 表 2-6

序号	用水名称	火灾同时发生次数	单位	用水量
1	居民消防用水			
	5000 人以内	一次	L/s	10
	10000 人以内	二次	L/s	10～15
	2500 人以内	二次	L/s	15～20
2	施工现场消防用水			
	施工现场在 25 公顷以内	一次	L/s	10～15
	每增加 25 公顷递增	一次	L/s	5

现场临时供水量经计算确定以后，进而可以选择水源和布置配水管网。

2. 选择水源

建设工地的临时供水水源，应尽量利用现场附近已有的供水管道，只有在现有给水系统供水不足或根本无法利用时，才使用天然水源。

天然水源有：地面水（江河水、湖水、水库水等），地下水（泉水、井水）。

选择水源应考虑下列因素：水量充沛可靠，能满足最大需水量的要求；符合生活饮用水、生产用水的水质要求；取水、输水、净水设施，储水设施安全可靠；施工、运转、管理、维护方便。

3. 配置临时给水系统

临时给水系统由取水设施、净水设施、储水构筑物（水塔及蓄水池）、输水管及配水管线组成。通常应尽量先修建永久性给水系统，只有在工期紧迫、修建永久性给水系统难以应急时，才修建临时给水系统。

(1)取水设施一般由取水口、进水管和水泵组成。取水口距河底（或井底）不得小于 0.25～0.9m。给水工程所用水泵有离心泵、隔膜泵及活塞泵三种，所选用的水泵应具有足够的抽水能力和扬程。

(2)贮水构筑物有水池、水塔和水箱。在临时给水时，如水泵昼夜连续工作，则必须设置储水构筑物，其容量以每小时消防用水量来决定，但不得小于 $10\sim20m^3$。

(3) 管径计算。

根据工地总需水量 Q，按式(2-8)计算管径：

$$D = \sqrt{4Q \cdot 1000/\pi \cdot V} \quad (2\text{-}8)$$

式中：D——配水管内径，mm；

Q——工地总需水量，L/s；

V——管网中水的流速(见表2-7)，m/s。

(4)选择管材。

临时给水管道，根据管道尺寸和压力大小进行选择，一般干管为钢管或铸铁管，支管为钢管、镀锌管。

临时水管经济流速表 表2-7

序号	管径	经济流速(m/s)	
		正常时间	消防时间
1	支管 $D<0.10m^2$	2	
2	生产消防管道 $D=0.1\sim0.3m$	1.3	>3.0
3	生产消防管道 $D>0.3m$	1.5～1.7	2.5
4	生产用水管道 $D>0.3m$	1.5～2.5	3.0

(三)工地现场临时供电

建设工地临时供电的设计包括以下内容：计算用电量、选择电源、确定变压器、确定导线截面面积并布置配电线路。工地现场临时供电采用三相五线制。

1.工地总用电量计算

施工工地的总用电量包括动力用电和照明用电两类，其计算公式如式(2-9)：

$$P=(1.05\sim1.10)(K_1\sum P_1/\cos\phi+K_2\sum P_2+K_3\sum P_3+K_4\sum P_4) \quad (2\text{-}9)$$

式中：P——供电设备总需要容量，kVA；

P_1——电动机额定功率，kW；

P_2——电焊机额定容量，kVA；

P_3——室内照明容量，kW；

P_4——室外照明容量，kW；

$\cos\phi$——电动机的平均功率因数(施工现场最高为0.75～0.78，一般为0.65～0.75)；

K_1、K_2、K_3、K_4——需要系数，见表2-8。

需要系数 K 值 表 2-8

用电名称	数量	需要系数 K 值		备注
		K	数值	
电动机	3～10 台	K_1	0.7	如施工中需要电热时，应将其用电量计算进去。为使计算接近实际，式中各项用电根据不同性质分别计算
	11～30 台		0.6	
	30 台以上		0.5	
加工厂动力设备			0.5	
电焊机	3～10 台	K_2	0.6	
	10 台以上		0.5	
室内照明		K_3	0.8	
室外照明		K_4	1.0	

单班施工时，最大用电负荷量以动力用电量为准，不考虑照明用电。各种机械设备以及室外照明用电可参考有关定额。

2. 电源选择

选择电源，最经济的方案是利用施工现场附近已有的高压线路或发电站及变电所，但事前必须将施工中需要的用电量向供电部门申请，通常是将附近的高压电经设在工地的变压器降压后，引入工地。如果在新辟的地区中施工，没有电力系统时，则须自备发电系统。

3. 确定配电导线截面面积

导线截面面积可根据负荷电流来选择，然后再用电压及力学强度进行校核。所选的导线截面负荷时满足上述三方面的要求。为满足机械强度要求，绝缘铝线截面面积不小于 $16mm^2$，绝缘铜线截面面积不小于 $10mm^2$；室内配线所用导线截面，应根据用电设备的负荷确定，但铝线截面面积应不小于 $2.5mm^2$，铜线截面面积应不小于 $1.5mm^2$。

临时供电网的布置与水管网布置相似。它们均有环状布置、枝状布置和混合式三种形式。

在工程项目开工前的准备工作，除了做好信息收集、技术资料准备和施工现场的准备外，还要建立施工的物质条件，包括组织材料、半成品、构件和配件的生产、加工和运输，组织施工机具进场，并进行安装和调试；组织施工力量，包括建立施工现场管理机构——项目经理部，集结施工队伍，进行施工培训，落实协作配合条件，签订专业合同和分包合同，招募临时施工力量并进行教育和培训等；做好冬雨季施工的现场准备，设置消防、保安设施。最后，具备工程开工条件的各项工作在准备工作完成后，提出开工报告，工程项目进入全面施工阶段。

本章小结

施工准备工作，是为保证施工正常进行而必须做好的工作。在建筑施工中，它不仅是一个重要阶段，而且始终存在于施工过程中。大到单项工程，小到分项、子分项工程，开始施工前都要进行准备工作，本章主要介绍单项、单位工程的整体施工准备工作，劳动力、施工物资、施工现场的准备是基础，要保证工人能够正确的使用工具、机械把原材料建成高楼大厦，就必须有科学、合理、先进的技术做后盾。所以技术准备是指导性的，只有确定了施工方案、施工方法等技术层面的问题，才能去组织劳动力、施工物资，并着手布置施工现场。二者相互影响，有时，当地的劳动力、施工物资条件、场地因素决定了施工方案、施工方法。准确、详细的信息将促进这些问题的解决。本章也就是从信息收集、技术准备、资源准备、施工现场准备等方面介绍准备工作的主要内容。主要内容为：信息收集的内容；如何进行图纸会审；临时用电、用水的设计、计算。

复习思考题

2-1　试述施工准备工作的意义。

2-2　施工准备工作的主要内容有哪些？

2-3　施工准备工作的要求有哪些？

2-4　何谓原始资料？原始资料的调查包括哪些方面？各方面的主要内容是什么？

2-5　信息收集的途径有那些？

2-6　在编制施工组织设计前主要收集哪些参考资料？

2-7　技术准备工作包括哪些内容？

2-8　施工现场的准备工作包括哪些内容？

2-9　什么叫“三通一平”？

2-10　现场临时供水包括哪些内容？如何计算供水管径？

2-11　现场临时供电包括哪些内容？临时供电网的布置形式有哪几种？

第三章 建筑工程流水施工

【职业能力目标】

本章为建筑工程流水施工的基础知识，要求现场施工员、技术员必须掌握，施工员、技术员要能合理地按不同情况独立地、正确地编制施工横道进度计划，这是施工组织设计的重要内容，而且解决工程实际问题也能用到流水施工的基础知识。工程的流水施工安排还需要预算员、材料员的配合。

【学习要求】

了解组织施工的方式和各自特点；重点掌握建筑流水施工的主要参数及其相互关系；掌握流水施工的组织分类和组织方法。

第一节 流水施工的基本概念

流水施工方法是组织工程项目施工的一种科学方法。建筑工程的"流水施工"来源于工业生产中的"流水作业"，它能使建筑施工连续和均衡生产，降低工程项目成本和提高经济效益，实践证明它是组织建筑工程施工的一种好方法。本章主要介绍建筑工程流水施工的基本概念、组织方式和具体应用。

一 建筑施工的组织方式

任何一个建筑工程都是由许多施工过程组成的，而每一个施工过程可以组织一个或多个施工队伍进行施工。如何组织各施工队伍的先后顺序或平行搭接施工，是组织施工中一个基本的问题。通常组织施工时有依次施工、平行施工和流水施工三种方式，现将这三种方式的特点和效果分析如下：

1. 依次施工组织方式

依次施工也称顺序施工，是将施工项目分解成若干个施工过程，按照一定的施工顺序，前一个施工过程完成后，后一个施工过程才开始施工；或前一个施工段完成后，后一个施工段才开始施工。它是一种最基本的、最原始的施工方式。

例 3-1 某四幢相同的砌体结构房屋的基础工程，划分为基槽挖土、混凝土垫层、砖砌基础、回填土四个施工过程，每个施工过程安排一个施工队伍，一班制施工，其中，每幢楼挖土方工作队由 16 人组成，2 天完成；垫层工作队由 30 人组成，1 天完成；砌基础工作队由 20 人组成，3 天完成；回填土工作队由 10 人组成，1 天完成。

按照依次施工组织方式施工，进度计划安排如图 3-1、图 3-2 所示。

由图 3-1、图 3-2 可以看出，依次施工组织方式的优点是每天投入的劳动力较少，机具使用不集中，材料供应较单一，施工现场管理简单，便于组织和安排。

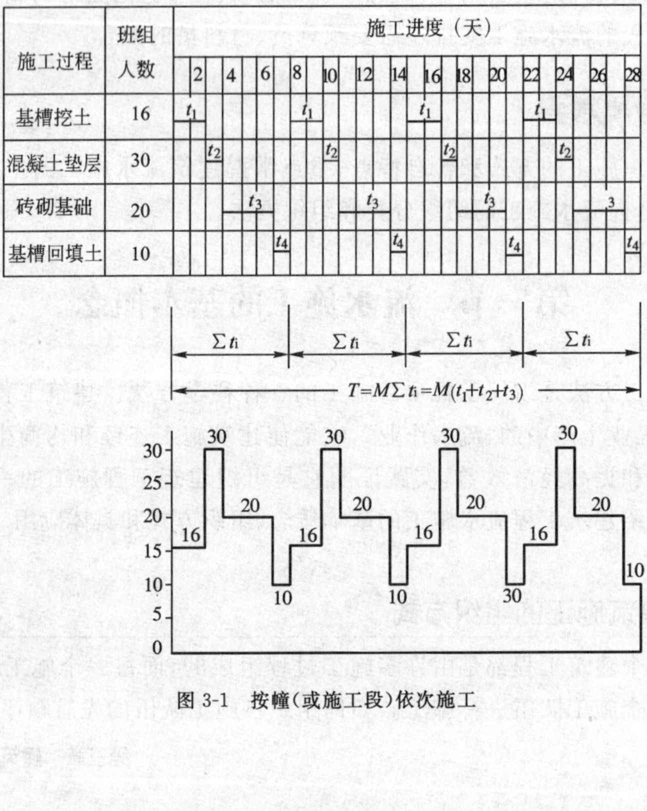

图 3-1　按幢（或施工段）依次施工

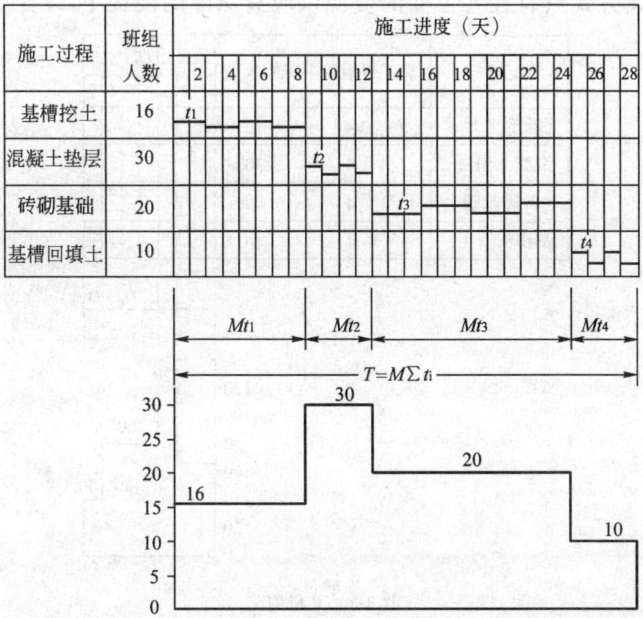

图 3-2　按施工过程依次施工

依次施工组织方式的缺点如下：

(1)由于没有充分地利用工作面去争取时间，所以工期长；

(2)各队伍施工及材料供应无法保持连续和均衡，工人有窝工的情况；

(3)不利于改进工人的操作方法和施工机具，不利于提高工程质量和劳动生产率；

(4)按施工过程依次施工时，各施工班组虽能连续施工，但不能充分利用工作面、工期长，且不能及时为上部结构提供工作面。若工程规模比较小，施工工作面又有限时，依次施工是适用的，也是常见的。

2. 平行施工组织方式

平行施工是在不同施工段上同时进行施工的一种施工组织方式。

在上例中，如果采用平行施工组织方式，其施工进度计划如图 3-3 所示。

由图 3-3 可以看出，平行施工组织方式的特点是充分利用了工作面，完成工程任务的时间最短；施工班组数成倍增加，机具设备也相应增加，材料供应集中；临时设施、仓库和堆场面积也要增加，从而造成组织安排和施工管理困难，增加施工管理费用。

平行施工一般适用于工期要求紧，大规模的建筑群及分批分期组织施工的工程任务。该方式只有在各方面的资源供应有保障的前提下,才是合理的。

施工过程	施工班组数	班组人数	施工进度(天)						
			1	2	3	4	5	6	7
基槽挖土	4	16							
混凝土垫层	4	30							
砖砌基础	4	20							
基槽回填土	4	10							

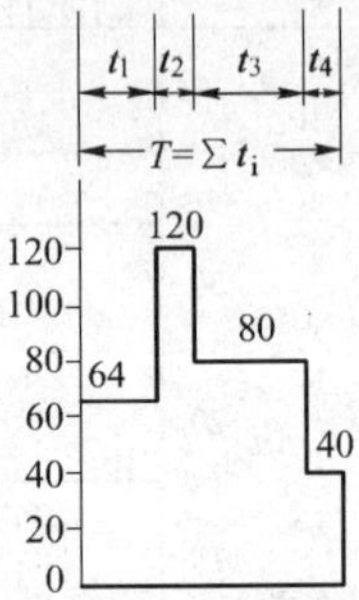

图 3-3　平行施工

3.*流水施工组织方式*

流水施工组织方式就是指所有的施工过程按一定的时间间隔依次投入施工,各个施工过程陆续开工、陆续竣工,使同一施工过程的施工队伍保持连续、均衡施工,不同的施工过程尽可能平行搭接施工的组织方式。

在例 3-1 中,采用流水施工组织方式,其施工进度计划如图 3-4 所示。

由图 3-4 可以看出:流水施工所需的时间比依次施工短,各施工班组的施工和物资的消耗具有连续性和均衡性,前后施工过程尽可能平行搭接施工,比较充分地利用了施工工作面;机具、材料供应均衡,少占临时设置。

图 3-4 所示的流水施工组织方式,还没有充分利用工作面,例如:第一个施工段基槽挖土,直到第三施工段挖土后,才开始垫层施工,浪费了前两段挖土完成后的工作面等。

为了充分利用工作面 ,可按图 3-5 所示组织方式进行施工,工期比图 3-4 所示流水施工减少了 3 天。其中,垫层施工班组虽然做间断安排,但在一个分部工程若干个施工过程的流水施工组织中,只要安排好主要的施工过程,即工程量大、作业持续时间较长者(本例为挖土、砖砌基础),组织它们连续、均衡地流水施工;而非主要的施工过程,在有利于缩短工期的情况下,可安排其间断施工,这种组织方式仍认为是流水施工的组织方式。

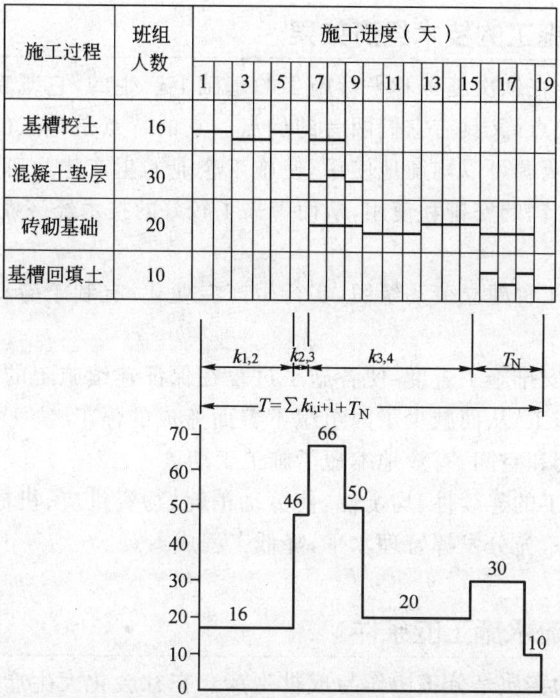

图 3-4　流水施工（全部连续）

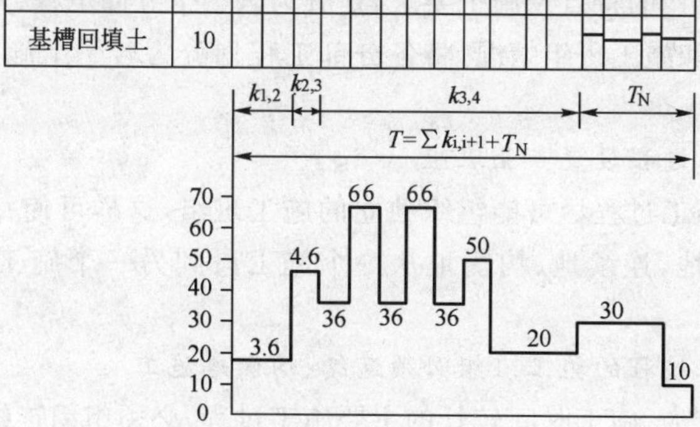

图 3-5　流水施工（部分间断）

二 流水施工的技术经济效果

流水施工是在依次施工和平行施工的基础上产生的，它既克服了依次施工和平行施工的缺点，又具有它们两者的优点。它的特点是施工的连续性和均衡性，使各种物资资源可以均衡地使用，使施工企业的生产能力可以充分地发挥，劳动力得到了合理的安排和使用，从而带来了较好的技术经济效果，具体可归纳为以下几点：

(1)按专业工种建立劳动组织，实行生产专业化，有利于劳动生产率的不断提高。

(2)科学地安排施工进度，使各施工过程在保证连续施工的条件下，最大限度地实现搭接施工，从而减少了因组织不善而造成的停工、窝工损失，合理地利用了施工的时间和空间，有效地缩短了施工工期。

(3)由于施工的连续性、均衡性，使劳动消耗、物资供应、机械设备利用等处于相对平稳状态，充分发挥管理水平，降低工程成本。

三 组织流水施工的条件

流水施工的实质是分工协作与成批生产。在社会化大生产的条件下，分工已经形成，由于建筑产品体形庞大，通过划分施工段就可将单件产品变成假想的多件产品。组织流水施工的条件主要有以下几点：

1. 划分施工段

根据组织流水施工的需要，将拟建工程在平面上或空间上，划分为劳动量大致相等的若干个施工段。

2. 划分施工过程

根据工程结构的特点及施工要求，划分为若干个分部工程；其次按照工艺要求，工程量大小和施工班组情况，将各分部工程划分为若干个施工过程(即分项工程)。

3. 按照施工过程设置专业班组

根据每个施工过程尽可能组织独立的施工班组，这样可使每个施工班组按施工顺序，依次地、连续地、均衡地从一个施工段到另一个施工段进行相同的施工。

4. 主要施工过程的施工班组必须连续、均衡地施工

对工程量较大、施工时间较长的主要施工过程，必须组织连续、均衡施工；对于其他次要的施工过程，可连续施工也可安排间断施工。

5. 不同的施工过程尽可能组织平行搭接施工

根据施工先后顺序要求，不同的施工过程，在有工作面的条件下，除必要的技术和组织间歇时间外，尽可能组织平行搭接施工，这样可缩短工期。

四 建筑流水施工的表达形式

建筑流水施工的表达方式，主要有横道图和网络图两种表达方式。

1. 横道图

流水施工的横道图表达形式如图 3-6 所示，其左边列出各施工过程的名称，右边用水平线段在时间坐标下画出施工进度。

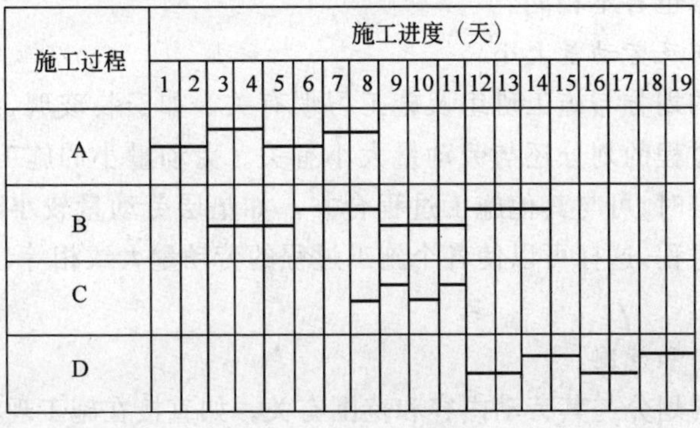

图 3-6 流水施工横道图

2. 网络图

有关流水施工网络图的表达形式，详见本书第四章。

第二节 流水施工的基本参数

在组织拟建工程项目流水施工时，用以表达流水施工在工艺流程、空间布置和时间安排等方面开展状态的参数，称为流水参数。流水参数主要包括工艺参数、空间参数和时间参数三种。

一 工艺参数

工艺参数是指参与流水施工的施工过程数目，一般用“N”表示。

施工过程划分的数目多少、粗细程度一般与下列因素有关：

1. 施工计划的性质和作用

对长期计划及建筑群体、规模大、结构复杂、工期长的工程施工控制性进度计划,其施工过程划分可粗些,综合性大些。对中小型单位工程及工期不长的工程施工实施性计划,其施工过程划分可细些,具体些,一般划分至分项工程。对月度作业性计划,有些施工过程还可分解工序,如安装模板、绑扎钢筋等。

2. 施工方案及工程结构

厂房的柱基础与设备基础挖土,如同时施工,可合并为一个施工过程;如先后施工,可分为两个施工过程。承重墙与非承重墙的砌筑,也是如此。砖混结构、大墙板结构、装配式框架与现浇钢筋混凝土框架等不同结构体系,其施工过程划分及其内容也各不相同。

3. 劳动组织及劳动量大小

施工过程的划分与施工班组及施工习惯有关。如安装玻璃、油漆施工可合也可分。施工过程的划分还与劳动量大小有关。劳动量小的施工过程,当组织流水施工有困难时,可与其他施工过程合并。如垫层劳动量较小时可与挖土合并为一个施工过程,这样可以使各个施工过程的劳动量大致相等,便于组织流水施工。

4. 劳动内容和范围

施工过程的划分与其劳动内容和范围有关。如直接在施工现场与工程对象上进行的劳动过程,可以划入流水施工过程,而场外劳动内容(如预制加工、运输等)可以不划入流水施工过程。

施工过程是对某项工作由开始到结束的整个过程的泛称,其内容有繁有简。流水施工中的施工过程的划分应充分考虑到工程项目的结构类型、施工计划的性质、施工方案、劳动组织和劳动内容的不同特点,以能指导施工为原则。

二 空间参数

在组织流水施工时,用来表达流水施工在空间布置上所处状态的参数,称为空间参数。主要包括:施工段、施工层两种。

1. 施工段(流水段)

划分施工段是为了组织流水施工,给施工班组提供施工空间,人为的把拟建工程项目在平面上划分为若干个劳动量大致相等的施工区段以便不同班组在不同的施工段上流水施工,互不干扰。施工段的数目一般用“M”表示。

划分施工段的基本要求有:

1)专业班组在各施工段的劳动量要大致相等(相差不宜超过15%)。

2)施工段分界线要保证拟建工程项目的结构整体完整性,应尽可能与结构的自然界线相一致;同时满足施工技术的要求,例如结构上不允许留施工缝的部位不能作为划分施工段的界限。

3)为了充分发挥主导机械和工人的效率,每个施工段要有足够的工作面,使其容纳的劳动力人数或机械台数,能满足合理劳动组织的要求。

4)当组织楼层结构的流水施工时,为使各施工班组能连续施工,上一层的施工必须在下一层对应部位完成后才能开始。因此,每一层的施工段数必须大于或等于其施工过程数 N,即:

$$M_0 \geqslant N$$

例 3-2 某三层砖混结构房屋的主体工程,在组织流水施工时将主体工程划分为两个施工过程,即砌筑砖墙和安装楼板,其中安楼板包括现浇钢筋混凝土圈梁、楼板灌缝、弹线等。设每个施工过程在各个施工段上施工所需时间均为3天,现分析如下:

(1)当 $M_0=N$ 即每层分两个施工段组织流水施工时,其流水示意图及进度安排如图3-7、图3-8所示。

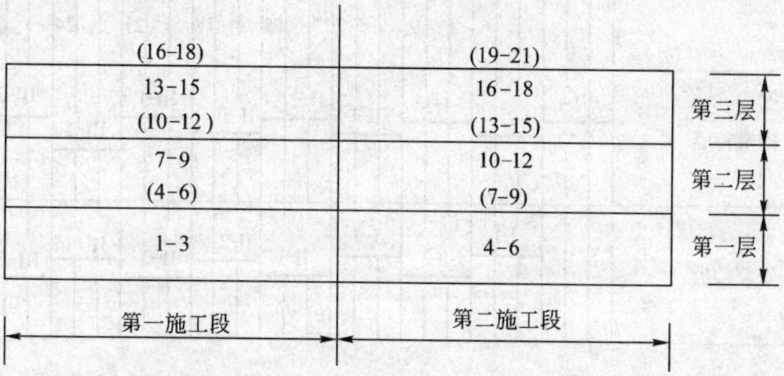

图 3-7　主体结构流水示意图

从图3-8可以看出:各施工班组均能保持连续施工,每一施工段有施工班组,工作面能充分利用,无停歇现象,也不会产生工人窝工现象,这是比较理想的。

(2)当 $M_0>N$,即每层分三个施工段组织流水施工时,其进度安排如图3-9所示。

从图 3-9 可以看出：施工班组的施工仍是连续的，但安装楼板后不能立即投入上一层的砌筑砖墙，显然工作面未被充分利用，有轮流停歇的现象。这时，工作面的停歇并不一定有害，有时还是必要的，如可以利用停歇的时间做养护、备料、弹线等工作。但当施工段数目过多，必然使工作面减小，从而减少施工班组的人数，势必延长工期。

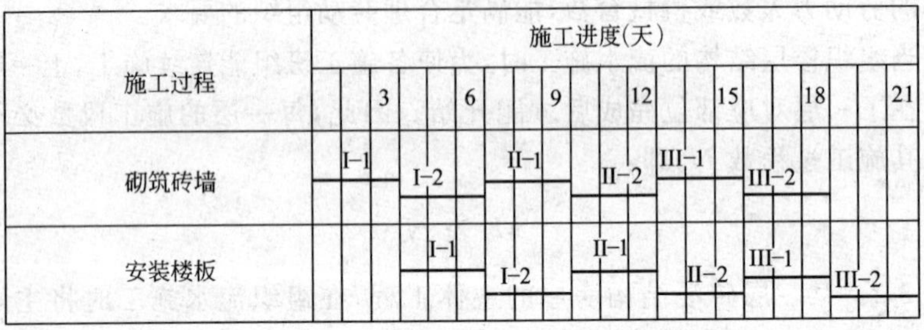

图 3-8　$M_0=N$ 的进度安排(图中 I、II、III 表示楼层，1、2 表示施工段)

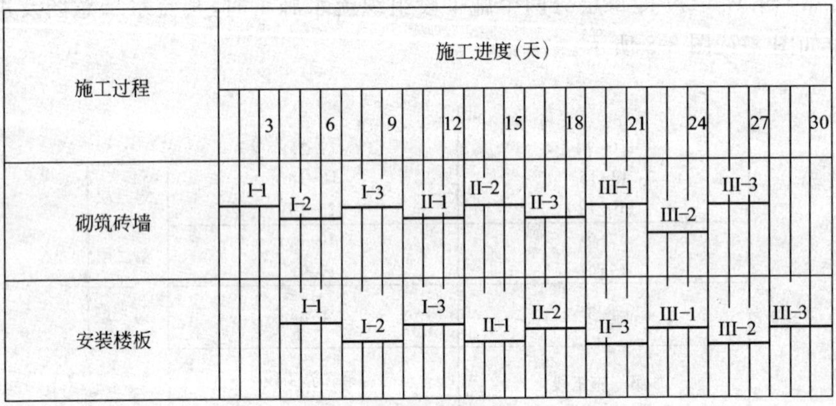

图 3-9　$M_0>N$ 的进度安排(图中 I、II、III 表示楼层，1、2 表示施工段)

(3)当 $M_0<N$ 时，即每层为一个施工段，其进度安排如图 3-10 所示。

从图 3-10 可看出：第一层砌筑砖墙完成后不能马上进行第二层的砌筑，砌墙的施工班组产生窝工，同样安装楼板也是如此。两个施工班组均无法保持连续施工，轮流出现窝工现象。这对一个建筑物组织流水施工是不适宜的。但有若干幢同类型建筑物时，以一个建筑物为一个施工段，可组织幢号大流水施工。

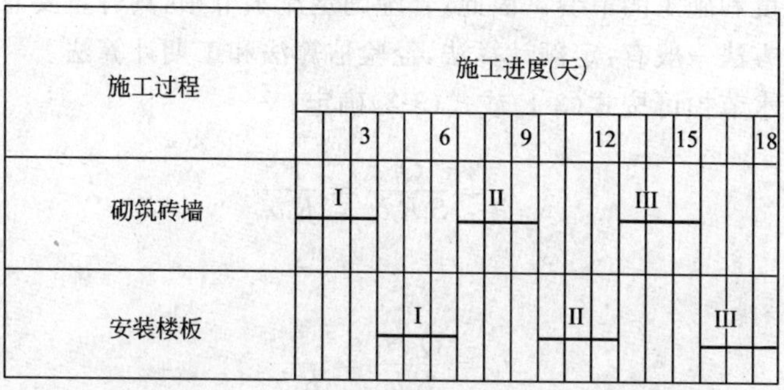

图 3-10 $M_0<N$ 的进度安排(图中 I、II、III 表示楼层)

施工段划分的一般部位要有利于结构的整体性,应考虑到施工工程对象的轮廓形状、平面组成及结构构造上的特点。在满足施工段划分基本要求的前提下,可按下述几种情况划分施工段的部位:

①设置有伸缩缝、沉降缝的建筑工程,可以此变形缝为界划分施工段;

②单元式的住宅工程,可按单元为界分段,必要时以半个单元处为界分段;

③道路、管线等按长度方向延伸的工程,可按一定长度作为一个施工段;

④多幢同类型建筑,可以一幢房屋作为一个施工段。

2. 施工层

施工层是指为满足竖向流水施工的需要,在建筑物垂直方向上划分的施工区段。施工层的划分视工程对象的具体情况而定,一般以建筑物的结构层作为施工层。例如:一个 18 层的全现浇剪力墙结构的房屋,其结构层数就是施工层数。如果该房屋每层划分为三个施工段,那么其总的施工段数:

$$M=18\text{ 层}\times 3\text{ 段/层}=54\text{ 段}$$

三 时间参数

在组织流水施工时,用以表达流水施工在时间安排上所处状态的参数,称为时间参数。一般有流水节拍、流水步距和工期等。

1. 流水节拍

流水节拍是指在组织流水施工时,各个专业班组在每个施工段上完成施工任务所需要的工作持续时间。一般用 t_i 表示。

1)流水节拍的确定

流水节拍数值的大小与项目施工时所采取的施工方案、每个施工段上发生的工程量、各个施工段投入的劳动人数或施工机械的数量及工作班数有关,决定着施工的速度和施工的节奏。因此,合理确定流水节拍,具有重要意义。流水节拍的确定的方法一般有:定额计算法,经验估算法和工期计算法。

一般流水节拍可按式(3-1)或式(3-2)确定:

$$t_i = \frac{Q_i}{S_i R_i b_i} = \frac{P_i}{R_i b_i} \tag{3-1}$$

或:

$$t_i = \frac{Q_i H_i}{R_i b_i} = \frac{P_i}{R_i b_i} \tag{3-2}$$

式中:t_i——某专业班组在第 i 施工段上的流水节拍;

P_i——某专业班组在第 i 施工段上需要的劳动量或机械台班数量;

R_i——某专业班组的人数或机械台数;

b_i——某专业班组的工作班数;

Q_i——某专业班组在第 i 施工段上需要完成的工程量;

S_i——某专业班组的计划产量定额(如:m^3/工日);

H_i——某专业班组的计划时间定额(如:工日/m^3)。

2)确定流水节拍的要点

(1)施工班组人数主要符合该施工过程最少劳动组合人数的要求。例如:现浇钢筋混凝土施工过程,它包括上料、搅拌、运输、浇捣等施工操作环节,如果人数太少,是无法组织施工的。

(2)要考虑工作面的大小或某种条件的限制,施工班组人数也不能太多,每个工人的工作面要符合最小工作面的要求。否则,就不能发挥正常的施工效率或不利于安全生产。主要工种的最小工作面可参考表 3-1 的有关数据。

(3)要考虑各种机械台班的效率(吊装次数)或机械台班产量的大小。

(4)要考虑各种材料、构件等施工现场堆放量、供应能力及其他有关条件的制约。

(5)要考虑施工及技术条件的要求。例如不能留施工缝必须连续浇筑的钢筋混凝土工程,有时要按三班制工作的条件决定流水节拍,以确保工程质量。

(6)确定一个分部工程各施工过程的流水节拍时,首先应考虑主要的工程量大的施工过程节拍(它的节拍值最大,对工程起主要作用),其次确定其他施工过程的节拍值。

(7)流水节拍的数值一般取整数,必要时可取半天。

主要工种工作面参考数据表 表 3-1

工 作 项 目	每个技工的工作面	说　明
砖基础	7.6 m/人	以1砖半计,2砖乘以0.8,3砖乘以0.55
砌砖墙	8.5m/人	以1砖计,1砖半乘以0.7,2砖乘以0.57
毛石墙基	3m/人	以60cm计
毛石墙	3.3m/人	以40cm计
混凝土柱、墙基础	$8m^3$/人	机拌、机捣
混凝土设备基础	$7m^3$/人	机拌、机捣
现浇钢筋混凝土柱	$2.45m^3$/人	机拌、机捣
现浇钢筋混凝土梁	$3.20m^3$/人	机拌、机捣
现浇钢筋混凝土墙	$5m^3$/人	机拌、机捣
现浇钢筋混凝土楼板	$5.3m^3$/人	机拌、机捣
预制钢筋混凝土柱	$3.6m^3$/人	机拌、机捣
预制钢筋混凝土梁	$3.6m^3$/人	机拌、机捣
预制钢筋混凝土屋架	$2.7m^3$/人	机拌、机捣
预制钢筋混凝土平板、空心板	$1.91m^3$/人	机拌、机捣
预制钢筋混凝土大型屋面板	$2.62m^3$/人	机拌、机捣
混凝土地坪及面层	$40m^2$/人	机拌、机捣
外墙抹灰	$16m^2$/人	
内墙抹灰	$18.5m^2$/人	
卷材屋面	$18.5m^2$/人	
防水水泥砂浆屋面	$16m^2$/人	
门窗安装	$11m^2$/人	

2. 流水步距

在组织流水施工时,相邻的两个施工专业班组先后进入同一施工段开始施工的间隔时间,称为流水步距。通常以 $K_{i,i+1}$ 表示(i 表示前一个施工过程,$i+1$ 表示后一个施工过程)。

流水步距的大小,对工期有着较大的影响。在施工段不变的条件下,流水步距越大,工期越长;流水步距越小,则工期越短。流水步距还与前后两个相邻施工过程流水节拍的大小、施工工艺技术要求、是否有技术和组织间歇时间。施工段数目、流水施工的组织方式等有关。流水步距的表示见图 3-7。

在流水施工中,如果同一施工过程在各施工段上的流水节拍相等,则各相邻

施工过程之间的流水步距可按式(3-3)计算:

$$K_{i,i+1}=\begin{cases} t_i+(t_j-t_d) & (\text{当 } t_i \leqslant t_{i+1} \text{ 时}) \\ Mt_i-(M-1)t_{i+1}+(t_i-t_d) & (\text{当 } t_i > t_{i+1} \text{ 时}) \end{cases} \tag{3-3}$$

式中:$K_{i,i+1}$——第 i 个施工过程到第 $i+1$ 个施工过程的流水步距;

t_i——第 i 个施工过程的流水节拍;

t_{i+1}——第 $i+1$ 个施工过程的流水节拍;

t_j——第 i 个施工过程与第 $i+1$ 个施工过程之间的间歇时间;

t_d——第 $i+1$ 个施工过程与第 i 个施工过程之间的搭接时间;

M——施工段数。

3. 工期

工期是指完成一项工程任务或一个流水组施工所需的时间,一般可采用式(3-4)计算:

$$T=\sum K_{i,i+1}+T_N \tag{3-4}$$

式中:T——工期;

$\sum K_{i,i+1}$——流水施工中各流水步距之和;

T_N——流水施工中最后一个施工过程的持续时间。

例 3-3 某工程划分为 A、B、C、D 四个施工过程,分四个施工段组织流水施工,各施工过程的流水节拍分别为 $t_A=3$ 天,$t_B=4$ 天,$t_C=5$ 天,$t_D=3$ 天;施工过程 B 完成后需有 2 天的技术和组织间歇时间.试求各施工过程之间的流水步距及该工程的工期。

解:根据上述条件及公式(3-3),各流水步距计算如下:

因为 $t_A<t_B$,$t_j=0$ $t_D=0$,所以:

$$K_{A,B}=t_A+(t_j-t_D)=3+0=3(\text{天})$$

因为 $t_B<t_C$,$t_j=2$ $t_D=0$,所以:

$$K_{B,C}=t_B+(t_j-t_D)=4+(2-0)=6(\text{天})$$

因为 $t_C<t_D$,$t_j=0$ $t_D=0$,所以:

$$K_{C,D}=M\,t_C-(M-1)t_D+(t_j-t_D)=4\times5-(4-1)\times3+(0-0)=11(\text{天})$$

该工程的工期按公式(3-4)计算如下:

$$\begin{aligned} T&=\sum K_{i,i+1}+T_N \\ &=K_{A,B}+K_{B,C}+K_{C,D}+M\,t_D \\ &=(3+6+11)+(4\times3) \\ &=32(\text{天}) \end{aligned}$$

该工程的流水施工进度安排如图 3-11 所示。

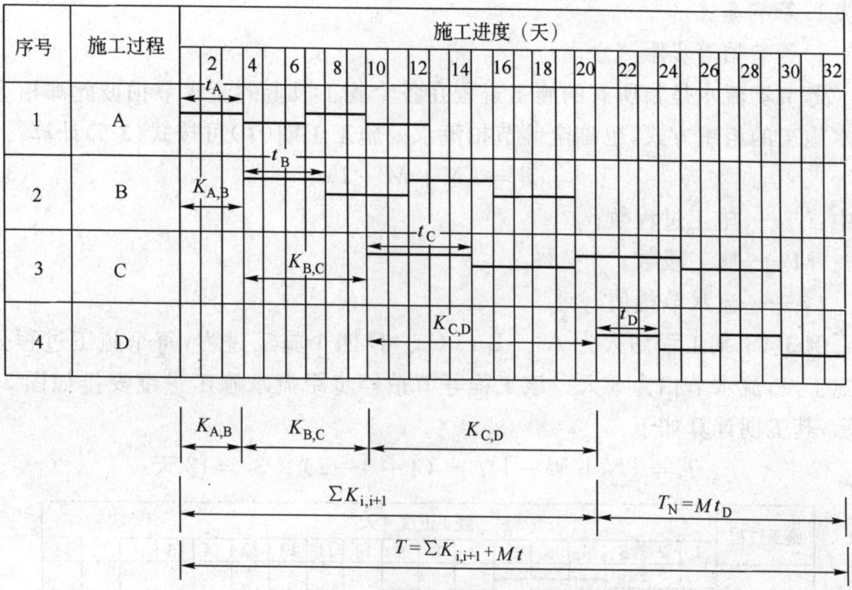

图 3-11 某工程流水施工

第三节 流水施工的基本方式

根据流水节拍特征的不同，流水施工可分为有节奏流水和无节奏流水两大类，如图 3-12。

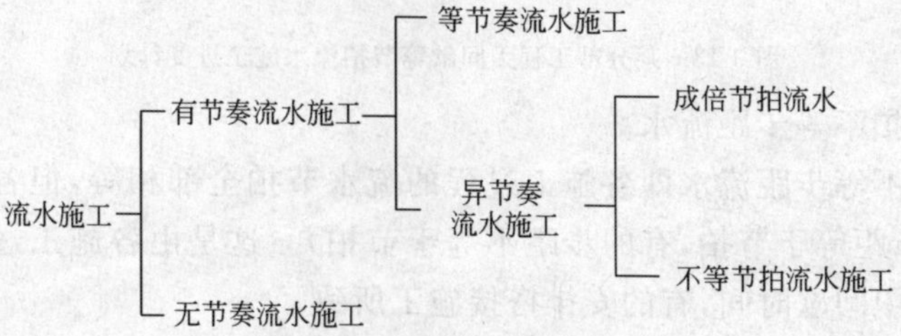

图 3-12 流水施工分类

一 有节奏流水施工

有节奏流水是指在组织流水施工时，同一施工过程在各施工段上的流水节拍都相等的一种流水施工方式。根据不同施工过程之间的流水节拍是否相等，有节奏流水又可分为等节奏流水和异节奏流水。

1. 等节奏流水

1)等节拍等步距流水

等节奏流水是指所有的施工过程在各个施工段上的流水节拍彼此都相等的流水施工的组织方式,也称全等节拍流水。施工工期(T)可按式(3-5)计算:

$$T=(N+M-1)t_i \tag{3-5}$$

式中:N——施工过程数;

M——施工段数;

t_i——流水节拍值。

例 3-4 某工程划人为 A 、B 、C 、D 四个施工过程,每个施工过程分 3 个施工段,流水节拍为 3 天。该工程等节拍等步距流水施工进度安排如图 3-13 所示,其工期计算如下:

$$T=(N+M-1)t=(4+3-1)\times 3=18\text{天}$$

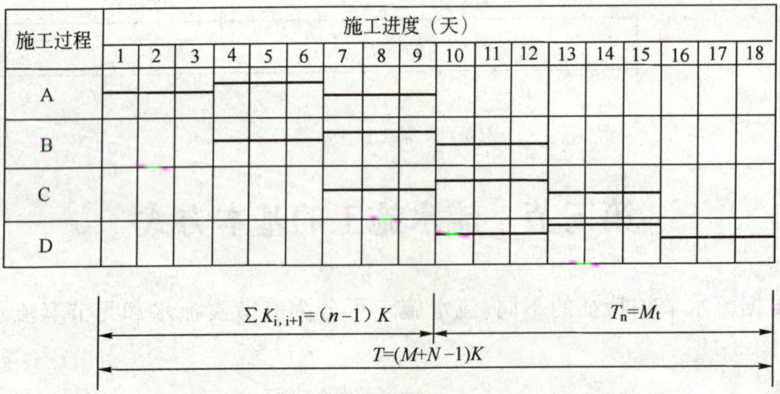

图 3-13 某分部工程无间歇等节拍流水施工进度计划

2)等节拍不等步距流水

等节拍不等步距流水即各施工过程的流水节拍全部相等,但各流水步距不相等(有的步距等于节拍,有的步距不等于节拍)。这是由各施工过程之间需要有技术与组织间歇时间,有的安排搭接施工所致。

这种流水施工的工期计算公式(3-6),推导如下:

因为:

$$t_i=\mathrm{t},\ K_{i,i+1}=t+t_j-t_d$$

所以:

$$\sum K_{i,i+1}=(N-1)t+\sum t_j-\sum t_d$$

$$T=\sum K_{i,i+1}+T_N=(N-1)t+\sum t_j-\sum t_d+M_t$$

即：

$$T=(N+M-1)+\sum t_{j}-\sum t_{d} \tag{3-6}$$

式中：$\sum t_{j}$——所有间歇时间总和；

$\sum t_{d}$——所有搭接时间总和。

例 3-5 某工程划分为 A 、B 、C 、D 四个施工过程，每个施工过程分 3 个施工段，各施工过程的流水节拍均为 3 天，其中，施工过程 A 与 B 之间有 2 天的间歇时间，施工过程 D 与 C 搭接 1 天。该工程等节拍不等步距流水施工进度如图 3-14 所示，其工期计算如下：

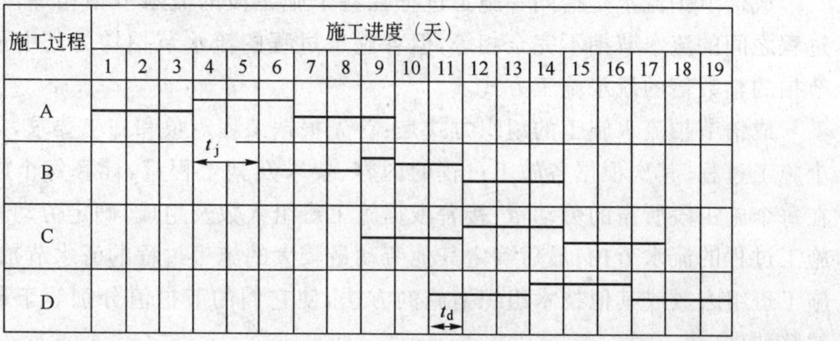

图 3-14 流水施工进度

$$T=(N+M-1)t+\sum t_{j}-\sum t_{d}=(4+3-1)\times 3+2-1=19(\text{天})$$

全等节拍流水一般适用于工程规模较小、建筑结构比较简单、施工过程不多的房屋或某些构筑物。常用于组织一个分部工程的流水施工。

全等节拍流水施工的组织方法是：首先划分施工过程，应将劳动量小的施工过程合并到相邻施工过程中去，以使各流水节拍相等；其次确定主要施工过程的施工班组人数，计算其流水节拍；最后根据已定的流水节拍，确定其他施工过程的施工班组人数及其组成。

在组织全等节拍流水施工时，如工期已规定，则主要施工过程的流水节拍可按式(3-7)确定：

$$t=\frac{T-\sum t_{j}+\sum t_{d}}{N+M-1} \tag{3-7}$$

例 3-6 某四层三单元住宅主体工程规定工期为 60 天，施工过程可划分为砌筑砖墙、浇筑圈梁、吊装楼板。如以每一单元为一个施工段，组织等节拍步距流水施工，试确定主要不是施工过程的流水节拍。

解：因为等节拍步距流水的 $t_{j}=0$，$t_{d}=0$，所以 $\sum t_{j}=0$，$\sum t_{d}=0$。

由工期公式得其主要施工过程的流水节拍为：

$$t=\frac{T}{N+M-1}=\frac{70}{3+4\times 3-1}=5(\text{天})$$

2.异节奏流水

异节奏流水是指同一施工过程在各施工段上的流水节拍都相等，但不同施工过程之间的流水节拍不完全相等的一种流水施工方式。异节奏流水又可分为成倍节拍流水和不等节拍流水。

1)成倍节拍流水

成倍节拍流水是指同一施工过程在各个施工段的流水节拍相等，不同施工过程之间的流水节拍不完全相等，但各施工过程的流水节拍均为其中最小流水节拍的整数倍的流水施工方式。

成倍节拍流水施工的组织方式是：首先根据工程对象和施工要求，划分若干个施工过程；其次根据各施工过程的内容、要求及其工程量，计算每个施工过程在每个施工段所需的劳动量；接着根据施工班组人数及组成，确定劳动量最少的施工过程的流水节拍；最后确定其他劳动量较大的施工过程的流水节拍，用调整施工班组人数或其他技术组织措施的方法，使它们的节拍值分别等于最小节拍的整数倍。

为充分利用工作面，加快施工进度，流水节拍大的施工过程应相应增加班组数。每个施工过程所需施工班组数可由式(3-8)确定：

$$b_i=\frac{t_i}{t_{min}} \tag{3-8}$$

式中：b_i——某施工过程所需施工班组数；

t_i——某施工过程的流水节拍；

t_{min}——所有流水节拍中的最小流水节拍。

对于成倍节拍流水施工，任何两个相邻施工班组间的流水步距，均等于所有流水节拍中是最小流水节拍，即为式(3-9)：

$$K=t_{min} \tag{3-9}$$

成倍节拍流水的工期，可按式(3-10)计算：

$$T=(M+N'-1)\ t_{min} \tag{3-10}$$

式中：N'——施工班组总数目，$N'=\sum b_i$。

例 3-7　已知某工程划分为六个施工段和三个施工过程($N=3$)，各施工过程的流水节拍分别为 $t_1=1$ 天，$t_2=3$ 天，$t_3=2$ 天，试组织成倍节拍流水施工。

解：因为 $t_{min}=1$(天)

则：

$$b_1 = \frac{t_1}{t_{\min}} = \frac{1}{1} = 1(个)$$

$$b_2 = \frac{t_2}{t_{\min}} = \frac{3}{1} = 3(个)$$

$$b_3 = \frac{t_3}{t_{\min}} = \frac{2}{1} = 2(个)$$

施工班组总数为：

$$N' = \sum b_i = b_1 + b_2 + b_3 = 1 + 3 + 2 = 6(个)$$

该工程流水步距为：

$$K = t_{\min} = 1(天)$$

该工程的工期为：

$$T = (M + N' - 1)t_{\min}$$
$$= (6 + 6 - 1) \times 1 = 11(天)$$

根据所确定的流水参数绘制施工进度表如图 3-15 所示成倍节拍流水实质上是一种不等节拍等步距的流水施工，这种方式适用于一般房屋建筑工程的施工，也适用于线型工程（如管路、管道等）的施工。

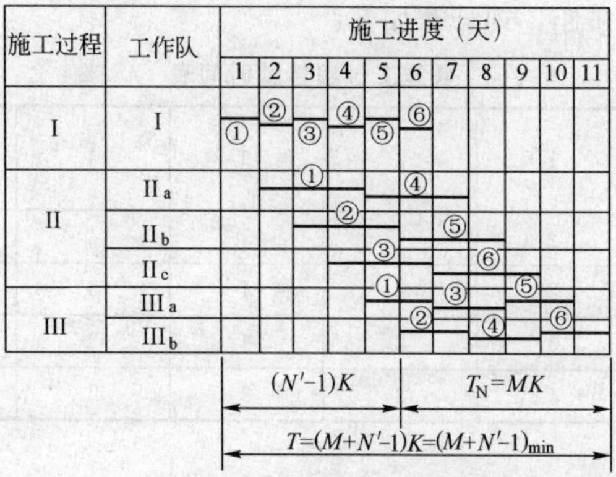

图 3-15　成倍节拍流水施工

2）不等节拍流水

有时由于各施工过程之间的工程量相差很大，各施工班组的施工人数又有所不同，使得不同施工过程在各施工段上的流水节拍无规律性。这时，若组织全等节拍或成倍节拍流水均有困难，则可组织不等节拍流水。

不等节拍流水是指同一施工过程在各个施工段的流水节拍相等，不同施工过程之间的流水节拍既不相等也不成倍的流水施工方式。组织不等节拍流水的基本要求是:各施工班组尽可能依次在各施工段上连续施工,允许有些施工段出现空闲,但不允许许多个施工班组在同一施工段交叉作业,更不允许发生工艺顺序颠倒的现象。

不等节拍流水实质上是一种不等节拍不等步距的流水施工,这种方式适用于施工段大小相等的工程施工组织。

二 无节奏流水施工

无节奏流水是指同一施工过程在各施工段上的流水节拍不完全相等的一种流水施工方式。

在实际工作中,有节奏流水,尤其是全等节拍和成倍节拍流水往往是难以组织的,而无节奏流水则是常见的。组织无节奏流水的基本要求与不等节拍流水相同,即保证各施工过程的工艺顺序合理和各施工班组尽可能依次在各施工段上连续施工。

例 3-8 根据表 3-2 数据,1)计算各流水步距和工期;2)绘制流水施工进度表:

解:1)流水步距计算

因每一施工过程的流水节拍不相等,故采用;"累加斜减取大差法"计算. 第一步是将每个施工过程的流水节拍逐段累加;第二步是错位相减;第三步是取差数之大者作为流水步距。现计算如下:

各施工过程持续时间表 表 3-2

施工段 / 施工过程	1	2	3	4	5	6
A	2	1	3	4	4	5
B	2	2	4	3	4	4
C	3	2	4	3	4	4
D	4	3	3	2	5	4

(1)求 $K_{A,B}$

$$\begin{array}{ccccccc} & 2 & 3 & 6 & 10 & 15 & 20 \\ 0 & 2 & 4 & 8 & 11 & 15 & 19 \\ \hline 2 & 1 & 2 & 2 & 4 & 5 & \end{array}$$

取 $K_{A,B}=5$ 天

(2)求 $K_{B,C}$

$$\begin{array}{ccccccc} & 2 & 4 & 8 & 11 & 15 & 19 \\ 0 & 3 & 5 & 9 & 12 & 16 & 20 \\ \hline 2 & 1 & 3 & 2 & 3 & 3 & \end{array}$$

取 $K_{B,C}=3$ 天

(3)求 $K_{C,D}$

$$\begin{array}{ccccccc} & 3 & 5 & 9 & 12 & 16 & 20 \\ 0 & 4 & 7 & 10 & 12 & 17 & 21 \\ \hline 3 & 1 & 2 & 2 & 4 & 3 & \end{array}$$

取 $K_{C,D}=4$ 天

2)工期计算

$$T=\sum K_{i,i+1}+T_N=5+3+4+4+3+3+2+5+4=33\text{天}$$

该工程的施工进度安排如图 3-16 所示：

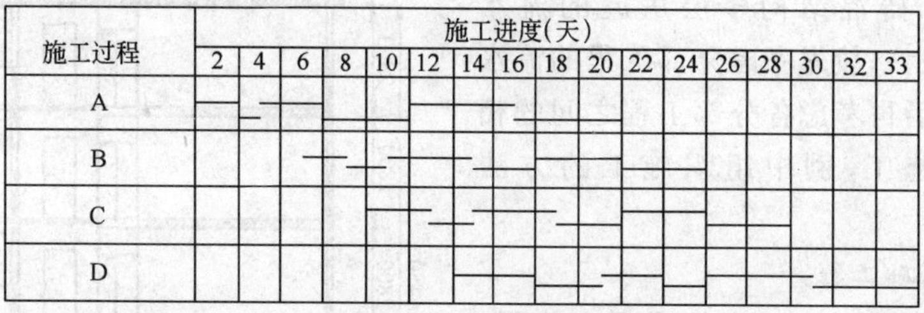

图 3-16 施工进度安排

无节奏流水不像有节奏流水那样有一定的时间约束，在进度安排上比较灵活、自由。适用于各种不同结构性质和规模的工程施工组织，实际应用比较广泛。

在上述各种流水施工的基本方式中，全等节拍和成倍节拍流水通常在一个分部或分项工程中，组织流水施工比较容易做到。即比较适用于组织专业流水或细部流水。但对一个单位工程，特别是一个大型的建筑群来说，要求所划分的各分部、分项工程都采用相同的流水参数(施工过程数、施工段数、流水节拍和流水步距等)组织流水施工，往往十分困难，也不容易达到。

因此，到底采用哪一种流水施工的组织形式，除了分析流水节拍的特点，还要考虑工期要求和项目经理部自身的具体施工条件。

任何一种流水施工的组织形式，仅仅是一种组织管理手段，其最终目的是要实现企业目标，工程质量好、工期短、效益高和安全施工。

第四节 流水施工案例

流水施工是一种科学组织施工的方法，编制施工进度计划时应尽量采用流水施工方法，以保证施工有较为鲜明的节奏性、均衡性和连续性。下面用一个工程施工实例来阐述流水施工的具体应用。

图 3-17 为某五层三单元砖混结构房屋的平、剖面示意图，建筑面积为 3075m^2。钢筋混凝土条形基础，上砌基础（内含防潮层）。主体工程为砖墙、预制空心楼板。预制楼梯；为增加结构的整体性，每层设有现浇钢筋混凝土圈梁，钢窗、木门（阳台门为钢门）上设预制钢筋混凝土过梁。屋面工程为屋面板上作细石混凝土屋面防水层和贴一毡二油分仓缝。楼地面工程为空心楼板及地坪三合土上细石混凝土地面。外墙用水泥混合砂浆。内墙用石灰砂浆抹灰。其工程量一览表见表 3-3。

对于砖混结构多层房屋的流水施工组织，一般先考虑分部工程的流水施工，然后再考虑各分部工程之间的相互搭接施工，例中组织施工的方法如下。

1. 基础工程

包括基槽挖土、浇筑混凝土垫层、绑扎钢筋、浇筑混凝土、砌筑基础墙和回填土等六个施工过程。当这个分部工程全部采用手工操作时，其主要施工过程是浇筑混凝土。若土方工程由专门的施工队采用机械开挖时，通常将机械挖土与其他手工操作的施工过程分开考虑。

本工程基槽挖土采用斗容量为 0.2m^3 的蟹斗式挖土机进行施工，则共需432/36＝12 台班和 36 个工日。如果用用一台机械两班制施工，则基槽挖土 6 天就可完成。

浇筑混凝土垫层工程量不大，用一个 10 人的施工班组 1.5 天即可完成。为了不影响其他施工过程流水施工，可以将其紧接在挖土过程完成之后施工，工作一天后，再插入其他施工过程。

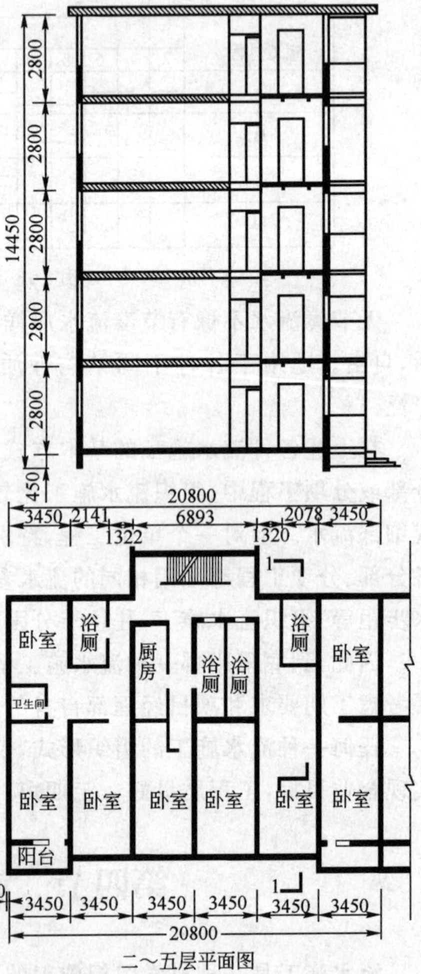

图 3-17　混合结构居住房屋平、剖面示意图

一幢五层三单元混合结构居住房屋工程量一览表 表 3-3

顺序	工程名称	单位	工程量	需要的劳动量（工日）或台班
1	基础挖土	m^3	432	12 台班，12×3＝36 工日
2	混凝土垫层	m^3	22.5	14
3	基础绑扎钢筋	kg	5475	11
4	基础混凝土	m^3	109.5	70
5	砌砖基墙	m^3	81.6	60
6	回填土	m^3	399	76
7	砌砖墙	m^3	1026	985
8	圈梁安装模板	m^3	635	63
9	圈梁绑扎钢筋	kg	10000	67
10	圈梁浇混凝土	m^3	78	100
11	安装楼板	块	1320	140.9 台班
12	安装楼梯	座	3	14.9×14＝209 工日
13	楼板灌缝	m	4200	49
14	屋面第二次灌缝	m	840	10
15	细石混凝土面层	m^2	639	32
16	贴分仓缝	m	160.5	16
17	安装吊篮架子	根	54	54
18	拆除吊篮架子	根	54	32
19	安装钢门窗	m^2	318	127
20	外墙抹灰	m^2	1782	213
21	楼地面和楼梯抹灰	m^2	2500,120	128,50
22	室内地坪三合土	m^3	408	60
23	天棚抹灰	m^2	2658	325
24	内墙抹灰	m^2	3051	268
25	安装木门	扇	210	21
26	安装玻璃	m^2	318	23
27	油漆门窗	m^2	738	78
28	其他			15%（劳动量）
29	卫生设备安装工程			
30	电气安装工程			

基础工程中其余四个施工过程（$N_1=4$）组织全等节拍流水。根据划分施工段的原则和其结构特点，以房屋的一个单元作为一个施工段，即在房屋平面上划分成三个施工段（$M_1=3$）。主导施工过程是浇筑基础混凝土，共需 70 工日，采用一个 12 人的施工班组一班制施工，则每一施工段浇筑混凝土这一施工过程持续时间为 70/(3×1×12)＝2 天。为使各施工过程能相互紧凑搭接，其他施工过程在每个段的施工持续时间也采用 2 天（$T_1=2$）。则基础工程的施工持续时间计算如下式：

$$T_1=6+1+(M_1+N_1-1)t_1=6+1+(3+4-1)\times2=19(\text{天})$$

2. 主体工程

包括砌筑砖墙、现浇钢筋混凝土圈梁(包括支模、绑筋、浇筑混凝土)、安装楼板和楼梯。楼板灌缝五个施工过程。其中主导施工过程为砌筑砖墙。为组织主导施工过程进行流水施工,在平面上也划分为三个施工段。每个楼层划分为两个施工层,每一施工段上每层的砌筑砖墙时间为 1 天,则每一施工段砌筑砖墙的持续时间为 2 天($T_2=2$)。由于现浇钢筋混凝土圈梁工程量较小,故组织混合施工班组进行施工,安装模板、绑扎钢筋、浇筑混凝土共 1 天,第二天为圈梁养护。这样,现浇圈梁在每一施工段上的持续时间仍为 2 天($T_2=2$)。安装一个施工段的楼板和楼梯所需时间为一个台班(即 1 天),第二天进行灌缝,这样两者合并为一个施工过程,它在每一施工过程,它在每一施工段上的持续时间仍为 2 天($T_2=2$)。因此主体工程的施工持续时间可计算如下式:

$$T_2=(M_2+N_2-1)T_2=(5\times3+3-1)\times2=34(\text{天})$$

3. 屋面工程

包括屋面板第二次灌缝、细石混凝土屋面防水层、贴分仓缝。由于屋面工程通常耗费劳动量较少,且其顺序与装修工程相互制约,因此考虑工艺要求,与装修工程平行施工即可。

4. 装修工程

包括安装门窗、室内外抹灰、门窗油漆、楼地面抹灰等十一个施工过程。其中抹灰是主导施工过程。由于安装木门和安装玻璃可以同时进行,安装和拆除吊篮架子、施工地坪三合土三个施工过程可与其他施工过程平行施工,不占绝对工期。因此,在计算装修工程的施工持续时间时,施工过程数 $N_4=11-1-3=7$。

装修工程采用自上而下的施工顺序。结合装修的特点,把房屋的每层作为一个施工段($M_4=5$)。考虑到内部抹灰工艺的要求,在每一施工段上的持续时间最少需 3~5 天,本例中,取 $T_4=3$。考虑装修工程的内部各工程搭配所需的间歇时间为 9 天,则装修工程的施工队持续时间为:

$$T_4=(M_4+N_4-1)T_4+\sum T_j=(5+7-1)\times3+9=42(\text{天})$$

本例中,主体砌筑砖墙是在基础工程的回填土为其创造了足够的工作面后才开始,即在第一施工段上土方回填后开始砌筑砖墙。因此基础工程与主体工程两个分部工程相互搭接 4 天。同样,装修工程与主体工程两个分部工程考虑 2 天搭接时间。屋面工程与装修工程平行施工,不占工期。因此,总工期可用下式计算:

$$T=T_1+T_2+T_4-\sum T_d=19+34+42-(4+2)=89(\text{天})$$

该工程流水施工进度计划安排如图 3-18 所示。

序号	分部分项工程名称	工程量 单位	工程量 数量	产量定额	劳动量(工日) 需要	劳动量(工日) 采用	需用机械 名称	需用机械 台班数	工作持续天数	每天工作班数	每班工人数	工作队组成混合或专业
一	基础工程			36m²/台班								
1	基槽挖土	m^3	432		36	36	蟹斗式挖土机	12	6	2	6	3
2	混凝土垫层	kg	23	1.63	14	15			1.5	1	10	10
3	基础钢筋绑扎	m^3	5457	480	11	12			6	1	2	2
4	基础混凝土	m^3	110	1.58	70	72	混凝土拌合机		6	1	12	12
5	砌基础墙	m^3	82	1.36	60	60			6	1	10	10
6	回填土	m^3	399	5.3	76	72			6	1	12	6
二	主体工程											
7	砌体墙	m^3	1026	1.04	985	960	井架		30	1	32	16
8	圈梁 安装模板	m^3	635	10	230	225			15	15	15	15
	圈梁 绑扎钢筋	kg	10000	150								
	圈梁 浇筑混凝土	m^3	76	0.78			混凝土拌和机					
9	安装楼板和楼梯	块 座	1320 3	167 1.6	209	210	台灵架拔杆	15	15	1	14	14
10	楼板灌缝	m	4200	85	49	45			15	1	3	3
三	层面工程											
11	层面第二次灌缝	m	840	85	10	10			1	1	10	10
12	细石混凝土面层	m^2	639	19.8	32	32			1	1	35	16
13	贴分仓缝	m	161	10	16	15			3	1	5	5
四	装饰工程											
14	安装钢门窗	m^2	318	2.5	127	120			15	1	8	8
15	室内地坪三合土	m^3	41	0.68	60	60			4	1	15	15
16	楼地面及楼梯抹面	m^2	2250 120	19.8 24	178	180			15	1	12	12
17	安装吊篮架子	只	54	2	27	27	卷杨机		3	1	9	9
18	外墙抹灰	m^2	1728	8.4	213	210	灰浆经济指标		15	1	14	14
19	拆除吊篮架子	只	54	3	18	18	卷杨机		2	1	9	9
20	天棚抹灭	m^2	2658	8.2	326	315	灰浆拌和机		15	1	21	21
21	内墙抹灭	m^2	3051	11.4	268	270	灰浆拌和机		15	1	18	18
22	安装木门	扇	210	7	30	30			15	1	2	2
23	安装玻璃	m^3	318	10	32	30			15	1	2	2
24	油漆门窗	m	738	9.6	77	75			15	1	5	5
25	其它			约15%		451					5	
26	卫生技术安装工程											
27	电气安装工程											

技术经济指标

工期 89 天

总工日数 3460 工日

每天平均人数 39 人

每天最大人数 66 人

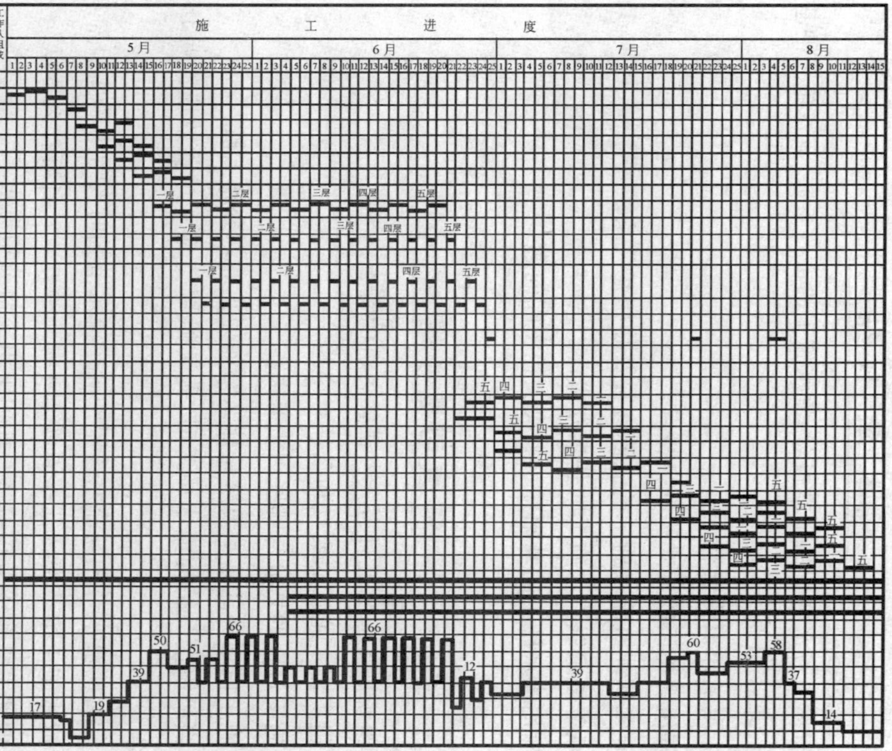

图 3-18　流水施工进度计划

本章小结

本章叙述了流水施工的基本概念,流水施工的主要参数,流水施工的基本方式,流水施工的具体应用。

本章主要的知识要点有:

1. 掌握组织施工的方式和各自特点;

2. 重点掌握建筑流水施工的主要参数及其相互关系;

3. 重点掌握组织流水施工的基本方式;

4. 能应用流水施工的基础知识解决工程实际问题。

复习思考题

3-1　组织施工有哪几种方式?试述各自的特点。

3-2　组织流水施工的要点和条件有哪些?

3-3　施工过程的划分与哪些因素有关?

3-4　施工段划分的基本要求是什么?如何正确划分施工段?

3-5　当组织楼层结构流水施工时,施工段数与施工过程数应满足什么条件?为什么?

3-6　什么叫流水节拍与流水步距?确定流水节拍时要考虑哪些因素?

3-7　流水施工按节奏特征不同可分为哪几种方式?各有什么特点?

3-8　如何组织全等节拍流水?如何组织成倍节拍流水?

3-9　什么是无节奏流水施工?如何确定其流水步距?

综合练习题

1. 某工程有 A 、B 、C 三个施工过程,每个施工过程均划分为四个施工段。设 $t_A=2$ 天,$t_B=4$ 天,$t_C=3$ 天. 试分别计算依次施工、平行施工、及流水施工的工期,并绘制出各自的施工进度计划。

2. 已知条件如下表,划分为四段流水,每段工程量如表 3-4 所示,绘制横道图计划?

工程量表 表 3-4

工序	工程量	时间定额	劳动量	每天人数	施工天数
A	$130m^3$	0.24		16 人	
B	$38m^3$	0.82		30 人	
C	$75m^3$	0.78		20 人	
D	$60m^3$	0.19		10 人	

3.已知某工程任务划分为五个施工过程，分五段组织流水施工，流水节拍均为 3 天。在第二个施工过程结束后有 2 天技术和组织间歇时间，试计算其工期并绘制进度计划。

4.某工地建造六幢同类型的大板结构住宅，每幢房屋的主要施工过程及所需施工时间分别为基础工程 5 天，结构安装 15 天，粉刷装修 10 天，室外和清理工程 10 天。对这六幢住宅组织群体工程流水，试计算：

1)成倍节拍流水施工的工期并绘制进度表；

2)不等节拍流水施工的流水步距及工期并绘制进度表。

5.某工程的流水节拍如表 3-5 所示，试计算流水步距和工期，绘制流水施工进度表。

某工程的流水节拍值(天) 表 3-5

施工段 施工过程	I	II	III	IV
A	3	4	2	2
B	3	2	3	2
C	4	1	3	2

第四章 网络计划技术

【职业能力目标】

本章为网络计划技术知识，要求现场施工员、技术员必须掌握，施工员、技术员要能合理地按不同情况，独立地、正确地编制施工网络计划，这是施工组织设计的重要内容，而且解决工程实际问题也能用到网络计划的基础知识。

【学习要求】

理解网络计划概念；掌握双代号网络计划和单代号网络计划的编制方法与时间参数的计算；掌握时间坐标网络计划的编制方法；懂得单代号搭接网络计划和时间参数的计算方法；掌握工期优化、工期-资源优化和工期-成本优化的基本原理。

第一节 网络计划的基本概念

网络计划技术是由箭线和节点组成，用来表示工作流程有向、有序的网状图。这种网状图通常采用网络图的形式表达各项工作的先后顺序和逻辑关系，并找出关键工作和关键线路，按照一定的目标对网络计划进行优化，以选择最优方案。

网络计划技术，最早是 1957 年美国杜邦公司在计划和管理化工厂的建设与维修中，以及 1958 年美国海军在规划和研制从核潜艇上发射中程弹道式导弹的计划中，提出的控制工作进度的先进方法。20 世纪 60 年代，华罗庚教授把这种方法引入我国，统称为“统筹法”。“统筹法”作为网络计划管理的一种方法目前已广泛应用于我国工业、国防、邮电、土木工程等行业项目的组织和管理工作中，取得了较好的经济效益。

网络计划技术具有逻辑严密、关键突出、便于优化的特点。网络计划技术的应用使建筑施工企业计划的编制、组织、管理有了一个可供遵循的科学基础，对缩短工期、提高效益、降低成本都具有显著意义，亦是实现建筑施工企业管理现代化的途径之一。

在建设工程进度控制工作中，较多地采用确定型网络计划。确定型网络计划的基本原理是：首先，利用网络图的形式表达一项工程计划方案中各项工作之间的相互关系和先后顺序关系；其次，通过计算找出影响工期的关键线路和关键工作；接着，通过不断调整网络计划，寻求最优方案并付诸实施；最后，在计划实施过程中采取有效措施对其进行控制，以合理使用资源，高效、优质、低耗地完成预定任务。由此可见，网络计划技术不仅是一种科学的计划方法，同时也是一种科学的动态控制方法。

一 横道计划与网络计划的特点分析

如何最合理地组织好生产，管理好生产，做到全面筹划，统一安排，使生产中的各个环节能够做到一环扣一环，互相密切配合和大力协同，使工作完成得快、好、省，这就不是单凭经验和稍加思索就可以解决的问题，而是需要一个对各项工作进行统筹安排的科学方法。

长期以来，在工程技术界，在生产的组织和管理上，特别是在施工的进度安排方面，一直用“横道图”的计划方法，它的特点是在列出每项工作后，画出一条横道线，以表明进度的起止时间。对于施工现场的人来说，使用“横道图”做施工进度计划是相当熟悉的了。下面将用分析“横道图”和“网络计划图”的不同之处以及各自的优缺点来说明为什么要用“网络图”安排进度计划。

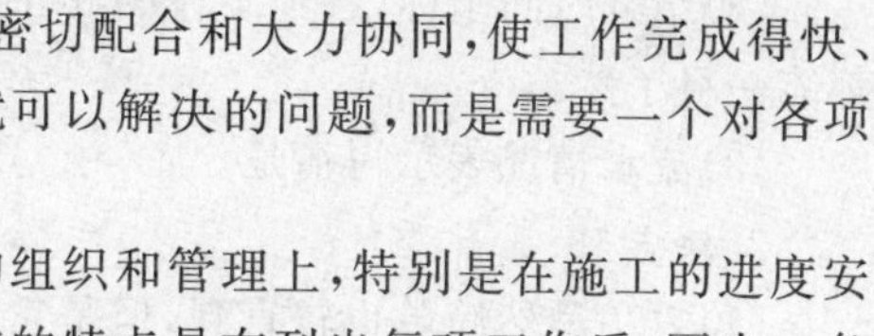

图 4-1 用横道图表示的进度计划

图 4-1 所示为用横道图表示的进度计划，图 4-2 所示为用网络图表示的进度计划。两者内容完全相同，表示方法却完全不同。

横道图是以横向线条结合时间坐标表示各项工作施工的起始点和先后顺序的，整个计划是由一系列的横道组成。

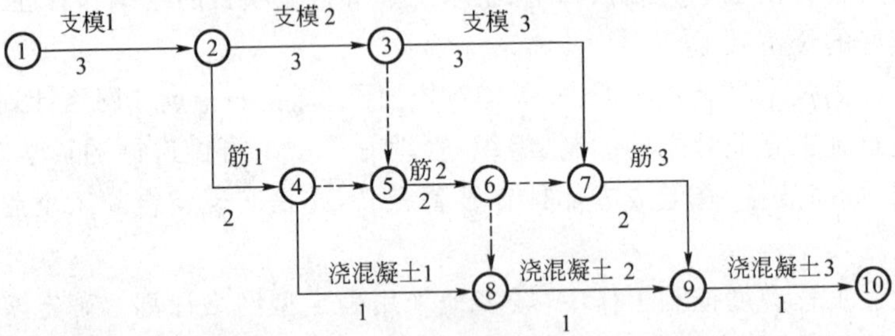

图 4-2　用网络图表示的进度计划

网络计划是以加注作业时间的箭线和节点组成的网状图形式来表示工程施工进度的。

(一)横道计划的优缺点

横道图也称甘特图，是美国人甘特在 20 世纪初研究发明的。

1. 优点

(1)比较容易编制，简单、明了、直观、易懂。

(2)结合时间坐标，各项工作的起止时间、作业持续时间、工程进度、总工期都能一目了然。

(3)流水情况表示得清楚。

2. 缺点

(1)方法虽然简单也较直观，但是它只能表明已有的静态状况，不能反映出各项工作之间错综复杂、相互联系、相互制约的生产和协作关系。比如图 4-1 中混凝土 1 只与钢筋 1 有关而与其他工作无关。

(2)反映不出哪些工作是主要的，哪些生产联系是关键性的，当然也就无法反映出工程的关键所在和全貌。也就是说不能明确反映关键线路，看不出可以灵活机动使用的时间，因而也就抓不住工作的重点，看不到潜力所在，无法进行最合理的组织安排和指挥生产，不知道如何去缩短工期、降低成本及调整劳动力。

由于横道图存在着一些不足之处，所以对改进和加强施工管理工作是不利的，即使编制计划的人员开始也仔细地分析和考虑了一些问题，但是在图面上反映不出来，特别是项目多、关系复杂时，横道图就很难充分暴露矛盾。在计划执行的过程中，某个项目完成的时间由于某种原因提前了或拖后了，将对别的项目发生多大的影响，从横道图上则很难看清，不利于全面指挥生产。

(二)网络计划方法的优缺点

1.优点

(1)在施工过程中的各有关工作组成了一个有机的整体,能全面而明确地反映出各项工作之间的相互依赖、相互制约的关系。比如图 4-2 中混凝土 1 必须在钢筋 1 之后进行而与其他工作无关,而混凝土 2 又必须在钢筋 2 和混凝土 1 之后进行等。

(2)网络图通过时间参数的计算,可以反映出整个工程的全貌,指出对全局性有影响的关键工作和关键线路,便于我们在施工中集中力量抓好主要矛盾,确保竣工工期,避免盲目施工。

(3)显示了机动时间,让我们知道从哪里下手去缩短工期,怎样更好地使用人力和设备。在计划执行的过程中,当某一项工作因故提前或拖后时,能从网络计划中预见到它对后续工作及总工期的影响程度,便于采取措施。

(4)能够利用计算机绘图、计算和跟踪管理。建筑工地情况是多变的,只有使用计算机才能跟上不断变化的要求。

(5)便于优化和调整,加强管理,取得好、快、省的全面效果。应用网络计划绝不是单纯地追求进度,而是要与经济效益结合起来。

2.缺点

流水作业的情况很难在网络计划上反映出来,不如横道图那么直观明了。现在网络计划也在不断地发展和完善,比如采用带时间坐标的网络计划可弥补这些不足。

3.网络计划的表示方法

网络计划是一种以网状图形表示工程施工顺序的工作流程图。通常有双代号和单代号两种表示方法,如图 4-3、图 4-4 所示。

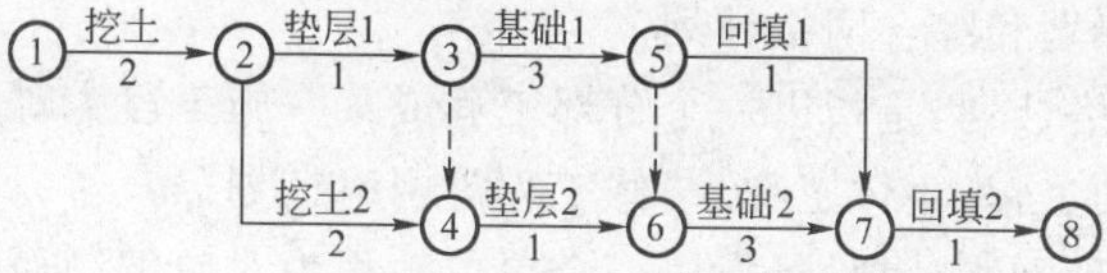

图 4-3 双代号网络图

人们在工程实践中,将网络图与时间坐标有机结合起来应用形成了时间坐标网络计划,如图 4-5 所示。将单代号网络图与搭接施工原理有机结合起来应用形成了单代号搭接网络计划,如图 4-6 所示。

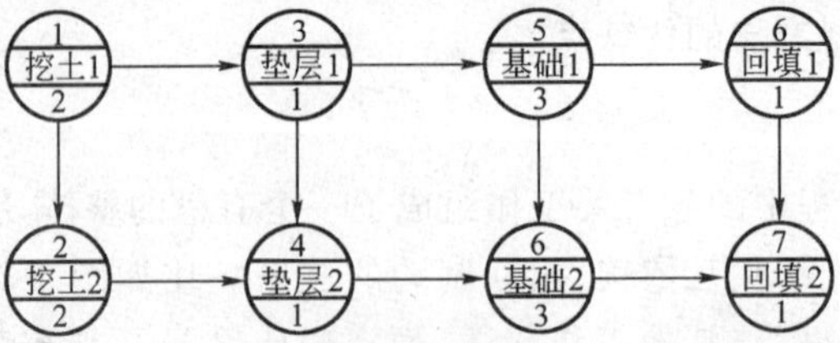

图 4-4　单代号网络图

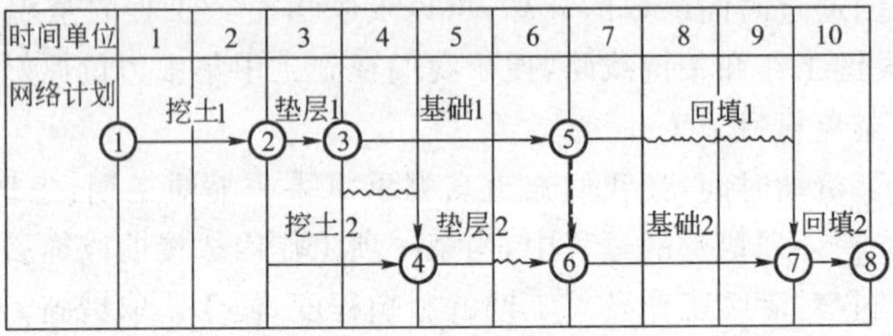

图 4-5　时间坐标网络图

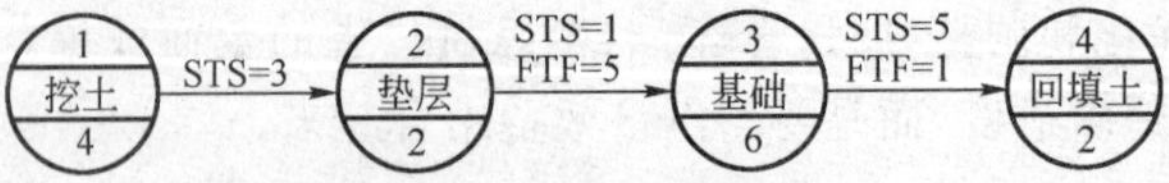

图 4-6　单代号搭接网络图

二 网络计划的分类

网络计划的种类很多，在建筑工程施工中，根据施工进度计划的不同用途，一般有以下几种分类方法：

1. 按网络计划编制的对象和范围分类

根据计划的工程对象不同和使用范围大小，网络计划可分为局部网络计划、单位工程网络计划和综合网络计划。

(1)局部网络计划：是指以一个分部工程或某一施工段为对象编制而成的网络计划。如基础工程、主体工程、装修工程等网络计划。

(2)单位工程网络计划：是指以一个单位工程为对象编制而成的控制性网络计划。它有以分部工程为工作项目来控制其施工时间和总工期的控制性网络计划，也有由几个分部工程的局部网络计划搭接而成的实施性网络计划；对于很简单的单位工程也可以将一个单位工程中的所有分项工程组成一个流水组，直接编制成单位工程的实施性网络计划。如一幢教学楼、写字楼、住宅楼及单层房屋等单位工程网络计划。

(3)综合网络计划:是指以一个建设项目或一个单项工程为对象编制而成的网络计划。如一个建筑群体工程或一所新建学校的综合网络计划。

2.按网络计划性质和作用分类

根据计划的性质和作用不同,网络计划分为实施性网络计划和控制性网络计划。

(1)实施性网络计划:是指以分部、分项工程为对象,以分项工程在一个施工段上的施工任务为工作内容编制而成的局部网络计划,或由多个局部网络计划综合搭接而成的单位工程网络计划,或直接以分项工程为工作内容编制而成的单位工程网络计划。其工作内容划分得较为详细、具体,是用来指导施工的计划形式。

(2)控制性网络计划:是指以控制各分部工程或各单位工程或整个建设项目的工期为主要目标编制而成的综合网络计划或单位工程网络计划。他是上级管理机构指导工作、检查与控制施工进度计划的依据,也是编制实施性网络计划的依据。

3.按网络计划的时间表达方式分类

根据计划的时间表达不同,网络计划分为时标网络计划和非时标网络计划。

(1)时标网络计划:工作的持续时间以时间坐标为尺度绘制的网络计划称时标网络计划。

(2)非时标网络计划:工作的持续时间以数字形式标注在箭线下面绘制的网络计划称非时标网络计划。

4.按网络计划的图形表达方式分类

根据网络计划的图形表达方式不同,网络计划可分为双代号网络计划、单代号网络计划、时标网络计划和单代号搭接网络计划。

第二节 双代号网络计划

一 双代号网络计划的组成

双代号网络图是由箭线、节点和线路三个要素组成的,如图 4-7 所示。现将其含义和特性叙述如下。

1.箭线(工作)

(1)在双代号网络图中,每一条箭线表示一项工作。箭线的箭尾节点表示该工作的开始,箭头节点表示该工作的结束。工作的名称标注在箭线的上方,完成

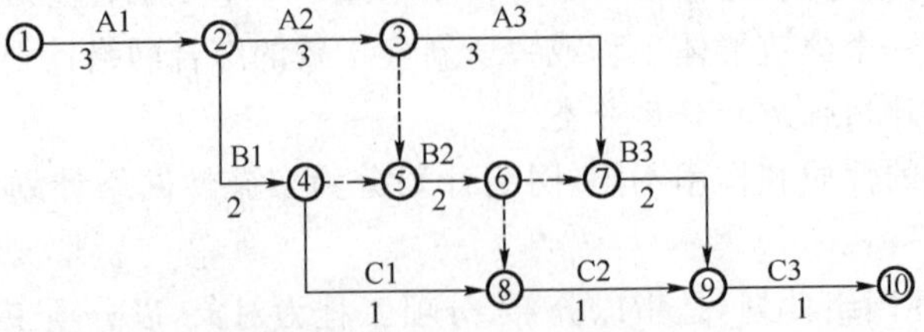

图 4-7 双代号网络图

该项工作所需要的持续时间标注在箭线的下方。如图 4-8 所示。由于一项工作需用一条箭线及其箭尾和箭头处两个圆圈中的代号来表示,故称为双代号网络图。

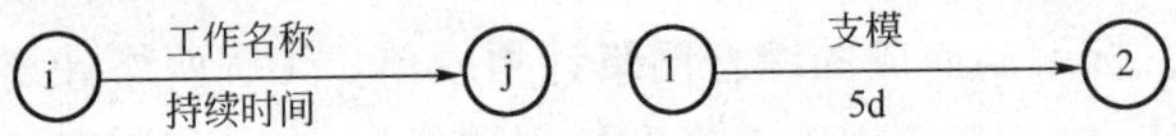

图 4-8 双代号网络图工作的表示法

(2)在双代号网络图中,任意一条实箭线都要占用时间、消耗资源(有时,只占时间,不消耗资源,如混凝土的养护)。在建筑工程中,一条箭线表示项目中的一个施工过程,它可以是一道工序、一个分项工程、一个分部工程或一个单位工程,其粗细程度、大小范围的划分根据计划任务的需要来确定。

(3)虚箭线的作用。在双代号网络图中,为了正确地表达工作之间的逻辑关系,往往需要应用虚箭线,其表示方法如图4-9所示。虚箭线是实际工作中并不存在的一项虚拟工作,故它们既不占用时间,也不消耗资源,一般起着工作之间的联系、区分和断路作用。

图 4-9 虚箭线表示法

联系作用是指运用虚箭线正确表达工作之间相互依存的关系。如 A、B、C、D 四项工作的相互关系是:A 完成后进行 B,A、C 均完成后进行 D,则图形如图 4-10 所示,图中必须用虚箭线把 A 和 D 的前后关系连接起来。

区分作用是指双代号网络图中每一项工作都必须用一条箭线和两个代号表示,若有两项工作同时开始,又同时完成,绘图时应使用虚箭线才能区分两项工作的代号,如图 4-11 所示。

断路作用是用虚箭线把没有关系的工作隔开,如图 4-12 所示为某基础工程挖土、垫层、墙基、回填土四项工作的流水施工网络计划。该网络计划中出现了挖 2 与基 1、垫 2 与填 1 两处把并无联系的工作联系上了,即出现了多余联系的错误。

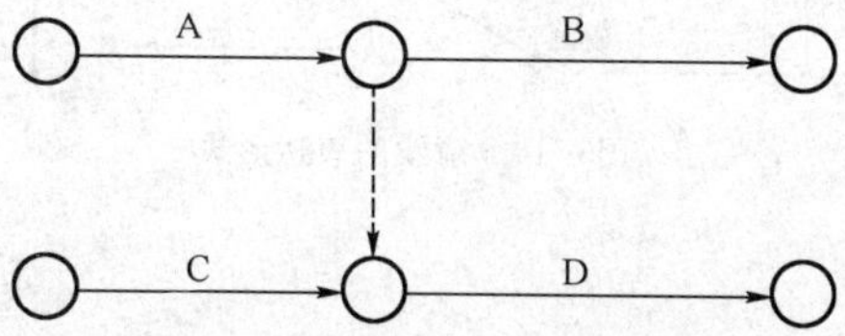

图 4-10 虚箭线的联系作用

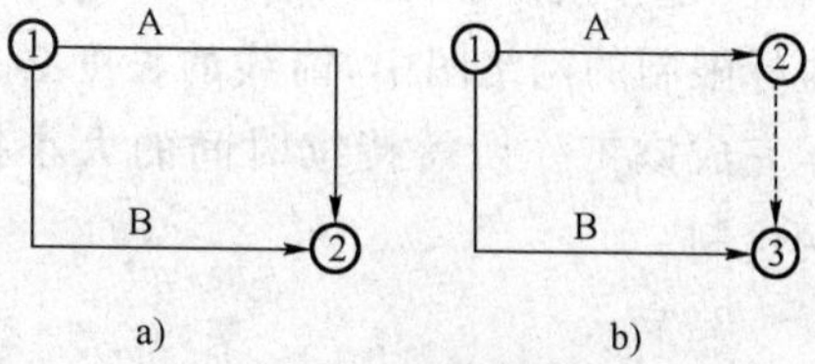

图 4-11 虚箭线的区分作用

a)错误的画法；b)正确的画法

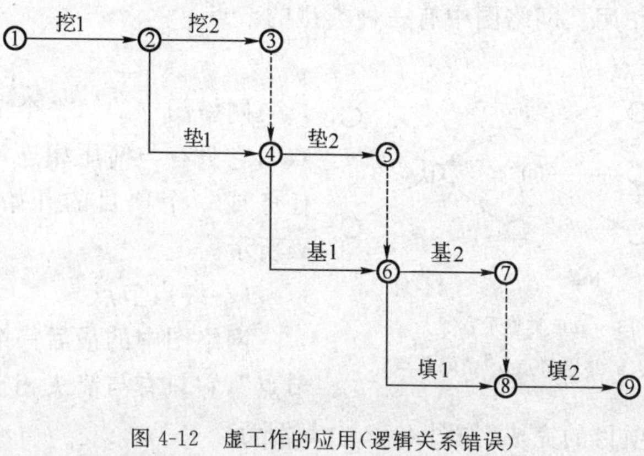

图 4-12 虚工作的应用(逻辑关系错误)

为了正确表达工作间的逻辑关系，在出现逻辑错误的节点之间增设两条虚箭线，切断了挖 2 与基 1、垫 2 与填 1 之间的联系。如图 4-13 所示：

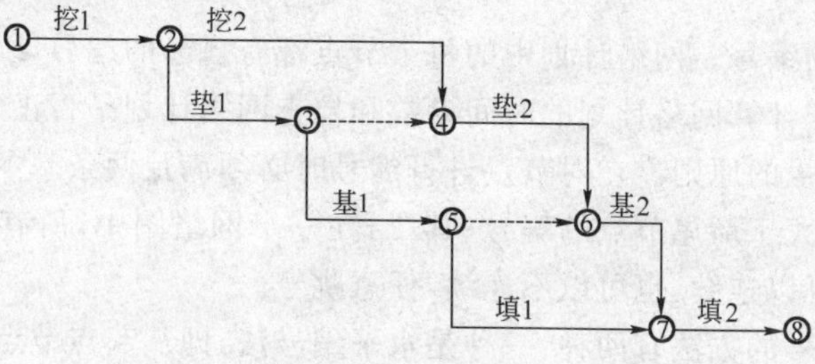

图 4-13 虚工作的应用(逻辑关系正确)

由此可见，网络计划中虚箭线是非常重要的，正确理解虚箭线的作用对我们绘制双代号网络图有很大的帮助。

(4)在无时间坐标限制的网络图中，箭线的长度原则上可以任意画，箭线的长短不表示持续时间的长短，其占用的时间以下方标注的时间参数为准。箭线可以为直线、折线或斜线，但其行进方向均应从左向右，如图4-14所示。在有时间坐标限制的网络图中，箭线的长度必须根据完成该工作所需持续时间的大小按比例绘制。

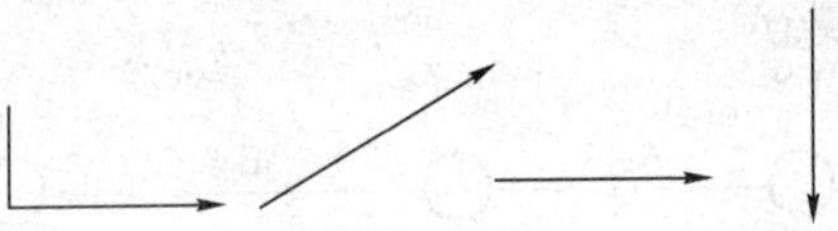

图 4-14　箭线的表达形式

2. 节点

节点是网络图中箭线之间的连接点。在双代号网络图中，节点既不占用时间也不消耗资源，是个瞬时值。即节点只表示工作的开始或结束的瞬间，起着承上启下的衔接作用。网络图中有三种类型的节点：

(1)起点节点

网络图中的第一个节点叫“起点节点”，它只有与箭尾相连，一般表示一项任务或一个项目的开始，如图 4-15 中 a)所示。

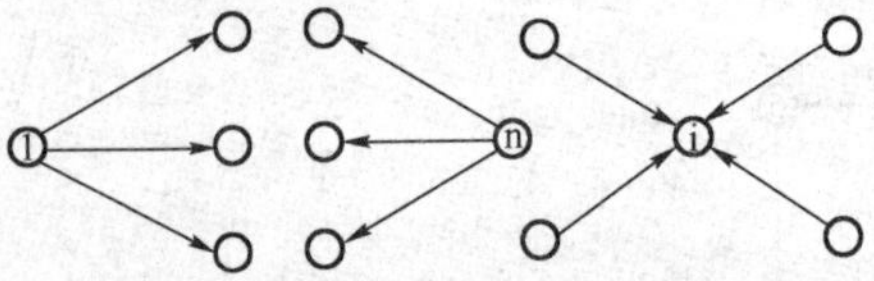

a)　b)　c)

图 4-15　节点类型示意

a)起点节点；b)终点节点；c)中间节点

(2)终点节点

网络图中的最后一个节点叫“终点节点”，它只有与箭头相连，一般表示一项任务或一个项目的完成，如图 4-15 中 b)所示。

(3)中间节点

网络图中既有与箭尾相连，又有与箭头相连的节点称为中间节点，如图4-15中 c)所示。

(4)节点的编号。网络计划中的每个节点都有自己的编号，以便赋予每项工作以代号，便于计算网络计划的时间参数和检查网络计划是否正确。

①节点编号的原则。在对节点进行编号时必须满足两条基本原则：其一，箭头节点的编号大于箭尾节点的编号；其二，在一个网络图中，所有节点的编号不能重复，号码可以连续，也可以不连续，任意跳号。

②节点编号的方法有两种：一种是水平编号法，即从起点节点开始由上到下逐行编号，每行则自左向右按顺序编号；另一种是垂直编号法，即从起点节点开始自左到右逐列编号，每列则根据编号原则要求进行编号。

3. 线路和关键线路

(1)线路。线路是指从网络图起点节点开始，顺着箭头所指的方向，通过一系列的箭线和节点不断到达终点节点的通路。一个网络计划中，从起点节点到终点节点，一般都存在着许多条线路，每条线路都包含着若干项工作，这些工作的持续时间之和就是这条线路的时间长度，即线路的总持续时间。

(2)关键线路和关键工作。线路上总持续时间最长的线路称为关键线路，其他线路称为非关键线路。位于关键线路上的工作称为关键工作。在关键线路上没有任何机动时间，线路上的任何工作拖延时间，都会导致总工期的后延。

一般来说，一个网络计划中至少有一条关键线路。关键线路也不是一成不变的，在一定的条件下，关键线路和非关键线路会相互转化。例如，当采取技术组织措施，缩短关键工作的持续时间，或延长非关键工作的持续时间时，关键线路就有可能发生转移。但在网络计划中，关键工作的比重不宜过大，这样有利于抓主要矛盾。

关键线路宜用粗箭线、双箭线或彩色箭线标注，以突出其在网络计划中的重要位置。

二 双代号网络计划的绘制

双代号网络图的正确绘制是网络计划方法应用的关键。正确的网络计划图应包括：正确表达各种逻辑关系，且工作项目齐全，施工过程数目得当；遵守绘图的基本规则；选择恰当的绘图排列方法。

(一)网络图的逻辑关系

网络图中的逻辑关系是指网络计划中所表示的各个工作之间客观上存在或主观上安排的先后顺序关系。这种顺序关系划分为两类：一类是施工工艺关系，称为工艺逻辑；另一类是施工组织关系，称为组织逻辑。

1. 工艺关系

生产性工作之间由工艺过程决定的、非生产性工作之间由工作程序决定的先后顺序关系称为工艺关系。如图 4-16 所示，支模 1→绑筋 1→混凝土 1 为工艺关系。

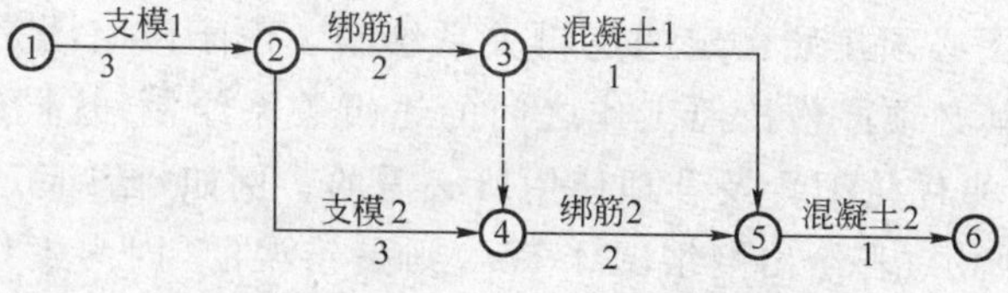

图 4-16 某混凝土工程双代号网络计划

2. 组织关系

工作之间由于组织安排需要或资源(劳动力、原材料、施工机具等)调配需要而规定的先后顺序关系称为组织关系。如图 4-16 所示,支模 1→支模 2;绑筋 1→绑筋 2 等为组织关系。

(二)紧前工作、紧后工作和平行工作

1. 紧前工作

在网络图中,相对于某工作而言,紧排在该工作之前的工作称为该工作的紧前工作。在双代号网络图中,工作与其紧前工作之间可能有虚工作存在。如图 4-16 所示,支模 1 是支模 2 在组织关系上的紧前工作;绑筋 1 和绑筋 2 之间虽然存在虚工作,但绑筋 1 仍然是绑筋 2 在组织关系上的紧前工作。支模 1 则是绑筋 1 在工艺关系上的紧前工作。

2. 紧后工作

在网络图中,相对于某工作而言,紧排在该工作之后的工作称为该工作的紧后工作。在双代号网络图中,工作与其紧后工作之间也可能有虚工作存在。如图 4-16 所示,绑筋 2 是绑筋 1 在组织关系上的紧后工作;混凝土 1 是绑筋 1 在工艺关系上的紧后工作。

3. 平行工作

在网络图中,相对于某工作而言,可以与该工作同时进行的工作即为该工作的平行工作。如图 4-16 所示,绑筋 1 和支模 2 互为平行工作。

紧前工作、紧后工作及平行工作是工作之间逻辑关系的具体表现,只要能根据工作之间的工艺关系和组织关系明确其紧前或紧后关系,即可据此绘出网络图。它是正确绘制网络图的前提条件。

(三)绘图规则

在绘制双代号网络图时,一般应遵循以下基本规则:

(1)网络图必须按照已定的逻辑关系绘制。由于网络图是有向、有序网状图形,所以其必须严格按照工作之间的逻辑关系绘制,这同时也是为保证工程质量和资源优化配置及合理使用所必需的。例如,已知工作之间的逻辑关系如表4-1 所示,若绘出网络图 4-17a)则是错误的,因为工作 A 不是工作 D 的紧前工作。此时,可用虚箭线将工作 A 和工作 D 的联系断开,如图 4-17b)所示。

逻 辑 关 系 表　　　　表 4-1

工　作	A	B	C	D
紧前工作	—	—	A、B	B

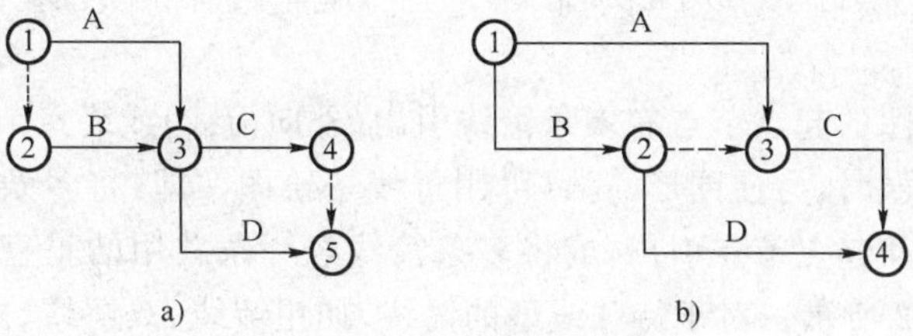

图 4-17　按表 4-1 绘制的网络图

a)错误画法；b)正确画法

(2)网络图中严禁出现从一个节点出发，顺箭头方向又回到原出发点的循环回路。如果出现循环回路，会造成逻辑关系混乱，使工作无法按顺序进行。如图 4-18 所示，网络图中存在不允许出现的循环回路 BCGF。当然，此时节点编号也发生错误。

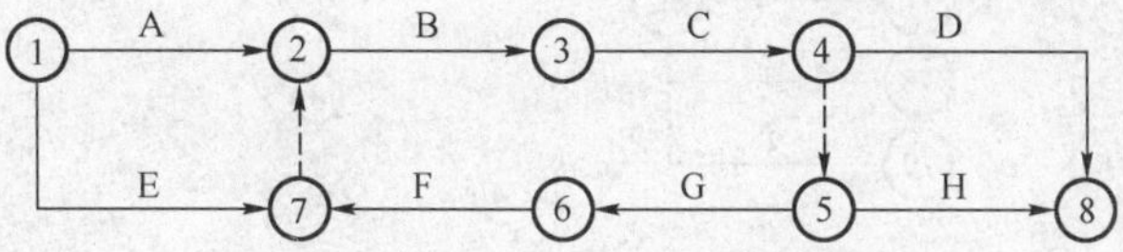

图 4-18　存在循环回路的错误网络图

(3)网络图中的箭线(包括虚箭线，以下同)应保持自左向右的方向，不应出现箭头指向左方的水平箭线和箭头偏向左方的斜向箭线。若遵循该规则绘制网络图，就不会出现循环回路。

(4)网络图中严禁出现双向箭头和无箭头的连线。图 4-19 所示即为错误的工作箭线画法，因为工作进行的方向不明确，因而不能达到网络图有向的要求。

图 4-19　错误的工作箭线画法

a)双向箭头；b)无箭头

(5)网络图中严禁出现没有箭尾节点的箭线和没有箭头节点的箭线。图 4-20即为错误的画法。

(6)严禁在箭线上引入或引出箭线，图 4-21 即为错误的画法。

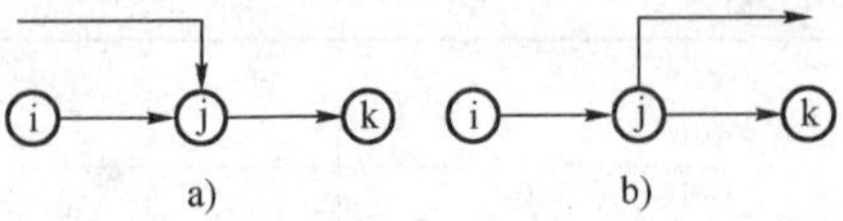

图 4-20　错误的画法

a)存在没有箭尾节点的箭线；b)存在没有箭头节点的箭线

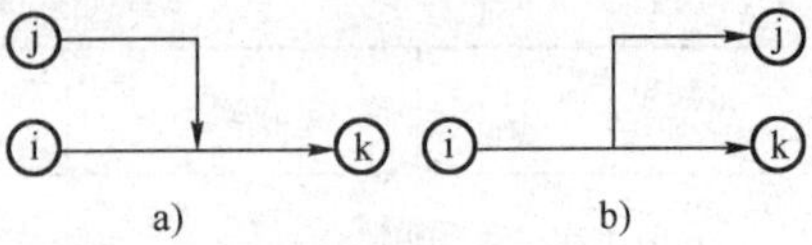

图 4-21　错误的画法

a)在箭线上引入箭线；b)在箭线上引出箭线

但当网络图的起点节点有多条箭线引出(外向箭线)或终点节点有多条箭线引入(内向箭线)时，为使图形简洁，可用母线法绘图。即：将多条箭线经一条共用的垂直线段从起点节点引出，或将多条箭线经一条共用的垂直线段引入终点节点，如图 4-22 所示。对于特殊线型的箭线，如粗箭线、双箭线、虚箭线、彩色箭线等，可在从母线上引出的支线上标出。

(7)应尽量避免网络图中工作箭线的交叉。当交叉不可避免时，可以采用过桥法或指向法处理，如图 4-23 所示。

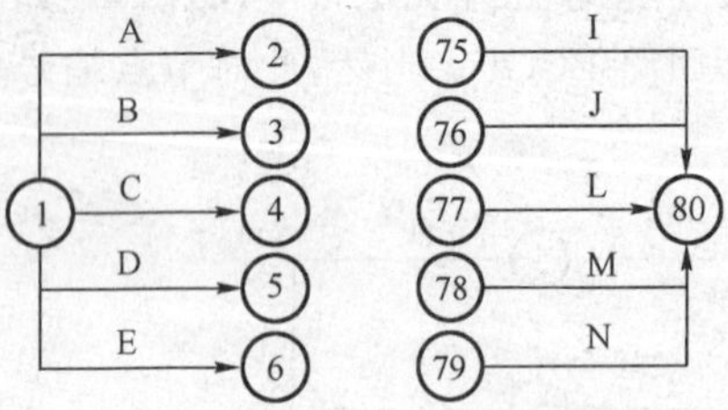

图 4-22　母线法

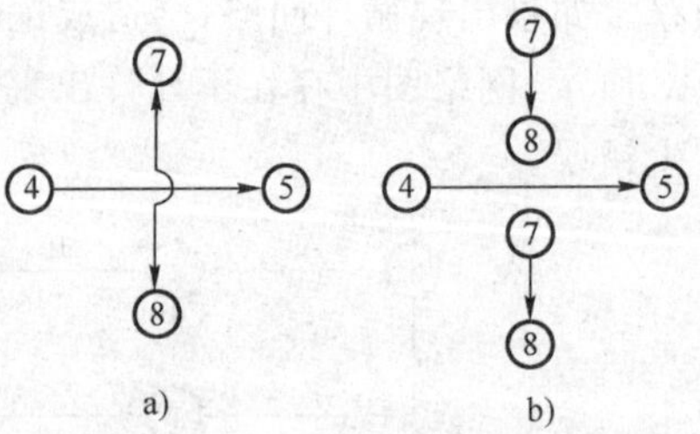

图 4-23　箭线交叉的表示方法

a)过桥法；b)指向法

(8)网络图中应只有一个起点节点和一个终点节点(任务中部分工作需要分期完成的网络计划除外)。除网络图的起点节点和终点节点外，不允许出现没有外向箭线的节点和没有内向箭线的节点。图 4-24 所示网络图中有两个起点节点①和②，两个终点节点⑦和⑧。该网络图的正确画法如图 4-25 所示，即将节点①和②合并为一个起点节点，将节点⑦和⑧合并为一个终点节点。

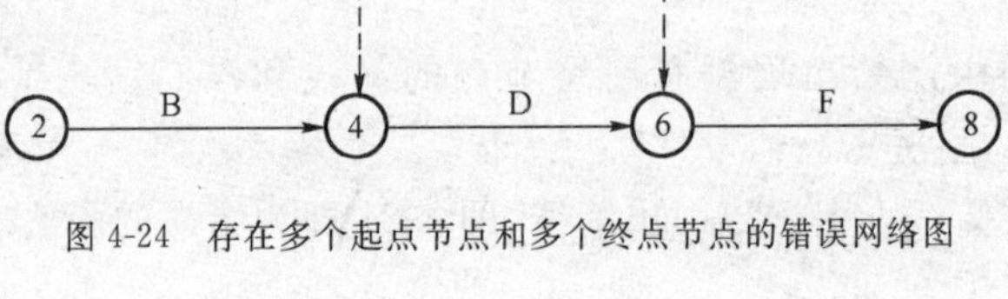

图 4-24　存在多个起点节点和多个终点节点的错误网络图

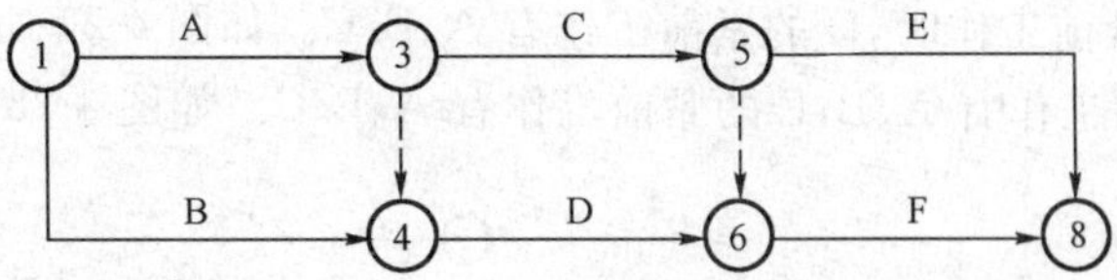

图 4-25 正确的网络图

(四)绘制网络图应注意的问题

1.层次分明,重点突出

绘制网络计划图时,首先遵循网络图的绘制规则画出一张符合工艺和组织逻辑关系的网络计划草图,然后检查、整理出一幅条理清楚、层次分明、重点突出的网络计划图。

2.构图形式要简捷、易懂

绘制网络计划图时,通常的箭线应以水平线为主,竖线、折线、斜线为辅,应尽量避免用曲线。

3.正确应用虚箭线

绘制网络图时,正确应用虚箭线可以使网络计划中的逻辑关系更加明确、清楚,它起到"断"和"连"的作用。

(五)绘图方法

当已知每一项工作的紧前工作时,可按下述步骤绘制双代号网络图:

(1)绘制没有紧前工作的工作箭线,使它们具有相同的开始节点,以保证网络图只有一个起点节点。

(2)依次绘制其他工作箭线。这些工作箭线的绘制条件是其所有紧前工作箭线都已经绘制出来。在绘制这些工作箭线时,应按下列原则进行:

①当所要绘制的工作只有一项紧前工作时,则将该工作箭线直接画在其紧前工作箭线之后即可。

②当所要绘制的工作有多项紧前工作时,为了正确表达各工作之间的逻辑关系,先用两条或两条以上的虚箭线把紧前工作引到一起。可以按以下三种情况予以考虑:

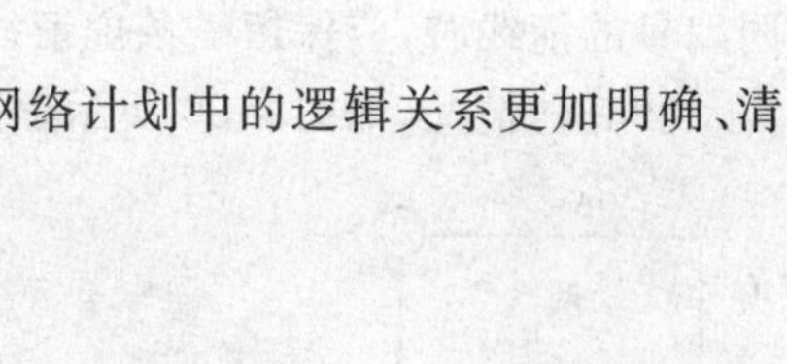

图 4-26 两项紧前工作的虚箭线表示法

a.有两项紧前工作时,C 的紧前工作有 A、B。如图 4-26 所示。

b. 有三项紧前工作时，D 的紧前工作有 A、B、C。如图 4-27 所示。

c. D 的紧前工作有 A、B，E 的紧前工作有 A、B、C。如图 4-28 所示

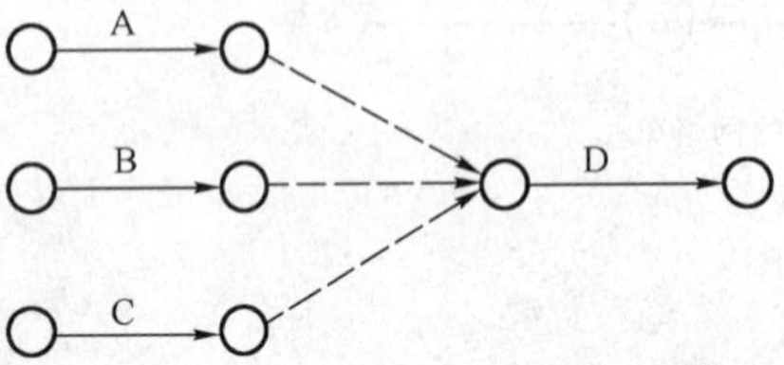

图 4-27　三项紧前工作的虚箭线表示法

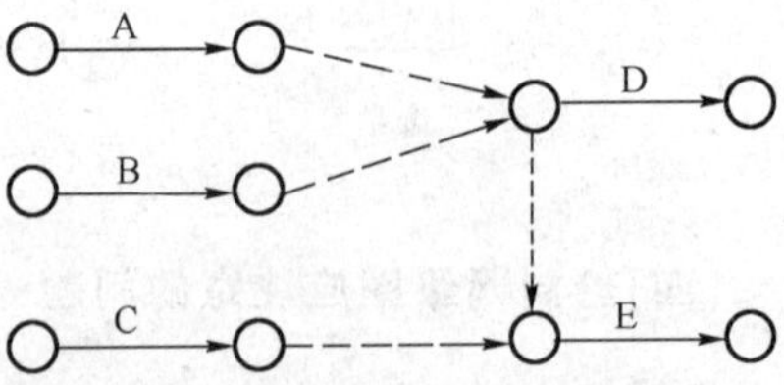

图 4-28　两项和三项紧前工作的虚箭线表示法

(3)当各项工作箭线都绘制出来之后，应合并那些没有紧后工作之工作箭线的箭头节点，以保证网络图只有一个终点节点(多目标网络计划除外)。

(4)删掉多余的虚箭线。

①一般情况下，某条实箭线的紧后工作只有一条虚箭线，则该条虚箭线是多余的。如①──→②---→③应画成①──→③但有一种特殊情况，即不允许出现相同编号的箭线时，应保留一条虚箭线(②---→③)如图 4-29 所示。

②其他情况，如图 4-30 所示虚箭线②---→③、②---→④都是有用的。

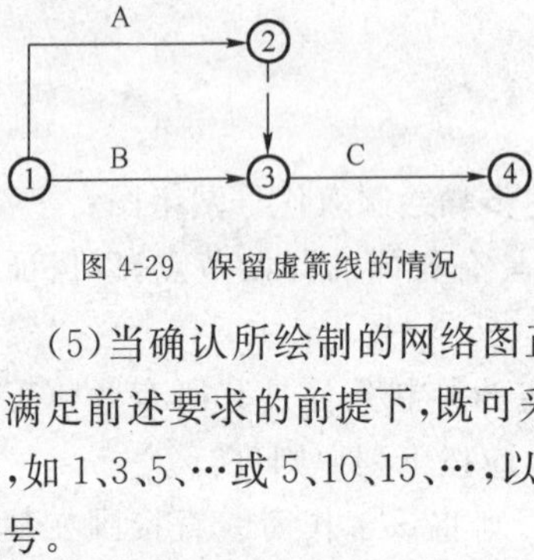

图 4-29　保留虚箭线的情况

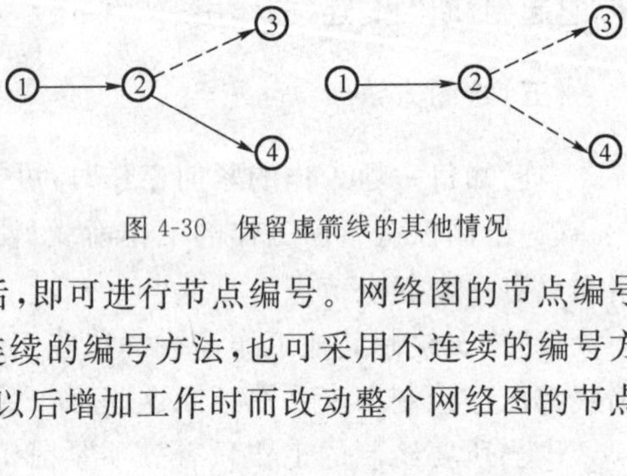

图 4-30　保留虚箭线的其他情况

(5)当确认所绘制的网络图正确后，即可进行节点编号。网络图的节点编号在满足前述要求的前提下，既可采用连续的编号方法，也可采用不连续的编号方法，如 1、3、5、…或 5、10、15、…，以避免以后增加工作时而改动整个网络图的节点编号。

(六)绘图示例

现举例说明前述双代号网络图的绘制方法。

例 4-1　已知各工作之间的逻辑关系如表 4-2 所示，试绘制双代号网络图。

逻辑关系表　　表 4-2

工作名称	A	B	C	D	E	F	G	H	I	J	K	L	M	N	P
紧前工作	—	A	A	—	BC	BCD	D	EF	C	IH	GF	KJ	L	L	MN

(1)绘制草图,如图 4-31 所示。

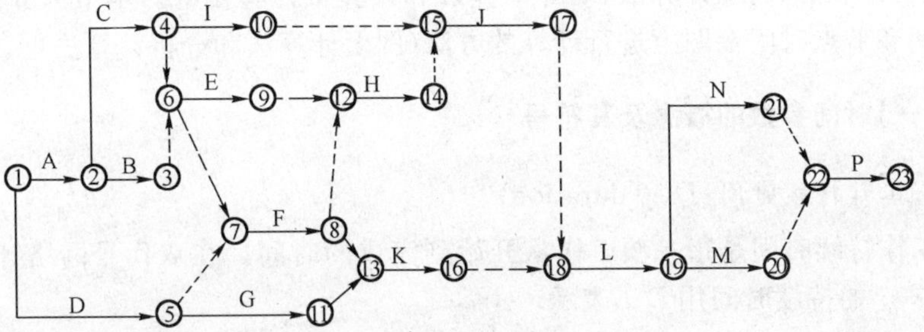

图 4-31　网络图草图

(2)删掉多余的虚箭线。

(3)整理及编号。尽可能用水平线、竖向线表示,如图 4-32 所示。

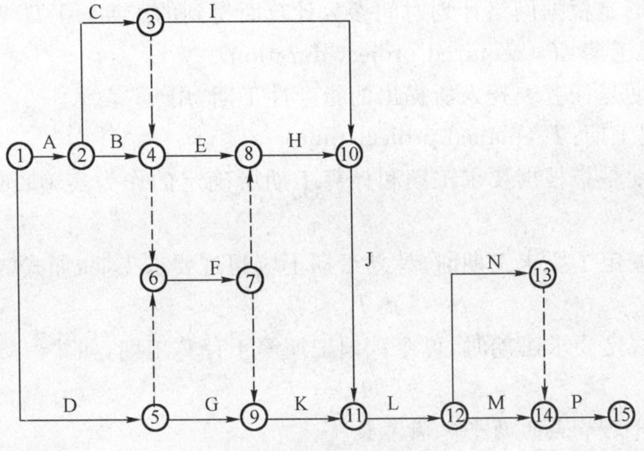

图 4-32　整理后网络图

(4)检查。根据网络图写出各工作的紧前工作,然后与表 4-2 对照是否一致。

三 双代号网络计划时间参数的计算

双代号网络计划时间参数计算的目的在于通过计算各项工作的时间参数,确定网络计划的关键工作、关键线路和计算工期。确定关键线路,使得在工作中能抓住主要矛盾,向关键线路要时间;计算非关键线路上的富余时间,明确其存在多少机动时间,向非关键线路要劳力、要资源;为网络计划的优化、调整和执行提供明确的时间参数和依据。双代号网络计划时间参数的计算方法很多,一般常用的有:按工作计算法和按节点计算法进行计算;在计算方式上又有分析计算法、表上计算法、图上计算法、矩阵计算法和计算机计算法等。本节只介绍按工作时间和节点时间在图上进行计算的方法(图上计算法和分析计算法)。

(一)时间参数的概念及其符号

1. 工作持续时间:D_{i-j}(duration)

工作持续时间是指一项工作从开始到完成的时间。在双代号网络计划中,工作 $i-j$ 的持续时间用 D_{i-j} 表示。

2. 工期:T

工期泛指完成一项任务所需要的时间。在网络计划中,工期一般有以下三种:

(1)计算工期:T_c(calculated project duration)

计算工期是根据网络计划时间参数计算而得到的工期,用 T_c 表示。

(2)要求工期:T_r(required project duration)

要求工期是任务委托人所提出的指令性工期,用 T_r 表示。

(3)计划工期:T_p(planed project time)

计划工期是指根据要求工期和计算工期所确定的作为实施目标的工期,用 T_p 表示。

①当已规定了要求工期时,计划工期不应超过要求工期,如式(4-1):

$$T_p \leqslant T_r \tag{4-1}$$

②当未规定要求工期时,可令计划工期等于计算工期,如式(4-2):

$$T_p = T_c \tag{4-2}$$

3. 网络计划节点的两个时间参数

(1)节点最早时间 ET_i(earliest event time)

节点最早时间是指在双代号网络计划中,以该节点为开始节点的各项工作的最早开始时间。节点 i 的最早时间用 ET_i 表示。

(2)节点最迟时间 LT_i(1astest event time)

节点最迟时间是指在双代号网络计划中,以该节点为完成节点的各项工作的最迟完成时间。节点 i 的最迟时间用 LT_i 表示。

4. 网络计划工作的六个时间参数

(1)最早开始时间:ES_{i-j}(Earliest Start Time)

工作的最早开始时间是指在其所有紧前工作全部完成后,本工作有可能开始的最早时刻。工作 $i-j$ 的最早开始时间和最早完成时间用 ES_{i-j}表示。

(2)最早完成时间：EF_{i-j}(Earliest Finish Time)

工作的最早完成时间是指在其所有紧前工作全部完成后，本工作有可能完成的最早时刻。工作的最早完成时间等于本工作的最早开始时间与其持续时间之和。工作 $i-j$ 的最早完成时间用 EF_{i-j} 表示。

(3)最迟开始时间：LS_{i-j}(Latest Start Time)

工作的最迟开始时间是指在不影响整个任务按期完成的前提下，本工作必须开始的最迟时刻。工作的最迟开始时间等于本工作的最迟完成时间与其持续时间之差。工作 $i-j$ 的最迟开始时间用 LS_{i-j} 表示。

(4)最迟完成时间：LF_{i-j}(Latest Finish Time)

工作的最迟完成时间是指在不影响整个任务按期完成的前提下，本工作必须完成的最迟时刻。工作 $i-j$ 的最迟完成时间用 LF_{i-j} 表示。

(5)总时差 TF_{i-j}(Total Float)

工作的总时差是指在不影响总工期的前提下，本工作可以利用的机动时间。但是在网络计划的执行过程中，如果利用某项工作的总时差，则有可能使该工作后续工作的总时差减小。工作 $i-j$ 的总时差用 TF_{i-j} 表示。

(6)自由时差 FF_{i-j}(Free Float)

工作的自由时差是指在不影响其紧后工作最早开始时间的前提下，本工作可以利用的机动时间。在网络计划的执行过程中，工作的自由时差是该工作可以自由使用的时间。工作 $i-j$ 的自由时差用 FF_{i-j} 表示。

按工作计算法计算时间参数应在确定各项工作的持续时间之后进行。虚工作必须视同工作进行计算，其持续时间为零。各项工作时间参数的计算结果应标注在箭线之上。

(二)按节点计算法

所谓按节点计算法，就是先计算网络计划中各个节点的最早时间和最迟时间，然后再据此计算各项工作的时间参数和网络计划的计算工期。

为了简化计算，网络计划时间参数中的开始时间和完成时间都应以时间单位的终了时刻为标准。如第 3 天开始即是指第 3 天终了(下班)时刻开始，实际上是第 4 天上班时刻才开始；第 5 天完成即是指第 5 天终了(下班)时刻完成。

下面以图 4-33 所示双代号网络计划为例，说明按节点计算法计算时间参数的过程。其计算结果如图 4-34 所示。

1. 计算节点的最早时间和最迟时间

(1)计算节点的最早时间

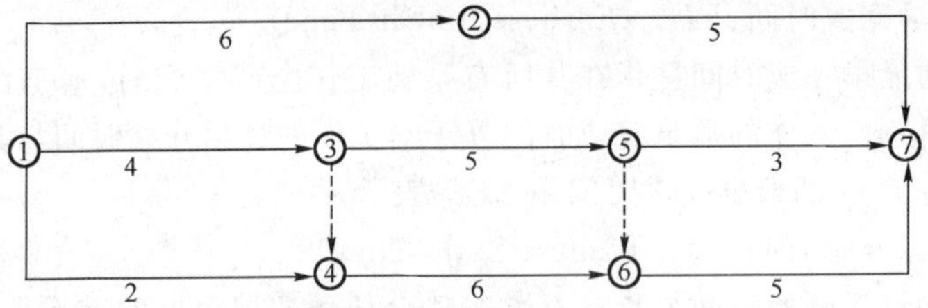

图 4-33　双代号网络计划

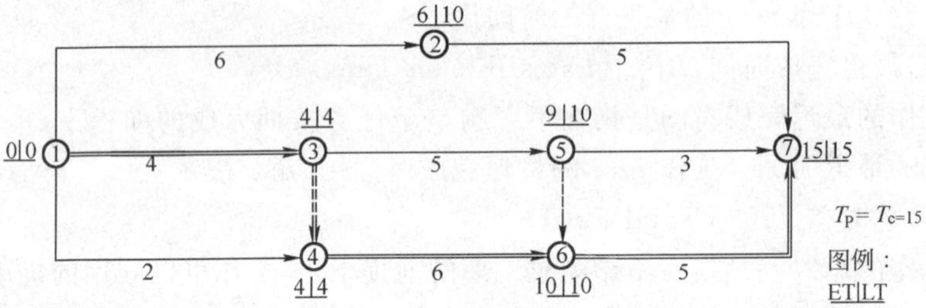

图 4-34　双代号网络计划(按节点计算法)

节点最早时间的计算应从网络计划的起点节点开始,顺着箭线方向(从左向右)依次进行。其计算步骤如下:

①网络计划起点节点,如未规定最早时间时,其值等于零。例如在本例中,起点节点①的最早时间为零,即:

$$ET_1 = 0$$

②其他节点的最早时间应按式(4-3)进行计算:

$$ET_j = \max\{ET_i + D_{i-j}\} \tag{4-3}$$

即节点 j 的最早时间等于紧前节点(箭线箭头指向 j 的开始节点包括虚箭线)的最早时间加上本工作的持续时间后取其中的最大值。归纳为"顺着箭线相加,逢箭头相碰的节点取最大值"。

式中:ET_j——工作$i-j$的完成节点 j 的最早时间;

ET_i——工作 $i-j$ 的开始节点 i 的最早时间;

D_{i-j}——工作 $i-j$ 的持续时间。

例如在本例中,节点③和节点④的最早时间分别如式(4-4)和式(4-5):

$$ET_3 = ET_1 + D_{1-3} = 0 + 4 = 4 \tag{4-4}$$

$$ET_4 = \max\{ET_1 + D_{1-4}, ET_3 + D_{3-4}\} = \max\{0 + 2, 4 + 0\} = 4 \tag{4-5}$$

③网络计划的计算工期等于网络计划终点节点的最早时间,如式(4-6):

$$T_c = ET_n \quad (4\text{-}6)$$

式中：T_c——网络计划的计算工期；

ET_n——网络计划终点节点 n 的最早时间。

例如在本例中，其计算工期为：

$$T_c = ET_7 = 15$$

(2)确定网络计划的计划工期

网络计划的计划工期应按公式(4-1)或公式(4-2)确定。在本例中，假设未规定要求工期，则其计划工期就等于计算工期，如式(4-7)：

$$T_p = T_c = 15 \quad (4\text{-}7)$$

计划工期应标注在终点节点的右上方，如图 4-34 所示。

(3)计算节点的最迟时间

节点最迟时间的计算应从网络计划的终点节点开始，逆着箭线方向(从右向左)依次进行。其计算步骤如下：

①网络计划终点节点的最迟时间等于网络计划的计划工期，如式(4-8)：

$$LT_n = T_p \quad (4\text{-}8)$$

式中：LT_n——网络计划终点节点 n 的最迟时间；

T_p——网络计划的计划工期。

例如在本例中，终点节点⑦的最迟时间为：

$$LT_7 = T_p = 15$$

②其他节点的最迟时间应按式(4-9)进行计算：

$$LT_i = \min\{LT_j - D_{i-j}\} \quad (4\text{-}9)$$

即节点 i 的最迟时间等于紧后节点(箭线箭尾从 i 出去的完成节点包括虚箭线)的最迟时间减去本工作的持续时间后取其中的最小值。归纳为“逆着箭线相减，逢箭尾相碰的节点取最小值”。

式中：LT_i——工作 $i-j$ 的开始节点 i 的最迟时间；

LT_j——工作 $i-j$ 的完成节点 j 的最迟时间；

D_{i-j}——工作 $i-j$ 的持续时间。

例如在本例中，节点⑥和节点⑤的最迟时间分别为：

$$LT_6 = LT_7 - D_{6-7} = 15 - 5 = 10$$

$$LT_5 = \min\{LT_6 - D_{5-6}, LT_7 - D_{5-7}\} = \min\{10 - 0, 15 - 3\} = 10$$

2. 确定关键线路和关键工作

在双代号网络计划中，关键线路上的节点称为关键节点。关键工作两端的节点必为关键节点，但两端为关键节点的工作不一定是关键工作。关键节点的最迟时间与最早时间的差值最小。特别地，当网络计划的计划工期等于计算工期时，关键节点的最早时间与最迟时间必然相等。例如在本例中，节点①、③、④、⑥、⑦就是关键节点。关键节点必然处在关键线路上，但由关键节点组成的线路不一定是关键线路。例如在本例中，由关键节点①、④、⑥、⑦组成的线路就不是关键线路。

当利用关键节点判别关键线路和关键工作时，还要满足式(4-10)或(4-11)：

$$ET_{i}+D_{i-j}=ET_{j} \tag{4-10}$$

$$LT_{i}+D_{i-j}=LT_{j} \tag{4-11}$$

式中：ET_i——工作 $i-j$ 的开始节点(关键节点)i 的最早时间；

D_{i-j}——工作 $i-j$ 的持续时间；

ET_j——工作 $i-j$ 的完成节点(关键节点)j 的最早时间；

LT_i——工作 $i-j$ 的开始节点(关键节点)i 的最迟时间；

LT_j——工作 $i-j$ 的完成节点(关键节点)j 的最迟时间。

如果两个关键节点之间的工作符合上述判别式，则该工作必然为关键工作，它应该在关键线路上。否则，该工作就不是关键工作，关键线路也就不会从此处通过。例如在本例中，工作1—3、虚工作3—4、工作4—6和工作6—7均符合上述判别式，故线路①—③—④—⑥—⑦为关键线路。

3. 关键节点的特性

在双代号网络计划中，当计划工期等于计算工期时，关键节点具有以下一些特性，掌握好这些特性，有助于确定工作的时间参数。

(1)开始节点和完成节点均为关键节点的工作，不一定是关键工作。例如在图4-34所示网络计划中，节点①和节点④为关键节点，但工作1—4为非关键工作。由于其两端为关键节点，机动时间不可能为其他工作所利用，故其总时差和自由时差均为2。

(2)以关键节点为完成节点的工作，其总时差和自由时差必然相等。例如在图4-34所示网络计划中，工作1—4的总时差和自由时差均为2；工作2—7的总时差和自由时差均为4；工作5—7的总时差和自由时差均为3。

(3)当两个关键节点间有多项工作，且工作间的非关键节点无其他内向箭线和外向箭线时，则两个关键节点间各项工作的总时差均相等。在这些工作中，除以关键节点为完成的节点的工作自由时差等于总时差外，其余工作的自由时差均为零。例如在图 4-34 所示网络计划中，工作 1—2 和工作 2—7 的总时差均为 4。工作 2—7 的自由时差等于总时差，而工作 1—2 的自由时差为零。

(4)当两个关键节点间有多项工作，且工作间的非关键节点有外向箭线而无其他内向箭线时，则两个关键节点间各项工作的总时差不一定相等。在这些工作中，除以关键节点为完成的节点的工作自由时差等于总时差外，其余工作的自由时差均为零。例如在图 4-34 所示网络计划中，工作 3—5 和工作 5—7 的总时差分别为 1 和 3。工作 5—7 的自由时差等于总时差，而工作 3—5 的自由时差为零。

(三)按工作计算法

所谓按工作计算法，就是以网络计划中的工作为对象，直接计算各项工作的时间参数。这些时间参数包括：工作的最早开始时间和最早完成时间、工作的最迟开始时间和最迟完成时间、工作的总时差和自由时差。此外，还应计算网络计划的计算工期。

下面仍以图 4-33 所示双代号网络计划为例，说明按工作计算法计算时间参数的过程。其计算结果如图 4-35 所示。

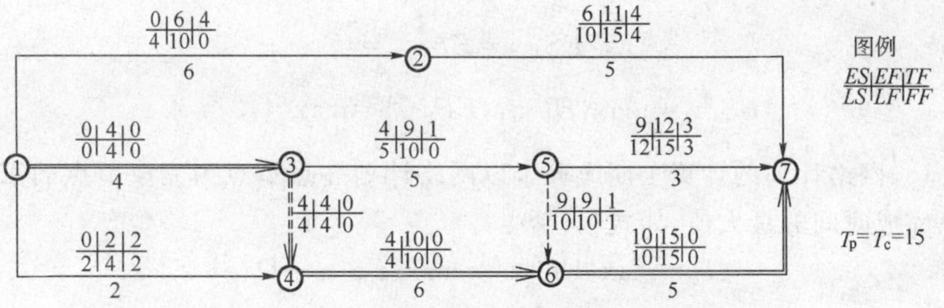

图 4-35　双代号网络计划(六时标注法)

1. 计算工作的最早开始时间和最早完成时间

工作最早开始时间和最早完成时间的计算应从网络计划的起点节点开始，顺着箭线方向依次进行。其计算步骤如下：

(1)以网络计划起点节点为开始节点的工作，当未规定其最早开始时间时，其最早开始时间为零。例如在本例中，工作 1—2、工作 1—3 和工作 1—4 的最早开始时间都为零，即

$$ES_{1-2}=ES_{1-3}=ES_{1-4}=0$$

(2)工作的最早完成时间可利用公式(4-12)进行计算：

$$EF_{i-j}=ES_{i-j}+D_{i-j} \tag{4-12}$$

式中：EF_{i-j}——工作 $i-j$ 的最早完成时间；

ES_{i-j}——工作 $i-j$ 的最早开始时间；

D_{i-j}——工作 $i-j$ 的持续时间。

例如在本例中，工作 1—2、工作 1—3 和工作 1—4 的最早完成时间分别为：

工作 1—2：$EF_{1-2}=ES_{1-2}+D_{1-2}=0+6=6$

工作 1—3：$EF_{1-3}=ES_{1-3}+D_{1-3}=0+4=4$

工作 1—4：$EF_{1-4}=ES_{1-4}+D_{1-4}=0+2=2$

(3)其他工作的最早开始时间应等于其紧前工作(包括虚工作)最早完成时间的最大值，如式(4-13)：

$$ES_{i-j}=\max\{EF_{h-i}\}=\max\{ES_{h-i}+D_{h-i}\} \tag{4-13}$$

式中：ES_{i-j}——工作$i-j$的最早开始时间；

EF_{h-i}——工作$i-j$的紧前工作$h-i$的最早完成时间；

ES_{h-i}——工作$i-j$的紧前工作$h-i$的最早开始时间；

D_{h-i}——工作$i-j$的紧前工作$h-i$的持续时间。

例如在本例中，工作 3—5 和工作 4—6 的最早开始时间分别为：

$$ES_{3-5}=EF_{1-3}=4$$

$$ES_{4-6}=\max\{EF_{3-4},EF_{1-4}\}=\max\{4,2\}=4$$

(4)网络计划的计算工期应等于以网络计划终点节点为完成节点的工作的最早完成时间的最大值，如式(4-14)：

$$T_c=\max\{EF_{i-n}\}=\max\{ES_{i-n}+D_{i-n}\} \tag{4-14}$$

式中：T_c——网络计划的计算工期；

EF_{i-n}——以网络计划终点节点 n 为完成节点的工作的最早完成时间；

ES_{i-n}——以网络计划终点节点 n 为完成节点的工作的最早开始时间；

D_{i-n}——以网络计划终点节点 n 为完成节点的工作的持续时间。

在本例中，网络计划的计算工期为：

$$T_c=\max\{EF_{2-7},EF_{5-7},EF_{6-7}\}=\max\{11,12,15\}=15$$

2. 确定网络计划的计划工期

网络计划的计划工期应按式(4-1)或式(4-2)确定。在本例中，假设未规定要求工期，则其计划工期就等于计算工期，即：

$$T_p=T_c=15$$

计划工期应标注在网络计划终点节点的右上方，如图 4-35 所示。

3. 计算工作的最迟完成时间和最迟开始时间

工作最迟完成时间和最迟开始时间的计算应从网络计划的终点节点开始，逆着箭线方向依次进行。其计算步骤如下：

(1)以网络计划终点节点为完成节点的工作，其最迟完成时间等于网络计划的计划工期，如式(4-15)：

$$LF_{i-n}=T_p \tag{4-15}$$

式中：LF_{i-n}——以网络计划终点节点 n 为完成节点的工作的最迟完成时间；

T_p——网络计划的计划工期。

例如在本例中，工作 2—7、工作 5—7 和工作 6—7 的最迟完成时间为：

$$LF_{2-7}=LF_{5-7}=LF_{6-7}=T_p=15$$

(2)工作的最迟开始时间可利用式(4-16)进行计算：

$$LS_{i-j}=LF_{i-j}-D_{i-j} \tag{4-16}$$

式中：LS_{i-j}——工作 $i-j$ 的最迟开始时间；

LF_{i-j}——工作$i-j$的最迟完成时间；

D_{i-j}——工作$i-j$的持续时间。

例如在本例中，工作 2—7、工作 5—7 和工作 6—7 的最迟开始时间分别为：

$$LS_{2-7}=LF_{2-7}-D_{2-7}=15-5=10$$

$$LS_{5-7}=LF_{5-7}-D_{5-7}=15-3=12$$

$$LS_{6-7}=LF_{6-7}-D_{6-7}=15-5=10$$

(3)其他工作的最迟完成时间应等于其紧后工作(包括虚工作)最迟开始时间的最小值，如式(4-17)：

$$LF_{i-j}=\min\{LS_{j-k}\}=\min\{LF_{j-k}-D_{j-k}\} \tag{4-17}$$

式中：LF_{i-j}——工作i—j的最迟完成时间；

LS_{i-j}——工作$i-j$的紧后工作$j-k$的最迟开始时间；

LE_{i-j}——工作 $i-j$ 的紧后工作$j-k$的最迟完成时间；

D_{i-j}——工作 $i-j$ 的紧后工作$j-k$的持续时间。

例如在本例中，工作 3—5 和工作 4—6 的最迟完成时间分别为：

$$LF_{3-5}=\min\{LS_{5-7},LS_{5-6}\}=\min\{12,10\}=10$$

$$LF_{4-6}=LS_{6-7}=10$$

4. 计算工作的总时差

工作的总时差是指在不影响总工期的前提下，本工作可以利用的机动时间。

工作的总时差等于该工作最迟完成时间与最早完成时间之差，或该工作最迟开始时间与最早开始时间之差，如式(4-18)：

$$TF_{i-j}=LF_{i-j}-EF_{i-j}=LS_{i-j}-ES_{i-j} \tag{4-18}$$

式中：TF_{i-j}——工作$i-j$的总时差；

其余符号同前。

例如在本例中，工作 3—5 的总时差为：

$$TF_{3-5}=LF_{3-5}-EF_{3-5}=10-9=1$$

或：

$$TF_{3-5}=LS_{3-5}-ES_{3-5}=5-4=1$$

5.计算工作的自由时差

工作的自由时差是指在不影响其紧后工作最早开始时间的前提下，本工作可以利用的机动时间。

工作自由时差的计算应按以下两种情况分别考虑：

(1)对于有紧后工作的工作，其自由时差等于本工作之紧后工作最早开始时间减本工作最早完成时间所得之差，如式(4-19)：

$$FF_{i-j}=ES_{i-k}-EF_{i-j}=ES_{i-k}-ES_{i-j}-D_{i-j} \tag{4-19}$$

式中：FF_{i-j}——工作 $i-j$ 的自由时差；

ES_{j-k}——工作 $i-j$ 的紧后工作 $j-k$ 的最早开始时间；

EF_{i-j}——工作 $i-j$ 的最早完成时间；

ES_{i-j}——工作 $i-j$ 的最早开始时间；

D_{i-j}——工作 $i-j$ 的持续时间。

例如：在本例中，工作 1—4 和工作 5－6 的自由时差分别为：

$$FF_{1-4}=ES_{4-6}-EF_{1-4}=4-2=2$$

$$FF_{5-6}=ES_{6-7}-EF_{5-6}=10-9=1$$

(2)对于无紧后工作的工作，也就是以网络计划终点节点为完成节点的工作，其自由时差等于计划工期与本工作最早完成时间之差，如式(4-20)：

$$FF_{i-n}=T_p-EF_{i-n}=T_p-ES_{i-n}-D_{i-n} \tag{4-20}$$

式中：FF_{i-n}——以网络计划终点节点 n 为完成节点的工作 $i-n$ 的自由时差；

T_p——网络计划的计划工期；

EF_{i-n}——以网络计划终点节点 n 为完成节点的工作 $i-n$ 的最早完成时间；

ES_{i-n}——以网络计划终点节点 n 为完成节点的工作 $i-n$ 的最早开始时间；

D_{i-n}——以网络计划终点节点 n 为完成节点的工作 $i-n$ 的持续时间。

例如：在本例中，工作 2—7、工作 5—7 和工作 6—7 的自由时差分别为：

$$FF_{2-7}=T_{\mathrm{p}}-EF_{2-7}=15-11=4$$

$$FF_{5-6}=T_{\mathrm{p}}-EF_{5-7}=15-12=3$$

$$FF_{6-7}=T_{\mathrm{p}}-EF_{6-7}=15-15=0$$

需要指出的是，对于网络计划中以终点节点为完成节点的工作，其自由时差与总时差相等。此外，由于工作的自由时差是其总时差的构成部分，所以，当工作的总时差为零时，其自由时差必然为零，可不必进行专门计算。例如在本例中，工作 1—3、工作 4—6 和工作 6—7 的总时差全部为零，故其自由时差也全部为零。

6. 确定关键工作和关键线路

在网络计划中，总时差最小的工作为关键工作。特别地，当网络计划的计划工期等于计算工期时，总时差为零的工作就是关键工作。例如在本例中，工作 1—3、工作 4—6 和工作 6—7 的总时差均为零，故它们都是关键工作。

找出关键工作之后，将这些关键工作首尾相连，便至少构成一条从起点节点到终点节点的通路，通路上各项工作的持续时间总和最大的就是关键线路。在关键线路上可能有虚工作存在。

关键线路一般用粗箭线或双线箭线标出，也可以用彩色箭线标出。例如在本例中，线路①—③—④—⑥—⑦即为关键线路。关键线路上各项工作的持续时间总和应等于网络计划的计算工期，这一特点也是判别关键线路是否正确的准则。

（四）根据节点的最早时间和最迟时间判定工作的六个时间参数

先计算节点的时间参数，然后根据节点的最早时间和最迟时间判定工作的六个时间参数，其计算结果如图 4-36。

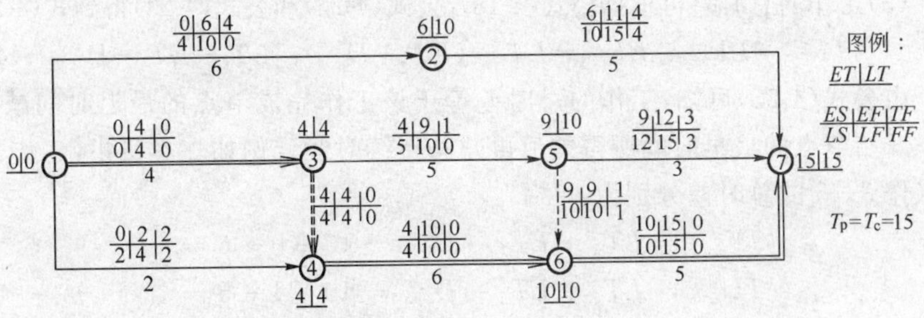

图 4-36　双代号网络计划时间参数计算

(1)工作的最早开始时间等于该工作开始节点的最早时间,如式(4-21):

$$ES_{i-j}=ET_i \tag{4-21}$$

例如在本例中,工作 1—2 和工作 2—7 的最早开始时间分别为:

$$ES_{1-2}=ET_1=0$$

$$ES_{2-7}=ET_2=6$$

(2)工作的最早完成时间等于该工作开始节点的最早时间与其持续时间之和,如式(4-22):

$$EF_{i-j}=ET_i+D_{i-j}=ES_{i-j}+D_{i-j} \tag{4-22}$$

例如在本例中,工作 1—2 和工作 2—7 的最早完成时间分别为:

$$EF_{1-2}=ET_1+D_{1-2}=0+6=6$$

$$EF_{2-7}=ET_2+D_{1-2}=6+5=11$$

(3)工作的最迟完成时间等于该工作完成节点的最迟时间,如式(4-23):

$$LF_{i-j}=LT_j \tag{4-23}$$

例如在本例中,工作 1—2 和工作 2—7 的最迟完成时间分别为:

$$LF_{1-2}=LT_2=10$$

$$LF_{2-7}=LT_7=15$$

(4)工作的最迟开始时间等于该工作完成节点的最迟时间与其持续时间之差,如式(4-24):

$$LS_{i-j}=LT_j-D_{i-j}=LF_{i-j}-D_{i-j} \tag{4-24}$$

例如在本例中,工作 1—2 和工作 2—7 的最迟开始时间分别为:

$$LS_{1-2}=LT_2-D_{1-2}=10-6=4$$

$$LS_{2-7}=LT_7-D_{2-7}=15-5=10$$

(5)工作的总时差可根据公式(4-18)、公式(4-22)和公式(4-23)得到式(4-25):

$$TF_{i-j}=LF_{i-j}-EF_{i-j}=LT_j-(ET_i+D_{i-j})=LT_j-ET_i-D_{i-j} \tag{4-25}$$

由公式(4-25)可知,工作的总时差等于该工作完成节点的最迟时间减去该工作开始节点的最早时间所得差值再减其持续时间。例如在本例中,工作 1—2 和工作 3—5 的总时差分别为:

$$TF_{1-2}=LT_2-ET_1-D_{1-2}=10-0-6=4$$

$$TF_{3-5}=LT_5-ET_3-D_{3-5}=10-4-5=1$$

(6)工作的自由时差可根据公式(4-19)和公式(4-21)得到式(4-26):

$$FF_{i-j}=ES_{j-k}-ES_{i-j}-D_{i-j}=ET_j-ET_i-D_{i-j} \tag{4-26}$$

由公式(4-26)可知，工作的自由时差等于该工作完成节点的最早时间减去该工作开始节点的最早时间所得差值再减其持续时间。例如在本例中，工作1—2和工作3—5的总时差分别为：

$$FF_{1-2} = ET_2 - ET_1 - D_{1-2} = 6 - 0 - 6 = 0$$

$$FF_{3-5} = ET_5 - ET_3 - D_{3-5} = 9 - 4 - 5 = 0$$

(五)总时差和自由时差的特性

通过计算不难看出总时差有如下特性：

(1)凡是总时差为最小的工作就是关键工作；由关键工作连接构成的线路为关键线路；关键线路上各工作时间之和即为总工期。如图4-36所示，工作1—3、4—6、6—7为关键工作，线路①—③—④—⑥—⑦为关键线路。

(2)当网络计划的计划工期等于计算工期时，凡总时差大于零的工作为非关键工作，凡是具有非关键工作的线路即为非关键线路。非关键线路与关键线路相交时的相关节点把非关键线路划分成若干个非关键线路段，各段有各段的总时差，相互没有关系。

(3)总时差的使用具有双重性，它既可以被该工作使用，但又属于某非关键线路所共有。当某项工作使用了全部或部分总时差时，则将引起通过该工作的线路上所有工作总时差重新分配。例如图4-36中，非关键线路1—2—7中，$TF_{1-2}=4$天，$TF_{2-7}=4$天，如果工作1—2使用了3天机动时间，则工作2—7就只有1天总时差可利用。

通过计算不难看出自由时差有如下特性：

(1)自由时差为某非关键工作独立使用的机动时间，利用自由时差，不会影响其紧后工作的最早开始时间。例如图4-36中，工作1—4天有2天自由时差，如果使用了2天机动时间，也不影响紧后工作4—6的最早开始时间。

(2)非关键工作的自由时差必小于或等于其总时差。

第三节 单代号网络计划

一 单代号网络图

单代号网络图是以节点及其编号表示工作，以箭线表示工作之间逻辑关系的网络图。在单代号网络图中加注工作的持续时间，便形成单代号网络计划(见图4-37)。

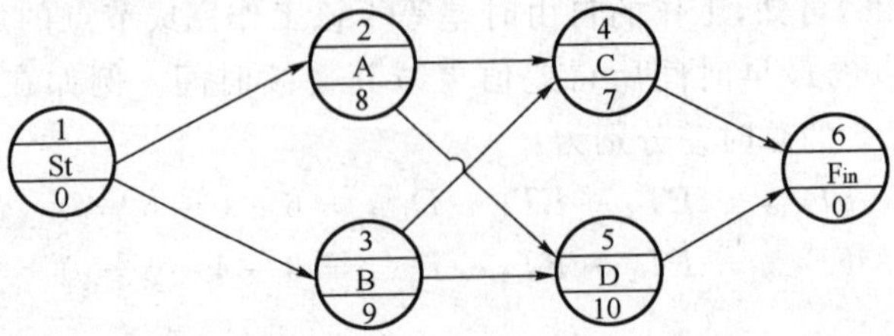

图 4-37 单代号网络图

(一)单代号网络图的特点

单代号网络图与双代号网络图相比,具有以下特点:

(1)工作之间的逻辑关系容易表达,且不用虚箭线,故绘图较简单;

(2)便于网络图检查和修改;

(3)由于工作的持续时间表示的节点之中,没有长度,故不够形象直观;

(4)表示工作之间逻辑关系的箭线可能产生较多的纵横交叉现象。

(二)单代号网络图的基本符号

1. 节点

单代号网络图中的每一个节点表示一项工作,节点宜用圆圈或矩形表示。节点所表示的工作名称、持续时间和工作代号等应标注在节点内,如图 4-38 所示。

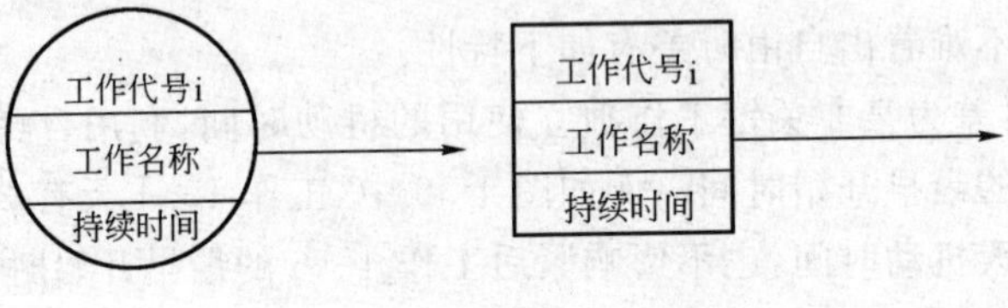

图 4-38 单代号网络图中工作的表示方法

2. 箭线

单代号网络图中的箭线表示紧邻工作之间的逻辑关系,既不占用时间、也不消耗资源。箭线应画成水平直线、折线或斜线。箭线水平投影的方向应自左向右,表示工作的行进方向。工作之间的逻辑关系包括工艺关系和组织关系,在网络图中均表现为工作之间的先后顺序。

3. 线路

单代号网络图中,各条线路应用该线路上的节点编号从小到大依次表述。

(三)单代号网络图的绘图规则

(1)单代号网络图必须正确表达已定的逻辑关系。

(2)单代号网络图中,严禁出现循环回路。

(3)单代号网络图中,严禁出现双向箭头或无箭头的连线。

(4)单代号网络图中,严禁出现没有箭尾节点的箭线和没有箭头节点的箭线。

(5)绘制网络图时,箭线不宜交叉,当交叉不可避免时,可采用过桥法或指向法绘制。

(6)单代号网络图只应有一个起点节点和一个终点节点;当网络图中有多项起点节点或多项终点节点时,应在网络图的两端分别设置一项虚工作,作为该网络图的起点节点(St)和终点节点(Fin)如图 4-37 所示。

单代号网络图的绘图规则大部分与双代号网络图的绘图规则相同,故不再进行解释。

二 单代号网络计划时间参数的计算

单代号网络计划时间参数的计算应在确定各项工作的持续时间之后进行。时间参数的计算顺序和计算方法基本上与双代号网络计划时间参数的计算相同。单代号网络计划时间参数的标注形式如图 4-39 所示。

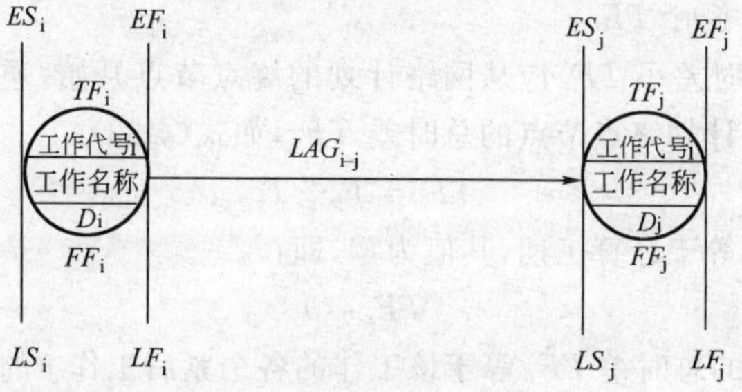

图 4-39 单代号网络计划时间参数的标注形式

单代号网络计划时间参数的计算步骤如下:

1. 计算最早开始时间和最早完成时间

网络计划中各项工作的最早开始时间和最早完成时间的计算应从网络计划的起点节点开始,顺着箭线方向依次逐项计算。

(1)网络计划的起点节点的最早开始时间为零。如起点节点的编号为 1,如式(4-27)：

$$ES_i=0(i=1) \tag{4-27}$$

(2)工作的最早完成时间等于该工作的最早开始时间加上其持续时间，如图 4-28：

$$EF_i=ES_i+D_i \tag{4-28}$$

(3)工作的最早开始时间等于该工作的各个紧前工作的最早完成时间的最大值。如工作 j 的紧前工作的代号为 i，如式(4-29)或式(4-30)：

$$ES_j=\max[EF_i] \tag{4-29}$$

或：

$$ES_j=\max[ES_i+D_i] \tag{4-30}$$

式中：ES_i——工作 j 的各项紧前工作的最早开始时间。

(4)网络计划的计算工期 T_c

T_c 等于网络计划的终点节点 n 的最早完成时间 EF_n，如式(4-31)：

$$T_c=EF_n \tag{4-31}$$

2.计算相邻两项工作之间的时间间隔 LAG_{i-j}

相邻两项工作 i 和 j 之间的时间间隔 LAG_{i-j} 等于紧后工作 j 最早开始时间 ES_j 和本工作的最早完成时间 EF_i 之差，如式(4-32)：

$$LAG_{i-j}=ES_j-EF_i \tag{4-32}$$

3.计算工作总时 TF_i

工作 i 的总时差了 TF_i 应从网络计划的终点节点开始，逆着箭线方向依次逐项计算。网络计划终点节点的总时差 TF_n，如式(4-33)：

$$TF_n=T_p-T_c \tag{4-33}$$

如计划工期等于计算工期，其值为零，即：

$$TF_n=0$$

其他工作 i 的总时差 TF_i 等于该工作的各个紧后工作 j 的总时差了 TF_j 加该工作与其紧后工作之间的时间间隔 LAG_{i-j} 之和的最小值，如式(4-34)：

$$TF_i=\min[TF_j+LAG_{i-j}] \tag{4-34}$$

4.计算工作自由时差 FF_i

(1)工作 i 若无紧后工作，其自由时差 FF_i 等于计划工期 T_p 减该工作的最早完成时间 EF_n，如式(4-35)：

$$FF_n=T_p-EF_n \tag{4-35}$$

(2)当工作 i 有紧后工作 j 时，其自由时差 FF_i 等于该工作与其紧后工作 j

之间的时间间隔LAG_{i-j}的最小值，如式(4-36)：

$$FF_i = \min[LAG_{i-j}] \tag{4-36}$$

5. 计算工作的最迟开始时间和最迟完成时间

(1)工作 i 的最迟开始时间 LS_i 等于该工作的最早开始时间 ES_i 加上其总时差 TF_i 之和，如式(4-37)：

$$LS_i = ES_i + TF_i \tag{4-37}$$

(2)工作 i 的最迟完成时间 LF_i 等于该工作的最早完成时间 EF_i 加上其总时差 TF_i 之和，如式(4-38)：

$$LF_i = EF_i + TF_i \tag{4-38}$$

6. 关键工作和关键线路的确定

(1)关键工作：总时差最小的工作是关键工作。

(2)关键线路的确定按以下规定：从起点节点开始到终点节点均为关键工作，且所有工作的时间间隔为零的线路为关键线路。

例 4-2 已知单代号网络计划如图 4-40 所示，若计划工期等于计算工期，试计算单代号网络计划的时间参数，将其标注在网络计划上；并用双箭线标示出关键线路。

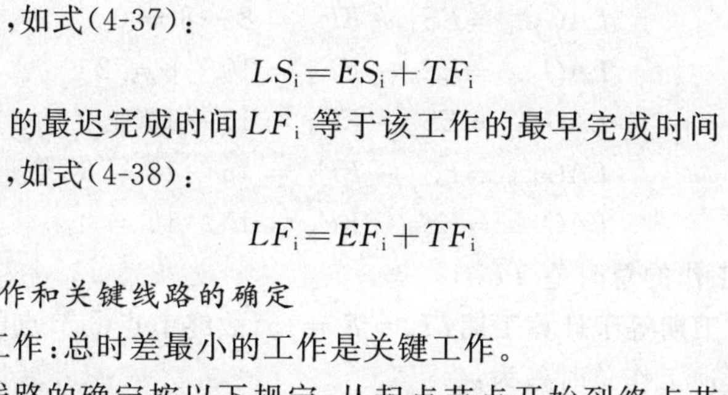

图 4-40 单代号网络计划计算示例

解：(1)计算最早开始时间和最早完成时间：

$$ES_1 = 0 \quad EF_1 = ES_1 + D_1 = 0 + 3 = 3$$

$$ES_2 = EF_1 = 3EF_2 = ES_2 + D_2 = 3 + 5 = 8$$

$$ES_3 = EF_1 = 3EF_3 = ES_3 + D_3 = 3 + 7 = 10$$

$$ES_4 = EF_2 = 8EF_4 = ES_4 + D_4 = 8 + 4 = 12$$

$$ES_5 = \max[EF_2, EF_3] = \max[8, 10] = 10$$

$$EF_5 = ES_5 + D_5 = 10 + 5 = 15$$

$$ES_6 = \max[EF_4, EF_5] = \max[12, 15] = 15$$

$$EF_6 = ES_6 + D_6 = 15 + 0 = 15$$

已知计划工期等于计算工期，故有：$T_p = T_c = EF_6 = 15$

(2)计算相邻两项工作之间的时间间隔 LAG_{i-j}：

$$LAG_{1-2} = ES_2 - EF_1 = 3 - 3 = 0$$
$$LAG_{1-3} = ES_3 - EF_1 = 3 - 3 = 0$$
$$LAG_{2-4} = ES_4 - EF_2 = 8 - 8 = 0$$
$$LAG_{2-5} = ES_5 - EF_2 = 10 - 8 = 2$$
$$LAG_{3-5} = ES_5 - EF_3 = 10 - 10 = 0$$
$$LAG_{4-6} = ES_6 - EF_4 = 15 - 12 = 3$$
$$LAG_{5-6} = ES_6 - EF_5 = 15 - 15 = 0$$

(3)计算工作的总时差 TF_i：

已知计划工期等于计算工期：$T_p = T_c = 15$，故终节点⑥节点的总时差为零，即：$TF_6 = 0$ 其他工作总时差为：

$$TF_5 = TF_6 + LAG_{5-6} = 0 + 0 = 0$$
$$TF_4 = TF_6 + LAG_{4-6} = 0 + 3 = 3$$
$$TF_3 = TF_5 + LAG_{3-5} = 0 + 0 = 0$$
$$TF_2 = \min[(TF_4 + LAG_{2-4}), (TF_5 + LAG_{2-5})] = \min[(3+0), (0+2)] = 2$$
$$TF_1 = \min[(TF_2 + LAG_{1-2}), (TF_3 + LAG_{1-3})] = \min[(2+0), (0+0)] = 0$$

(4)计算工作的自由时差 FF_i：

已知计划工期等于计算工期：$T_p = T_c = 15$，故终节点⑥节点的自由时差为：

$$FF_6 = T_p - EF_6 = 15 - 15 = 0$$
$$FF_5 = LAG_{5-6} = 0$$
$$FF_4 = LAG_{4-6} = 3$$
$$FF_3 = LAG_{3-5} = 0$$
$$FF_2 = \min[LAG_{2-4}, LAG_{2-5}] = \min[0 - 2] = 0$$
$$FF_1 = \min[LAG_{1-2}, LAG_{1-3}] = \min[0 - 0] = 0$$

(5)计算工作的最迟开始时间 LS_i 和最迟完成时间 LF_i：

$$LS_1 = ES_1 + TF_1 = 0 + 0 = 0 \qquad LF_1 = EF_1 + TF_1 = 3 + 0 = 3$$
$$LS_2 = ES_2 + TF_2 = 3 + 2 = 5 \qquad LF_2 = EF_2 + TF_2 = 8 + 2 = 10$$
$$LS_3 = ES_3 + TF_3 = 3 + 0 = 3 \qquad LF_3 = EF_3 + TF_3 = 10 + 0 = 10$$
$$LS_4 = ES_4 + TF_4 = 8 + 3 = 11 \qquad LF_4 = EF_4 + TF_4 = 12 + 3 = 15$$
$$LS_5 = ES_5 + TF_5 = 10 + 0 = 10 \qquad LF_5 = EF_5 + TF_5 = 15 + 0 = 15$$
$$LS_6 = ES_6 + TF_6 = 15 + 0 = 15 \qquad LF_6 = EF_6 + TF_6 = 15 + 0 = 15$$

将以上计算结果标注在图 4-41 中的相应位置。

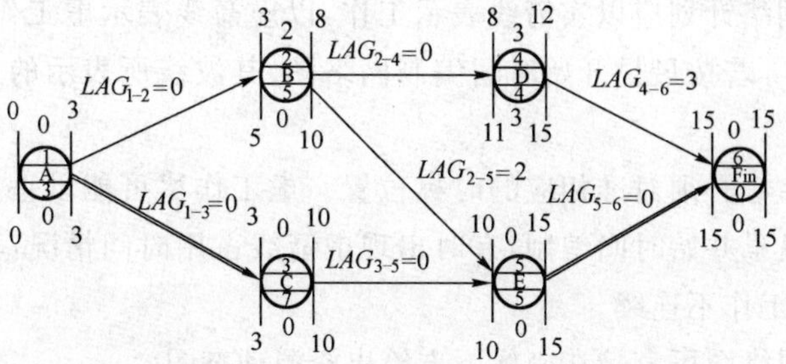

图 4-41　单代号网络计划时间参数计算结果

(6)关键工作和关键线路的确定

根据计算结果,总时差为零的工作:A、C、E、F 为关键工作;

从起点节点①节点开始到终点节点⑥节点均为关键工作,且所有工作之间时间间隔为零的线路:①—③—⑤—⑥为关键线路,用双箭线标示在图 4-41 中。

第四节　双代号时标网络计划

一　时标网络计划的概念

时间坐标网络计划是综合应用横道图时间坐标和网络计划的原理,吸取了二者的长处,使其结合起来应用的一种网络计划方法。时间坐标网络计划简称时标网络计划。

前面讲到的是非时标网络图,在非时标网络图中,工作持续时间由箭线下方标注的数字表明,而与箭线的长短无关。非时标网络计划更改比较方便,但是由于没有时标,看起来不太直观,工地使用不方便,不能一目了然地在图上直接看出各项工作的开工和结束时间。为了克服非时标网络计划的不足,产生了时标网络计划。在时标网络计划中,箭线的长短和所在的位置即表示工作的时间长短与进程,因此它能够表达工程各项工作之间恰当的时间关系。

二　时标网络计划的图示特点

(1)箭线的长短与时间有关,双代号时标网络计划必须以水平时间坐标为尺度表示工作时间。时标的时间单位应根据需要在编制网络计划之前确定,可为小时、天、周、月或季。

(2)时标网络计划应以实箭线表示工作,以虚箭线表示虚工作,以波形线表示工作的时差。若按最早开始时间编制网络图,其波线所表示的是工作的自由时差。

(3)节点中心必须对准相应的时标位置。虚工作尽可能以垂直方式的虚箭线表示,若按最早并始时间编制,有时出现虚箭线占用时间情况,其原因是工作面停歇或班组工作不连续。

(4)时标网络图可直接在坐标下方绘出资源动态图。

(5)时标网络图不会产生闭合回路。

(6)时标网络图修改不方便。

三 时标网络计划的编制方法

时标网络计划可按最早时间编制,也可按最迟时间编制,一般安排计划宜早不宜迟,因此通常是采用按最早时间编制。

按最早时间编制时标网络计划的方法有直接和间接两种。

1.直接绘制法

直接绘制法是不计算网络时间参数,直接在时间坐标上进行绘图的方法。其编制步骤和方法如下:

(1)定坐标线编制时标网络计划之前,应先按已确定的时间单位绘出时标计划表。时标可标注在时标计划表的顶部或底部,时标的长度单位必须注明。必要时,可在顶部时标之上或底部时标之下加注日期的对应时间。时标计划表中部的刻度线宜为细线,为使图面清楚,此线也可以不画或少画。

(2)将起点定位于时标计划表的起始刻度线上。

(3)按工作持续时间在时标计划表上绘制起点节点的外向箭线。

(4)除起点节点以外的其他节点,必须在其所有内向箭线绘出以后,定位在这些内向箭线中完成时间最迟的那根箭线末端。其他内向箭线长度不足以到达该节点时,用波线补足,波线长度就是时差的大小。

(5)用上述方法从左至右依次确定其他节点位置,直至终点节点定位绘完,箭线尽量以水平线表示,以斜线和垂直线辅助表示。

(6)工艺上或组织上有逻辑关系的工作,要用虚箭线表示。若虚箭线占用时间,说明工作面停歇或人工窝工。

2. 间接绘制法

间接绘制方法是先计算网络计划时间参数，再根据时间参数在时间坐标上进行绘制的方法。其步骤如下：

(1)计算时间参数(节点的最早时间和最迟时间)，确定关键工作及关键线路。

(2)根据需要确定时间单位并绘制时标横轴。时间可标注在时标网络图的顶部或底部，时标的长度单位必须注明。

(3)根据网络图中各节点的最早时间(或各工作的最早开始时间)，从起点节点开始将各节点(或各工作的开始节点)逐个定位在时间坐标的纵轴上。

(4)依次在各节点绘出箭线长度及时差。绘制时宜先画关键工作、关键线路，再画非关键工作。箭线最好画成水平或由水平线和竖直线组成的折线箭线，以直接表示其持续时间。如箭线画成斜线，则以其水平投影长度为其持续时间。如箭线长度不够与该工作的结束节点直接相连，则用波形线从箭线端部画至结束节点处。波形线的水平投影长度，即为该工作的自由时差。

(5)用虚箭线连接各有关节点，将各有关的施工过程连接起来。在时标网络计划中，有时会出现虚线的投影长度不等于零的情况，其水平投影长度为该虚工作的自由时差。

(6)把时差为零的箭线从起点节点到终点节点连接起来，并用粗线或双箭线或彩色箭线表示，即形成时标网络计划的关键路线。

3. 试举例

根据已知双代号网络图用直接绘制法，绘制出时标网络图(按最早开始时间绘制)。

例 4-3 如图 4-42 所示的某基础工程双代号网络计划，请将图 4-42 改绘制成时标网络图(如图 4-43 所示)。

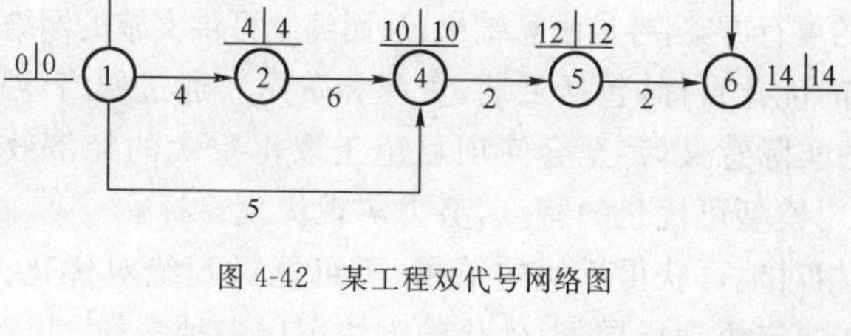

图 4-42 某工程双代号网络图

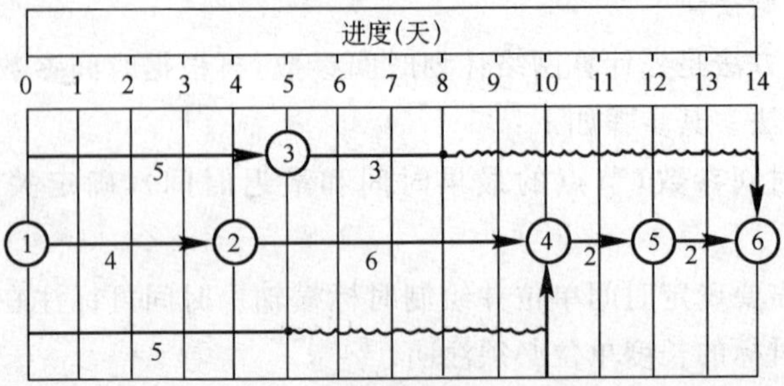

图 4-43 最早时间时标网络计划

四 关键线路的确定和时间参数的判读

(1)关键线路的确定自终点节点逆箭线方向朝起点节点观察，自始至终不出现波形线的线路为关键线路

(2)时间参数的判读

①最早时间参数：按最早时间绘制的时标网络计划，每条箭线的箭尾和箭头所对应的时标值应为该工作的最早开始时间和最早完成时间。

②自由时差：波形线的水平投影长度即为该工作的自由时差。

③总时差：自右向左进行，其值等于各紧后工作的总时差的最小值与本工作的自由时差之和。如式(4-39)：

$$TF_{i-j}=\min\{TF_{j-k}\}+FF_{i-j} \tag{4-39}$$

④最迟时间参数：最迟开始时间和最迟完成时间应按式(4-40)和式(4-41)计算：

$$LS_{i-j}=ES_{i-j}+TF_{i-j} \tag{4-40}$$

$$LF_{i-j}=EF_{i-j}+TF_{i-j} \tag{4-41}$$

第五节 网络计划的优化

网络计划优化，是在编制阶段，在满足既定约束条件下，按照一定目标，通过不断改进网络计划的可行方案，寻求满意结果，从而编制可供实施的网络计划的过程。

网络计划的优化目标，包括工期、资源和费用。通过网络计划优化实现这些目标，有重要的实际意义，甚至会使项目施工取得重大的经济效果，我们应当尽量利用网络计划模型可优化的特点，努力实现优化目标。

优化只是相对地可获得近似的结果，不可能做到绝对优化。优化的原理是可认识的，且在一定原理指导下，优化的方法可以多种多样。

手工优化只能在小型网络计划上办到。要做到对大型网络优化，必须借助电子计算机。目前，利用电子计算机优化网络计划已经成为现实，且得到了相当范围的推广。

本文只着重介绍工期优化、工期—资源优化和工期—成本优化的基本原理，至于这些原理的具体应用步骤及如何在电子计算机上应用，需要另外进行深入地学习。

一 工期优化

当网络计划的计算工期大于要求工期时，应通过压缩关键工作的持续时间，满足工期要求。

1. 工期优化的计算步骤

第一，找出可行网络计划的关键工作和关键线路；

第二，按要求工期计算应缩短的时间；

第三，确定各关键工作能压缩多少时间；

第四，调整关键工作的持续时间，并重新计算网络计划的工期；

第五，如果已经达到工期要求，则优化完成，否则重复以上步骤，直至要求满足。

2. 压缩工作持续时间的对象选择

这实际上就是选择压缩对象的约束条件。应选择那些压缩持续时间后对质量影响不大的关键工作，有充足备用资源的工作，缩短持续时间增加费用最少的工作。

还要注意，如果网络计划有两条以上关键线路时，可考虑压缩公用的关键工作，或两条线路上的关键工作同时压缩同样时间。要特别注意每次压缩后，关键线路是否有变化（转移或增加条数），原来的关键线路必须仍然是关键线路。

3. 使关键工作时间缩短的措施

为使关键工作取得可压缩时间，必须采取一定的措施，这些措施主要是：增加资源数量；增加工作班次；改变施工方法；组织流水作业；采取技术措施。

如果上述方法均不能奏效，则应改变工期要求或改变施工方案。

二 费用优化

费用优化又称工期成本优化，是指寻求工程总成本最低时的工期安排，或按要求工期寻求最低成本的计划安排的过程。

（一）费用和时间的关系

在建设工程施工过程中，完成一项工作通常可以采用多种施工方法和组织方法，而不同的施工方法和组织方法，又会有不同的持续时间和费用。由于一项建设工程往往包含许多工作，所以在安排建设工程进度计划时，就会出现许多方案。进度方案不同，所对应的总工期和总费用也就不同。为了能从多种方案中找出总成本最低的方案，必须首先分析费用和时间之间的关系。

1. 工程费用与工期的关系

工程总费用由直接费和间接费组成。直接费由人工费、材料费、机械使用费、其他直接费及现场经费等组成。施工方案不同，直接费也就不同；如果施工方案一定，工期不同，直接费也不同。直接费会随着工期的缩短而增加。间接费包括企业经营管理的全部费用，它一般会随着工期的缩短而减少。在考虑工程总费用时，还应考虑工期变化带来的其他损益，包括效益增量和资金的时间价值等。

2. 工作直接费与持续时间的关系

由于网络计划的工期取决于关键工作的持续时间，为了进行工期成本优化，必须分析网络计划中各项工作的直接费与持续时间之间的关系，它是网络计划工期成本优化的基础。

工作的直接费与持续时间之间的关系类似于工程直接费与工期之间的关系，工作的直接费随着持续时间的缩短而增加。为简化计算，工作的直接费与持续时间之间的关系被近似地认为是一条直线关系。当工作划分不是很粗时，其计算结果还是比较精确的。

(二)费用优化方法

费用优化的基本思路：不断地在网络计划中找出直接费用率(或组合直接费用率)最小的关键工作，缩短其持续时间，同时考虑间接费随工期缩短而减少的数值，最后求得工程总成本最低时的最优工期安排或按要求工期求得最低成本的计划安排。按照上述基本思路，费用优化可按以下步骤进行：

(1)按工作的正常持续时间确定计算工期和关键线路。

(2)计算各项工作的直接费用率。直接费用率的计算按式(4-53)进行。

(3)当只有一条关键线路时，应找出直接费用率最小的一项关键工作，作为缩短持续时间的对象；当有多条关键线路时，应找出组合直接费用率最小的一组关键工作，作为缩短持续时间的对象。

(4)对于选定的压缩对象(一项关键工作或一组关键工作)，首先比较其直接费用率或组合直接费用率与工程间接费用率的大小：

①如果被压缩对象的直接费用率或组合直接费用率大于工程间接费用率，说明压缩关键工作的持续时间会使工程总费用增加，此时应停止缩短关键工作

的持续时间，在此之前的方案即为优化方案；

②如果被压缩对象的直接费用率或组合直接费用率等于工程间接费用率，说明压缩关键工作的持续时间不会使工程总费用增加，故应缩短关键工作的持续时间；

③如果被压缩对象的直接费用率或组合直接费用率小于工程间接费用率，说明压缩关键工作的持续时间会使工程总费用减少，故应缩短关键工作的持续时间。

(5)当需要缩短关键工作的持续时间时，其缩短值的确定必须符合下列两条原则：

①缩短后工作的持续时间不能小于其最短持续时间；

②缩短持续时间的工作不能变成非关键工作。

(6)计算关键工作持续时间缩短后相应增加的总费用。

(7)重复上述(3)～(6)，直至计算工期满足要求工期或被压缩对象的直接费用率或组合直接费用率大于工程间接费用率为止。

(8)计算优化后的工程总费用。

三 资源优化

资源是指为完成一项计划任务所需投入的人力、材料、机械设备和资金等。完成一项工程任务所需要的资源量基本上是不变的，不可能通过资源优化将其减少。资源优化的目的是通过改变工作的开始时间和完成时间，使资源按照时间的分布符合优化目标。

在通常情况下，网络计划的资源优化分为两种，即“资源有限，工期最短”的优化和“工期固定，资源均衡”的优化。前者是通过调整计划安排，在满足资源限制条件下，使工期延长最少的过程；而后者是通过调整计划安排，在工期保持不变的条件下，使资源需用量尽可能均衡的过程。

这里所讲的资源优化，其前提条件是：

(1)在优化过程中，不改变网络计划中各项工作之间的逻辑关系；

(2)在优化过程中，不改变网络计划中各项工作的持续时间；

(3)网络计划中各项工作的资源强度(单位时间所需资源数量)为常数，而且是合理的；

(4)除规定可中断的工作外，一般不允许中断工作，应保持其连续性。

为简化问题，这里假定网络计划中的所有工作需要同一种资源。

“资源有限，工期最短”的优化一般可按以下步骤进行：

(1)按照各项工作的最早开始时间安排进度计划，即按最早时间绘制时标网络计划，并计算网络计划每个时间单位的资源需用量。

(2)从计划开始日期起，逐个检查每个时段(每个时间单位资源需用量相同的时间段)。

资源需用量是否超过所能供应的资源限量。如果在整个工期范围内每个时段的资源需用量均能满足资源限量的要求，则可行优化方案就编制完成；否则，必须转入下一步进行计划的调整。

(3)找出超过资源限量的时段，对该时段内的各项工作进行排序并编号。按以下原则编号：

①先编该时段之前已经开始的工作。

②再按总时差(可以往后移动的机动时间)由小到大递增编号。

③如遇总时差相等，资源需用量大的先编，小的后编。

(4)按编号顺序，把位于该时段内的各工作每天的资源需用量进行累加，以累加数不超过可能供应的条件为限，余下的工作右移至下一时段。

(5)绘制调整后的网络计划，重新计算每个时间单位的资源需用量。

(6)重复上述(3)～(5)，直至网络计划整个工期范围内每个时间单位的资源需用量均满足资源限量为止。

本章小结

本章叙述了网络计划技术的基本概念，双单代号网络图的主要参数，双、单代号网络图的具体应用。

本章主要的知识要点有：

(1)掌握网络计划的形式和各自特点。

(2)重点掌握双代号网络图的主要参数及其相互关系。

复习思考题

4-1　横道计划的优缺点？

4-2　网络计划方法的优缺点？

4-3　双代号网络图是组成要素？

4-4　双代号网络计划时间参数有哪些？如何计算？

4-5　单代号网络计划时间参数有哪些？如何计算？

第五章 施工组织总设计

【职业能力目标】

通过本章的内容学习，能够使学生了解施工组织总设计的基本内容、作用和编制原则；了解施工概况包含的主要内容。能进行施工部署，编制主要工程项目的施工方案；进行施工任务的划分和安排；了解施工准备工作的基本内容和要求；能够编制和调整施工总进度计划和主要工种劳动力、材料、构件半成品、施工机械等资源需要量计划；能够进行施工总平面图的设计，合理布置施工用场地、确定出一切为全工地施工服务的临时设施的位置。并能根据不同的施工阶段调整和修正总平面图。为将来从事建筑工程的施工资料编制工作，进行建筑工程的施工管理打下基础。

【学习要求】

施工组织总设计（又称施工总体规划）是以整个建设项目或建筑群为对象，根据初步设计或扩大初步设计图纸，以及其他有关资料和现场施工条件编制，用以指导整个建设项目或群体工程进行施工准备和组织施工活动的全局性指导性文件。

第一节 施工组织总设计概述

本章主要介绍施工组织总设计的基本内容，是技术员必备的知识。掌握本章内容，一般可以编制简单的施工组织总设计。大型工程一般要专家会审。

一 施工组织总设计的概念

施工组织总设计(又称施工总体规划)是以整个建设项目或建筑群为对象,根据初步设计或扩大初步设计图纸以及其他有关资料和现场施工条件编制的,用以指导整个建设项目或群体工程进行施工准备和组织施工活动的全局性指导性文件。它是为施工企业建立施工条件、集结施工力量、组织物资资源的供应以及进行现场生产与生活临时设施规划的依据,也是施工企业编制年度施工计划和单位工程施工组织设计的依据,是建筑企业实现科学管理、保证最优完成施工任务的有效措施。一般是在初步设计或扩大初步设计被批准之后,由建设总承包企业总工程师负责,会同建设、设计和分包单位的工程师共同编制。

二 施工组织总设计的内容及编制程序

根据工程性质、规模、工期、建筑结构的特点、施工复杂程度及施工条件的不同,所编制的施工组织总设计的内容也有所不同,但一般应包括下列内容:

(1)工程概况及特点分析;

(2)施工部署和主要工程项目施工方案;

(3)施工总进度计划;

(4)施工资源需要量计划;

(5)施工准备工作计划;

(6)施工总平面图;

(7)主要技术组织措施;

(8)主要技术经济指标等。

施工组织总设计一般按图 5-1 程序编制。

三 施工组织总设计的编制原则

编制施工组织总设计应遵循以下基本原则:

1. 严格执行基本建设程序,认真贯彻党和国家关于基本建设的有关方针、政策和规定。

为了保证基本建设顺利进行,缩短施工周期,提高工程质量,党和国家在基本建设方面颁发了一系列有关文件、政策和规定,如没有勘察就不能设计,没有设计就不能施工,只有具备开工条件经有关部门审批后工程方可以开工,实行工程监理制、进行质量监督等方针,在编制施工组织设计时必须逐一得到贯彻落实。

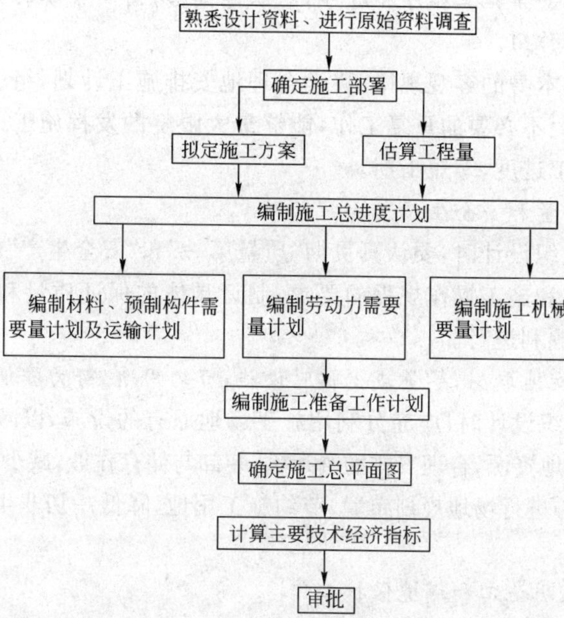

图 5-1　施工组织总设计编制程序

2.严格遵守定额工期和合同规定的工程竣工及交付使用期限

对不同的工程项目，根据历史经验和对资料的整理，国家制定了不同工程系列的工期定额以指导施工，在编制施工进度计划时，其计划工期应该严格控制在国家定额工期范围内。

有些建设项目，为了尽快发挥投资效益，在签订合同时，工期要求往往高于国家工期定额，但提前量应视工程结构的实际情况和各企业的技术、装备情况而定，应控制在一个合理的幅度内，避免盲目蛮干，造成不必要的损失。

对总工期较长的大型项目，应该根据生产的需要，安排分期分批建设、配套投产或交付使用，从实质上缩短工期，尽早发挥建设投资的经济效益。

3.尽量采用先进的科学技术，努力提高工业化、机械化施工水平

先进的科学技术是提高劳动生产率、提高工程质量、加快施工进度、降低成本、提高经济效益的源泉。在编制施工组织设计时，必须结合工程实际情况，加以推广应用。

采用机械化施工和工厂化施工，可以提高劳动生产率，改善工人的操作环境和条件，加快工程的施工速度。

4. 科学合理地安排施工程序和顺序，组织连续、均衡而紧凑的施工，保证人力和物力充分发挥作用。

建筑施工有其本身的客观规律，科学合理地安排施工计划，组织连续、均衡而紧凑的施工，避免不必要的重复工作，能够最大限度的发挥施工人员、机械的生产效率，加快施工进度，缩短工期。

5. 确保工程质量和安全生产

在编制施工组织设计时，要认真贯彻“质量第一”和“安全生产”的方针，严格按照施工验收规范和施工操作规程的要求，制订具体的保证质量和施工安全的措施，以确保工程顺利进行。

6. 因地制宜，就地取材，尽量减少临时设施，节约用地，努力降低工程成本

在编制施工组织设计时，应充分利用施工场地原有的设施，以减少临时设施费用。合理选用当地资源，合理安排物资运输、装卸与储存作业，减少物资运输量，避免二次搬运，精心进行场地规划布置，节约施工用地，降低一切非生产性开支和管理费用。

7. 作好现场文明施工和环境保护工作

文明施工是保持施工现场良好的作业环境、卫生环境和工作秩序。文明施工是适应现代化施工的客观要求，它能促进企业综合管理水平的提高。它能代表企业形象，提高企业的知名度和市场竞争力。

环境保护是按照法律法规、各级主管部门和企业的要求，保护和改善作业现场的环境。它是保证人们身体健康和社会文明的需要，也是现代化大生产的客观要求。消除建筑施工对外部环境的干扰，减少对环境的污染和对市民的干扰，是保证施工顺利进行的需要。在编制施工组织设计时，应该明确文明施工和环保措施。

8. 认真调查研究，坚持群众路线

编制施工组织设计前，编制人员先应进行调查了解，掌握第一手资料，然后综合分析，提出初步设计设想。并应广泛听取建设、设计、监理和本单位领导、技术人员和施工人员的意见，这样编写的施工组织设计，能做到理论结合实际，比较切实可行。

四 施工组织总设计的作用

施工组织总设计的主要作用是：

(1)为建设项目或建筑群的施工做出全局性的战略部署；

(2)为做好施工准备工作、保证资源供应提供依据；

(3)为建设单位编制工程建设计划提供依据；
(4)为施工单位编制施工计划和单位工程施工组织设计提供依据；
(5)为组织项目施工活动提供科学的方案和实施步骤；
(6)为确定设计方案的施工可行性和经济合理性提供依据。

第二节　工程概况及特点分析

工程概况及特点分析是对整个建设项目的总说明和总分析，是对整个建设项目或建筑群所作的一个简单扼要、突出重点的文字介绍。有时为了补充文字介绍的不足，还可以附有建设项目总平面图，主要建筑的平、立、剖示意图及辅助表格。一般应包括以下内容：

一 建设项目特点

主要介绍建设项目的建设地点、工程性质、建设总规模、总工期、总占地面积、总建筑面积、分期分批投入使用的项目和工期、总投资、主要工种工程量、设备安装及其吨数、建筑安装工程量、生产流程和工艺特点、建筑结构类型、新技术、新材料、新工艺的复杂程度和应用情况等。

为了更清晰的反映这些内容，也可利用附图和表格等不同形式予以说明。内容可参照表 5-1 至表 5-3。

建筑安装工程项目一览表　　表 5-1

序　号	工程名称	建筑面积(m^2)	建安工作量(万元)		吊装和安装工作量(t 或件)		建筑结构
			土建	安装	吊装	安装	

注："建筑结构"填混合结构、钢结构、钢筋混凝土结构等结构形式及层数

主要建筑物和构筑物一览表　　表 5-2

序　号	工程名称	建筑结构特征或示意图	建筑面积(m^2)	占地面积(m^2)	建筑体积(m^3)	备　注

注："建筑结构特征"栏说明其基础、墙、柱屋盖等结构构造

生产车间、管(网)线、生活福利设施一览表　　表 5-3

序号	工程名称	单位	合计	生产车间			仓库及运输				管网				生活福利		大型暂设		备注
				××车间	…	…	仓库	铁路	公路	…	供电	供水	排水	供热	宿舍	文化福利	生产	生活	
注:"生产车间"栏按主要生产车间、辅助生产车间、动力车间次序填写																			

二 建设地区特征

主要介绍建设地区的地形、地貌、水文、地质、气象等情况;建设地区资源、交通、运输、水、电、劳动力、生活设施等技术经济条件。

三 施工条件及其他内容

包括施工企业的生产能力、技术装备、管理水平、主要设备、材料和特殊物资供应情况;有关建设项目的决议、合同、协议、土地征用范围、数量和居民搬迁时间等情况。

第三节　施工部署和施工方案

施工部署是对整个建设项目全局做出的统筹规划和全面安排,主要解决影响建设项目全局的重大施工问题。

施工部署由于建设项目的性质、规模和施工条件等不同,施工部署的内容也不尽相同,其内容主要包括:确定工程开展程序、拟定主要工程项目的施工方案、明确施工任务划分与组织安排、编制施工准备工作计划等。

一 工程开展顺序

确定建设项目中各项工程合理的开展顺序是关系到整个建设项目能否尽快投产使用的重点问题。对于一些大中型工业建设项目,一般要根据建设项目总目标的要求，分期分批建设，既可使各具体项目尽快建成，尽早投入使用，又可在全局上实现施工的连续性和均衡性，减少暂设工程数量，降低工程成本。至于分几期施工，各期工程包含哪些项目，则要根据生产工艺要求，建设部门要求、工程规模大小和施工难易程度、资金、技术等情况，由建设单位和施工单位共同研究确定。

对于大中型民用建设项目(如居民小区)，一般也应分期分批建设。除考虑住宅以外，还应考虑幼儿园、学校、商店和其他公共设施的建设，以便交付后能及早发挥经济效益、社会效益和环保效益。

对于小型工业与民用建筑或大型建设项目的某一系统，由于工期较短或生产工艺的要求，亦可不必分期分批建设，采取一次性建成投产

在统筹安排各类项目施工时，要保证重点，兼顾其他。应优先安排工程量大、施工难度大、工期长的项目；供施工、生活使用的项目及临时设施；按生产工艺要求，先期投入生产或起主导作用的工程项目等。

二 主要工程项目施工方案

施工组织总设计中要拟定一些主要工程项目的施工方案，这些项目是整个建设项目中工程量大、施工难度大、工期长，对整个建设项目的完成起关键作用的建筑物或构筑物，以及全场范围内工程量大、影响全局的特殊分项工程。拟定主要工程项目施工方案的目的是为了进行技术和资源的准备工作，同时也为了施工顺利进行和现场的合理布局。它的内容包括确定施工方法、施工工艺流程、施工机械设备等。

对施工方法的确定要考虑技术工艺的先进性和经济上的合理性。对施工机械的选择，应使主导机械的性能既能满足工程的需要，又能发挥其效能，在各个工程上能够实现综合流水作业，减少其拆、装、运的次数。对于辅助机械，其性能应与主导施工机械相适应，以充分发挥主导施工机械的工作效率。

三 施工任务划分及组织安排

在明确施工项目管理体制、机构的条件下，划分各参与施工单位的施工任务，明确总包与分包单位的关系，建立施工现场统一的组织领导机构及职能部门，确定综合的和专业化的施工组织，明确各施工单位之间分工与协作的关系，划分施工阶段，确定各施工单位分期分批的主导施工项目和穿插施工项目。

四 施工准备工作

施工准备工作是为拟建工程的施工创造必要的技术、物资条件，是为了统筹安排施工力量和部署施工现场，保证工程建设项目施工顺利进行和总进度计划目标的按期实现的必备条件。在施工组织总设计中，应明确施工总准备工作的内容、负责单位、负责人和完成期限，并编制施工总准备工作计划。施工准备工作的主要内容有以下几个方面：

(1)按照建筑总平面图，做好现场测量控制网，引测和设置坐标点；

(2)办理土地征用手续；

(3)居民拆迁及障碍物(房屋、管线、树木和坟墓等)的拆除；

(4)对工程设计中拟采用的新结构、新技术、新材料、新工艺的试制和试验工作；

(5)现场“三通一平”(即施工用水通、用电通、道路通和场地平整)工作，落实现场外交通运输条件(如有关铁路、公路码头的建设工作等)；

(6)有关大型临时设施的建设；

(7)编制劳动力、材料、构件、加工品、半成品和机具的申请及准备计划；

(8)建立工程管理指挥机构及领导网络。

为了落实各项施工准备工作，加强检查和监督，必须根据各项施工准备工作的内容、时间和人员，编制出施工准备工作计划。如表 5-4 所示。

施工准备工作计划　　表 5-4

序　号	施工准备项目	内　　容	负责单位	负　责　人	起止时间		备　注
					××月	××月	

第四节　施工总进度计划

施工总进度计划根据建设单位及有关部门对拟建工程的投产及交付使用时间的要求，按照合理的施工顺序和日程安排的建筑生产计划，它是控制整个建设项目的施工工期及各单位工程的施工期限和相互搭接关系的依据。正确编制施工总进度计划，是保证各个系统及整个建设项目如期交付使用、充分发挥效益、降低建筑成本的重要条件，一般编制程序和内容如下：

(1)计算各工程项目的工程量；

(2)确定各单位工程(或单个建筑物)的施工期限；

(3)确定单位工程开、竣工时间及互相搭接关系；

(4)编制施工总进度计划。

一 各工程项目及工程量

施工总进度计划主要起控制总工期的作用，因此项目划分不宜过细，可按确定的主要工程项目的开展顺序排列，一些附属项目、辅助工程及临时设施可以合并列出。

在工程项目一览表的基础上，计算各主要项目的实物工程量。计算工程量可按初步(或扩大初步)设计图纸并根据各种定额手册进行计算。常用的定额资料有以下几种：

(1)万元或十万元投资工程量、劳动力及材料消耗扩大指标。这种定额规定了某一种结构类型建筑，每万元或十万元投资中劳动力、主要材料等消耗数量。根据设计图纸中的结构类型，即可计算出拟建工程各分项工程需要的劳动力和主要材料的消耗数量。

(2)概算指标或扩大结构定额。概算指标是以建筑物每 $100m^3$ 体积为单位；扩大结构定额是以每 $100m^2$ 建筑面积为单位。查定额时，首先查找与本建筑物结构类型、跨度、高度相类似的部分，然后查出这种建筑物按定额单位所需要的劳动力和各项主要材料消耗量，从而推算出拟计算的建筑物所需要的劳动力和材料的消耗数量。

(3)标准设计或已建房屋、构筑物的资料。在缺少上述几种定额手册的情况下，可采用标准设计或已建成的类似房屋实际所消耗的劳动力及材料类比，按比例估算。但是，由于和拟建工程完全相同的已建工程是极为少见的，因此在采用已建工程资料时，一般都要进行折算、调整。

除房屋外，还必须计算主要的全工地性工程的工程量，如场地平整、铁路及道路和地下管线的长度等，这些可以根据建筑总平面图来计算。

将按上述方法计算的工程量填入统一的工程量汇总表中。如表 5-5 所示。

工程项目工程量汇总表　　表 5-5

工程项目分类	工程项目名称	结构类型	建筑面积	幢（跨）数	概算投资	主要实物工程量								
						场地平整	土方工程	桩基工程	…	砖石工程	钢筋混凝土工程	…	装饰工程	…
			$1000m^2$	个	万元	$1000m^2$	$1000m^3$	$1000m^2$		$1000m^3$	$1000m^3$		$1000m^2$	
全工地性工程														
主体项目														
辅助项目														
永久住宅														
临时建筑														
	合计													

二　确定各单位工程的施工期限

单位工程的施工期限应根据施工单位的具体条件（施工技术与施工管理水平、机械化程度、劳动力和材料供应等）及单位工程的建筑结构类型、体积大小和现场地形地质、施工条件、现场环境等因素加以确定。此外，也可参考有关的工期定额来确定各单位工程的施工期限。

三　确定各单位工程的开竣工时间和相互搭接关系

在施工部署中已经确定了总的施工程序和各系统的控制期限及搭接时间，但对于每一个单位工程施工的开工、竣工时间尚未确定。通过对各主要建筑物的工期进行分析，确定了各主要建筑物的施工期限后，就可以进一步安排各建筑物的搭接施工时间。通常主要考虑以下因素：

1. 保证重点，兼顾一般

在安排进度时，要分清主次，抓住重点，同时期进行的项目不宜过多，以免分散有限的人力物力。

2.要满足连续、均衡施工要求

应尽量使劳动力和材料、施工机械消耗在全工地上达到均衡，避免出现高峰和低谷，以利于劳动力的调度和材料供应。

3.要满足生产工艺要求

合理安排各个建筑物的施工顺序，以缩短建设周期，尽快发挥投资效益。

4.认真考虑施工总平面图的空间关系

应在满足有关规范要求的前提下，使各建筑物的布置尽量紧凑，节省占地面积。

5.全面考虑各种条件限制

在确定各建筑物施工顺序时，应考虑各种客观条件限制，如施工企业的施工力量，各种原材料、机械设备的供应情况，设计单位提供图纸的时间，各年度建设投资数量等，对各项建筑物的开工时间和先后顺序予以调整。同时，由于建筑施工受季节、环境影响较大，经常会对某些项目的施工时间提出具体要求，从而对施工的时间和顺序安排产生影响。

四 总进度计划的安排和调整

在确定了各单位工程的开竣工时间和先后顺序后，就可以绘制施工总进度计划。施工总进度计划可以用横道图或网络图表达。由于施工总进度计划只是起控制性作用，而且施工条件复杂，因此项目划分不必过细。当用横道图表达施工总进度计划时，项目的排列可按施工总体方案所确定的工程展开顺序排列。横道图上应表达出各施工项目开竣工时间及其施工持续时间。如表5-6所示。

施工总进度计划 表5-6

序号	工程项目名称	结构类型	工程量	建筑面积	总工日	施工进度计划																
						××年						××年						××年				

近年来，随着网络计划技术的推广，采用网络图表达施工总进度计划，已经在实践中得到广泛应用。采用时间坐标网络图表达施工总进度计划，比横道图更加直观明了，还可以表达出各施工项目之间的逻辑关系。同时，由于网络图可

以应用计算机计算和输出,便于对进度计划进行调整、优化、统计资源数量等。

施工总进度计划表绘制完成后,将同一时期各项工程的工作量加在一起,用一定的比例画在施工总进度计划的底部,即可得出建设项目工作量的动态曲线。若曲线上存在较大的高峰和低谷,则表明在该时间内各种资源的需求量变化较大,需要调整一些单位工程的施工速度或开竣工时间,以便消除高峰和低谷,使各个时期的工作量尽可能达到均衡。

第五节　资源需用量计划

为了保证各单位工程能够按设计的开工时间开工,在开工后能顺利完成施工任务,在开工前应做好施工准备工作,编制好主要工种劳动力、材料、构件、半成品、施工机具等各资源的需要量计划。各项施工资源需要量计划是做好劳动力及物资的供应、平衡、调度、落实的依据。

一 工程项目管理计划

为了保证能够按预期的目标完成工程项目的建设任务,作为施工企业,应该加强对工程项目的管理工作并做好计划。项目管理的主要内容是:编制项目管理规划大纲和项目管理实施规划;项目进度控制;项目质量控制;项目安全控制;项目成本控制;项目人力资源管理;项目材料管理;项目机械设备管理;项目技术管理;项目资金管理;项目合同管理;项目信息管理;项目现场管理;项目组织协调;项目竣工验收;项目考核考评;项目回访等。

二 主要工种劳动力计划

劳动力需要量计划是规划暂设工程和组织劳动力进场的依据。编制时首先根据工程量汇总表中分别列出的各个建筑物的主要实物工程量,查预算定额或有关资料,便可得到各个建筑物主要工种的劳动量,再根据施工总进度计划表各单位工程分工种的持续时间,即可得到某单位工程在某段时间里的平均劳动力数。按同样方法可计算出各个建筑物各主要工种在各个时期的平均工人数。将施工总进度计划表纵坐标方向上各单位工程同工种的人数叠加在一起并连成一条曲线,即为某工种的劳动力动态曲线图。其他工种也用同样方法绘成曲线图,从而根据劳动力曲线图列出主要工种劳动力需要量计划表。如表 5-7 所示。

劳动力需要量计划　　　　　　表 5-7

序号	工程品种	劳动量	施工高峰人数	××年					××年					现有人数	多余或不足

三 材料、构件、半成品需要量计划

根据工程量汇总表所列各建筑物的工程量，查定额或有关资料，便可得出各建筑物所需的建筑材料、构件和半成品的需要量。然后根据施工总进度计划表，大致算出某些建筑材料在某一时间内的需要量，从而编制出建筑材料、构件和半成品的需要量计划。如表 5-8 所示。这是材料供应部门和有关加工厂准备所需的建筑材料、构件和半成品并及时供应的依据。

主要材料、构件和半成品需要量计划　　　　　　表 5-8

序号	工程名称	材料、构件、半成品名称								
		水泥	砂	砖	…	混凝土	砂浆	…	木结构	…
		t	m^3	块		m^3	m^3		m^2	

四 施工机具需用量计划

主要施工机具的需要量，可根据施工总进度计划、主要建筑物施工方案和工程量，并套用机械产量定额求得。辅助机械可根据建筑安装工程每十万元扩大概算指标求得。运输机具的需要量根据运输量计算。施工机具需要量计划如表 5-9 所示。

施工机具需要量计划　　　　　　表 5-9

序号	机具名称	规格型号	数量	电动机功率	需要量计划											
					××年				××年				××年			

第六节 施工总平面图

施工总平面图是在拟建项目的施工场地范围内，按照施工布置和施工总进度计划的要求，将拟建项目和各种临时设施进行合理部署的总体布置图。它是施工组织总设计的重要内容，是保证现场交通道路和排水通畅、文明有序施工、节约施工用地、减少各种临时设施数量、降低工程费用的先决条件。

一 施工总平面图设计内容

建筑总平面图的设计内容较多，主要应有以下几个方面的内容：

(1)建设项目建筑用地范围内一切原有和拟建的地上、地下建筑物、构筑物以及其他设施的位置和尺寸。

(2)一切为全工地施工服务的临时设施的布置，包括：

①施工用地范围，施工用的各种道路的布置；

②加工厂、搅拌站及有关机械的位置；

③各种建筑材料、构件、半成品的仓库和堆场，取土弃土位置；

④行政管理用房、宿舍、文化生活和福利设施等；

⑤水源、电源、变压器位置，临时给排水管线和供电、动力设施；

⑥机械站、车库位置；

⑦安全、消防设施等。

(3)永久性测量放线标桩位置。

许多规模巨大的建设项目，其建设工期往往很长，随着工程的进展，施工现场的面貌将不断改变。在这种情况下，应按不同阶段分别绘制若干张施工总平面图，或根据工地的实际变化情况，及时对施工总平面图进行调整和修正，以便适应不同时期的需要。

二 施工总平面图设计原则

施工总平面图的总的设计原则是：平面紧凑合理，方便施工流程，运输方便畅通，降低临建费用，便于生产生活，保护生态环境，保证安全可靠。具体内容包括：

(1)尽量减少施工用地，少占农田，使平面布置紧凑合理，充分调配各方面的位置关系，使其合理有序；

(2)合理组织运输、减少运输费用，保证垂直和水平运输方便，通畅无阻。保证不间断施工；

(3)施工区域的划分和场地的确定，应符合施工流程要求，尽量减少专业工种和各工程之间的干扰；

(4)充分利用各种永久性建筑物、构筑物和原有设施为施工服务，降低临时设施费用；

(5)各种临时设施应便于生产和生活需要；

(6)满足安全防火、劳动保护、环境保护等要求。

三 施工总平面图设计依据

(1)各种设计资料。包括建筑总平面图、建设地点地形图、区域规划图、项目建设用地范围内有关的一切已有和拟建的各种设施及位置。

(2)建设地区的自然条件和技术经济条件，当地的资源供应情况和运输条件等。

(3)建设项目的建设概况、施工部署、施工方案、施工总进度计划，以便了解各施工阶段情况，合理规划施工现场。

(4)各种建筑材料、构件、半成品、施工机械需要量一览表，以规划现场内部的运输道路和材料堆场等位置。

(5)各构件加工厂、仓库及其他临时设施的位置和尺寸。

四 施工总平面图设计步骤

设计施工总平面图时，应该首先从研究大宗材料、设备、预制成品和半成品等进入现场的方式入手，先布置场外运输道路和场内仓库、加工厂，然后布置场内临时道路，最后布置其他临时设施，包括水电管网等设施

(一)场外交通的引入

设计全工地性施工总平面图时，首先应从大宗材料、成品、半成品、设备等进入工地的运输方式入手。当大批材料由铁路运来时，首先要解决铁路的引入问题；当大批材料是由水路运来时，应首先考虑原有码头的运用和是否需增设专用码头的问题；当大批材料是由公路运入工地时，由于汽车线路可以灵活布置，因此，一般先布置场内仓库和加工厂，然后再布置场外交通的引入。

(二)仓库与材料堆场的布置

通常考虑设置在运输方便、位置适中、运距较短及安全防火的地方,并应根据不同材料、设备和运输方式来设置。

(1)当采用铁路运输时,仓库应沿铁路线布置,并且要有足够的装卸前线。如果没有足够的装卸前线,必须在附近设置转运仓库。布置铁路沿线仓库时,应将仓库设置在靠近工地一侧,避免运输跨越铁路。同时仓库不宜设置在弯道或坡道上。

(2)当采用水路运输时,一般应在码头附近设置转运仓库,以缩短船只在码头上的停留时间。

(3)当采用公路运输时,仓库布置比较灵活。一般把中心仓库布置在工地中央或靠近使用的地方,也可以布置在靠近外部交通连接处。水泥、砂、石、木材等仓库或堆场宜布置在搅拌站、预制场和加工厂附近;砖、预制构件等应该直接布置在施工对象附近,避免二次搬运。工业项目建筑工地还应考虑主要设备的仓库或堆场,一般较重设备尽量放在车间附近,其他设备可布置在外围空地上。

(三)加工厂和搅拌站的布置

各种加工厂布置,应以方便使用、安全防火、运输费用少、不影响建筑安装工程施工的正常进行为原则。一般应将加工厂与相应的仓库或材料堆场布置在同一地区,且多处于工地边缘。

(1)预制加工厂。尽量利用建设地区永久性加工厂,只有在运输困难时,才考虑现场设置预制加工厂,一般设置在建设场地空闲地带上。

(2)钢筋加工厂。一般采用分散或集中布置。对于需要进行冷加工、对焊、点焊的钢筋或大片钢筋网,宜集中布置在中心加工厂;对于小型加工件,利用简单机具成型的钢筋加工,宜分散在钢筋加工棚中进行。

(3)木材加工厂。应视木材加工的工作量、加工性质和种类决定是集中设置还是分散设置。

(4)混凝土搅拌站。根据工程具体情况可采用集中、分散或集中与分散相结合的三种方式。当现浇混凝土量大时,宜在工地设置搅拌站;当运输条件好时,以采用集中搅拌为好;当运输条件较差时,宜采用分散搅拌。如采用商品混凝土,则不进行混凝土搅拌站的布置。

(5)砂浆搅拌站宜采用分散就近布置。

(6)金属结构、锻工、电焊和机修等车间,由于它们在生产上联系密切,应尽可能布置在一起。

各类加工厂、作业棚等所需面积可参考表 5-10、表 5-11、表 5-12 所示。

现场作业棚所需面积参考资料

表 5-10

序号	名　称	单　位	面　积 (m^2)	备　注
1	木工作业棚	m^2/人	2	占地为建筑面积的 2～3 倍
2	电锯房	m^2	80	863～914mm 圆锯 1 台
	电锯房	m^2	40	小圆锯 1 台
3	钢筋作业棚	m^2/人	3	占地为建筑面积的 3～4 倍
4	搅拌棚	m^2/台	10～18	
5	卷扬机棚	m^2/台	6～12	
6	烘炉房	m^2	30～40	
7	焊工房	m^2	20～40	
8	电工房	m^2	15	
9	白铁工房	m^2	20	
10	油漆工房	m^2	20	
11	机、钳工修理房	m^2	20	
12	立式锅炉房	m^2/台	5～10	
13	发电机房	m^2kW	0.2～0.3	
14	水泵房	m^2/台	3～8	
15	空压机房(移动式)	m^2/台	18～30	
	空压机房(固定式)	m^2/台	9～15	

现场机运站、机修间、停放场所需面积参考资料

表 5-11

序号	施工机械名称	所需场地 (m^2/台)	存放方式	检修间所需建筑面积	
				内容	数量(m^2)
	一、起重、土方机械类：			10～20 台设 1 个检修台位(每增加 20 台增设 1 个检修台位)	200 (增 150)
1	塔式起重机	200～300	露天		
2	履带式起重机	100～125	露天		
3	履带式正铲或反铲，拖式铲运机，轮胎式起重机	75～100	露天		
4	推土机，拖拉机，压路机	25～35	露天		
5	汽车式起重机	20～30	露天或室内		

续上表

序号	施工机械名称	所需场地（m^2/台）	存放方式	检修间所需建筑面积	
				内容	数量（m^2）
6 7	二、运输机械类： 汽车（室内）（室外） 平板拖车	20～30 40～60 100～150	一般情况下室内不小于10%	每20台设1个检修台位（每增加1个检修台位）	170 （增160）
8	三、其他机械类 搅拌机，卷扬机，电焊机，电动机，水泵，空压机，油泵，少先吊等	4～6	一般情况下室内占30%露天占70%	每50台设1个检修台位（每增加1个检修台位）	50 （增50）

临时加工厂所需面积参考资料 表5-12

序号	加工厂名称	年产量		单位产量所需建筑面积	占地总面积（m^2）	备注
		单位	数量			
1	混凝土搅拌站	m^2 m^2 m^2	3200 4800 6400	0.022（m^2/m^2） 0.021（m^2/m^2） 0.020（m^2/m^2）	按砂石堆场考虑	400L搅拌机2台 400L搅拌机3台400L搅拌机4台
2	临时性混凝土预制厂	m^2 m^2 m^2 m^2	1000 2000 3000 5000	0.25（m^2/m^2） 0.20（m^2/m^2） 0.15（m^2/m^2） 0.125（m^2/m^2）	2000 3000 4000 小于6000	生产屋面板和中小型梁柱板等，配有蒸养设施
3	半永久性混凝土预制厂	m^2 m^2 m^2	3000 5000 10000	0.6（m^2/m^2） 0.4（m^2/m^2） 0.3（m^2/m^2）	9000～12000 12000～15000 15000～20000	

续上表

序号	加工厂名称	年产量		单位产量所需建筑面积	占地总面积 (m^2)	备　注
		单位	数量			
4	木材加工厂	m^2	16000	0.0244(m^2/m^2)	1800～3600	进行原本、大方加工
		m^2	24000	0.0199(m^2/m^2)	2200～4800	
		m^2	30000	0.0181(m^2/m^2)	3000～5500	
	综合木工加工厂	m^2	200	0.30(m^2/m^2)	100	加工门窗、模板、地板、屋架等
		m^2	600	0.25(m^2/m^2)	200	
		m^2	1000	0.20(m^2/m^2)	300	
		m^2	2000	0.15(m^2/m^2)	420	
	粗木加工厂	m^2	5000	0.12(m^2/m^2)	1350	加工屋架、模板
		m^2	10000	0.10(m^2/m^2)	2500	
		m^2	15000	0.09(m^2/m^2)	3750	
		m^2	20000	0.08(m^2/m^2)	4800	
	细木加工厂	万 m^2	5	0.0140(m^2/m^2)	7000	加工门窗、地板
		万 m^2	10	0.0114(m^2/m^2)	10000	
		万 m^2	15	0.0106(m^2/m^2)	14300	
5	钢筋加工厂	2	200	0.35(m^2/t)	280～560	加工、成型、焊接
		2	500	0.25(m^2/t)	380～750	
		3	1000	0.20(m^2/t)	400～800	
		5	2000	0.15(m^2/t)	450～900	
	现场钢筋拉直或冷拉	所需场地(长×宽)				
	拉直场	70～80×3～4(m)				包括材料及成品堆放
	卷扬机棚	15～20(m^2)				3～5t 电动卷扬机一台
	冷拉场	40～60×3～4(m)				包括材料及成品堆放
	时效场	30～40×6～8(m)				包括材料及成品堆放
	钢筋对焊	所需场地(长×宽)				
	对焊场地	30～40×4～5(m)				包括材料及成品堆放
	对焊棚	15～24(m^2)				寒冷地区应适当增加
	钢筋冷加工	所需场地(m^2/台)				
	冷拔、冷拔机	40～50				
	剪断机	30～50				
	弯曲机 ϕ12 以下	50～60				
	弯曲机 ϕ40 以下	60～70				

续上表

序号	加工厂名称	年产量		单位产量所需建筑面积	占地总面积(m^2)	备注
		单位	数量			
6	金属结构加工(包括一般铁件)	所需场地(m^2/t) 年产500t为10 年产1000t为8 年产2000t为6 年产3000t为5				按一批加工数量计算
7	石灰消化{贮灰池、淋灰池、淋灰槽}	$5\times3=15(m^2)$ $4\times3=12(m^2)$ $3\times2=6(m^2)$				每两个贮灰池配一套淋灰池和淋灰槽、每600kg石灰可消化$1m^2$石灰膏
8	沥青锅场地	$20\sim24(m^2)$				台班产量$1\sim1.5$t/台

(四)场内道路的布置

根据各加工厂、仓库及各施工对象的相对位置,考虑货物运转,区分主要道路和次要道路,进行道路的规划。

(1)合理规划临时道路与地下管网的施工程序。应充分利用拟建的永久性道路,提前修建永久性道路或先修路基和简易路面,作为施工所需的临时道路,以达到节约投资的目的。

(2)保证运输畅通。应采用环形布置,主要道路宜采用双车道,宽度不小于6m,次要道路宜采用单车道,宽度不小于3.5m。

(3)选择合理的路面结构。根据运输情况和运输工具的不同类型而定。一般场外与省、市公路相连的干线,宜建成混凝土路面;场区内的干线,宜采用碎石级配路面;场内支线一般为土路或砂石路。

现场内临时道路技术要求和临时路面种类厚度如表5-13、表5-14所示。

临时道路路面种类和厚度 表 5-13

路面种类	特点及其使用条件	路基土壤	路面厚度(cm)	材料配合比
级配砾石路面	雨天照常通车,可通行较多车辆,但材料级配要求严格	砂质土	10～15	体积比: 黏土:砂:石子=1:0.7:3.5 重量比: 1. 面层:黏土 13%～15%,砂石料 85%～87% 2. 底层:黏土 10%,砂石混合料 90%
		粘质土或黄土	14～18	
碎(砾)石路面	雨天照常通车,碎(砾)石本身含土较多,不加砂	砂质土	10～18	碎(砾石)>65%,当地土含量≤35%
		砂质土或黄土	15～20	
碎砖路面	可维持雨天通车,通行车辆较少	砂质土	13～15	垫层:砂或炉渣 4～5cm 底层:7～10cm 碎砖 面层:2～5cm 碎砖
		粘质土或黄土	15～8	
炉渣或矿渣路面	可维持雨天通车,通行车辆较少,当附近有此项材料可利用时	一般土	10～15	炉渣或矿渣 75%,当地土 25%
		较松软时	15～30	
砂土路面	雨天停车,通行车辆较少,附近不产石料而只有砂时	石质土	15～20	粗砂 50%,细砂、粉砂和粘质土 50%
		粘质土	15～30	

续上表

路面种类	特点及其使用条件	路基土壤	路面厚度(cm)	材料配合比
风化石屑路面	雨天不通车，通行车辆较少，附近有石屑可利用	一般土	10～15	石屑90%，黏土10%
石灰土路面	雨天停车，通行车辆少，附近产石灰时	一般土	10～13	石灰10%，当地土90%

简易道路技术要求　表5-14

指标名称	单　位	技术标准
设计车速	km/h	≤20
路基宽度	m	双车道6～6.5；单车道4.4～5；困难地段3.5
路面宽度	m	双车道5～5.5；单车道3～3.5
平面曲线最小半径	m	平原、丘陵地区20；山区15；回头弯道12
最大纵坡	%	平原地区6；丘陵地区8；山区11
纵坡最短长度	m	平原地区100；山区50
桥面宽度	m	木桥4～4.5
桥涵载重等级	t	木桥涵7.8～10.4(汽—6～汽—8)

(五)临时设施布置

临时设施包括：办公室、汽车库、休息室、开水房、食堂、俱乐部、浴室等。根据工地施工人数，可计算临时设施的建筑面积。应尽量利用原有建筑物，不足部分另行建造。

一般全工地性行政管理用房宜设在工地入口处，以便对外联系；也可设在工地中间，便于工地管理。工人用的福利设施应设置在工人较集中的地方，或工人必经之处。生活区应设在场外，距工地500～1000m为宜。食堂可布置在工地内部或工地与生活区之间。临时设施的设计，应以经济、适用、拆装方便为原则，并根据当地的气候条件、工期长短确定其结构形式。

临时建筑面积可参考表5-15所示。

行政、生活、福利临时建筑面积参考资料(m^2/人)　　表 5-15

序号	临时房屋名称	指标使用方法	参考指标	序号	临时房屋名称	指标使用方法	参考指标
一	办公室	按使用人数	3～4	3	理发室	按高峰年平均人数	0.01～0.03
二	宿舍			4	俱乐部	按高峰年平均人数	0.1
1	单层通铺	按高峰年(季)平均人数	2.5～3.0	5	小卖部	按高峰年平均人数	0.03
2	双层床	(扣除不在工地住人数)	2.0～2.5	6	招待所	按高峰年平均人数	0.06
3	单层床	(扣除不在工地住人数)	3.5～4.0	7	托儿所	按高峰年平均人数	0.03～0.06
三	家属宿舍		16～25m^2/户	8	子弟校	按高峰年平均人数	0.06～0.08
四	食堂	按高峰年平均人数	0.5～0.8	9	其他公用	按高峰年平均人数	0.05～0.10
	食堂兼礼堂	按高峰年平均人数	0.6～0.9	六	小型	按高峰年平均人数	
五	其他合计	按高峰年平均人数	0.5～0.6	1	开水房		10～40
1	医务所	按高峰年平均人数	0.05～0.07	2	厕所	按工地平均人数	0.02～0.07
2	浴室	按高峰年平均人数	0.07～0.1	3	工人休息室	按工地平均人数	0.15

(六)临时水电管网及其他动力设施的布置

当有可以利用的水源、电源时,可以将水电直接接入工地。临时总变电站应设置在高压电引入处,不应放在工地中心。临时水池应放在地势较高处。

当无法利用现有水电时,为获得电源,可在工地中心或附近设置临时发电设备;为获得水源,可利用地下水或地上水设置临时供水设备(水塔、水池)。施工现场供水管网有环状、枝状和混合式三种形式。过冬的临时水管须埋在冰冻线以下或采取保温措施。

消防栓应设置在易燃建筑物附近，并有通畅的出口和车道，其宽度不小于6m，与拟建房屋的距离不得大于25m，也不得小于5m，消防栓间距不应大于120m，到路边的距离不应大于2m。

临时配电线路布置与供水管网相似。工地电力网，一般3～10kV的高压线采用环状，沿主干道布置；380/220V低压线采用枝状布置。通常采用架空布置，距路面或建筑物不小于6m。

上述布置应采用标准图例绘制在总平面图上，图幅可选用1～2号图纸，比例为1∶1000或1∶2000。在进行各项布置后，经分析比较，调整修改，形成施工总平面图，并作必要的文字说明，标上图例、比例、指北针等。完成的施工总平面图比例要正确，图例要规范，线条粗细分明，字迹端正，图面整洁美观。绘图图例见表5-16所示。

上述各设计步骤不是独立布置的，而是相互联系、相互制约的，需要综合考虑、反复修正才能确定下来。若有几种方案时，应进行方案比较。

施工平面图图例　　表5-16

序号	名　称	图　例	序号	名　称	图　例
1	水准点		9	建筑工地界线	
2	原有房屋		10	烟囱	
3	拟建正式房屋	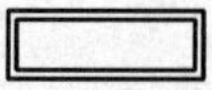	11	水塔	
4	施工期间利用的拟建正式房屋	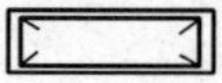	12	房角坐标	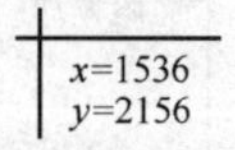
5	将来拟建正式房屋		13	室内地面水平标高	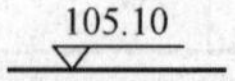
6	临时房屋：密闭式 敞棚式	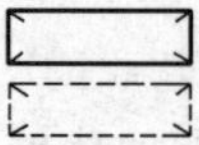	14	现有永久公路	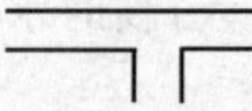
7	拟建的各种材料围墙		15	施工用临时道路	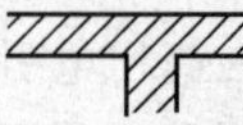
8	临时围墙		16	临时露天堆场	

续上表

序号	名 称	图 例	序号	名 称	图 例
17	施工期间利用的永久堆场		32	脚手、模板堆场	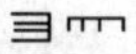
18	土堆		33	原有的上水管线	
19	砂堆	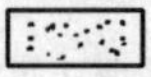	34	临时给水管线	
20	砾石、碎石堆		35	给水阀门(水嘴)	
21	块石堆	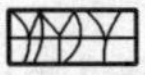	36	支管接管位置	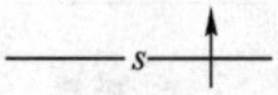
22	砖堆	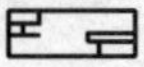	37	消防栓(原有)	
23	钢筋堆场		38	消防栓(临时)	
24	型钢堆场		39	原有化粪池	
25	铁管堆场		40	拟建化粪池	
26	钢筋成品场	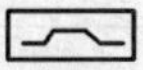	41	水源	
27	钢结构场	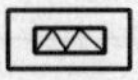	42	电源	
28	屋面板存放场		43	总降压变电站	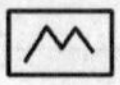
29	一般构件存放场		44	发电站	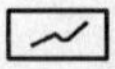
30	矿渣、灰渣堆		45	变电站	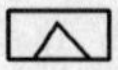
31	废料堆场		46	变压器	

续上表

序号	名　称	图　例	序号	名　称	图　例
47	投光灯		59	铁路式起重机	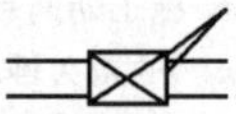
48	电杆	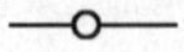	60	多斗挖土机	
49	现有高压 6kV 线路	-*WW*6—*WW*6-	61	推土机	
50	施工期间利用的永久高压 6kV 线路	-*LWW*6-*LWW*6-	62	铲运机	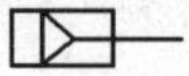
51	塔轨	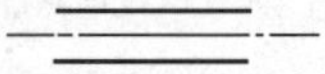	63	混凝土搅拌机	
52	塔吊	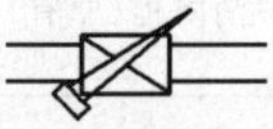	64	灰浆搅拌机	
53	井架		65	洗石机	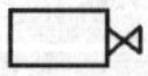
54	门架	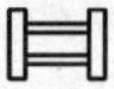	66	打桩机	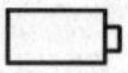
55	卷扬机		67	脚手架	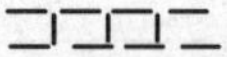
56	履带式起重机		68	淋灰池	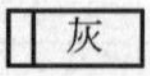
57	汽车式起重机	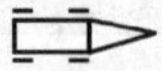	69	沥青锅	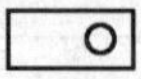
58	缆式起重机		70	避雷针	

五 施工总平面图设计优化

在施工总平面设计时，为使场地分配、仓库位置确定、管线道路布置更为经济合理，需要采取一些优化计算方法。下面介绍几种常用的优化计算方法。

(一)场地分配优化法

施工总平面图通常要划分几块场地，供几个专业工程施工使用。根据场地情况和专业工程施工要求，某一块场地可能会适用一个或几个专业工程使用。但在施工中，一个专业工程只能使用一块场地，因此需要对场地进行合理分配，以满足各自施工要求

例 5-1 某火电厂施工现场周围可划分为 I、II、III、IV 四块场地，供 C_1、C_2、C_3、C_4 四个专业工程施工使用。其中场地 I 可供 C_1、C_2、C_3、三个专业工程使用，场地 II 可供 C_2、C_3、C_4 三个专业工程使用，场地 III 只能供专业工程 C_4 使用，场地 IV 可供 C_3、C_4 专业工程使用。试确定最佳场地分配方案。

解：首先将场地和专业工程作为行和列，形成如表 5-17 所得矩阵表。表中的"O"表示对应的场地可供对应的专业工程使用，表中的"×"表示对应的场地不能供对应的专业工程使用（×也可略去不画）。因此表 5-17 表示出本示例中各场地与各专业工程之间的场地利用关系。

场地分配时，一个专业工程只能占用一块场地，而一块场地只能有一个（或没有）专业工程占用。按照这种原则，在表上求解如下：

(1)沿着列方向寻找只能占用一块场地的专业工程。本例中 C_1 可占用场地 I，C_2 可占用场地 I、II，C_3 可占用 I、II、IV，C_4 可占用 II、III、IV。因此，只能占用一块场地的工程是 C_1，占用的场地是 I。找出后，将 C_1 和 I 对应处的"○"涂成实心黑点"●"，然后将与实心黑点同行同列的其他圆圈划掉（或打上×），如表 5-18 的第一行与第一列。

场地矩阵表 1 表 5-17

	C_1	C_2	C_3	C4
I	○	○	○	×
II	×	○	○	○
III	×	×	×	○
IV	×	×	○	○

场地矩阵表 2 表 5-18

	C_1	C_2	C_3	C4
I	●	⊗	⊗	×
II	×	●	⊗	⊗
III	×	×	×	●
IV	×	×	●	⊗

(2)按照上述方法，在划去一行一列后余下的矩阵表里，重复上述步骤，得到表 5-18 的结果。表上的实心黑点就表示对应的专业工程占用对应的场地，即 $C_1 \rightarrow$ I，$C_2 \rightarrow$ II，$C_3 \rightarrow$ IV，$C_4 \rightarrow$ III，这就是本例的最佳场地分配方案。

利用这种方法求得的最佳方案有时不是唯一确定的，根据这种情况，可以在

此基础上，进一步采用其他方法加以确定。

(二)区域叠合优化法

施工现场的生活福利设施主要是为全工地服务的，因此，它的位置应适中，使用方便，节省往返时间，各服务点的受益大致平衡。确定这类临时设施的位置可采用区域叠合优化法，其步骤如下：

(1)在施工总平面图上将各服务点的位置列出，按各点位置画出外形轮廓图。

(2)将画好的外形轮廓图剪下，进行第一次折叠，要求是：折过去的部分最大限度地重合在其余面积之内。

(3)将折叠的图形展开，把折过去的面积用一种颜色涂上。

(4)再换一个方向，按上述方法折叠、涂色。如此重复多次(与区域凸顶点个数大致相同次数)，最后剩下一小块未涂颜色区域，即为最优化点也就是最合适区域。

例 5-2 图 5-2a)为某工地的大型临时生活区，欲在该区修建一个食堂，试确定其平面合理位置。

解：采用区域叠合法确定最合适区域。

(1)将区域的外轮廓线画出并剪下。

(2)沿某一方向如 DE 边方向折底，使其最大限度重合在其他区域中。

(3)展开纸面，将纸的折叠线用点划线画出，如图 5-2b)中的点划线 1。

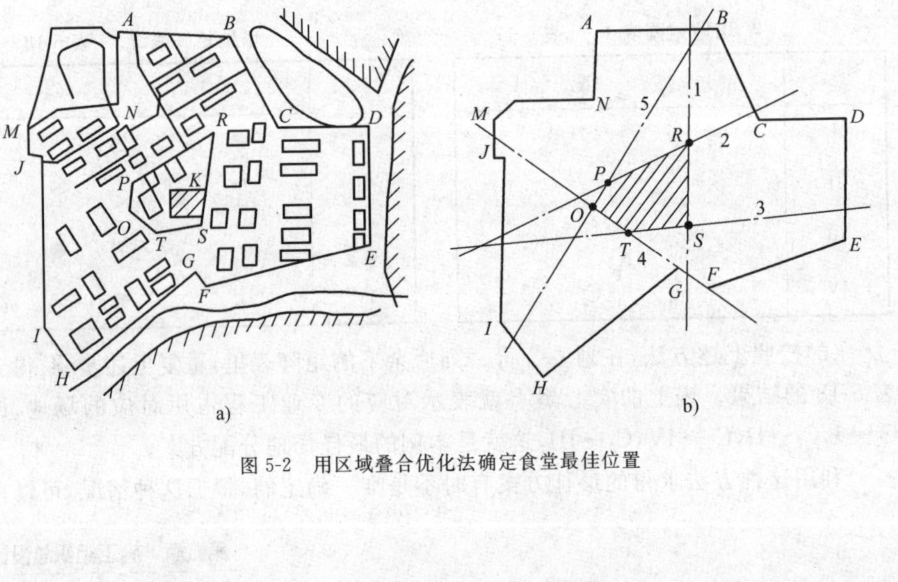

图 5-2　用区域叠合优化法确定食堂最佳位置

(4)换其他地方继续折纸，将折叠线画出，如图 5-2b)中的点划线 2、3、4、5。则各条点划线围成的公共区域(图 5-2b)中的阴影区域)即为食堂选点的最合适区域。这块阴影区域对应于原图中的 OPRST 区域，根据现场情况，避开原有房屋，可以考虑将其确定在 K 位置上。

(三)最小树选线优化法

施工总平面图设计中，在布置给排水、蒸汽、动力、照明灯线路时，为了减少动力损耗、节约投资、加快临时设施建造速度，可采用最小树方法，确定最短线路。其步骤如下：

(1)将供应源与需求点位置画出。

(2)依次连接距离最短的连线，原则是：连线距离从小到大；各连线不能形成闭合线路。

(3)当供应源与需求点全部被连接时，表明最小树已经找出，即为最短线路。

例 5-3 某工地临时供电初步方案如图 5-3a)所示，其中各圆圈代表用户，S 为电源供点，试确定最短电网布置(图上距离单位：m)。

解：(1)首先将供电点和用户在纸上画出

(2)连线。按最小距离和无封闭圆圈的原则在图上依次画出各段连线。

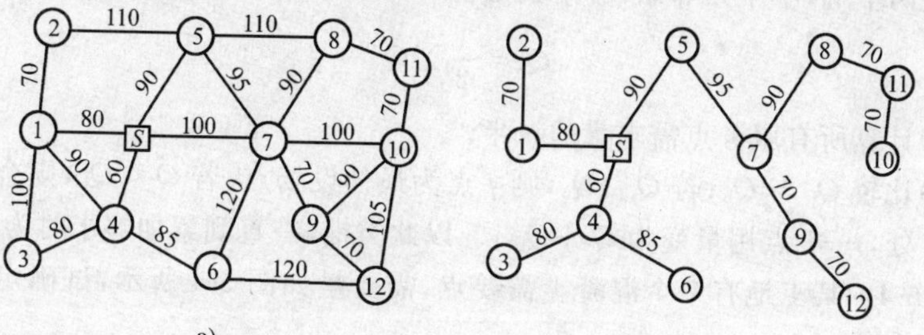

图 5-3 用最小树方法求最短路线

①最短线段 S—④长度 60m，连接之；

②稍大长度 70m，线段是①—②、⑦—⑨、⑧—⑪、⑨—⑫、⑩—⑪，分别连接之；

③再大的长度 80m，线段是 S—①、③—④，连接之；

④长度 85m 的线段为④—⑥，连接之；

⑤长度 90m 的线段有①—④、S—⑤、⑦—⑧、⑨—⑩，S—⑤可以连接，但①—④不能连接(因其形成闭合的圈)，⑦—⑧和⑨—⑩只能连接其一，故连接 S—⑤、⑦—⑧；

⑥长度 95m 的线段是⑤—⑦，连接之。

(3)至此，所有各点都已被连通，且无闭合的圈，故优化结束，得到最小树如图 5-3b)所示。最短路线总长为 930m。

(四)选点归邻优化法

各种生产性临时设施如仓库、混凝土搅拌站等，各服务点的需要量一般是不同的，要确定其最佳位置必须要同时考虑需要量和距离两个因素，使总的运输吨公里(t·km)数量小，既满足目标函数如式(5-1)：

$$S=\min\sum_{i=1}^{m}\sum_{j=1}^{m}Q_{j}D_{ij} \tag{5-1}$$

式中：S——从 i 点到 j 点的总运输量(t·km)；

Q_j——服务点 j 的需要量；

D_{ij}——i 点到 j 点的距离。

由于现场道路布置形式不同，用选点归邻法确定最优设场点位置时，可分以下两种情况：

1. 道路为无环路的枝状

此时选择最优设场点可忽略距离因素，选点方法概括为四句话“道路没有圈，检查两个端，小半归邻站，够半就设场”。具体步骤如式(5-2)：

$$Q_{b}=\frac{1}{2}\sum_{j=1}^{m}Q_{j} \tag{5-2}$$

(1)计算所有服务点需求量的一半。

(2)比较 Q_j 与 Q_b；若 $Q_j \geqslant Q_b$，则 j 点为最佳设场点；若 $Q_j < Q_b$，则合并到邻点 $j-1$ 处，$j-1$ 点用量变为 Q_j+Q_{j-1}。以此类推，一直到累加够半时为止。

例 5-4 某工地有 7 个混凝土需要点，需要量如图 5-4 所示，试确定混凝土搅拌站位置。

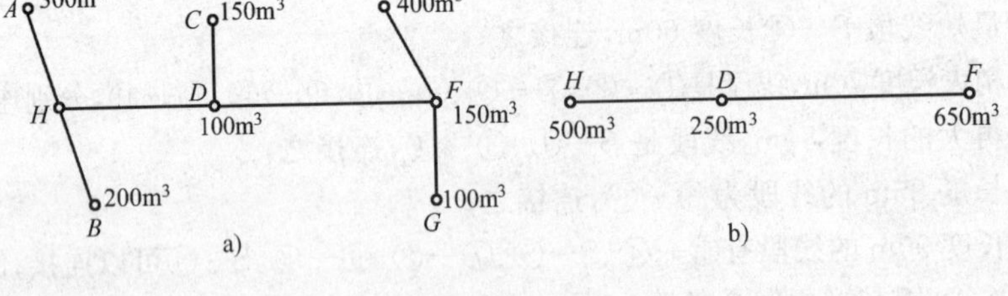

图 5-4　最优设场点确定(道路无环路)

解:(1)计算所有服务点需要混凝土总量一半

$$Q_b=1/2(300+200+150+100+400+150+100)=700m^3$$

(2)比较归邻

$Q_A=300<700$ 归入 H 点

$Q_B=200<700$ 归入 H 点

$Q_C=150<700$ 归入 D 点

$Q_H=200+300=500<700$ 归入 D 点

$Q_D=500+150+100=750>700$ 则 D 点为最优设场点。

2. 道路为有环形道路

当道路有环路时,数学上已经证明,最优点一定在服务点或道路交叉点上。具体选择步骤如下:

(1)计算所有服务点需求量总和的一半 Q_b。

(2)比较各枝路上各服务点 Q_j 和 Q_b,若 $Q_j \geqslant Q_b$,则 j 点为求最优场点。否则,将其归入邻点。

(3)若枝路上各点均 $Q_j<Q_b$,则比较环路上各点 Q_j 与 Q_b,若 $Q_j \geqslant Q_b$,则 j 为最优场点。

(4)若环路上亦无 $Q_j \geqslant Q_b$ 点,则计算环路上各服务点与道路交叉点的运输 t·km数,如式(5-3):

$$S_i=\sum_{i=1}^{m}\sum_{j=1}^{m}Q_j D_{i-j} \tag{5-3}$$

其中 S_i 的最小值点即为最优设场点

例 5-5 某化工建设项目工地各材料点的距离和需要量如图 5-5a)所示,试确定材料仓库的最优位置。

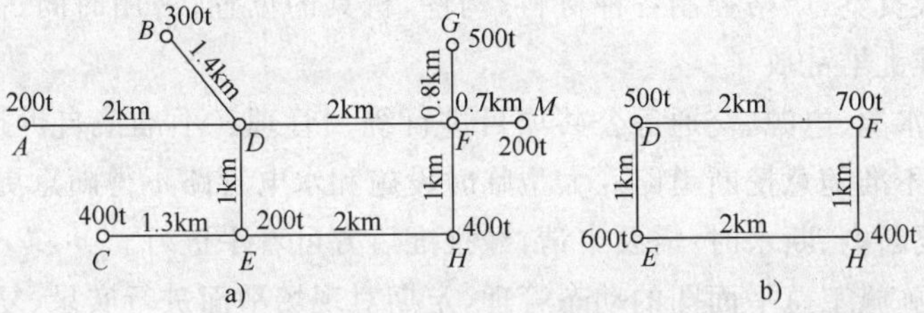

图 5-5 最优设场点确定(道路有环路)

解:(1)计算所有服务点需求量总和的一半

$Q_b=1/2(200+300+400+200+500+200+400)=1100t$

(2)比较归邻

$Q_A=200<Q_b$;$Q_B=300<Q_b$ A、B 均归邻点 D

$Q_C=400<Q_b$ C 点归入 E 点

有 $Q_D=200+300=500<Q_b$;$Q_E=400+200=600<Q_b$

$Q_F=500+200=700<Q_b$;$Q_H=400<Q_b$

(3)计算环路上各需要点和道路交叉点的运输吨·公里数

$$S_i=\sum_{i=1}^{m}\sum_{j=1}^{m}Q_jD_{i\text{-}j}$$

则有:

$$S_D=600\times1+400\times3+700\times2=3200t\cdot km$$
$$S_E=500\times1+400\times2+700\times3=3400t\cdot km$$
$$S_F=500\times2+600\times3+400\times1=3200t\cdot km$$
$$S_H=700\times1+500\times2+600\times2=3400t\cdot km$$

$S\min=S_D=S_F$,说明 D 点和 F 点均为最优设场点。式中计算的 t·km 数不是实际 t·km 数,而是一个相对比较数,它不影响选择结果。

六 施工总平面图的科学管理

在施工总进度计划执行的过程中,应该制定一些管理制度和管理措施,来保证参与施工的各单位和各部门能够按照设计的总平面图规划和布置施工现场,具体措施如下:

(1)建立统一的施工总平面图的管理制度、划分总图的使用管理范围。各区各片应有人负责,严格控制各种材料、构件、机具的位置、占用时间、占用范围和面积。不准乱堆乱放。

(2)对水源、电源、交通等公共项目进行统一管理。不准擅自拆迁建筑物和水电线路,不准随意挖断道路。大型临时设施和水电管路不得随意更改和易位。当施工需要断电、断水时,需要申请,经批准后方可着手进行。

(3)实施施工总平面图的动态管理,定期对现场平面进行实录、复核,修正其不合理的地方,定期召开总平面图执行检查会议,奖优罚劣,协调各单位关系。

(4)做好现场的清理和维护工作,经常性检修各种临时性设施,明确负责部门和人员。

第七节 施工组织总设计实例

一 工程概况

(1)房屋建筑概况如表 5-19 所示,施工现场总平面见图 5-6。

(2)地下室及地质情况:表 5-19 中所列有地下室的建筑物,其基底标高为内浇外砌－4.30m,内浇外挂－4.70m,全现浇－7.50m,无地下水。

(3)水电等情况:场地下设污水管和排雨水管;上水管自北侧路接来,各楼设高位水箱;变电室位于区域南端,采用电杆架线供电,沿小区内道路通向各建筑物。

(4)承包合同的有关条款

①总工期:1995 年 5 月开工到 1998 年 5 月全部竣工。

②分期交用要求:1996 年 7 月 1 日交用第一批(3、4、17、24、25、18、19、21 号楼);1996 年 12 月底交第二批(2、9、22、23 号楼);1997 年底全部完工,个别工程到 1998 年 5 月完工。

建筑项目一览表

表 5-19

编号	工程类别	结构类型	层数	建筑面积(m^2)	栋数	建筑物编号	备注
1	住宅	内浇外砌		4047		1,3	
2	住宅	内浇外砌	6	4135	2	2,4,7	
3	住宅	砖混	6	2700	3	5	有地下室
4	住宅	内浇外砌	6	3195	1	6	
5	住宅	全现浇	6	13656	1	8,9,10	
6	住宅	内浇外挂	24	7000	3	11,12,13	有地下室
7	住宅	内浇外挂	14	8368	3	14,15,16	有地下室
8	青年公寓	内浇外挂	18	12600	3	17	有地下室
9	小学	砖混	14	2400	1	18	有地下室
10	托儿所幼儿园	砖混	3	1000	1	19	
11	澡塘,理发	砖混	2	600	1	20	
12	饮食	砖混	2	700	1	21	
13	副食	砖混	2	720	1	22	
14	粮店	砖混	2	1400	1	23	
15	锅炉房	砖混	2	1100	1	24	
6	配电	砖混	1	100	1	25	

③奖罚:以实际交用条件为项目竣工,按单位建筑面积计算,按国家工期定额每提前一天奖造价万分之一,每拖后一天相应罚款。

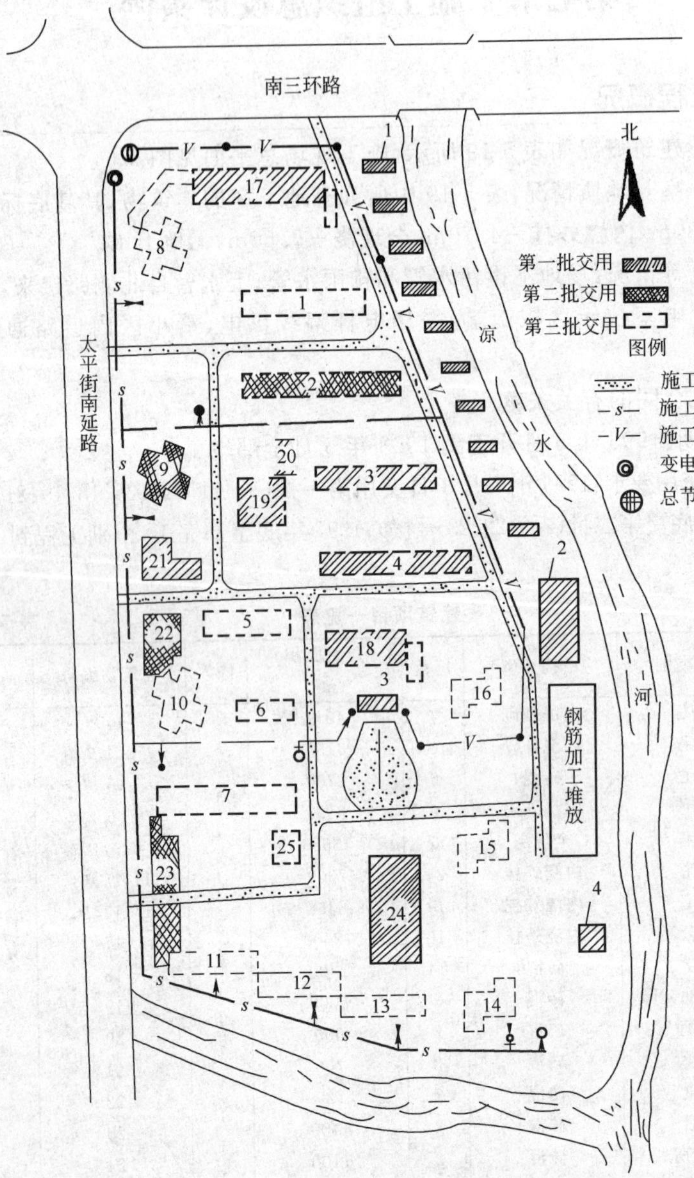

图 5-6　施工总平面图

1-生活用房；2-钢筋棚；3-搅拌站；4-木工房

④拆迁要求：影响各栋号施工的障碍物须在工程施工之前全部动迁完毕，如果拆迁工作不能按期完成，则工期相应顺延。

二 施工部署

1. 主要施工程序

(1)本区域内调入第一、第二两个施工队施工，其场地以 4 号楼与 5 号楼中间为界。

(2)每个施工队保持两条流水线：

①一队的 1-1 流水线施工“内浇外挂”，顺序为 4、3、2、1 号楼。

②一队的 1-2 流水线先施工 17 号楼，然后转入超高层全现浇的 9、8 号楼。

③二队的 2-1 流水线施工砖混结构，其顺序为 24、25、18、19、21、22、23 号楼，后转入 7、6、5 号楼。

④二队的 2-2 流水线先施工超高层 10 号楼，然后转为内浇外挂结构 11、12、13、14、15、16 号楼。

2. 主要工程项目的施工方法和施工机械

(1)单层及二层砖混结构采用平台内脚手砌筑，汽车吊安装屋面梁板。屋面配卷扬机垂直运输。外装修采用双排钢管架。

(2)三层至六层的砖混结构采用平台内脚手，TQ60/80 塔吊垂直运输，外装修采用桥式架。

(3)内浇外挂高层建筑垂直运输采用 TQ60/80 超高塔吊，每条流水线配塔吊 2 台。大模板配备型号数量按具体栋号而定。

(4)全现浇超高层结构墙体采用钢大模(专门设计)，外架子采用三角架挂操作台。楼板采用双钢筋叠合板，板下支撑配备四层的量。垂直运输采用一台 200t · m 的大型塔吊，每层分五段流水。

(5)地下室底板采用商品混凝土、泵送。立墙采用组合钢模加木方子。人工支拆模板，不用吊车。墙体混凝土也用泵送，预制叠合板用汽车吊吊装。

(6)外装修采用吊篮架，垂直运输采用每栋一台高车架，超高层全现浇住宅加配外用电梯一台。

三 施工总进度计划

建筑物的三大主要工序——基础、结构、装修所需工期按统计结果见表 5-20。根据各主要工序安排总进度计划如表 5-21。

住宅体系三大工序所需工期表 表 5-20

工　　序	内浇外挂(月)	全现浇(月)	六层砖混(月)
基础	3	4	1(地下室+2月)
结构	4	6	3
装修	5	5	4

施工总进度计划表 表 5-21

施工队	流水线编号	幢号	1995　1996　1997　1998
第一施工队	1-1	4 号	
		3 号	
		2 号	
		1 号	
	1-2	17 号	
		9 号	
		8 号	
第二施工队	2-1	24 号	
		25 号	
		18 号	
		19 号	
		21 号	
		22 号	
		23 号	
		7 号	
		6 号 5 号	
	2-2	10 号	
		11 号	
		12 号	
		13 号	
		14 号	
		15 号	
		16 号	

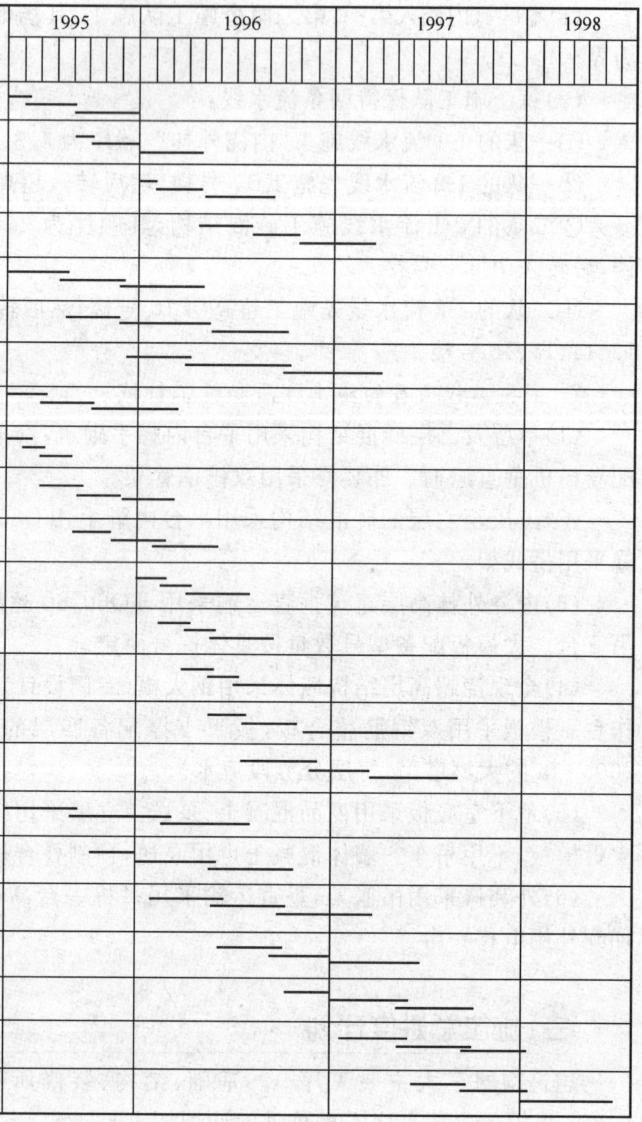

四 各种资源需要量计划

(1)塔吊流转计划：每条流水线尽量固定塔吊，但由于施工条件不同，对不满足塔吊起吊高度者，应适当进行调整，如表 5-22 所示，共需 4 台 TQ60/80，1 台 QTZ200。

塔 吊 流 转 计 划 表 5-22

序号	流水线	塔吊编号	1995—1998
1	1—1	TQ60/80—1号	4 号→3号→2号→1号
2	1—2	TQ60/80—2号,3号	17号→9号→8号
3	2—1	TQ60/80—4号	18号；7号→5号→6号
4	2—2	QTZ200—5号	10号；→11号→12号→13号→14号→15号→6号

(2)小型机械配备如表 5-23 所示。

小型机械需用量 表 5-23

流水线	搅拌机	砂浆机	电焊机
1-1	1	1	4
1-2	3	1	4
2-1	1	1	4
2-1	3	1	4
小计	8	4	16

(3)模具和脚手架配备如表 5-24 所示。

模板及脚手架需用量 表 5-24

名称	工具类别	流水编号				合计	备注
		1-1	1-2	2-1	2-2		
脚手架	桥式架	1		1		2	
	平台架	1		1		2	
	插口架		1		1	1	两线公用
	吊篮架		1		1	2	
	钢管架			1		1	
	现浇挂架		1		1	1	两线公用

续上表

名称	工具类别	流水编号				合计	备注
		1-1	1-2	2-1	2-2		
模板	内墙大模	1	1			2	
	现浇大模		1		1	1	两线公用
	地下室模板	1	1		1	3	
	楼板模及支撑				1	1	两线公用
高车架		2	2	2	2	8	
外用电梯			1		2	3	

(4)主要原材料耗量按每种结构体系单位面积的消耗估算，然后计算平均日耗量如表5-25所示。

主要材料消耗量

表5-25

名称	总耗量	平均日耗	名称	总耗量	平均日耗
钢材(t)	2655	3.8	砂(m^3)	22840	32.6
木材(m^3)	4360	6.2	石(m^3)	25655	36.7
水泥(t)	19230	27.5	陶粒(m^3)	8000	11.4
砖(m^3)	15635	22.3			

(5)半成品需要量如表5-26所示。

门窗构件、商品混凝土需要量

表5-26

名称	单位用量	建筑面积(m^2)	总用量
壁板	0.2m^3/m^2	46086	9217
楼板	0.11 m^3/m^2	100000	11000
门窗	0.12 樘/m^2	134000	160800
商品混凝土			2500
叠合板	0.06 m^3/m^2	40000	2400

(6)劳动力计划按照流水线安排如表5-27所示。

劳动力变化曲线 表 5-27

工序	流水线	人数
基础	2-2	40
	1-2	40
结构	1-1	40
	1-2	70
	2-1	40
	2-2	40
装修	1-1	60
	1-2	60
	2-1	60
	2-1	60
管道		60
电气		40
小计		650
劳动力变化曲线		

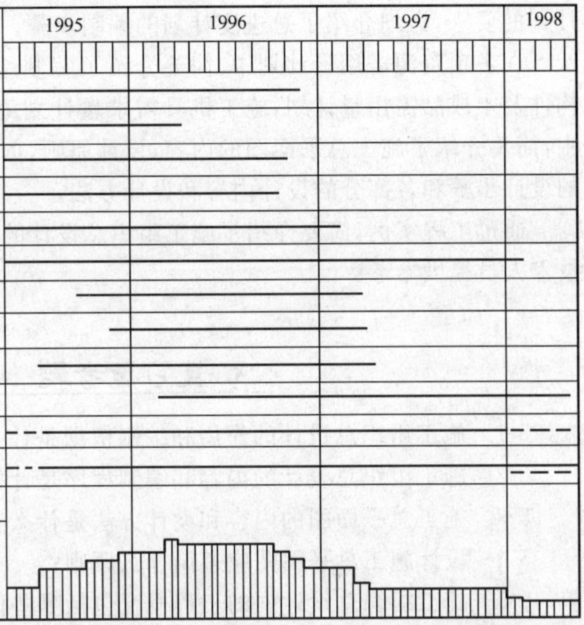

五 施工总平面图

施工总平面图与建筑总平面图画在一起，见图 5-6。

(1)施工用水用电均按需要经计算确定。

(2)施工时注意保持场内竖向设计的坡度，在基础挖土阶段防止雨水泡槽。

(3)临时设施计算，根据劳动力最高峰 650 人，每人 $4m^2$ 计算，考虑到民工占 50%，需建临时设施 $1300m^2$。

本章小结

本章主要介绍了以下主要内容：施工组织总设计的基本内容、施工组织总设计的作用、编制原则和编制方法；工程概况；施工部署和施工方案；施工总进度计划；资源需用量计划；施工总平面图。

本章简要介绍了施工组织总设计的编制内容、作用、编制原则和作用，介绍了工程概况的主要编写内容，在施工部署和施工方案中简要介绍了确定各单项(位)工程开展顺序的要求，确定主要施工项目的施工方案的要求，划分施工任务的要求和施工总准备的内容要求。在施工准备计划中，简要介绍了施工总进度计划的要求，详细介绍了总进度计划的编制步骤。

在各项资源需用量计划中，简要介绍了编制综合劳动力需求量计划；材料、构件及半成品需用量计划；施工机具需求量计划等编制内容。在施工总平面图中，简要介绍了施工总平面图的内容、设计原则、依据，详细介绍了施工总平面图的设计步骤和各部分的设计内容和设计方法。

通过工程实例，简要介绍了施工组织总设计的编制内容，为学生学习和工程技术人员提供参考。

复习思考题

5-1 施工组织总设计的作用和编制依据是什么？

5-2 施工组织总设计的内容和编制程序是什么？

5-3 施工总平面图的内容和设计方法是什么？

5-4 设计施工总平面图应遵循什么原则？

5-5 施工组织总设计中的工程概况包括哪些内容？

5-6 在施工部署中应解决哪些问题？

5-7 施工总进度计划的编制原则和内容。

5-8 施工总进度计划的编制方法如何？

第六章 单位工程施工组织设计

【职业能力目标】

本章主要介绍单位工程施工组织设计的基本内容，是技术员必备的知识。掌握本章内容，一般可以编制简单的单位工程施工组织设计。

【学习要求】

通过本章的学习，使学生能够了解单位工程施工组织设计的任务、编制原则和编制的基本内容，了解单位工程施工组织设计中工程概况和施工特点分析主要应包括的内容；能够正确划分单位工程各分部工程的施工过程、确定各施工过程的施工顺序，能确定各分部分项工程的施工方法和选择各主要分部分项工程施工所需的施工机械；能编制出单位工程的施工进度计划和主要施工过程的劳动力、材料、构配件、半成品、施工机械等各项资源的需用量计划；能进行单位工程各施工阶段的施工现场平面图设计。能完成一般的单位工程施工组织设计，为毕业后从事建筑工程的施工管理和有关技术资料的编制打下基础。

第一节 单位工程施工组织设计的概念

一 单位工程施工组织设计的任务

单位工程施工组织设计是以一个单位工程为对象，用以指导单位工程施工全过程各项施工活动的技术经济和组织的综合性文件，它是施工单位编制季度、月度、旬施工作业计划，进行分部分项工程作业设计，编制劳动力、材料构配件及施工机具等供应计划的主要依据。

由于建筑产品地点固定性和多样性等特点，不同的地点，即使建筑同样的建筑物或构筑物，由于工程地质情况、气候条件等情况不同，其施工准备、机具设备、技术措施、施工操作和组织计划等不尽相同。就一个单位工程来说，可采用不同的施工方法和不同的施工机具来完成；对某一个分项工程的施工顺序和施工操作方法，可采用不同的方案来进行；工地的临时设施可采用不同的布置方案，施工准备工作，也有不同的方法解决。总之，不论在技术措施或是在组织计划上，都有多个可能的方案供施工技术人员选择，但是，不同的方案，其技术经济效果是不同的，从多个可能的方案中，选定最合理、最科学的方案，是施工技术人员在组织施工前必须解决的问题。

单位工程施工组织设计的任务是对上述几个方面因素进行通盘考虑并做技术、经济比较之后，从整个建筑物或构筑物施工全局出发，根据编制施工组织设计的基本原则、施工组织总设计和有关的原始资料，结合实际的施工条件，选择最优的施工方案，确定科学合理的分部分项工程间的搭接、配合关系，安排合理的施工进度计划，设计符合施工现场情况的平面布置图。使工程施工能够有计划、有组织、有秩序的进行，做到人尽其才、物尽其用，优质、安全、低耗、高效地完成施工任务，取得最好的经济效益和社会效益。

二 单位工程施工组织设计的编制原则

单位工程施工组织设计的编写应遵循以下原则：

1.符合施工组织总设计的要求

如果单位工程属于群体工程的一部分，则此单位工程施工组织设计时应满足施工组织总设计进度、工期、质量、及成本目标等要求。

2.合理划分施工段和安排施工顺序

流水施工是最科学的施工组织方式。为合理组织施工，满足流水施工要求，应将施工对象划分成若干个施工段，同时按照施工客观规律和建筑产品的工艺要求安排施工顺序，这是编制单位工程施工组织设计的重要原则。在施工组织设计中应将施工对象按施工工艺特征进行分解，借此组织流水施工。在保证安全的前提下，使不同的施工工艺（施工过程）之间尽量平行搭接，同一施工工艺连续施工作业，从而缩短工期。

3.采用先进的施工技术和施工组织措施

先进的科学技术是提高劳动生产率、提高工程质量、加快施工进度、降低成本、减轻劳动强度的重要途径。但选用新技术必须在调查研究的基础上，从企业实际出发，结合工程实际情况，经过科学分析和技术经济论证，既要考虑其先进性，又要考虑其适用性。

4. 专业工种之间密切配合

由于建筑施工对象趋于复杂化和高技术化，促使完成施工任务的工种将越来越多，相互之间的影响及对施工进度的影响也越来越大。施工组织设计应有预见性和计划性。既要使各施工过程、专业工种顺利进行施工，又要使它们之间尽可能实现搭接和交叉，以缩短工期。有些工程的施工中，一些专业工种是即互相制约又互相依存的，这就需要各工种间密切配合。高质量的施工组织设计应对此做出周密合理的安排。

5. 应对施工方案作技术经济比较

应对主要工种工程施工方案和主要施工机械的选择方案进行论证和经济技术分析，以选择技术上先进、经济上合理且符合现场实际、适应本项目的施工方案。

6. 确保工程质量、施工安全和文明施工

在编制施工组织设计时，要认真贯彻"质量第一 "和"安全生产"的方针严格按照施工验收规范和施工操作规程的要求，制订具体的保证质量和施工安全的措施，以确保工程顺利进行。

在施工时还应做到文明施工、注意环境保护，在编制施工组织设计时，应提出相应的措施。

三 单位工程施工组织设计的内容

根据工程性质、规模大小、结构特点、技术复杂难易程度和施工条件等因素的不同，对单位工程施工组织设计编制内容的深度和广度的要求也不尽相同，但必须内容简明扼要，使其能真正起到指导现场施工的作用。

1. 一般内容

较完整的单位工程施工组织设计一般应包括以下内容：

(1)工程概况及施工特点分析；

(2)施工方案；

(3)施工进度计划；

(4)施工准备计划；

(5)劳动力、材料、构件、施工机具设备等需用量计划；

(6)施工现场平面布置图；

(7)保证质量、安全、降低成本、冬雨季施工和文明施工等技术组织措施；

(8)各项技术经济指标及结束语。

对于一般常见的建筑结构类型和规模不大的单位工程，施工组织设计可以编制得简单一些，其主要内容为：施工方案、施工进度计划和施工平面图，辅以简明扼要的文字说明，简称为“一案一表一图”。

2.各内容间的相互关系

单位工程施工组织设计各项内容中，劳动力、材料、构件和机械设备等需要量计划、施工准备工作计划、施工现场平面布置图是指导施工准备工作的进行，为施工创造物质基础的技术条件。施工方案和进度计划则主要是指导施工过程的进行，规划整个施工活动的文件。工程能否按期完工或提前交工，主要决定于施工进度计划的安排，而施工进度计划的制订又必须以施工准备、场地条件以及劳动力、机械设备、材料的供应能力和施工技术水平等因素为基础。反过来，各项施工准备工作的规模和进度、施工平面图的分期布置、各种资源的供应计划等又必须以施工进度计划为依据。因此，在编制时，应抓住关键环节，同时处理好各方面的相互关系，重点编好施工方案、施工进度计划和施工平面布置图，即常称的“一图一案一表”。抓住三个重点，突出技术、时间和空间三大要素，其他问题就会迎刃而解。

第二节　工程概况及施工特点分析

单位工程施工组织设计中的工程概况，是对拟建工程的工程特点、地点特征和施工条件等所作的一个简要的、突出重点的文字介绍。为弥补文字叙述的不足，一般附以拟建工程简介图表。

一般情况下，工程概况及施工特点分析主要包括以下几个方面的内容：

1.工程建设概况

主要说明拟建工程的建设单位、工程名称、性质、用途和建设的目的；资金来源及工程造价；开工竣工日期；设计单位、施工单位、监理单位；施工图纸情况的施工(是否出齐和是否经过会审)；施工合同是否签订；主管部门的有关文件和要求；组织施工的指导思想等。

2.建设地点的特征

主要说明拟建工程的位置、建筑地点的地形、地貌、工程地质与水文地质条件；地下水位、水质；气温和冬雨季施工起止时间；主导风向、风力，抗震设防烈度等。

3.建筑、结构设计概况

主要介绍工程设计图纸的情况，特别是设计中是否采用了新结构、新技术、新工艺、新材料等内容，提出施工的重点和难点。

建筑设计概况主要介绍：拟建工程的建筑面积、平面形状和平面组合情况；房屋层数、层高、总高度、总长度总宽等尺寸；室内外装修的构造及做法等情况。

结构设计主要介绍基础的类型、埋置深度；主体结构的类型；结构布置方案；墙、柱、梁、板等构件的材料及截面尺寸；预制构件的类型及安装位置等。

4.施工条件

主要说明水、电、道路及场地的"三通一平"情况；现场临时设施、施工现场及周边环境等情况；当地的交通运输条件；预制构件的生产及供应情况；施工单位机械、设备、劳动力等落实情况；内部承包方式、劳动组织形式及施工管理水平等情况。

5.工程施工特点分析

主要指出单位工程的施工特点和施工中的关键问题，以便于在选择施工方案、组织资源供应、技术力量配备、施工准备等工作中采取有效措施，突出重点、抓住关键，使施工顺利进行，提高施工单位的经济效益和管理水平。

不同类型的建筑、不同条件下的工程施工，均有不同的施工特点。如砖混结构房屋建筑施工的特点是：砌筑和抹灰工程量大，水平和垂直运输量大等。现浇钢筋混凝土高层建筑的施工特点主要有：对结构和施工机具设备的稳定性要求高，钢材加工量大，混凝土浇筑难度大，脚手架要进行设计计算，安全问题突出，要有高效率的机械设备等。

第三节　施工方案设计

施工方案设计是单位工程施工组织设计的核心内容，施工方案合理与否将直接影响工程的施工效率、质量、工期和经济技术效果。施工方案的设计内容主要包括确定施工顺序、施工组织、选择主要分部分项工程的施工方法和施工机械、施工方案的评价等。单位工程施工方案应在若干个初步方案基础上进行筛选优化后确定。

一 确定施工程序

施工程序是指在建筑工程安装施工中，不同阶段的不同工作内容按照其固有的、不可违背的先后次序、循序渐进的客观规律。确定合理的施工程序是选择施工方案首先应考虑的问题，确定施工程序既是为了按照客观的施工规律组织施工，也是为了解决工种之间的合理搭接，在保证工程质量和施工安全的前提下，充分利用空间，以达到缩短工期的目的。

在实际工程施工中，施工顺序有多种，不仅不同类型的建筑物的建造过程有着不同的顺序，而且同一类型的建筑工程施工甚至同一幢房屋的施工，也会有不同施工顺序，在编制单位工程施工组织设计时，应该在若干个施工顺序中，选择出既符合客观规律，又经济合理的施工顺序。

（一）确定施工程序应遵循的基本原则

1.先地下后地上

先地下、后地上是指在地上工程施工之前，应把埋设于地下的各种管道、线路等地下设施埋设完毕，以免对地上工程施工产生干扰。完成土方工程和基础工程，然后进行地下工程施工。地下工程施工时也应按先深后浅的程序进行，以免造成施工返工或对上部工程产生干扰，使施工不便，影响工程质量和造成浪费。

2.先主体后维护

先主体后维护主要是指框架结构和排架结构的建筑中，应先进行施工主体结构，然后施工维护结构。为了加快施工进度，在多层建筑，特别是高层建筑中，维护结构与主体结构搭接施工的情况比较普遍，即主体结构施工数层后，维护结构也随后而上，既能扩大现场施工作业面，又能有效的缩短总体施工周期。

3.先结构后装修

先结构后装修是指先进行主体结构的施工，后进行装修装饰工程施工。但为了缩短工期，也有结构工程先行一段时间后，装修工程随后搭接进行施工的。如有些临街建筑，往往采用在上部主体结构施工时，下部一层或数层先行装修即开门营业的做法，使装修与结构搭接施工，加快了进度，提高了效益。

4.先土建后设备

先土建后设备是指一般情况下，土建应先于水、暖、煤、卫、电等建筑设备的施工。但它们之间最多的是穿插配合关系，尤其是在装修阶段，应从保证施工质量、降低成本的角度，处理好相互之间的关系。

以上原则不是一成不变的，在特殊情况下，如在冬季施工前，应尽可能完成土建主体和维护工程，并完成采暖工程，以有利于施工中的防寒和室内作业的开展。

总之，在编写单位工程施工组织设计时，应按施工程序，结合工程具体情况，明确各阶段的工作内容及顺序。

(二)确定施工顺序的基本要求

1.必须符合施工工艺的要求

由于建筑物的各分部分项工程之间存在着一定的工艺顺序关系,不同结构和构造建筑物的工艺顺序还会发生变化,在确定施工顺序前必须先分析各分部分项工程的施工顺序。例如整浇楼板的施工顺序:支模板→绑钢筋→浇混凝土→养护→拆模。

2.必须与施工方法和施工机械的要求一致

现浇钢筋混凝土柱的施工顺序为:绑钢筋→支模板→浇混凝土→养护拆模;而现浇混凝土梁的施工顺序为:支模板→绑钢筋→浇混凝土→养护→拆模。

建造装配式钢筋混凝土单层厂房的结构吊装顺序,当采用分件吊装时的吊装顺序:先吊装全部柱子,再吊装全部吊车梁,最后吊装所有的屋架和屋面板。采用综合吊装法的吊装顺序是:先吊装完一个节间的柱子、吊车梁、屋架和屋面板后,在吊装下一个节间的构件。

3.必须考虑施工组织的要求

例如有地下室的高层建筑,其地下室地面工程可以安排在地下室顶板施工前进行,也可安排在地下室顶板施工后进行。从施工组织上看,前者上部空间宽敞,可以利用吊装机械直接将地面施工所用材料直接运到施工位置,施工较方便。而后者地面材料运输和施工就比较困难。

4.必须考虑施工质量的要求

安排施工顺序时必须以保证和提高施工质量为前提,如采用柔性防水的屋面防水层的施工,必须等找平层干燥以后才能进行,否则将影响防水层与基层的粘结,影响防水质量。

5.必须考虑当地的气候条件

不同地区的气候特点不同,安排施工过程应考虑到气候特点对工程的影响。如土方施工应尽量避免雨季,以免基坑被雨水浸泡或遇到地表水而造成基坑开挖困难;如冬季进行室内装修施工时,应先安装门窗扇和玻璃,然后再做其他装饰工作。

6.必须考虑安全施工的要求

在安排立体交叉、平行搭接施工时必须考虑施工安全。如水、暖、电、煤、卫的安装不能与构件、钢筋、模板的吊装在同一作业面上,必要时必须采取一定的保护措施。

下面介绍几种常见的几种不同结构房屋的施工顺序。

(三)多层混合结构民用建筑房屋的施工顺序

多层混合结构民用建筑房屋的施工,可以分为基础工程、主体工程、屋面及装修工程三个施工阶段,如图 6-1 所示。

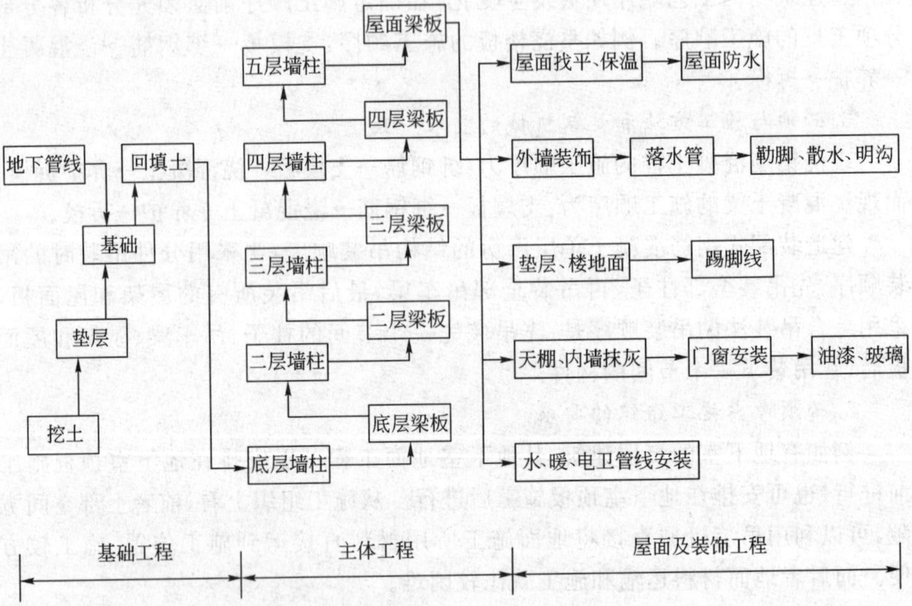

图 6-1　多层民用建筑混合结构房屋施工顺序示意图

1. 基础工程的施工顺序

基础工程施工阶段是指室内地坪(±0.00)以下的所有工程的施工阶段,其施工顺序一般是:挖基坑(槽)→作混凝土垫层→基础施工→回填土。如有地下室,则施工过程和施工顺序一般是:挖基坑(槽)→作垫层→地下室底板→地下室墙、柱结构→地下室顶板→防水层及保护层→回填土。但由于地下室结构、构造不同,施工内容和顺序也有所不同,有些内容可能存在配合和交叉。有桩基础时应在基坑开挖前完成桩身施工。

挖土和垫层之间这两道工序在施工安排上应尽可能紧凑,时间间隔不宜过长,以避免基槽(坑)开挖后,因垫层未能及时施工,使地基积水浸泡或暴晒,从而使地基承载力降低,造成工程质量事故或引起工程量、劳动量、机械等资源的增加。垫层混凝土施工后应有一定的养护时间后,才能进行下一道工序的施工,同时也为施工放线提供作业面。在实际施工中,若由于技术或组织上的原因不能立即验槽作垫层或基础，则在开挖时可留 20cm～30cm 至设计标高，以保护地基土，在下道工序施工前再挖去预留土层。

各种管沟的挖土，管道铺设应尽可能与基础施工配合，平行搭接施工。基础施工时应注意预留孔洞。

回填土一般应在基础工程完工后一次性分层夯实，以免基础受到浸泡，并为下一道工序施工创造条件，如为搭外脚手架及底层墙体砌筑创造较平整的工作面。±0.00 以下标高室内回填土，最好与基槽回填土同时进行。当回填土工程量较大且工期较紧时，可将回填土分段施工并与主体结构搭接进行，室内回填土也可安排在室内装修施工前进行。

2. 主体工程阶段施工顺序

主体工程施工阶段的主要施工过程包括：安装起重垂直机械设备，搭设脚手架，砌筑墙体，现浇柱、梁、板、雨篷、阳台、楼梯等。

在上述施工过程中，砌筑墙体和浇筑楼板是主体工程施工阶段的主导施工过程，应使它们在施工中保持均衡、连续、有节奏地进行，并以它们为主组织流水施工。其他施工过程应配合砌墙和浇筑楼板组织流水施工，搭接进行。如脚手架搭设应配合砌墙和现浇楼板逐层分段架搭，其他现浇混凝土构件的支模、绑筋可安排在现浇楼板的同时或砌筑墙体的最后一步插入。

3. 屋面及装修工程施工顺序

屋面及装修工程施工阶段的施工特点是施工内容多、繁、杂，工程量大小差别较大，手工操作多，劳动消耗大，工期较长。因此，为了加快施工进度，必须合理安排屋面及装修工程的施工顺序，组织立体交叉作业。

屋面工程分卷材防水屋面和刚性防水屋面两种，一般不划分施工段，它可以和装修工程搭接或平行进行，应根据屋面设计构造层次逐层采用依次施工的方式组织施工。卷材防水屋面一般的施工顺序为：找平层→隔气层→保温层→找平层→卷材防水层→保护层；刚性防水屋面的施工顺序为：找平层→隔气层→保温层→找平层→刚性防水层。细石混凝土刚性防水层及分隔缝的施工应在主体结构完成后尽快完成，为顺利进行室内装修提供条件。

装修工程的施工可分为室外装修和室内装修两个方面。室外装修主要包括檐沟、女儿墙、外墙面、勒脚、散水、台阶、明沟、水落管等。室内装修主要包括顶棚、墙面、楼面、地面、踢脚线、楼梯、门窗、五金、油漆及玻璃等。其中内、外墙及楼、地面的饰面是整个装修过程的主导过程。室内、外装修工程的施工顺序可以采用可分为先内后外、先外后内及内外同时的三种顺序，具体选用应该根据施工条件和气候条件等确定。通常室外装饰应避开冬季和雨季。

1)室外装修工程的施工顺序

室外装修工程一般采用自上而下的施工顺序,其施工流向一般采用水平向下,如图 6-2 所示。采用这种顺序的优点是使房屋在主体结构完成后,有足够的沉降和收缩期,从而保证装修质量,同时便于脚手架拆除。室外装修的施工顺序一般按外墙面抹灰(饰面)→勒脚→散水→台阶→明沟。抹灰同时安装水落管。室外装饰施工的同时,应随进度同时拆除外脚手架。

2)室内装饰工程

室内装修的施工顺序有自上而下和自下而上两种,如图 6-2 和图 6-3 所示。自上而下指主体及屋面防水完工后,室内抹灰从顶层逐层向下进行。它的施工流向又分为水平向下和垂直向下,通常采用水平向下的施工流向。自上而下的施工顺序的优点不会因上层施工产生楼板渗漏影响下层装修质量,可以避免各工种操作互相交叉,便于组织施工,有利于安全生产,也便于楼层清理。缺点是不能与主体及屋面搭接施工,工期较长。

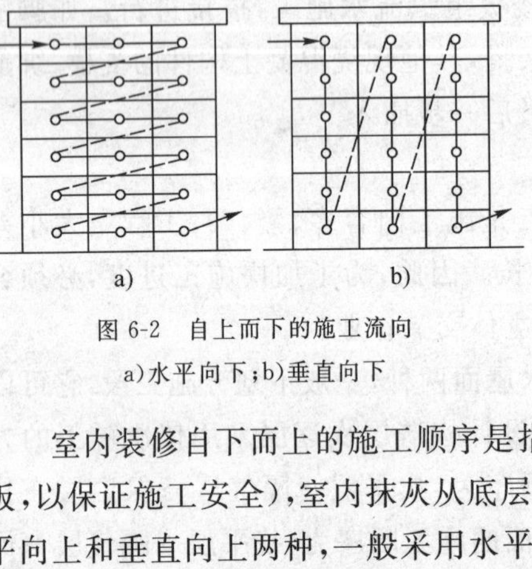

图 6-2 自上而下的施工流向

a)水平向下;b)垂直向下

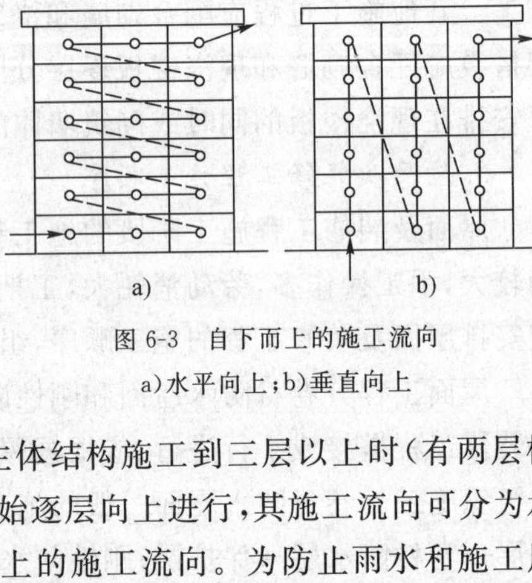

图 6-3 自下而上的施工流向

a)水平向上;b)垂直向上

室内装修自下而上的施工顺序是指主体结构施工到三层以上时(有两层楼板,以保证施工安全),室内抹灰从底层开始逐层向上进行,其施工流向可分为水平向上和垂直向上两种,一般采用水平向上的施工流向。为防止雨水和施工用水从上层楼板渗漏而影响装修质量,应先做好上层楼板的面层,再进行本层顶棚、墙面、楼地面等饰面。它的优点是可以与主体工程平行搭接施工,从而缩短工期。但它的缺点也很多:同时施工的工序多、人员多、交叉作业多,不利于施工安全,材料供应集中,施工机具负担重,也不利于成品保护,现场组织和管理比较复杂。因此,只有当工期紧迫时,才可以考虑采取此种施工顺序。

同一层的室内抹灰的施工顺序有两种:一是地面→天棚→墙面,二是天棚→墙面→地面。前一种施工顺序的特点是地面质量容易保证,便于收集落地灰、节省材料，但地面需要养护时间和采取保护措施，影响工期。后一种施工顺序的特点是墙面与地面抹灰不需养护时间，工期可以缩短。但落地灰不易收集，地面质量不易保证，容易产生地面起壳。

其他室内装饰工程通常采用的施工顺序：底层地面一般在各层天棚、墙面和楼地面做好后进行；楼梯间和楼梯抹面通常在房间、走廊等抹灰全部完成后，自上而下进行，以免施工期间使其损坏；门窗扇的安装一般在抹灰之前或抹灰之后进行，视气候和施工条件而定，若室内装饰是在冬季施工，为防止抹灰冻结和加速干燥，门窗扇和玻璃应在抹灰之前安装好。为防止油漆弄脏玻璃，应采用先油漆后安装玻璃的顺序。

在装修工程施工阶段，还应考虑室内装修和室外装修的先后顺序。室内装修渗漏水可能对外装修产生污染时，应先进行内装修；当采用单排脚手架砌墙时，由于有脚手眼需要填补，应先做室内装修；当装饰工人较少时，则不宜采用内外同时施工的施工顺序。一般来说，先外后内的施工顺序比较有利。

水暖电卫等工程部分施工阶段，一般与土建工程中有关分部分项工程紧密配合，穿插进行。在基础施工回填土之前，应该完成上下水管沟和暖气管沟垫层和墙壁施工。在主体施工时应在砌墙和浇筑楼板时，预留上下水和暖气管孔、电线管孔槽、预埋木砖或其他预埋件；装饰施工前，安装相应的各种管道和电气照明用的接线盒等。水暖电卫其他设备均穿插在地面、墙面和天棚抹灰前后进行。

（四）多、高层全现浇钢筋混凝土框架结构建筑的施工顺序

多、高层全现浇钢筋混凝土框架结构建筑的施工顺序，一般可划分为±0.00以下基础工程、主体结构工程、屋面工程及维护工程、装饰工程等四个施工阶段，如图 6-4 所示。

1. 地下工程的施工顺序

多、高层全现浇钢筋混凝土框架结构建筑的地下工程（±0.00 以下的工程）一般可分为有地下室及无地下室基础工程。若有一层地下室且又建在软土地基层上时，其施工顺序是桩基施工（包括围护桩）→土方开挖→破桩头及铺垫层→做基础地下室底板→做地下室墙、柱（防水处理）→做地下室顶板→回填土。若无地下室且也建在软土地基上时，其施工顺序是桩基施工→挖土→铺垫层→钢筋混凝土基础施工→回填土。

2. 主体结构工程的施工顺序

主体结构的施工主要包括柱、梁（主梁、次梁）楼板的施工。由于柱、梁、板的施工工程量很大，所需的材料、劳力很多，而且对工程质量和工期起决定性作用，

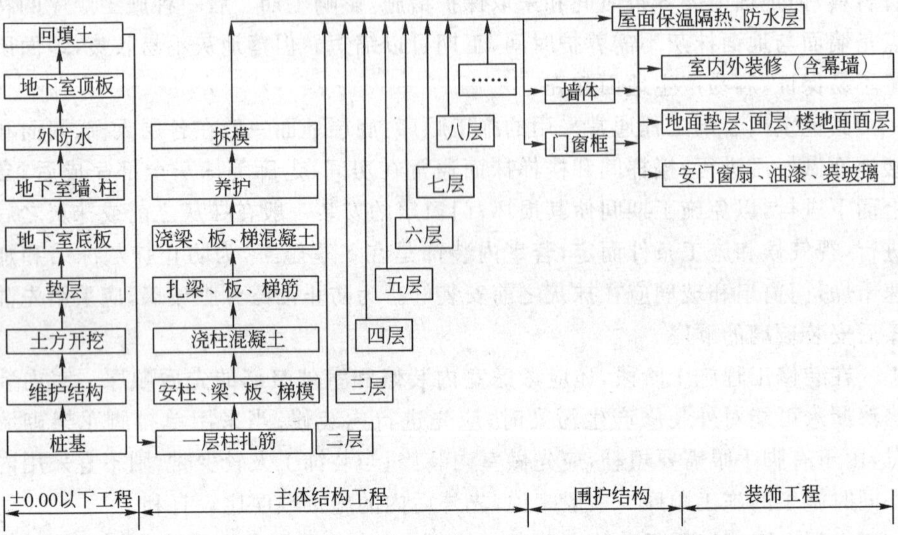

图 6-4　多高层全现浇钢筋混凝土框架结构建筑施工顺序示意图

故需采用多层框架在竖向上分层、在平面上分段的流水施工方法。若采用木模，其施工顺序为：绑扎柱钢筋→支柱、梁、板模板→浇柱混凝土→绑扎梁、板钢筋→浇梁、板混凝土。若采用钢模，其施工顺序为：绑扎柱钢筋→支柱模→浇柱混凝土→支梁、板模→绑扎梁、板钢筋→浇梁、板混凝土。

这里应注意的是在梁、板钢筋绑扎完毕后，应认真进行检查验收，然后才能进行混凝土的浇筑工作。

3. 屋面工程和维护工程的施工顺序

屋面工程的施工顺序与多层砖混结构居住房屋的屋面工程施工顺序相同。

维护工程的施工包括砌筑外墙、内墙（隔断墙）及安装门窗等施工过程，对于这些不同的施工过程可以按要求组织平行、搭接及流水施工。但内墙的砌筑则应根据内墙的基础形式而定，有的需在地面工程完工后进行，有的则可在地面工程之前与外墙同时进行。

4. 装饰工程的施工顺序

装饰工程的施工顺序同多层砖混居住房屋的施工顺序一样，也分为室外装饰与室内装饰。室内装饰包括天棚、墙面、楼地面、楼梯等的抹灰，安装门窗玻璃、油漆门窗等。室外装修也同样包括外墙抹灰（外墙饰面）以及做勒脚、散水、台阶、明沟等施工过程。

(五)装配式钢筋混凝土单层工业厂房的施工顺序

装配式钢筋混凝土单层工业厂房的施工顺序可分为:基础工程、预制工程、结构安装工程、围护工程和装饰工程五个主要分部工程,其施工顺序如图 6-5 所示。

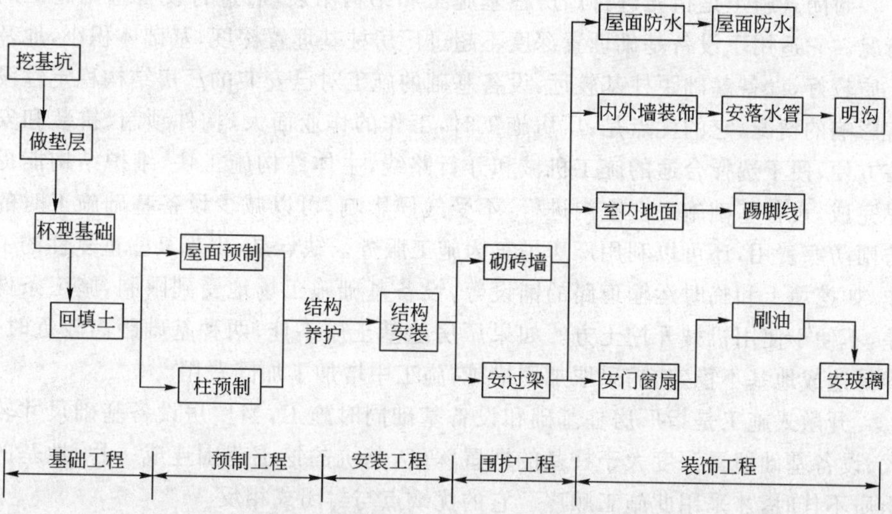

图 6-5 装配式钢筋混凝土单层工业厂房施工顺序示意图

由于工业建筑规模大,生产工艺复杂,厂房按生产工艺要求分区分段。为了尽快发挥建设投资效益,对规模较大、工艺复杂的厂房要分期分批进行施工,分期分批交付试生产。因此,确定装配式钢筋混凝土单层工业厂房的施工顺序时,除了考虑土建施工及施工组织外,还应研究其生产工艺流程。

1. 基础工程的施工顺序

装配式钢筋混凝土单层工业厂房的基础大多采用钢筋混凝土杯形基础,土质较差时,一般采用桩基础。为了缩短工期,常将打桩安排在施工准备阶段。

基础工程的施工顺序为:基坑挖土→作垫层→安装基础模板→绑扎钢筋→浇筑混凝土基础→养护→拆基础模板→回填土等施工过程。

在地下工程开始之前,应先处理好地下洞穴等,然后确定其流向,划分施工段,以便于组织流水施工。挖土和垫层这两道工序安排要紧凑,时间间隔不宜太长,在保证质量的前提下,尽早拆模和完成回填,以免暴晒和水浸地基。回填土应在基础完工后及时分层、一次性回填、夯实,以保证为预制构件制作提供场地。

单层厂房中往往都有设备基础,特别是重工业厂房,其设备基础埋置深、体积大、比一般柱基施工困难和复杂，有时会因为施工顺序不同，影响构件吊装、设备安装及投入生产使用时间。根据设备基础埋置深浅，体积大小、位置关系和施工条件等情况，厂房柱基础和设备基础的施工顺序一般有两种方案：封闭式和开敞式。

封闭式施工是指先进行厂房柱基施工和结构吊装，后进行设备基础施工的情况。它适用于设备基础埋置深度不超过厂房柱基埋置深度，基础体积小，地基土质较好，设备基础距柱基较远，设备基础的施工对已安装的厂房结构稳定性没有影响的情况，它的优点是：厂房施工时，工作的作业面大，构件预制、拼装和安装方便，便于选择合适的施工机械和开行路线，主体结构施工快，维护结构能提早完成，设备基础施工在室内进行，不受气候影响，可以减少设备基础施工时的防雨防寒费用，还可以利用厂房吊车为施工服务。缺点是：出现某些重复性的工作，如挖填土和临时运输道路的铺设等，设备基础施工场地受到限制，施工条件差，不便于使用机械开挖土方。如果厂房地基土质不佳，两种基础距离较近时，容易造成地基不稳定，需采取加固措施，施工中增加了加固费用。

开敞式施工是指厂房柱基础和设备基础同时施工，当厂房设备基础尺寸较大、设备基础埋置深度大于柱基的埋置深度，基坑的挖土范围连成一片，地基的土质不佳时，才采用此施工顺序。它的优缺点与封闭式相反。

如果设备基础与厂房柱基础的埋置深度相同或接近时，应该根据具体情况，对比后选择合适的施工顺序。

2. 预制工程阶段的施工顺序

装配式钢筋混凝土单层工业厂房预制构件制作，一般采用加工厂制作和现场制作相结合。对于重量较大或运输不便的大型构件，如柱、屋架、托架和吊车梁等，一般在拟建车间现场制作，如屋面板等中小型构件可在加工厂制作。具体确定预制方案时，应结合构件技术要求、工期规定、当地加工能力及现场施工运输条件等因素进行技术经济分析后确定。

现场制作预制构件时，非预应力构件的制作程序是：支模→绑扎钢筋→预埋铁件→浇筑混凝土→养护→拆模。预应力构件现场制作主要采用后张法，它的制作程序是：支模→绑扎非预应力钢筋→预埋铁件→孔道留设→浇筑混凝土→养护→拆模→预应力钢筋的张拉、锚固→孔道灌浆→养护。

预制构件的制作日期、制作位置、起点流向，主要取决于工作面准备情况和后续工程的要求。如结构安装方案已经确定，构件平面布置图已绘出后，只要基础回填土、场地平整完成一部分之后，就可以开始进行预制构件的制作，制作的起点流向应与基础工程的施工起点流向一致，这样既能使构件制作早日开始，又能及早交出工作面，为结构吊装创造条件。

预制构件的制作方案和吊装安装方法有关。当采用分件安装时，如果场地宽敞时，可在柱、梁制作完成后就进行屋架预制；如果场地狭小但工期允许时，预制构件可以分别制作，首先预制柱、梁，待柱、梁安装就位后在预制屋架；如果场地狭小而工期要求又较紧时，应把柱、梁等构件放在拟建车间内就地预制，同时或首先在拟建车间外预制屋架。当采用在综合吊装法时构件需一次制作完成。这时视场地具体情况确定构件是全部在拟建车间内部就地制作，还是有一部分在拟建车间外制作。

3.结构安装工程阶段的施工顺序

结构安装工程是单层工业厂房施工中的主导工程。其内容依次为：柱子、基础梁、吊车梁、连系梁、托架、屋架、天窗架、屋面板等构件的吊装、校正和固定。

构件在吊装前应做好准备工作，准备工作主要包括有柱基杯口的弹线和杯底标高抄平，构件的检查和弹线，构件的吊装验算和加固，起重机械的安装等。当上述准备工作完成后，且构件的混凝土强度已达到规定的吊装强度后，就可以开始吊装。

吊装的起点和流向应与构件的制作起点流向一致，既先制作的构件先吊装。但是如果车间为多跨且又有高低跨时，吊装流向应从高低跨柱列开始。

构件吊装的方法有两种，即分件吊装和综合吊装法。如采用分件吊装法时，其吊装顺序是：第一次开行吊装柱子，随后校正和固定；第二次开行吊装基础梁、吊车梁、连系梁；第三次开行吊装屋盖构件。有时也可将第二次和第三次开行合并为一次开行。如果采用综合吊装法时，其吊装顺序是：先吊四根或六根柱子，立即校正固定，再吊装基础梁、吊车梁、连系梁及屋盖等构件，如此依次逐个节间吊装，直至整个厂房结构吊装完毕。

山墙抗风柱的安装顺序有两种顺序：一是在吊装排架柱的同时先安该跨一端的抗风柱，另一端则在屋盖安装完毕之后进行，二是全部抗风柱的安装均待屋盖安装完毕之后进行。

4.维护结构阶段的施工顺序

维护工程施工阶段包括垂直运输设备搭设、墙体工程、现浇门窗框及雨篷、屋面工程等。墙体工程包括搭设脚手架及内外墙砌筑等，墙体砌筑应在厂房结构安装结束之后，或安装完一部分区段后即可开始内外墙的分层分段流水施工。脚手架应配合砌筑搭设，应在室外装饰之后，做散水坡之前拆除。

屋面工程在屋盖构件吊装完毕，垂直运输设备（一般选用井架）搭好后就可安排施工，其施工顺序与多层混合结构基本相同。

5.装修工程施工顺序

装饰工程包括室内装修和室外装修，两者可平行施工，并可与其他施工过程交叉进行，通常不占工期。室外装修一般采用自上而下的施工顺序；室内按屋面底板→内墙→地面的顺序施工；门窗安装在粉刷中穿插进行。

水暖电卫安装工程与多层混合建筑房屋一样，但工业建筑应注意通风空调设备的安装。生产设备的安装由于专业性强、技术要求高等，一般需专业公司分包安装。

上述多层民用混合多层建筑、钢筋混凝土框架结构、及装配式钢筋混凝土单层工业厂房的施工顺序，仅适用于一般情况。建筑施工顺序的确定本身是一个发展的过程，随着新建筑材料的应用和施工技术、施工工艺的发展。施工顺序也会发生变化。所以，针对每一个单位工程，必须根据其施工特点实际情况，合理安排施工顺序。组织立体交叉平行流水施工，充分使用时间和空间，取得良好的经济技术效果。

二 施工段的划分

当组织单位工程施工时，为了能够组织流水施工，应该把建筑物在平面或空间上划分为几个施工区段。划分施工段的目的，就是在于保证不同施工队能在不同的工作面上同时进行工作，消除由于各施工队不能依次进入同一工作面上而产生的互等、停歇现象，为流水施工创造条件。

施工段数的数目应适中，若过多则会拖长总的施工延续时间和工作面不能充分利用；若施工段过少，又会引起劳动力、材料供应的过分集中，有时会产生断流现象。

在确定施工段时，分段部位一般应尽量利用建筑物的伸缩缝、沉降缝、平面有变化处和留接茬缝不影响建筑结构整体性的部位。住宅一般按单元或楼层划分施工段，工业建筑可按跨或生产线划分。

确定施工段时，还应使每段的工程量大致相等，以便组织有节奏流水，使劳动组织相对稳定，各班组能连续均衡施工，减少停歇和窝工。

在确定施工段后，还要配置相应的机具设备，如垂直运输设备、模板和脚手架等周转设备，以满足和保证各施工段施工操作的需要。

三 确定主要分部及分项工程的施工方法、施工机械和施工组织

正确选择施工方法和施工机械是施工方案的关键问题，它直接影响施工进

度、施工质量和安全，以及工程成本。单位工程的各个分部分项工程均可以采用不同的施工方法和施工机械，也可以用不同的组织方法。每种施工方法和施工机械又有其优缺点。确定单位工程施工方案时，必须根据工程的建筑结构、抗震要求、工程量大小、工期长短、资源供应情况、施工现场的条件和周围环境，从先进、经济、合理的角度出发，正确选择施工方法和施工机械并进行合理的施工组织，以达到提高质量、降低成本、提高劳动生产率和加快工程进度的预期效果。

(一)选择施工方法和施工机械的基本要求

1.应考虑主要分部分项工程的要求

主要分部分项工程是指工程量大、所需时间较长、施工技术复杂或采用新技术、新工艺、新结构、新材料以及对工程质量起关键作用的工程。选择施工方法、施工机械时，重点应考虑上述的主要分部分项工程，而对于按常规做法和工人熟悉的分项工程，只要提出应注意的特殊问题就可以了。

2.应符合施工组织总设计的要求

如果本工程是整个建设项目或建筑群中的一个单位工程，则其施工方法、施工机械的选择应该和施工组织总设计的要求一致。

3.应满足施工技术的要求

施工方法和施工机具的选择，必须满足施工技术的要求。如预应力张拉方法和机械的选择应满足设计、质量、施工技术的要求。

4.应考虑如何符合工厂化、机械化施工的要求

从建筑施工的发展要求来看，应尽可能提高工厂化和机械化程度，它是提高工程质量、降低成本、提高劳动效率、加快工程进度和实现文明施工的有效措施。应该最大限度的减少各种钢筋混凝土及预制构件制作，钢筋和钢构件加工实行工厂加工制作，最大限度减少现场作业。实现机械化施工，可以减轻繁重的体力劳动，节省劳动力。

5.应符合先进、合理、可行、经济的要求

选择施工方法和施工机械时，除了要求方法先进之外，还要考虑对施工单位是否可行，经济上是否合理。必要时，要进行对比分析，从施工技术水平和实际情况考虑研究，做出正确选择。

6.应满足工期、质量、成本和安全的要求

所选择的施工方法和施工机械应尽量满足缩短工期、提高工程质量、降低工程成本、确保安全施工的要求。

(二)主要分部分项工程的施工方法和施工机械的选择与施工组织

主要分部分项工程的施工方法和施工机械，在建筑施工技术课程中已详细叙述，这里将其要点归纳如下：

1.土石方工程

(1)计算土石方开挖量、回填量及外运量，根据工程量确定土石方开挖或爆破方法，工作面宽度、放坡坡度、排水措施、基坑壁的支护形式；

(2)选择土石方施工机械型号、数量；

(3)确定土石方开挖的施工流向，土方工程一般不分施工段。

2.基础工程

(1)浅基础根据垫层、基础的施工要点，选择所需机械的型号和数量；

(2)桩基础应根据桩型及工期选择所需桩机的型号和数量；

(3)地下室应根据防水要求，留置、处理施工缝，事先应做好防渗试验，确定用料要求及有关技术措施等；

(4)如有深浅基础标高不同时，应明确基础的先后施工顺序；

(5)混凝土基础如留施工缝时，应明确留置位置和技术要求；

(6)基础工程一般应分段组织流水施工，当垫层工程量较小时，划分施工过程时可并入其他工程项目。

3.砌筑工程

(1)明确砌体的组砌方法及质量要求，弹线、立皮数杆、标高控制及轴线引测的质量要求；

(2)砌块工程应事先编制排块图；

(3)选择砌筑工程中的所需机具型号和数量；

(4)砌筑脚手架的形式、用料和技术要求；

(5)砌筑施工中流水分段和劳动力的组合形式。

4.钢筋混凝土工程

(1)确定模板的类型及支模方法，进行支撑设计，复杂工程进行模板设计和绘制模板放样图；

(2)确定钢筋的加工、连接方法，选择钢筋加工及连接机具型号和数量；

(3)确定混凝土的搅拌、运输、浇捣、养护方法，选择所用机具型号和数量；

(4)确定混凝土的浇筑顺序，施工缝的留置位置和处理；

(5)确定预应力混凝土的施工方法，选择所需机具型号和数量。

5.结构安装工程

(1)确定构件的预制、运输及堆放方法,选择所需机具数量和型号;

(2)确定构件的吊装方法,选择所需机具的型号和数量;

(3)确定构件制作、安装的工艺流程。

6.屋面工程

(1)根据屋面构造确定各层做法及操作要求,选择所需机具型号和数量;

(2)确定屋面工程施工所用材料及运输储存方式。

7.装修工程

(1)明确装修装饰工程进入现场的时间,施工顺序和产品保护等具体要求;

(2)确定各种装修材料的做法及施工要点,必要时要做样板间;

(3)确定材料的运输方式 、堆放位置、储存要求;

(4)选择装修所用施工机具的型号和数量;

(5)确定工艺流程和施工组织,尽可能做到与结构穿插施工,合理交叉施工,以利于缩短工期。

8.现场垂直运输设备、水平运输及脚手架等搭设

(1)选择垂直运输及水平运输方式,选择运输机具的型号和数量,验算起重参数是否满足;

(2)确定运输机械的布置位置和开行路线;

(3)确定脚手架的材料、搭设方法及安全网的挂设方法。

在施工方案确定之后,应对所选方案做技术经济分析评价,用技术指标、经济指标和效果指标等评价所设计的施工方案,以避免施工方案的盲目性、片面性,在方案实施前就能分析出经济效益,保证所选方案的科学性、有效性和经济性,达到提高质量、缩短工期、降低成本的目的。

第四节　编制单位工程施工进度计划

单位工程施工进度计划是单位工程施工组织设计的重要内容,它是在既定施工方案的基础上,根据合同工期和各种资源供应条件,按照合理的施工工艺顺序及组织施工的基本原则,用图表的形式,把单位工程从工程开工到工程竣工的施工全过程,对各分部分项工程在时间和空间上做出的合理安排,是控制各分部分项工程施工进程及总工期的依据。

一 单位工程施工进度计划的作用

单位工程施工进度计划的主要作用有：

(1)指导现场施工安排，确保在规定的工期内完成符合质量要求的工程任务；

(2)确定各主要分部分项工程名称及施工顺序和持续时间；

(3)确定各施工过程相互衔接和合理配合关系；

(4)确定为完成任务所必需的劳动工种和总的劳动量及各种机械、各种物资的需用量；

(5)它为施工单位编制季度、月度、旬生产作业计划提供依据；

(6)为编制劳动力需用量的平衡调配计划、各种材料的组织与供应计划、施工机械供应和调度计划、施工准备工作计划等提供依据；

(7)为确定施工现场的临时设施数量和动力配备等提供依据。

二 单位工程施工进度计划的编制依据

编制单位工程施工进度计划主要依据下列资料：

(1)建筑场地及地区的水文、地质、气象和其他技术资料；

(2)经过审批及会审的建筑总平面图、单位工程施工图、工艺设计图、设备及其基础图、采用的标准图集及技术资料；

(3)合同规定的开竣工日期；

(4)施工组织总设计对本单位工程的有关规定；

(5)施工条件：劳动力、材料、构件及机械供应条件，分包单位情况等；

(6)主要分部分项工程的施工方案；

(7)劳动定额及机械台班定额；

(8)其他有关要求和资料。

三 单位工程施工进度计划的表示方法

单位工程施工进度计划一般用图表表示，主要有两种表达方式：横道图和网络图。网络图有单代号网络计划和双代号网络计划，双代号网络计划又分双代号非时标网络计划和双代号时标网络计划，网络计划的表示方法详见第四章所述。横道图的表格形式见表 6-1。

单位工程施工进度计划　　表 6-1

序号	施工过程名称	工程量		劳动定额	劳动量		机械		每天工作班数	每天工人数	工作日数	施工进度											
		单位	数量		单位	数量	机械名称	台班数				×月					×月					×月	
												5	10	15	20	25	5	10	15	20	25	5	10

施工进度计划表是由两部分组成的，左边部分列出的是拟建工程所划分的施工过程名称、工程量、相应的定额、劳动量、机械台班数、施工人数、机械数、工作班次、工作延续时间等。右边上部是从规定的开工之日到竣工之日止的时间表。下面是按左面表格的计算数据设计的进度指示图表，用线条形象的表示出各个施工过程的计划进度，各个施工过程的持续时间和整个单位工程的总工期；反映出各分部分项工程相互关系和各施工队在时间和空间上开展工作的相互配合关系。有时为了反映单位时间的资源用量，需在表格的下方汇总单位时间内的资源需用量，并绘制资源需用量的动态曲线。

四　单位工程施工进度计划的编制内容和步骤

下面说明用横道图编制单位工程施工进度计划的编制内容和步骤：

（一）划分施工过程

编制进度计划时，首先应按照图纸和施工顺序，把拟建工程分解为若干个施工过程，填入施工进度计划表。在划分施工过程时，应注意以下几个问题：

1. 施工过程划分的粗细程度

施工过程划分的粗细程度主要根据单位工程施工进度计划的作用而确定。对于控制性施工进度计划，施工过程的划分可以粗一些，一般可按分部工程划分施工过程。如划分：开工前准备、桩基础工程、基础工程、主体结构工程、屋面及装修工程等。对于指导性施工进度计划，其施工过程应该划分的细一些，一般应把每个分部工程的所包含的分项工程一一列出。

2. 施工过程划分不宜太细，应简明清晰

施工过程不宜划分太细、太多。如果划分的过细，则施工过程太多，施工进度表就会显得繁杂，重点不突出，就会失去其指导意义，并且增加了编制难度。因此，为了使计划简明清晰，突出重点，应该把一些次要的施工过程合并到主要的施工过程中去。如基础防潮层可以合并到基础施工中,安装门窗框可以合并到砌墙工程中等。对于某些施工过程虽然重要,但由于工程量不大,也可以把它与相邻的施工过程合并,如挖土可以与垫层合并为一项,组织混合班组施工。同一时间内由同一工种施工的项目也可合并在一起,如内墙、外墙和隔墙的砌筑,可以统一合并为墙体砌筑。对于其他次要的零星工程,可以合并为其他工程。

3.施工过程的划分应该考虑施工工艺和施工方案的要求

划分施工过程应该考虑施工工艺要求。如现浇钢筋混凝土的施工,一般可以分为支模板、绑扎钢筋、浇筑混凝土、养护、拆模等施工过程,是合并还是分别列项,应视施工组织、工程量、结构性质等因素确定。一般现浇钢筋混凝土框架结构的施工应分别列项,而且分得细一些。如:绑扎柱钢筋、安装柱模板、浇筑柱混凝土、安装梁板模板、绑扎梁板钢筋、浇筑梁板混凝土、混凝土养护、拆模等施工过程。而对于砌体结构中的现浇钢筋混凝土工程,当工程量不大时,可以合并为一项。再如抹灰工程,外墙抹灰可能有若干项装饰抹灰的做法和要求,一般情况下可以合并为一项,有时也可分别列项,室内的各种抹灰应按楼地面抹灰、顶棚抹灰、墙面抹灰、楼梯间及踏步抹灰分别列项,以便于组织施工和安排进度。

施工过程的划分,还要考虑所选择的施工方案。如混合结构中的墙体砌筑,如果承重墙和非承重墙同时砌筑,可以合并为一个施工过程,如果非承重墙在室内抹灰之前才砌筑,就应该分为两个施工过程。单层厂房结构的基础施工时,如果采用敞开式施工方案,柱基施工和设备基础施工就可以合并为一个施工过程;如果采用封闭式施工方案,则应分别列出柱基施工和设备基础施工两个施工过程。

水暖电卫等工程和设备安装工程通常有专业工作队负责施工,因此在一般的土建施工进度计划中,只要反映出这些工程和土建工程的互相配合即可,不必细分。

4.明确施工过程对施工进度的影响程度

一般来说,根据施工过程对工程进度的影响程度可以分为以下三类:一类是资源驱动的施工过程,这类过程是直接在拟建工程上进行作业的施工过程(如墙体砌筑、现浇混凝土等),直接占有施工对象的空间、时间和资源,对工程的完成与否起着决定性的作用,它在条件允许的情况下,可以缩短或延长工期,必须划入流水施工过程。第二类为辅助性施工过程,它一般不占用拟建工程的工作面,虽需要一定的时间和消耗一定的资源,但不占用工期,如加工厂或现场外生产各种预制构件、配件的施工过程;各种材料、构件、配件、半成品的运输过程等,因不直接在施工对象上进行操作,一般不应占有工期,只需配合工程实体施工进度的需要，及时组织生产和供应到货到现场，所以不划入流水施工过程。第三类施工过程如混凝土养护等，虽然直接在拟建工程上进行作业，但它的工期不以人的意志为转移，随着客观条件的变化而变化，它应根据具体情况列入施工过程。

(二) 计算工程量

当确定了施工过程之后，应计算每个施工过程的工程量。工程量应该根据施工图纸、工程量计算规则以及相应的施工方法进行计算。如果施工图预算已经编制，一般可以采用施工图预算的数据，但有些项目应根据实际情况作适当调整。计算工程量时应注意以下几个问题：

1. 注意工程量的计量单位

每个施工过程工程量的计量单位应与现行施工定额的计量单位一致，这样在计算劳动量时、材料消耗量和机械台班量时，就可以直接套用定额，不需进行换算，以避免因换算产生错误。

2. 注意采用的施工方法

计算工程量时，应与采用的施工方法一致，以便计算的工程量与实际情况相符合。例如土方工程中，应明确挖土方是否放坡，放坡尺寸和坡度是多少，是否需增加开挖工作面，当上述因素不同时，土方开挖的工程量是不同的；还要明确开挖方式是单独开挖、条形开挖还是整片开挖，因不同的开挖方式工程量相差是很大的。

3. 正确取用预算文件中的工程量

如果在编制单位工程施工进度计划之前，施工单位已经编好了施工图预算或施工预算，则编制施工进度计划的工程量可以从上述预算文件中抄出和汇总。但应该注意的是，按照施工定额，施工进度计划中的某些施工过程的工程量的计算规则和计量单位，与预算定额的规定不同或有出入。实际编制进度计划时，应根据施工实际情况加以修改、调整或重新计算。

(三)计算劳动量及机械台班量

根据所划分的施工过程、工程量和施工方法，即可套用施工定额计算出各施工过程的劳动量或机械台班量。

施工定额一般有两种形式：产量定额和时间定额。产量定额是指在合理的技术组织条件下，某种技术等级的工人小组或个人在单位时间内所应完成的合格产品的数量，一般用符号 S_i 表示，它的单位有：m^3/工日、m^2/工日、m/工日、t/工日等。时间定额是指某种专业、某种技术等级的工人小组或个人在合理的技术组织条件下，完成单位产品所必需的工作时间，一般用符号 H_i 表示，它的单位有：工日/m^3、工日/m^2、工日/m、工日/t 等。

时间定额与产量定额是互为到数的关系，如式(6-1)：

$$H_i = \frac{1}{S_i} \quad 或 \quad S_i = \frac{1}{H_i} \tag{6-1}$$

在套用定额时，必须注意结合本单位工人技术等级、实际操作水平、施工机械情况和施工现场条件等因素，确定定额的实际水平，使计算出来的劳动量、机械台班量符合实际。

1. 劳动量的确定

劳动量也称劳动工日数。凡是以手工操作为主的施工过程，其劳动量均可按式(6-2)计算：

$$P_i = \frac{Q_i}{H_i} = Q_i \times H_i \tag{6-2}$$

式中：P_i——某施工过程所需劳动量，工日；

Q_i——该施工过程的工程量，m^3、m^2、m、t 等；

S_i——该施工过程采用的产量定额，m^3/工日、m^2/工日、m/工日、t/工日等；

H_i——该施工过程采用的时间定额，工日/m^3、工日/m^2、工日/m、工日/t 等。

例 6-1 某工程混合结构房屋砖外墙砌筑，其工程量为 855m^3，查劳动定额得产量定额为 1.204m^3/工日，试计算完成砌墙任务所需劳动量。

解：

$$P_i = \frac{Q_i}{H_i} = \frac{855}{1.205} = 709.549(工日)$$

取 710 个工日

当某一施工过程是由两个或两个以上的不同分项工程合并而成时，其劳动量应该为所有的分项工程单独计算的劳动量之和，如式(6-3)：

$$P_{总} = \sum_{i=1}^{n} P_i = P_1 + P_2 + \cdots + P_n \tag{6-3}$$

例 6-2 某钢筋混凝土基础工程，其分项工程为支设模板、绑扎钢筋和浇筑混凝土，工程量分别为 719.6m^2、6.284t、287.3m^3，查得其时间定额分别为：0.253 工日/m^2、5.28工日/t、0.833 工日/m^3，编制施工进度计划时根据需要把它们合并为一个施工过程，试计算完成该钢筋混凝土基础施工所需总劳动量。

解：

$$P_{模} = 719.4 \times 0.254 = 182(工日)$$

$$P_{筋}=6.284\times5.28=33(\text{工日})$$

$$P_{混凝土}=287.3\times0.833=239(\text{工日})$$

$$P_{总}=P_{模}+P_{筋}+P_{混凝土}=182+33+239=454(\text{工日})$$

当某一施工过程是由同一工种，但做法不同、材料不同的若干个分项工程合并而成时，应按式(6-4)和式(6-5)计算其综合产量定额，然后根据综合定额计算其劳动量。

$$\overline{S}=\frac{\sum_{i=1}^{n}Q_i}{\sum_{i=1}^{n}P_i}=\frac{Q_1+Q_2+\cdots+Q_n}{P_1+P_2+\cdots+P_n}=\frac{Q_1+Q_2+\cdots+Q_n}{\frac{Q_1}{S_1}+\frac{Q_2}{S_2}+\cdots+\frac{Q_n}{S_n}} \tag{6-4}$$

$$\overline{H}=\frac{1}{\overline{S}} \tag{6-5}$$

式中： $\overline{S}$——某施工过程的综合产量定额，m^3/工日、m^2/工日、m/工日、t/工日等；

$\overline{H}$——某施工过程的综合时间定额，工日/m^3、工日/m^2、工日/m、工日/t等；

$\sum_{i=1}^{n}Q_i$——总工程量，m^3，m^2，m、t 等；

$\sum_{i=1}^{n}P_i$——总劳动量，工日；

Q_1、$Q_2\cdots Q_i$——同一施工过程的各分项工程工程量；

S_1、$S_2\cdots S_i$——与 Q_1、$Q_2\cdots Q_i$ 相对应的产量定额。

例 6-3 某工程的外墙装饰，有外墙涂料、真石漆、面砖三种做法，其工程量分别是 850.5m^2、500.3m^2、320.3m^2；采用的产量定额分别是 7.56m^2/工日、4.35m^2/工日、4.05m^2/工日。计算它们的综合产量定额及外墙面装饰所需的劳动量。

解：综合产量定额

$$\overline{S}=\frac{Q_1+Q_2+Q_3}{\frac{Q_1}{S_1}+\frac{Q_2}{S_2}+\frac{Q_3}{S_3}}=\frac{850.5+500.3+320.3}{\frac{850.5}{7.56}+\frac{500.3}{4.35}+\frac{320.3}{4.05}}=5.45(m^2/\text{工日})$$

所需劳动量：

$$P_{外墙装饰}=\frac{\sum_{i=1}^{3}Q_i}{\overline{S}}=\frac{850.5+500.3+320.3}{5.45}=306.6(\text{工日})$$

取：

$$P_{外墙装饰}=307(\text{工日})$$

2. 机械台班量的计算

凡是采用机械为主的施工过程，可按式(6-6)计算所需的机械台班数：

$$P_{机械}=\frac{Q_{机械}}{S_{机械}}=Q_{机械}\times H_{机械} \tag{6-6}$$

式中：$P_{机械}$——某施工过程需要的机械台班数，台数；

$Q_{机械}$——该施工过程由机械完成的工程量，m^3、t、件等；

$S_{机械}$——机械的产量定额；m^3/台班、t/台班等；

$H_{机械}$——机械的时间定额；台班/m^3、台班/t 等。

例 6-4 某建筑物的土方工程，采用 W-100 型反铲挖土机挖土，经计算共需挖土方 1652m^3，机械台班产量为 120 台班/m^3，求挖土机所需台班数。

解：挖土机所需台班数：

$$P_{机械}=\frac{Q_{机械}}{S_{机械}}=\frac{1652}{120}=13.7(台班)$$

实际应取 14 个台班。

在劳动量计算时，对有些采用新材料、新技术、新工艺或特殊施工方法的施工过程，定额中可能尚未编入，这时可参考类似施工过程的定额、经验资料，按实际情况确定。

"其他工程"项目所需的劳动量，可根据其内容和工地具体情况，以总劳动量的百分比计算，一般取 10%～20%。

(四) 计算确定各施工过程的持续时间

确定施工过程持续时间的方法一般有三种方法：一是根据配备的人数和机械台数计算持续时间；二是根据经验估算持续时间；三是根据要求工期倒排施工进度。

1. 根据配备的人数和机械台数计算施工过程的持续时间

该方法是首先确定配置在该施工过程的施工人数、机械台数和工作班制，然后根据式(6-7)或(6-8)计算工作的持续天数，其计算公式为：

$$D=\frac{P}{N\times R} \tag{6-7}$$

$$D_{机械}=\frac{P_{机械}}{N_{机械}\times R_{机械}} \tag{6-8}$$

式中：D——某手工操作为主的施工过程的持续时间，天；

P——该施工过程所需的劳动量，工日；

R——该施工过程所配置的施工班组人数，人；

N——每天采用的工作班制，班；

$D_{机械}$——某机械施工为主的施工过程的持续时间，天；

$P_{机械}$——该施工过程所需的机械台班数，台班；

$R_{机械}$——该施工过程所配置的机械台数，台；

$N_{机械}$——每天采用的工作班制，班。

在安排每班配备的人数和机械台数时，应该满足每个人和每台机械应有的最小工作面的要求，以便充分发挥生产能力，保证施工安全。同时还应该满足最小劳动组合的要求。

当工期允许、劳动力和机械周转不紧迫、施工工艺无持续要求时，通常采用一班制施工，在建筑施工中往往采用10小时，即1.25班制。当工期较紧或为了提高施工机械的使用率及加快机械的周转使用，或工艺上要求连续施工（如混凝土浇筑）时，某些施工过程可考虑二班制或三班制施工，但需增加有关设施及费用，所以必须慎重研究确定。

例6-5 某基础工程的垫层混凝土浇筑所需劳动量为294个工日，每天采用三班制，每班采用25人施工，求完成该混凝土垫层的施工持续天数。

解：

$$D=\frac{P}{N\times R}=\frac{294}{3\times 25}=3.92(\mathrm{d})$$

实际取4天。

2.根据经验估算持续时间

对于某些采用新结构、新技术、新材料、新工艺施工的施工过程，当无定额可以使用时可以根据经验估算施工过程的持续时间，也称三时估算法。即先估计出完成该施工过程需要的可能最短时间（最乐观时间）、可能需要的最长时间（最悲观时间）及最可能的完成时间，然后根据式(6-9)计算该施工过程的持续时间。

$$D=\frac{A+4B+C}{6} \tag{6-9}$$

式中：A——最乐观的估算时间；

B——最可能的估算时间；

C——最悲观的估算时间；

D——施工过程的持续时间。

3.根据要求工期倒排施工进度

该方法是根据总工期和施工经验，首先确定各施工过程的持续时间，然后再按劳动量和工作班次，确定每个施工过程所需要的班组人数和机械台数，其计算公式如式(6-10)及(6-11)。

$$R = \frac{P}{N \times D} \tag{6-10}$$

$$R_{机械} = \frac{P_{机械}}{N_{机械} \times D_{机械}} \tag{6-11}$$

通常计算时首先按一班制考虑，若算得的工人数或机械台数超过施工单位能提供的数量，或超过工作面能容纳的数量时，可增加工作班次或采取其他措施（如组织平行立体交叉流水施工），使每班投入的人数或机械台数减少到可能更合理的范围内。

例 6-6 某五层砖混结构宿舍砌筑工程，根据工程量和劳动定额计算，共需1588个工日，采用一班制施工，要求砌筑工程的总持续时间为50天，要求计算每天施工班组人数。

解：

$$R=\frac{P}{N\times D}=\frac{1588}{1\times 50}=31.76(人)$$

取整数，砌砖班组人数为32人，具体安排如下：砌筑工为14人，普工18人，其比例为1∶1.29。实际是否有这么多劳动力，工作面是否满足等需要经过分析研究以后才能确定。复核劳动工日数：实际安排的劳动工日为32×50=1600个工日，比定额计划工日数增加了12个，相差不大。

（五）编制施工进度计划的初始方案

编制施工进度计划的初始方案时，必须考虑各分部分项工程的合理施工顺序，尽可能组织流水施工，力求主要工种的工作能连续、均衡。一般编制方法为：

1.确定主要分部过程并组织其流水

首先确定主要的分部工程，组织其中的分项工程流水施工，使主导的分项工程能够连续施工，其他穿插和次要的分项工程尽可能与主要施工过程相配合穿插、搭接或平行施工。

2.安排其他施工过程，并组织其流水施工

其他分部工程的施工应与主要分部工程相配合，并用于主要分部工程相类似的方法，尽可能组织其内部的分项工程进行流水施工。

3.按各分部工程的施工顺序编制初始进度方案

各分部工程之间按照施工工艺顺序或施工组织的要求，将相邻分部工程的相邻分项工程，按流水施工要求或配合关系搭接起来，组成单位工程的初始网络计划。

(六)检查与调整施工进度计划

施工进度计划初步方案编制后,应该根据建设单位、监理单位等有关部门的要求、合同规定及施工条件等,先检查各施工过程之间的施工顺序及平行、搭接和技术间歇是否合理;主要工种工人的工作是否连续;工期是否满足要求;劳动力等资源消耗是否均衡等。

经过检查,对不符合要求的部分应进行调整,调整的方法有:增加或缩短某些施工过程的持续时间;在施工顺序允许的条件下,将某些施工过程的施工开始时间前后移动;必要时还可以改变施工方法或施工组织措施。经过调整直至满足要求,形成正式施工进度计划。

五 各项资源需用量计划的编制和保证措施

单位工程施工进度计划确定之后,可根据各工序及持续时间编制劳动力、材料、构配件、半成品、施工机具等各项资源需用量计划。这些计划也是单位工程施工组织设计的组成部分,它可以用来确定建筑工地的临时设施,并按计划供应材料、构件、调配劳动力和机械,是保证施工顺利进行的主要依据。

(一)各项资源需用量计划

1. 劳动力需用量计划

劳动力需用量计划是安排劳动力、调配和劳动力消耗指标、安排生活福利设施的依据。它直接反映的单位工程施工中所需要的各种技术工人、普工人数。一般按月分旬编制计划,应根据确定的施工进度计划编制,其方法是按进度表上每天需要的施工人数,分工种进行统计,得出每天所需工种及人数,按时间进度进行汇总,其表格形式见表 6-2。

劳动力需用量计划 表 6-2

序　号	工程名称	人　数	×月			×月			×月	
			上旬	中旬	下旬	上旬	中旬	下旬	上旬	…

2. 主要材料需用量计划

主要材料需用量计划是作为备料、供应和确定仓库、堆场面积及组织运输的依据。它是根据施工预算中的工料分析表、施工进度计划表、材料的储备及消耗定额，将施工中所需的主要材料，按品种、规格、数量、使用时间计算汇总，填入表6-3中。

主要材料需用量计划 表6-3

序号	材料名称	规格	需用量		需要时间							
					×月			×月			×月	
			单位	数量	上旬	中旬	下旬	上旬	中旬	下旬	上旬	…

3. 施工机具需用量计划

它的主要作用是用于确定施工机具的类型、数量、使用时间。它是根据施工预算、施工方案、施工进度计划和机械台班定额编制的。计划表见表6-4。

施工机具需用量计划 表6-4

序　号	机 械 名 称	类 型 型 号	需要量		货源	使用起止时间	备注
			单位	数量			

4. 构件和半成品需用量计划

它是用于落实预制构件、配件和其他加工半成品的订货单位、并按照所需规格、数量、时间组织加工、运输进场和确定仓库、堆场的依据，它是根据施工进度计划和施工平面图编制的，表格样式见表6-5。

构件和半成品需用量计划 表6-5

序号	品名	规格	图号	需用量		使用部位	加工单位	供应日期	备注
				单位	数量				

(二)主要的施工技术、质量、安全及降低成本措施

它是针对单位工程的各分部、分项工程的施工技术、施工质量、施工安全和降低工程成本等提出行之有效的措施。任何一个单位工程的施工活动，都必须严格执行现行的国家有关建筑施工的法律法规，并根据工程特点、施工中的难点和施工现场的实际情况，制定相应的技术组织措施。

1. 施工技术措施

对采用新材料、新结构、新工艺、新技术的工程，以及高耸结构、大跨度结构、重型构件、深基础、设备基础、水下和软弱地基项目等特殊工程，及特殊施工季节，在施工中应该制定相应的技术措施。它的主要内容一般包括：

(1)需要表明的上述特殊工程的平面、剖面示意图及工程量一览表；

(2)施工方法的特殊要求、工艺流程和技术要求；

(3)水下混凝土、大体积混凝土浇筑措施、养护措施；

(4)冬期、雨期施工的技术措施；

(5)上述特殊工程所使用材料、构件、机具的特点、使用方法和需用量。

2. 保证和提高工程质量措施

为了确保和提高单位工程各分部分项的施工质量，应制定相应的措施。保证措施可以按照各分部分项的施工质量要求提出，也可以整个单位工程的施工质量要求提出，其主要内容按以下几方面考虑：

(1)保证建筑物定位放线、标高测量等施工测量工作准确无误的措施；

(2)保证地基承载力、基础施工、地下结构施工、地下工程防水施工等施工质量的措施；

(3)保证主体结构中关键部位施工质量的措施；

(4)保证屋面工程、装修工程的施工质量的措施；

(5)保证采用新材料、新结构、新工艺、新技术的工程施工质量的措施；

(6)保证和提高工程质量的组织和管理措施，如现场管理机构的设置、施工人员培训、所建立的质量检查制度等。

3. 确保施工安全的措施

保证施工安全，杜绝施工中各种安全事故的发生，是国家保障人民生命财产安全的一项重要政策，也是建筑施工必须遵守的一项最基本的原则。为此应该有针对性的提出施工安全保障措施，主要应该从以下几方面考虑：

(1)保证土石方边坡稳定、防止塌方的措施；

(2)脚手架、吊篮、安全网的设置及各类洞口防止人员坠落的措施；

(3)外用电梯、井架及塔吊等垂直运输机具的拉结要求及防倒塌措施；

(4)安全用电和机电设备防短路、放触电措施；

(5)易燃、易爆、有毒作业场所的防火、防爆、防毒措施；

(6)季节性施工安全措施，如雨期的施工防洪、防雨、防雷，夏季施工的防暑降温，冬季施工的防冻、防火、防滑等措施；

(7)现场周围通行道路及居民安全保护隔离措施；

(8)确保施工安全的宣传、教育及检查等组织措施。

4.降低工程成本措施

应该根据工程具体情况，按照分部分项工程提出相应的节约措施，计算有关技术经济指标，分别列出节约工料数量和金额数字，以便衡量降低成本的效果，一般包括以下内容：

(1)合理进行土方平衡调配，避免土方二次回运，以节约土方运输的人工和机械费用；

(2)综合利用吊装机械，减少吊次、提高机械使用率以节约台班费；

(3)提高模板安装精度，采用整装整拆，加快模板周转，以节约木材和钢材；

(4)在混凝土、砂浆中掺入外加剂或掺合料(如粉煤灰等)，以节约水泥；

(5)采用先进的连接方法(如柱钢筋采用电渣压力焊接)以减少钢筋的搭接长度以节约钢材；

(6)构件及半成品采取预制拼装、整体安装的方法以节约机械费、人工费；

(7)及时掌握市场信息，采购材料，配套设备要货比三家降低其价格；

(8)严格进行成品保护，对已完项目进行有效的保护，杜绝返修返工现象。

5.现场文明施工措施

文明施工和环境保护是施工企业管理水平的体现，编制施工组织设计时，必须制定施工现场的文明施工和环保措施，一般包括以下内容：

(1)施工现场设置围栏与标牌，保证出入口交通安全、现场道路畅通、场地平整、安全与消防设施齐全；

(2)临时设施的规划与搭设应符合生产、生活和环境卫生的要求；

(3)各种建筑材料、半成品、构件的堆放与管理有序；

(4)散碎材料、施工垃圾的运输及防止各种环境污染；

(5)及时进行成品保护及施工机具的保养。

第五节　单位工程施工平面图

单位工程施工平面图，是对拟建工程的施工现场，根据施工需要的有关内容，按一定的规则而作出的平面和空间的规划。它是单位工程施工组织设计的重要组成部分。

组织拟建工程的施工，施工现场必须具备一定的施工条件，除了做好必要的“七通一平”工作之外，还应布置施工机械、临时堆场、仓库、办公室等生产性和非生产性临时设施，这些设施均应按照一定的原则，结合拟建工程的施工特点和施工现场的具体条件，做出一个合理、适用、经济的平面布置和空间规划方案，并将这些内容表现在图纸上，这就是单位工程施工平面图。一般按1∶100～1∶500的比例绘制。

一　单位工程施工平面图的设计内容、依据、原则、步骤

(一)单位工程施工平面图设计的内容

施工平面图设计是单位工程开工前准备工作的重要内容之一。它是安排和布置施工现场的基本依据，是实现有组织有计划和顺利地进行施工的重要条件，也是施工现场文明施工的重要保证。因此，合理地、科学地规划单位工程施工平面图，并严格贯彻执行，加强督促和管理，不仅可以顺利地完成施工任务，而且还能提高施工效率和效益。

应当指出：建筑工程施工由于工程性质、规模、现场条件和环境的不同，所选的施工方案、施工机械的品种、数量也不同。因此，施工现场要规划和布置的内容也有多有少，同时工程施工又是一个复杂多变的过程。它随着工程的不断展开，要规划和布置的内容逐渐增多；随着工程的逐渐收尾，材料、构件等逐渐消耗，施工机械、施工设施逐渐退场和拆除。因此，在整个工程的不同施工阶段，施工现场布置的内容也各有侧重且不断变化。所以，工程规模较大，结构复杂、工期较长的单位工程，应当按不同的施工阶段设计施工平面图，但要统筹兼顾。近期的应照顾远期的；土建施工的照顾设备安装的；局部的应服从整体的。为此在整个工程施工中各协作单位就以土建施工单位为主，共同协商，合理布置施工平面，做到各得其所。

规模不大的混合结构和框架结构工程，由于工期不长，施工也不复杂。因此，这些工程往往只要反映其主要施工阶段的现场平面规划布置，一般是考虑主

体结构施工阶段的施工平面布置，当然也要兼顾其他施工阶段的需要。例如混合结构工程的施工，在主体结构施工阶段要反映在施工平面图上的内容最多，但随着主体结构施工的结束，现场砌块、构件等的堆场将空出来，某些大型施工机械将拆除退场，施工现场也就变得宽松了，但应注意是否增加砂浆搅拌机的数量和相应堆场的面积。

单位工程施工平面图一般包括以下内容：

(1)单位工程施工区域范围内，已建的和拟建的地上的、地下的建筑物及构筑物的平面尺寸、位置，并标注出河流、湖泊等的位置和尺寸以及指北针、风向玫瑰图等。

(2)拟建工程所需的起重机械、垂直运输设备、搅拌机械及其他的布置位置，起重机械开行的线路及方向等。

(3)施工道路的布置、现场出入口位置等。

(4)各种预制构件堆放及预制场地所需面积、布置位置；大宗材料堆场的面积、位置确定；仓库的面积和位置确定；装配式结构构件的位置确定。

(5)生产性及非生产性临时设施的名称、面积、位置的确定。

(6)临时供电、供水、供热等管线的布置；水源、电源、变压器位置确定；现场排水沟渠及排水方向的考虑。

(7)土方工程的弃土及取土地点等有关说明。

(8)劳动保护、安全、防火及防洪设施布置以及其他需要的布置内容。

(二)单位工程施工平面图设计依据

在设计施工平面图之前，必须熟悉施工现场与周围的地理环境；调查研究，收集有关技术经济资料；对拟建工程的工程概况、施工方案、施工进度及有关要求进行分析研究。只有这样，才能使施工平面图设计的内容与施工现场及工程施工的实际情况相符合。

单位工程施工平面图设计主要依据：

(1)自然条件调查资料。如气象、地形、水文及工程地质资料等。主要用于：布置地面和地下水的排水沟；确定易燃、易爆、沥青灶、化灰池等有碍人体健康的设施布置位置；安排冬、雨季施工期间所需设施的地点。

(2)技术经济条件调查资料。如交通运输、水源、电源、物资资源、生产和生活基地状况等的资料。主要用于：布置水、电、暖、煤、卫等管线的位置及走向；交通道路、施工现场出入口的走向及位置；临时设施搭设数量的确定。

(3)拟建工程施工图纸及有关资料。建筑总平面图上表明的一切地上、地下的已建工程及拟建工程的位置，这是正确确定临时设施位置，修建临时道路、解决排水等所必须的资料，以便考虑是否可以利用已有的房屋为施工服务或者是否拆除。

(4)一切已有和拟建的地上、地下的管道(线)位置。设计平面布置图时，应考虑是否可以利用这些管道或者已有的管道(线)对施工有妨碍而必须拆除或迁移，同时要避免把临时建筑物等设施布置在拟建的管道(线)上面。

(5)建筑区域的竖向设计资料和土方平衡图。这对布置水、电管线、安排土方的挖填及确定取土、弃土地点很重要。

(6)施工方案与进度计划。根据施工方案确定的起重机械、搅拌机械等各种机具的数量，去考虑安排它们的位置；根据现场预制构件安排要求，做出预制场地规划；根据进度计划，了解分阶段布置施工现场的要求，并如何整体考虑施工平面布置。

(7)根据各种主要材料、半成品、预制构件加工生产计划、需要量计划及施工进度要求等资料，设计材料堆专场、仓库等的面积和位置。

(8)建设单位能提供的已建房屋及其他生活设施的面积等有关情况。以便决定施工现场临时设施的搭设数量。

(9)现场必须搭建的有关生产作业场所的规模要求，以便确定其面积和位置。

(10)其他需要掌握的有关资料和特殊要求。

(三)单位工程施工平面图设计原则

(1)在确保安全施工以及使现场施工能比较顺利进行的条件下，要布置紧凑，便于管理，尽可能减少施工占地面积。

(2)最大限度缩短场内运距，尽可能减少场内材料、构件二次搬运。各种材料、构件等要根据施工进度并保证能连续施工的前提下，有计划地组织分期分批进场，充分利用场地；合理安排生产流程，材料、构件 可能布置在使用地点附近，要通过垂直运输的，应尽可能布置在垂直运输机具附近，务求减少运距，达到节约用工和减少材料的损耗。

(3)在保证工程施工顺利进行的条件下，尽可能减少临时设施，减少施工用的管线。为了降低临时设施的费用，应尽量利用已有的或拟建的各种设施为施工服务；对必需修建的临时设施尽可能采用装拆方便的设施；布置时要不影响正式工程的施工，避免二次或多次拆建。尽量利用永久性道路。

(4)各种临时设施的布置，应便于生产和生活。办公用房应靠近施工现场。福利设施应该在生活区范围之内。生产、生活设施应尽量区分，以减少生产与生活的相互干扰，保证施工生产的安全进行。

(5)各项布置内容，应符合劳动保护、技术安全、防火和防洪的要求。为此，机械设备的钢丝绳、揽风绳以及电缆、电线与管道等要不妨碍交通，保证道路畅通；各种易燃库、棚(如木工、油毡、油料等)及沥青灶、化灰池应布置在下风向，并远离生活区；炸药、雷管要严格控制并由专人保管；根据工程具体情况，考虑各种劳保、安全、消防设施；在山区雨季施工时，应考虑防洪、排涝等措施，做到有备无患。

根据上述原则及施工现场的实际情况，尽可能进行多方案施工平面图设计。并从满足施工要求的程度 ；施工占地面积及利用率；各种临时设施的数量、面积、所需费用；场内各种主要材料、半成品(混凝土、砂浆等)、构件的运距和运量大小；各种水电管线的敷设长度；施工道路的长度、宽度；安全及劳动保护是否符合要求等进行分析比较，选择出合理、安全、经济、可行的布置方案。

(四)单位工程施工平面设计步骤

1.确定起重机械的位置

起重机械的位置直接影响仓库、堆场、砂浆和混凝土搅拌站的位置，以及道路和水、电线路的布置等。它是施工现场布置的核心，因此必须首先确定。由于各种起重机械的性能不同，其布置方式也不相同。

1)固定式起重机具

布置固定式垂直运输设备，如井架、门架、桅杆等，主要根据机械性能、建筑物的平面形状和大小、施工段的划分情况、材料进场方向、最大起升荷载和运输道路等情况来确定。其目的是充分发挥起重机械的能力并使地面和楼面上的水平运距最小，且施工方便。同时应注意以下几点：

(1)当建筑物各部位的高度相同时，应布置在施工段的分界线附近。

(2)当建筑物各部位的高度不同时，布置在高低分界线处。

(3)井架、门架的位置，以布置在有窗口的地方为宜，以避免砌墙留槎和减少井架拆除后的修补工作。

(4)井架、龙门架的数量要根据施工进度、垂直提升的构件和材料数量、台班工作效率等因素来确定。

(5)固定式起重运输设备中卷扬机的位置不应距离起重机过近，以便司机的视线能够看到起重机的整个升降过程，一般要求此距离大于或等于建筑物的高度，水平距离应离外脚手架 3m 以上。

(6)井架应在外脚手架之外，并应有一定距离为宜。

(7)当建筑物为点式高层时，固定的塔式起重机可以布置在建筑物中间或布置在建筑物的转角处。

2)有轨式起重机

有轨起重机的布置主要取决建筑物的平面形状、大小和周围场地的具体情况。布置时应注意以下几点：

(1)建筑物的平面应处于吊臂回转半径之内，以便直接将材料和构件运至任何施工地点尽量避免出现"死角"(见图 6-6)。

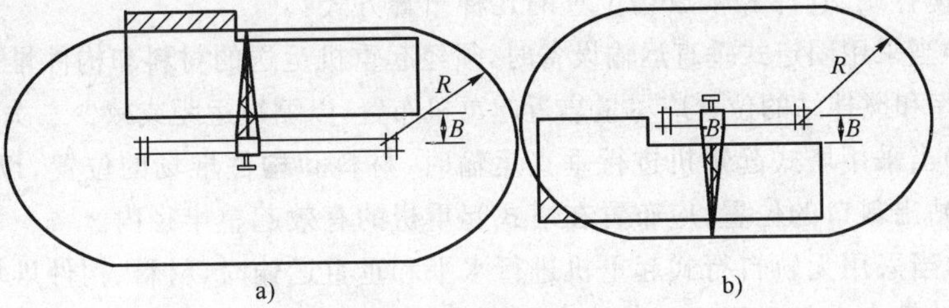

图 6-6 塔吊布置方案

a)南侧布置方案；b)北侧布置方案

(2)使轨行式起重机运行方便，尽量缩短吊车每吊次的时间，增加吊次，提高效率。

(3)尽量缩短轨道长度，以降低辅轨费用。轨道布置方式通常是沿建筑物的一侧或两侧布置，必要时还需增加转弯设备。同时做好轨道路基四周的排水工作。

(4)如果建筑物的一部分不在吊臂活动的服务半径之内(即出现了"死角")，在安装最远部位的构件时，需要水平移动，移动的最大距离不能超过 1m，并要有足够的安全措施，以免发生安全事故。

3)自行式无轨起重机械

自行无轨起重机主要有履带式、轮胎式和汽车式三种。它们一般用作构件装卸的起吊构件之用，还适用于装配式单层工业厂房主体结构的吊装，它的开行路线，主要取决于建筑物的平面布置、构件的重量、安装高度和吊装方法等。一般不用作垂直和水平运输。

2. 确定搅拌站、仓库和材料、构件堆场以及加工厂的位置

1)搅拌站、仓库和材料、构件堆场的位置布置要求：

(1)建筑物基础和第一施工层所用的材料，应该布置在建筑物的四周。材料堆放位置应与基槽边缘保持一定的安全距离，以免造成基槽土壁的塌方事故。

(2)第二施工层以上用的材料，应布置在起重机附近。

(3)沙、砾石等大宗材料应尽量布置在搅拌站附近。

(4)当多种材料同时布置时，对大宗的、重大的和先期使用的材料，应尽量在

起重机附近布置;少量的、轻的和后期使用的材料,则可布置的稍远一些。

(5)根据不同的施工阶段使用不同材料的特点,在同一位置上可先后布置不同的材料。

目前很多地方、很多城市里的施工要求采用商品混凝土,现场搅拌越来越少。若使用商品混凝土,则可以不考虑布置搅拌站的问题。

2)搅拌站、仓库和堆放场位置的几种布置方式:

(1)当采用固定式垂直运输设备时,须经起重机运送的材料和构件堆场位置,以及仓库和搅拌站的位置应尽量靠近起重机布置,以缩短运距或减少二次搬运。

(2)当采用塔式起重机进行垂直运输时,材料和构件堆场的位置,以及仓库和搅拌站出料口的位置,应布置在塔式起重机的有效起重半径内。

(3)当采用无轨自行式起重机进行水平和垂直运输时,材料、构件堆场、仓库和搅拌站等应沿起重机运行路线布置。且其位置应在起重臂的最大外伸长度范围内。

3.运输道路布置

运输道路的布置主要解决运输和消防两个问题。现场主要道路应尽可能利用永久性道路的路面或路基,以节约费用。现场道路布置时要保证行驶畅通,使运输工具有回转的可能性。因此,运输线路最好绕建筑物布置成环形道路。道路宽度大于3.5m。

4.临时设施的布置

1)临时设施分类、内容

施工现场的临时设施可分为生产性与非生产性两大类。

生产性临时设施内容包括:在现场制作加工的作业棚,如木工棚、钢筋加工棚、白铁加工棚;各种材料库、棚,如水泥库、油料库、卷材库、沥青棚、石灰棚;各种机械操作棚,如搅拌机棚、卷扬机棚、电焊机棚;各种生产性用房,如锅炉房、烘炉房、机修房、水泵房、空气压缩机房等;其他设施,如变压器等。

非生产性临时设施主要包括:各种生产管理办公用房、会议室、文娱室、福利性用房、医务室、宿舍、食堂、浴室、开水房、警卫传达室、厕所等。

2)单位工程临时设施布置

布置临时设施,应遵循使用方便、有利施工、尽量合并搭建、符合防火安全的原则;同时结合现场地形和条件、施工道路的规划等因素分析考虑它们的布置。各种临时设施均不能布置在拟建工程(或后续开工工程)、拟建地下管沟、取土、弃土等地点。

各种临时设施尽可能采用活动式、装拆式结构或就地取材。

木工棚和钢筋加工棚的位置可考虑布置在建筑物四周以外的地方，但应有一定的场地堆放木材、钢筋和成品。石灰仓库和淋灰池的位置要接近砂浆搅拌站并在下风向；沥青堆场及熬制锅的位置要离开易燃仓库和堆场，并布置在下风向。

5.布置水电管网

(1)施工用临时给水管，一般由建设单位的干管或施工用干管接到用水地点。布置有枝状、环状和混合状等方式，应根据工程实际情况从经济和保证供水两个方面去考虑其布置方式。管径的大小、龙头数目根据工程规模由计算确定。管道可埋置于地下，也可铺设在地面上，视气温情况和使用期限而定。工地内要设消防栓，消防栓距离建筑物应不小于5m，也不应大于25m，距离路边不大于2m。消防栓的间距不应大于120m，工地消防栓应设有明显的标志，且周围3m内不准堆放建筑材料。条件允许时，可利用城市或建设单位的永久消防设施。有时，为了防止供水的意外中断，可在建筑物附近设置简易蓄水池，储存一定数量的生产和消防用水。如果水压不足时，尚应设置高压水泵。

(2)为了便于排除地面水和地下水，要及时修通永久性下水道，并结合现场地形在建筑物四周设置排泄地面水和地下水的沟渠。

(3)施工中的临时供电，应在全工地施工总平面图中一并考虑。只有独立的单位工程施工时才根据计算出的现场用电量选用变压器或由业主原有变压器供电。变压器的位置应布置在现场边缘高压线接入处，但不宜布置在交通要道口处。

现场导线宜采用绝缘线架空或电缆布置，现场架空线与施工建筑物水平距离不小于10m，架空线与地面距离不小于6m，跨越建筑物或临时设施时，垂直距离不小于2m。现场线路应架设在道路一侧，且应保持线路水平，在低压线路中，电线杆的间距应为20～40m，分支线及引入线应由线杆处接出，不得在两杆之间接线。

二 各阶段施工平面图的设计

建筑施工是一个复杂多变的生产过程，各种施工机械、材料、构件等随着工程的进展而逐渐进场，而且又随着工程的进展而逐渐变动和消耗。因此在整个施工过程中，它们在工地上的实际布置情况是随时在改变着的。为此，对于大型建筑工程，施工期限较长或建筑工地较为狭小的工程，就需要按施工阶段来布置几张施工平面图，以便能把不同施工阶段内，工地上的合理布置具体地反映出来。

在布置各阶段的施工平面图时，对整个施工期间使用的一些主要道路、水电管线和临时房屋等，不要轻易变动，以节省费用。对较小的建筑物，一般按主要施工阶段的要求布置施工平面图，但同时考虑其他施工阶段的要求布置施工平面图，还应同时考虑其他施工阶段对场地如何周转使用。在布置重型工业厂房的施工平面图时，一般考虑到一般土建工程同其他专业工程配合问题，应先以一般土建施工单位为主，会同各专业施工单位，通过协商制定综合施工平面图。在综合施工平面图上，则根据各专业工程在各施工阶段中的要求，将现场合理划分，使各专业工程各得其所，具备良好的施工条件，以便各单位根据综合平面图布置现场。

在不同的施工阶段，由于工程施工内容、所需的施工材料、机具设备和施工方法也不尽相同。针对不同施工阶段，单位工程施工平面图设计的内容也不尽相同。按不同的施工阶段划分，施工现场平面布置图一般可分为三个阶段，即：基础工程施工平面布置图、主体工程施工平面布置图、装饰装修工程施工平面布置图。因基础工程施工与主体工程施工所需要的材料大致相同，因此材料堆放场地基础与主体工程相同，不同的是施工机械的布置，基础工程施工时现场垂直运输只需要搭设塔式起重机，而主体工程施工时根据现场情况以及垂直运输的需要需加设龙门架，以提高垂直运输的效率及保证工期。装饰装修工程施工时材料的品种较基础及主体施工时少，因此材料堆放场地也随着减少。

第六节　单位工程施工组织设计实例

【实例】 某多层混合结构住宅单位工程施工组织设计

一 工程概况

某住宅楼位于哈尔滨市南岗区学府三道街与长寿路交接口，平面形状见现场布置图。建筑面积15380.08m²，建筑物檐口高度20.4m，地上七层，地下局部一层，其中地下室为戊类物品仓库，一层为商服，车库，其他层为住宅，每层共有9个单元。主体结构为砖混结构，基础采用复合载体夯扩桩，地下室砌体为M10黏土砖，地上部分砌体材料为M10黏土砖，局部采用陶粒混凝土砌块。砖墙厚度为490mm，陶粒混凝土砌块墙厚度为200mm。

1.工程建筑设计概况

1)装饰部分

(1)外墙：浅黄色外墙面砖。

(2)楼地面:水泥砂浆,商服部分为大理石楼地面。

(3)墙面:混合砂浆,外刮大白刷高钙涂料。

(4)顶棚:混合砂浆,外刮大白刷高钙涂料。

(5)门窗:白色塑钢窗。

(6)楼梯:理石面层。

2)防水部分

(1)屋面:PPC卷材,局部为刚性防水面层。

(2)卫生间:防水砂浆。

2. 工程结构设计概况

(1)基础工程:复合载体夯扩桩基础。

(2)主体工程:结构采用砖混结构,抗震设防等级为六级,设计使用年限为50年,耐火等级为二级。

3. 自然条件

1)工程地质及水文条件

根据专门的水质检验报告及环境水文地质调查报告,判断该地下水对混凝土及钢结构无腐蚀性。

2)地形条件

场地已基本成型,满足开工要求。

3)周边道路及交通条件

该工程位于城市繁华地段,交通道路畅通。工程施工现场"三通一平"已完成,施工用水、用电已经到位,进场道路畅通,具备开工条件。

4)场地及周边管线

本工程现场施工管线较清晰明朗,对施工的影响可以通过提前协调解决的办法来消除或减小。

4. 工程特点

工程量大,工期紧,总工期150天;工程质量要求高;专业工种多,现场配合、协调管理。

二 施工部署

1. 质量目标

严格执行企业标准,建造精品工程,确保该工程质量验收一次性达到国家施工验收规范标准。

2.工期目标

本工程定于2004年5月1日开工，于2004年10月30日竣工。

3.安全生产目标

安全生产执行JG59-39建筑施工安全检查标准，确保无重大安全事故发生。

4.施工任务的划分

根据工程结构特点和施工工序的要求，将施工任务划分为：桩基础工程、基础工程、主体工程、屋面工程、门窗工程、楼地面工程、装饰工程、水电及消防工程等。

5.主要机械、设备配置

由于本工程平面尺寸较大，现场设置两台350L搅拌机，配备一台QTZ-80塔吊，两台龙门架，一台切断机，一台弯曲机，一台调直机，一台台刨，一台电锯。

本工程配备两台夯扩桩机及附属设备。

三 施工准备及各种资源需用量计划

施工准备内容如下：

1.施工准备工作一览表见表6-6

施工准备一览表　　表6-6

序　号	项　目	工作内容	责任单位
1	现场准备	临时道路材料规划及施工 临时设施施工 场地平整定位 大型设备进场 组织劳动力进场	项目经理部 项目经理部 项目经理部 项目经理部 项目经理部
2	技术准备	施工图纸会审 完善绘制现场平面布置图 施工方案交底 提出材料质量、规格要求及计划 编制施工图预算	建设单位 项目经理部 项目经理部 项目经理部 项目经理部
3	物质准备	建筑材料进场 施工设备及工机具进场 筹措启动资金	项目经理部 项目经理部 公司财务部

2. 主要机械设备需用计划、劳动力需用计划、主要材料计划见表 6-7 至表 6-9

主要机械设备需用计划表

表 6-7

序 号	机械或设备名称	型 号 规 格	数量	进 场 时 间	备 注
1	塔吊	QTZ-80	一台	2004.4.25	
2	搅拌机	350	两台	2004.4.25	
3	龙门架		两台	2004.5.10	
4	钢筋切断机		一台	2004.4.25	
5	钢筋弯曲机		一台	2004.4.25	
6	钢筋调直机		一台	2004.4.25	
7	台刨		一台	2004.4.25	
8	电锯		一台	2004.4.25	
9	夯扩桩机及附属设备		两台	2004.4.25	
10	电焊机		一台	2004.4.25	
11	蛙式打夯机		一台	2004.4.25	
12	碾压机		一台	2004.4.25	
13	振捣棒		4 根	2004.4.25	

劳 动 力 计 划 表

表 6-8

序 号	工 种	人 数	进 场 时 间	备 注
1	普工	90	2004.4.28	
2	木工	70	2004.4.28	
3	钢筋工	50	2004.4.28	
4	混凝土工	10	2004.4.28	
5	架子工	20	2004.4.28	
6	砌筑瓦工	60	2004.5.30	
7	电焊工	10	2004.4.28	
8	机械工	8	2004.4.28	
9	修理工	4	2004.4.28	
10	维护电工	4	2004.4.28	
11	抹灰工	60	2004.8.30	
12	油工	40	2004.9.20	
13	安装工	20	2004.4.28	
14	水暖工	30	2004.4.28	
15	安装电工	20	2004.4.28	

主要材料计划表 表 6-9

序号	材料名称	规格	单位	数量	进场时间
1	水泥	PO32.5	T	700	2004.5.8
2	砂子	中砂，粗砂	m^3	14000	2004.5.8
3	石子	2-4cm	m^3	4000	2004.5.8
4	红砖	240＊115＊53	万块	350	2004.5.15
5	钢筋	I、II	T	680	2004.5.5

四 施工进度计划

施工进度计划横道图见图 6-7。

五 施工方法及技术措施

(一)施工程序

现场平整(障碍物拆除)→机械挖土→桩基础→承台挖土→混凝土垫层→砌砖模→承台及承台梁绑筋及混凝土→基础钢筋绑扎→基础砌筑→地下室顶板钢筋绑扎及混凝土→主体一层→二层→三层→四层→五层→六层→七层→阁楼→坡屋面→内墙装饰→外墙装饰→楼地面工程→现场清理→竣工。

(二)流水施工段的确定

本工程主体采用分两段流水施工，以伸缩缝为界限 6—9 单元为第一施工段、1—4 单元为第二施工段。

(三)施工组织措施

(1)由建设单位、监理单位、施工单位三方组成现场联合指挥部，主要负责：

①按施工进度要求统一指挥，协调各单位间的协作配合及工序衔接。

②为施工创造条件，提前解决施工方案及图纸中的技术及材料设备问题。

③提前解决各种材料、设备、成品、半成品构配件加工、订货供货等问题。

④积极疏通财务渠道，为工程正常顺利进行创造条件。

⑤确定装修标准，划分各单位的装修范围。

序号	分项名称	劳动量（工日）	人数	班制	天数	五月										六月										七月									
						3	6	9	12	15	18	21	24	27	30	3	6	9	12	15	18	21	24	27	30	3	6	9	12	15	18	21	24	27	30
1	土方开挖	80	8	2	10																														
2	桩基础	440	22	1	20																														
3	基础梁	520	26	2	10																														
4	一层钢筋	88	22	1	4																														
5	一层混凝土	108	18	2	3																														
6	一层砌筑	105	35	1	3																														
7	二层钢筋	88	22	1	4																														
8	二层混凝土	108	18	2	3																														
9	二层砌筑	105	35	1	3																														
10	三层钢筋	88	22	1	4																														
11	三层混凝土	108	18	2	3																														
12	三层砌筑	105	35	1	3																														
13	四层钢筋	88	22	1	4																														
14	四层混凝土	108	18	2	3																														
15	四层砌筑	105	35	1	3																														
16	五层钢筋	88	22	1	4																														
17	五层混凝土	108	18	2	3																														
18	五层砌筑	105	35	1	3																														
19	水电工程																																		
20	其他工程																																		

a)

图 6-7

序号	分项名称	劳动量（工日）	人数	班制	天数	八月										九月										十月									
						3	6	9	12	15	18	21	24	27	30	3	6	9	12	15	18	21	24	27	30	3	6	9	12	15	18	21	24	27	30
21	六层钢筋	88	22	1	4																														
22	六层混凝土	108	18	2	3																														
23	六层砌筑	105	35	1	3																														
24	七层钢筋	88	22	1	4																														
25	七层混凝土	108	18	2	3																														
26	七层砌筑	105	35	1	3																														
27	阁楼层钢筋	100	25	1	4																														
28	阁楼层混凝土	108	18	2	3																														
29	阁楼层砌筑	105	35	1	3																														
30	屋面找平层	70	12	1	5																														
31	屋面保温层	30	10	1	3																														
32	屋面防水层	50	10	1	5																														
33	门窗安装	300	15	1	20																														
34	室内抹灰	1800	45	1	40																														
35	楼地面工程	600	30	1	20																														
36	室外抹灰	900	30	1	30																														
37	外墙装修	500	25	1	20																														
38	门窗玻璃	80	8	1	10																														
39	楼梯踏步	225	15	1	15																														
40	室内涂料	800	20	1	40																														
41	水电工程																																		
42	其他工程																																		

b)

图 6-7 施工进度计划

a) 施工进度计划(一)；b) 施工进度计划(二)

(2)科学组织施工,为使各工序合理地进行流水,有秩序的进行组织,达到均衡施工的目的,按先重点后一般的原则,采取“单位工程平行流水,立体交叉作业”的施工方法。在施工管理方面,由土建项目经理部牵头成立综合项目经理部,以便于土建和其他专业施工的协调配合,避免相互推脱现象发生,有利于工程顺利进行和质量控制。项目经理部对整个工程的施工方案、施工进度及施工组织交叉作业进行统一指挥,并定期召开碰头会,提前解决由设计及交叉作业给施工带来的影响。项目经理部制定年度计划、月计划及五日计划,并把计划以会议形式传达给各班组,落实到人,使整个工程在有计划中进行,做到当天任务明确,当天任务当天完,以日计划保五日计划,以五日计划保旬计划,以旬计划保月计划,以月计划保年计划,最终实现总工期目标。

(3)增强质量意识,建立健全质量管理体系,项目经理部成立质量领导小组,施工班组成立 QC 小组,项目经理部设专职质量检查员,班组设兼职自检员,从而形成三检体系。坚持施工全过程的质量检测,做到上道工序不经检查验收合格不许进入下道工序施工。

(4)坚持文明施工,确保安全生产,对整个现场进行布局,划分生产区和生活区。所有材料、工具、设备都要严格的按照总平面规划位置堆放,施工已完成的楼层,要坚持谁施工谁负责的原则,做到工完场清。

(5)加强安全保卫和成品的保护。为了保证施工现场的正常施工顺序必须加强现场的安全保卫工作,现场传达室设保安人员日夜值班,夜间进行巡逻,现场施工人员要佩戴名签进入现场。对任何单位运送材料、设备、工具实行出门登记手续,经项目经理签发后方可放行。

(6)主要机械设备的配置。垂直运输机械:根据工程需要以及现场原有机械情况,本工程施工时,设置 QTZ80 型,臂长 55 米塔吊一座,待施工至±0.000 以后,再设置龙门架两座,以解决主体、室内、外装饰装修工程施工需要,具体布置位置见平面布置图 6-8 和图 6-9。

(四)分部分项工程施工方法

1. 土方工程

1)工程自然地面较低,土方开挖量较小,但是回填量较大,采取地下室部分先挖土再打桩,由施工单位配备一台 WT-120 反铲挖掘机 10 辆 20T 自卸汽车,并根据实际需要进行调整。挖槽时,因考虑承台及桩机施工作业面,坑底尺寸比设计尺寸放大 2m,并按规定放坡。

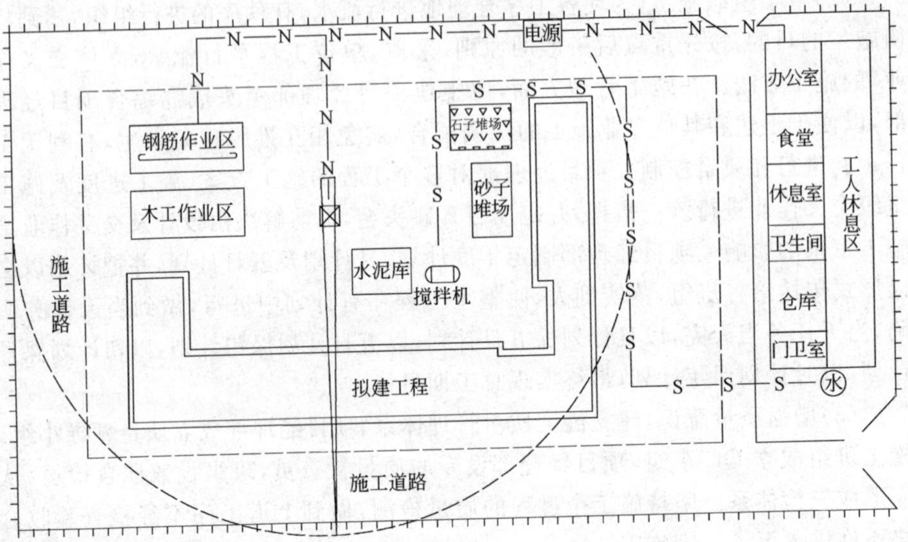

图 6-8 基础施工现场平面布置图

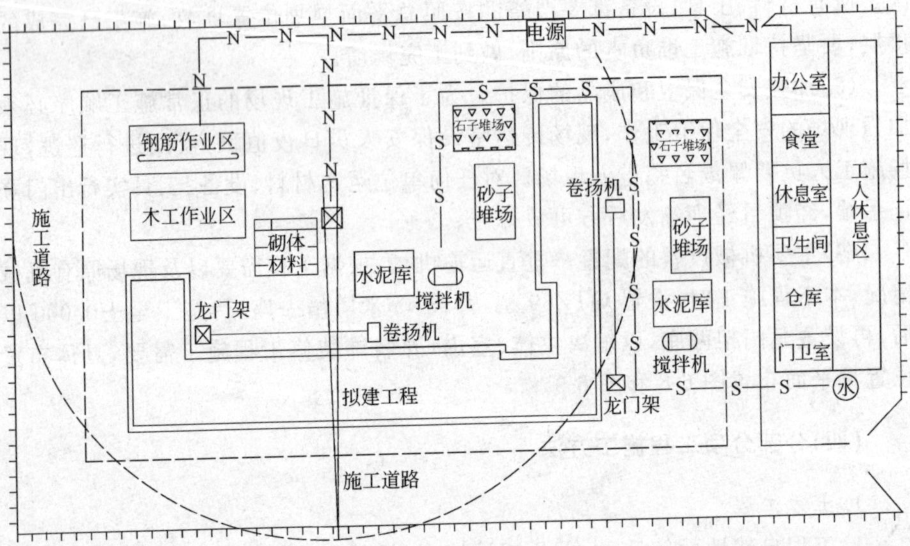

图 6-9 主体施工现场平面布置图

挖土时由项目部技术员及放线员跟班。基坑开挖后，距基坑边 5m 内不准走车、停放机械和堆放材料，防止边坡超载失稳，挖土完毕时及时进行下道工序施工，防止晾槽。

2)施工方法

(1)基础土方开挖采用反铲式挖掘机为主,人工清理为辅的方法。土方全部外运。

(2)土方回填采用自卸式汽车填土,人工平整夯实的方法。

3)技术、质量、安全要求及措施

(1)土方开挖次序和平面定位

第一个阶段为基础障碍物清理,排除基坑内的杂物,将楼内的障碍物拆除并清理干净,并外运至料场堆放(运距 10km)。

第二阶段地下室土方开挖,土方采用机械开挖至承台顶标高,打桩,然后再人工挖至承台底标高,保证承台底原土不被扰动。因承台采用砖模,故此,承台开挖时每边预留 300mm 工作面。

(2)土方运输

本工程施工现场场地狭小,因此土方开挖过程中土方需全部外运,回填时回运,土方运输采用自卸式汽车运距 25km(运至江北)。因为场地狭窄,无法存土,土方必须回运回填。

(3)边坡与基底标高控制

施工时,严格按照确定的开挖线进行施工,由专人现场监督指挥。随时跟踪指导,及时投放各相应的轴线以确定开挖的下口线,下口线确定后,边坡要处理均匀,以利于边坡的稳定,挖至设计标高时,由专人随挖掘随抄平,夜间施工时,应设置充足的现场照明,避免土方开挖出现超挖现象。

(4)基坑边坡防护

为防止塌方,基坑边 5m 以内不得堆土,基坑土方挖完后,防止造成坑边坍塌。

(5)土方开挖完成后,申请建设单位、监理单位、设计单位、地质勘探部门进行地基验槽,并形成文字记录,作为竣工资料留存。

(6)回填土施工

①施工程序:基底清理→检验土质→分层填土→人工夯实→找平验收。

②回填土施工要在基础的混凝土达到 50%强度后进行。

③回填土料应符合规范规定。

④土方回填前应清除基坑中的杂物,测定回填前的标高。

⑤检验各种土料的含水率要在控制范围内,以免影响夯实的质量。

⑥填土时应分层铺填,每层铺填土厚度为 200~250mm。

⑦回填土夯实前应将填土初步平整,夯实应一夯压半夯,夯夯相连,夯实遍

数不少于3遍，防止漏夯。

⑧夯实后，对每层填土的质量进行检验，采用环刀法取样测定。

2.桩基础工程

本工程桩为为复合载体夯扩桩，桩基础工程施工由专业的施工队伍进行施工。

1)桩位放线

由基准点引到桩体附近放轴线桩，按规范要求轴线偏差≯20mm，水准点≮2个，各轴线固定于龙门桩上以方便施工，桩位线允许偏差10mm。桩位定好后由项目部技术人员会同监理进行桩位复核，符合无误后方可进行下一道工序施工。

2)夯扩桩施工

本工程根据设计要求采用复合载体夯扩桩，桩径400mm，桩长4000m，桩数为544根。混凝土标号为C25。其工艺流程及施工方案详见《桩基础施工方案》。

3)施工试验

桩基础施工试验分为静载试验和动测试验。试验由专业监测公司进行试验，确保试验的准确性。

3.基础工程

基础部分6—9单元有地下室，1—5单元没有地下室。施工前进行抄平放线及其复核轴线，修凿桩头，浇筑混凝土垫层。垫层施工要在基坑清理完毕后马上进行，要求当天挖土当天浇筑垫层完毕。

承台采用砖模砌筑，钢筋在加工棚下料后，运至现场就地绑扎成型，待有关部门验筋合格后浇筑混凝土，承台混凝土标号为C30，桩主筋锚入承台450mm，钢筋绑扎按规范执行。混凝土施工按规范要求施工。

模板、钢筋及混凝土、砌筑施工方法详见模板工程、钢筋工程、混凝土工程、砌筑工程具体见施工方案。

4.脚手架工程

1)施工方法

根据工程的自身特点，外脚手架采用落地式单排脚手架；室内装饰装修工程采用满堂红脚手架。

2)技术、质量要求

(1)外脚手架底下的回填土必须夯实，以防止架体下沉。

(2)外脚手架体立杆下要铺设木方，使垫层受力均匀，减小不均匀沉降。

(3)架体中的立杆、大小横杆及剪刀撑均采用ϕ48壁厚3.5mm的钢管搭设，并采用扣件连接。

(4)立杆应相隔对接，接头在同一水平面内不应超过50%，大横杆要求错缝对接，接头均采用对接扣件。

(5)剪刀撑按60度仰角架设，每个架体立面均需设置。

(6)立杆的垂直度允许偏差≤5mm，水平大横杆垂直度偏差≤7mm。

(7)扣件使用前，要对其质量进行全面检查，合格后方可使用，对不合格的扣件要求分别堆放、退库。

(8)所有铺设脚手板，均采用8#退火线与架体杆件绑扎牢固，严防出现探头跳。

(9)使用过程中，应经常对架体进行检查，发现问题及时处理解决。

(10)为了满足施工作业面要求，外脚手架体内排立杆距墙体400mm。

3)脚手架拆除

(1)在建筑物装饰装修工程完成后，并经验收合格后，脚手架方可拆除。

(2)拆除前，对施工作业人员要进行安全技术交底，拆除范围应设警戒区，专人看护，严禁非施工人员进入。

(3)拆除顺序：安全网→脚手板→栏杆、扶手→剪刀撑→大横杆→小横杆→立杆。

(4)拆除时，通道口严禁使用，同一垂直工作面内严禁同时作业。

(5)拆除后的脚手架各部件严禁抛扔，要在机械运输处返下，分规格堆放整齐、备用。

(6)脚手架的扣件等拆除后，应统一装入箱袋内，经修正后待用。

5.模板工程

1)施工方法

本工程的主要混凝土构件形式有基础承台、承台梁、柱、梁、楼板、楼梯等，为保证施工质量及工程工期要求，针对不同混凝土构件形式采用相应的模板和支撑体系进行施工：

(1)基础承台、承台梁等在基础的混凝土构件采用120mm厚砖模。

(2)梁、板、柱、楼梯采用木模板。

2)模板及附件的制作和修正

(1)新进场的钢模板及每次使用前，要对其进行校正、修缮，清除表面污垢、杂物，按规格分别堆放，并涂刷隔离剂。

(2)模板制作过程中，要有模板加工图，按图施工。

(3)梁、柱模板间的板肋间距控制在600mm以内(中心线距)。

(4)柱子和高度大于 700mm 的梁采用 Φ14 对拉螺栓拉结，间距 600mm；对拉螺栓采用 Φ20PVC 套管，拆模后对拉螺栓可重复使用。

(5)梁、柱等定型模板制作完毕后，应标注好构件型号和编号，并按安装操作顺序堆放。

3)模板安装

(1)柱模板安装

①柱模板安装时，先按图纸对好型号，按设计尺寸进行拼装。

②柱模板合模后，按事先放好的线位进行就位、固定。

③柱模板根部固定后，开始在柱模上布设加固方，先用 100mm×100mm 黄花松，其间距可根据设计柱截面尺寸确定，通常可采用 500～600mm 布设加固方时，仅在柱肋上虚挂即可，铁钉不需钉牢，四面加固方的对面方，在同一水平面上。

④柱模板加固安装后，对拉螺栓稍加固定，防止脱落。

⑤柱模板校正时，按模板中心线挂好线锤，依据施放的线位进行校正模板的平面位置和垂直度，确定无误后，把加固的对拉螺栓拧紧。

⑥柱模板作斜拉联接后，应进行引轴线尺寸校对，确认纵横轴线尺寸无误后，即可转入下道工序施工。

⑦通排的柱，可先安装两端的柱模板，经校正、加固后，拉通线，校正其他的中间柱。

(2)梁模板安装

①首先将梁模板按结构尺寸制作编号，把梁模板布置到位。

②按结构的轴线开始布设支撑，可根据梁截面的大小采用丁字撑，选用材料为 100mm×100mm 木方，间距@1000mm。

③支撑设置完毕后，按结构标高用木楔加固找平后，开始安装水平大楞木方选用 90×60mm 木方，在大楞木方上安装 60mm×60mm 的木方；在小楞木方上安放制作好的梁底板和梁侧模板，合模后梁侧模安装立档，间距 600mm，采用 90mm×60mm 木立。立档外侧加放 100mm×100mm 的木方。

④梁模板安装加固后，必须把各构件梁模用水平方拉结牢固，并用剪刀撑加固好，保证模板的稳定性。

(3)板模板安装

①板支撑材为 9cm×9cm 木方根据层高计算支撑材高度。

②支撑材横向间距为@800mm，纵向间距@800mm。

③支撑材纵横方向用 25cm 木板，做剪刀撑。

④模板下顺方间距为@750mm。

⑤模板按结构尺寸规格进行铺设。

⑥模板铺设前对木方进行抄测调整。

4)模板拆除

(1)待混凝土达到设计强度等级时,方可将模板拆除。

(2)要轻拆轻放,自上而上,避免因拆模而损坏混凝土构件,拆下的模板要及时清理,并涂刷隔离剂,按位置编号分类堆放。

6.钢筋工程

施工方法及技术质量要求

1)钢筋工程采用集中下料,机械加工制作,人工绑扎的方法施工。板钢筋绑扎前弹线,按线绑扎,用竹胶板卡板检查。

2)钢筋接头采用绑扎接头和焊接接头,ϕ20 以上的钢筋采用焊接接头,竖向钢筋采用电渣压力焊,钢筋绑扎的搭接长度要满足规范规定,22#绑线头只许朝内不许朝外,防止铁线生锈影响装修和使用效果。采用塑料定位卡保护层,防止面层返锈。

3)设置在同一构件中的接头应相互错开,受拉区在同一截面上接头面积不得大于 25%;受压区不得大于 50%。接头应分段设置在两个平面上,相邻接头间距大于 500mm。基础底板钢筋绑扎采用铁马,每道间距 1m。

4)钢筋制作过程中,应根据设计要求,按规格分类堆放,并对其标以分类牌,以便使用。

5)钢筋绑扎过程中,受力筋、箍筋的间距应满足设计要求,主筋间距的允许偏差为±5mm;箍筋、构造筋的允许偏差为±10mm。漏绑、松绑的数量不得超过总数的 10%。

6)竖向钢筋采用电渣压力焊,水平对接焊的钢筋沿中心线相对位置偏移不应大于 2mm。

7)箍筋绑扎前应事先在主筋上分划出准确位置,然后进行绑扎,保证箍筋间距位置准确。

8)钢筋的保护层均采用硬塑的垫块,为保证负弯矩筋位置准确不偏移,采用 ϕ10 铁马垫起,800mm×800mm 间距。

9)顶板钢筋遇洞口绕行,当需截断时,若设计无具体要求,可在每侧加 2 根 ϕ20 加强筋。

10)板底筋伸入支座的锚固长度不小于 120mm,中间支座的上部钢筋端部平直长度为板厚减掉 15mm。

11)钢筋应有出厂合格证和试验报告单，并需进行二次复试合格后方可使用。

7. 混凝土工程

1)施工方法

(1)混凝土采用现场搅拌，塔吊运送的方式进行浇筑施工，利用插入式振捣器，随浇筑随振捣。

(2)梁与现浇板混凝土标号不同时，在每一施工段内先浇筑梁，梁两侧用20目钢丝网和竹胶板固定，浇筑完梁后混凝土变标号浇筑板混凝土。

(3)吊车回转半径达不到柱混凝土采用人工运输浇筑。

2)技术、质量要求

(1)根据机械的性能选用符合混凝土原材料及配合比要求的材料规格：石子粒径2～4cm，粗、细骨料的颗粒级配要连续合理，并根据计量和搅拌系统的工作台能力，调配混凝土的每罐材料用量。

(2)根据设计要求，严格控制各构件的混凝土强度等级。

(3)框架柱混凝土分层浇筑，经周密振捣后，再浇筑下一层混凝土，柱混凝土浇筑要浇水湿润并用高标号水泥砂浆(1∶1)浇筑50mm后再进行混凝土的浇筑。

(4)混凝土振捣器的插点要均匀排列，可采用"行列式"或"交错式"的次序移动，不得混用，防止漏振。

(5)混凝土浇筑前，确定浇筑顺序，一个施工段内一次浇筑，施工缝留在规范允许范围内，用20目钢丝网和竹胶板侧面围挡，柱施工缝宜留在基础顶面和梁的底面。

(6)施工缝处混凝土浇筑前清除表面的水泥薄膜及松动石子和软弱层，并充分湿润清洗干净，在结合处铺50mm厚与混凝土内成分相同的水泥砂浆以便使先后浇灌的混凝土结合紧密。

(7)浇筑柱、梁和梁交叉处的混凝土时，若钢筋较密集，混凝土投料、下料困难，可采用同强度等级的细石混凝土浇筑。

(8)混凝土浇筑过程中，混凝土入模不得过于集中，以免混凝土集中堆放产生胀模现象。

(9)混凝土浇筑成型后，对混凝土表面用塑料薄膜覆盖，终凝后对混凝土表面洒水养护。

(10)混凝土输送管的布置依据少设弯管，选取最短距离的原则，泵管接头要牢靠，防止混凝土喷出伤人。

3)混凝土板裂缝控制措施

(1)混凝土内加入HN型混凝土缓凝剂，掺量为水泥用量的1%，降低混凝土水化热，防止热应力产生裂缝。

(2)混凝土的配制应严格控制各种材料配合比，其重量误差为水泥外掺合料±2%。

(3)混凝土搅拌采用二次投料的砂浆裹石或净浆裹石搅拌，这样可有效地防止水分向石子与水泥砂浆界面集中，混凝土搅拌时间不小于1.5～2min。

(4)当混凝土的自由倾落度超过2m时，为防止混凝土发生离析应采用串筒。

(5)混凝土振捣实，振捣棒要做到"快插慢拔"，在振捣过程中，将振捣棒上下略有抽动，以使上下振动均匀。分层浇筑时，振捣棒应插入下层50mm，以消除两层间的接缝，每振动一次以10～30s为宜。

(6)混凝土应分层浇筑，分层厚度为0.6～1m。

(7)混凝土成型后用塑料布进行覆盖养护，减少混凝土表面的热扩散和温度梯度，防止产生表面裂缝，同时延长散热时间，使混凝土的平均总温差所产生的拉应力小于混凝土抗拉强度，防止产生贯穿裂缝。

8.砌筑工程

(1)砌筑施工工艺流程：测量定位放线→砌块浇水→ 配制砂浆→砌块排列→砌筑(设拉结筋)→ 勾勒缝。

(2)砌筑施工前，技术人员依据施工图和规范规定对施工作业人员进行技术交底。

(3)砌块排列时，必须根据设计尺寸、砌块模数、水平灰缝的厚度和竖向灰缝的宽度，设计皮数和排数，以保证砌体的尺寸。

(4)灰缝应横平竖直，砂浆饱满，竖向灰缝的宽度不得大于20mm，水平灰缝的宽度不得大于15mm。

(5)排列砌块时，应尽量采用标准规格砌块，少用或不用异型规格砌块。

(6)外墙转角处和纵横墙交接处的砌块应分皮咬槎，交错搭砌，砌体上下皮砌块应互相错缝搭砌，搭接长度不宜小于砌体长度的1/3。

(7)砌体的竖向灰缝要避免与窗洞口边线形成通缝。

(8)砌体施工应在各层结构施工已完成，采用柱子上植筋方法与墙体进行拉结，植筋的位置经检查合格后方可进行。

(9)弹好墙身、门窗口位置线，确定地坪标高然后找平，按图纸放出墙身轴线，立好皮数杆。

(10)为防止墙体、装饰踢脚线部位抹灰空鼓，沿楼地面砌筑三皮普通烧结黏土砖(内墙)或空心砌块(外墙)。

(11)砌体中的门窗洞口，过梁等处采用标准规格砌块和黏土砖组砌，防止集中荷载直接作用在陶粒混凝土墙上，亦有利于门窗的安装。

(12)填充墙的顶部砌一层斜立砖，与梁或顶底接触紧密，可待下部砌体沉实后再进行斜立砖砌筑。

(13)陶粒混凝土墙与柱连接处设拉结筋，拉结筋为 2ϕ6@500mm，锚入混凝土柱内长为 250mm；伸入墙内的长度为墙长的 1/5，且不小于 700mm，且端部设 90 度弯钩。

(14)砌体转角处必须设立皮数杆，必须层层挂通线，随时用吊弹尺检查垂直度，用靠尺检查平整度。

(15)砌筑红砖时，组砌方式要合理，采用“三·一”砌砖法，砂浆灰缝的饱满度和粘灰面积，必须符合质量验收评定标准的规定，并且要对每日的砌筑高度进行控制。

9.屋面工程

(1)屋面工程使用的各种原材料制品、配件及拌和物应符合设计要求及国家标准，使用前应具有出厂合格证，并应进行二次复试。

(2)伸出屋面的管道、设备、预埋件等均应在屋面施工前安装完毕，屋面各层施工完毕后，严禁随意凿眼、打洞。

(3)屋面施工前，楼板基层应清理干净，并刷素水泥浆两道，然后做屋面各种结构层，水泥浆应涂刷均匀。

(4)铺设屋面隔气层、防水层，基层必须牢固、无松动、起砂、脱皮现象。

(5)屋面保温材料进场时应具有质量证明文件，施工时应对材料的密度和含水量进行抽样复查。

(6)屋面找平层应按设计坡度拉线，贴灰饼冲筋开设分格缝，缝宽 20mm，纵横间距不大于 6m，找平层铺设砂浆宜由远到近，由高到低，应一次性连续施工，充分掌握好坡度和平整度。

(7)屋面边角处，突出屋面管根、埋件、墙根处不得漏抹，漏压，并做成圆，防止倒泛水。

(8)屋面保温水泥珍珠岩铺设后，表面平整不得有松散的混合料(现浇保温层的强度不小于 0.3MPa)。

(9)在结构层与防水层之间增加一层低强度等级的砂浆、卷材、塑料薄膜等，起隔离作用，使结构层和防水层变形互不约束。

(10)刚性防水层的分格缝，应用防水胶等注满，缝隙处不得出现渗水现象。

(11)柔性防水施工应先铺贴排水集中的部位及需加设卷材附加层的部位，并按由高到低，先远后近的顺序进行。

(12)隔离层表面浮渣、杂物应清理干净，检查隔离层的质量及平整度，排水坡度，布设好分格缝模板。

(13)材料及混凝土质量要严格保证，随时检查是否按配合比准确计量，并按规定制作检验的试块。

(14)在一个分格区域内的混凝土必须一次浇捣完成，不得留有施工缝。

(15)屋面泛水应严格按设计要求的节点大样施工，若设计无规定泛水高度，不应低于 120mm，并与防水层一次浇筑完成，泛水转角处要做圆弧或矩角。

(16)混凝土采用机械振捣，直至密实或表面泛浆，然后用铁抹子压实抹平，并确保防水层的设计厚度和排水坡度。

(17)混凝土缩水初凝后，及时取出分隔缝隔板，用铁抹子进行第二次抹光压实，并及时修补分格缝的缺损部分，做到平直整齐，待混凝土第三次压实赶光后，要求做到表面平光、不起砂、起层，无抹板压痕为止，抹压时不得洒干水泥或干水泥砂浆抹压。

(18)混凝土终凝后，必须立即进行养护，并严禁养护期间在其上踩踏。

(19)铺贴卷材应平整顺直，搭接尺寸准确，不得扭曲、皱折。卷材的铺贴、搭接、收头都应粘结严密，短边接缝位置应错缝、上线，长边接缝应成线。

(20)沉降缝采用内设苯板，外用镀锌铁皮盖缝。

10. 楼地面工程

1)基本规定

(1)建筑地面工程采用的材料应按设计要求和现行建筑施工规范大全的规定选用，并应符合国家标准的规定。进场材料应有中文质量合格证明文件、规格型号及性能检测报告，对重要材料应有复试报告。

(2)建筑地面采用的大理石等天然石材必须符合国家现行行业标准《天然石材产品放射防护分类控制标准》JC518 中有关材料有害物质的限量规定。进场应具有检测报告。

(3)各类面层的铺设宜在室内装饰基本完工后进行。

(4)建筑地面工程完工后，施工质量验收在建筑施工企业自检合格的基础上由监理单位组织有关单位对分项工程、子分部工程进行检验。

2)水泥砂浆地面

(1)施工工序：基层清理→充分浇水湿润→刷素水泥浆→水泥砂浆找平层→水泥砂浆面层→压光→养护。

(2)基层清理必须干净，必须充分浇水湿润，并刷素水泥浆一道。

(3)水泥砂浆面层的厚度应符合设计要求，且不应小于 20mm。

(4)水泥采用普通硅酸盐水泥，其强度等级不应小于 32.5MPa，不同品种、不同强度等级的水泥严禁混用；砂应为中粗砂，当采用石屑时，其粒径应为1～5mm，且含泥量不应大于3%。

(5)水泥砂浆面层的体积比(强度等级)必须符合设计要求，且体积比应为1∶2，强度等级不应小于M15。

(6)水泥砂浆面层宜在垫层或找平层的混凝土或水泥砂浆抗压强度达到1.2MPa后铺设。

(7)水泥砂浆采用机械拌制，搅拌时间不少于2min，搅拌应均匀，其稠度不应大于3.5cm。

(8)做找平层时，依据楼层的标高线，在施工地面上做灰饼冲筋，间距为1.5 m，并做出地漏泛水坡度，面积较大的地面可使用水准仪抄平，以便确定标高和厚度，不得有倒泛水和积水现象。

(9)面层表面应洁净、无裂纹、脱皮、麻面、起砂现象。

(10)水泥砂浆面层施工应随铺随拍，在两条冲筋灰饼间摊铺、刮平拍实，找平层应在初凝前完成，压光应在终凝前完成。

(11)水泥砂浆面层应准确掌握压光时间，要求进行不少于三次压光，初凝前完成第二次压光，终凝前进行最后压光，压光应做到压实、压平、不得漏压，留有抹印、纹路等。

(12)水泥砂浆地面必须与基层结合牢固、无空鼓、表面无脱皮、起砂等现象。

(13)踢脚线与墙面应紧密结合、高度一致，出墙厚度均匀。

(14)楼梯踏步的宽度、高度应符合设计要求。楼层梯段相邻踏步高度差不应大于10mm，每踏步两端宽度不应大于10mm，踏步的齿角应整齐，防滑条应顺直。

(15)水泥砂浆面层施工完成后，应对其表面进行养护。

3)细石混凝土楼地面

(1)混凝土面层的厚度应符合设计要求。

(2)混凝土面层铺设不得留施工缝。当施工间隙超过允许时间规定时，应对接槎处进行处理。

(3)混凝土采用的粗骨料，其最大粒径不应大于面层厚度的2/3，细石混凝土的石子粒径不应大于15mm。

(4)面层的强度等级应符合设计要求，且不应小于C20，混凝土垫层兼面层强度等级不应小于C15。

(5)面层与下一层应结合牢固，无空鼓、裂纹。

4)大理石地面

(1)面层应在结合层上铺设，其水泥类基层的抗压强度不得小于1.2MPa。

(2)大理石的技术等级、光泽度、外观等质量要求应符合国家现行标准的规定。

(3)石材有裂缝、掉角、翘曲和表面有缺陷时应预剔除，品种不同的石材不得混合使用，铺设前，应根据石材的颜色、花纹、图案、纹理等按设计要求试拼编号。

(4)水泥选用普通硅酸盐水泥且强度等级为32.5MPa，砂宜采用中粗砂，含泥量不超过3%。

(5)铺设前要仔细排活，弹出控制线，当设计无要求时，应避免出现板块小于1/4边长的边角料。

(6)铺设大理石前，应将其浸湿，晒干，结合层与板材应分段同时铺设。

(7)基层应浇水湿润，并刷素水泥浆一道(水灰比0.5)，如基层有污物，必须清除干净，保证结合层的牢固。

(8)铺设顺序一般由内向外挂线逐行铺贴，粘贴牢固后，用水泥颜料填平缝隙并擦净表面残灰。

(9)铺贴板材的砂浆，要随拌随用，超过4小时的砂浆不得使用，并严格控制水泥砂浆的配合比和水灰比。

(10)面层的表面应洁净、平整、无磨痕，且应图案清晰、色泽一致，接缝均匀、周边顺直、镶嵌正确、板块无裂纹、掉角、缺楞等缺陷。

(11)面层铺贴完成后，养护期间严禁上人踩踏。

11.装饰装修工程

1) 抹灰工程

(1)工艺流程：基层清理→浇水湿润→冲筋找点→抹底灰→修抹预留洞口→抹面层。

(2)墙面抹灰前，应将基层表面的尘土、灰垢、油渍等杂物清除干净，并应洒水润湿。

(3)墙面的孔洞应堵塞严密，水暖、电器、通风等管道的洞口处用1∶3水泥砂浆堵严。

(4)墙体抹灰必须先找好规方，即四角规方，横线找平，立线吊直，弹出基准线和踢脚板线。

(5)根据设计要求的抹灰等级，用托线板检查墙体平整度和垂直度，初步确定抹灰厚度，最薄不应小于7mm，然后进行打点冲筋，当抹灰厚度超过35mm时，应采取挂网加强措施。

(6)不同基层材料相交处表面的抹灰应先挂铺加强网，以防止开裂。每种基层上的网宽不小于100mm。

(7)抹底灰可在冲筋打点完成2天左右进行，先薄抹底子灰一层，然后分层抹填找平，搓毛。

(8)抹面层可在底子灰六、七成干时开始进行，罩面灰应两遍成活，厚度约2mm。

(9)室内门窗洞口的阳角应用1:2水泥砂浆抹出护角，护角高度不应低于2m，每侧宽度不小于50mm。

(10)抹灰表面应光滑、洁净、颜色均匀、无抹纹、空鼓，棱角清晰美观。

2)门窗工程

(1)门窗安装前，对已施工完成的门窗洞口进行严格校对检验，对不符合设计要求的及时进行修正处理。

(2)门窗制品的规格、尺寸均应符合设计要求，并对进场的门窗进行实物抽检。

(3)门窗安装前应依据设计要求和相关规定查验出厂合格证，检查门窗的品种、开启方式及配件，并对其外形、平整度等检查合格后方可安装。

(4)外窗同一位置处应由上而下进行垂线，洞口有偏差的应先修正，然后再统一挂线安装。

(5)塑钢门窗框扇应粘贴保护膜，防止污染及被破坏。

(6)建筑外门窗的安装必须牢固，在砌体上安装门窗严禁用射钉固定。

(7)金属门窗框和副框的安装必须牢固，预埋件的数量、位置、埋设方式、与框的连接方式必须符合设计要求。

(8)金属门窗扇必须安装牢固，并应开关灵活、关闭严密、无倒翘。

(9)金属门窗表面应洁净、平整、光滑、色泽一致、无锈蚀。大面应无划痕、碰伤。漆膜或保护层应连续。

(10)门窗装入洞口应横平竖直，外框与洞口应连结牢固，橡胶密封条或毛毡密封条应安装完好，不得脱槽。

(11)门窗安装宽度允许偏差≤2mm；对角线允许偏差≤3mm；垂直度允许偏差≤2mm；水平允许偏差≤2mm。

(12)安装完的门窗框扇应进行成品保护，防止损坏。

3)涂饰工程

(1)基层表面的残浆、灰尘、油污等必须清理干净。

(2)基层必须干燥，要求含水率在8%以下，墙面养护期一般为：抹灰墙面夏天7天，冬天14天以上，避免出现粉化和色泽不均现象。

(3)在调制腻子时，掺入的胶液要满足相应规定，不宜过稠或过稀，以使用方便为准，基层腻子应平整、坚实、牢固、无粉化、起皮和裂纹。

(4)刮腻子不得少于三遍，每遍刮涂不宜过厚。

(5)刷涂料时，涂刷方向和行程长短应一致，涂刷遍数不得少于两遍，在前一遍表干后，方能进行下一遍涂刷，前后两次涂刷的间隔通常不少于3天。

(6)刷涂料前必须将墙面用砂纸打磨平整。

(7)刷涂料的环境温度应在5℃～35℃之间。

(8)墙面涂刷后不得有裂纹、砂眼、粗糙掉粉、起皮、透底、溅沫、反碱、落坠、咬色现象发生。

六 质量保证措施

(1)建立健全质量保证体系，从上而下形成质量保证网络。

(2)建立健全各种质量标准和规章制度。

(3)项目经理部应设置专职质量检查员。

(4)严格按施工方案、技术措施组织指导施工，每个分项工程施工前要对各班组进行施工方法、质量标准等交底。

(5)技术员、工长要认真熟悉图纸，及时发现问题，及时处理。

(6)把质量目标层层分解，落实到个人，具体哪一个环节出问题，追查哪一个环节，最后责任落实到个人，施工班组长统一负责成立QC小组，设自检员，严把第一道质量关，工序完成后，首先进行自检，然后进行互检、交接检。

(7)严格执行质量否决权和奖罚制度，做到样板起步，严格落实“三检制”和“挂牌制”，确保工程质量一次成优，在施工过程中必须做到样板化、程序化、规范化。

(8)提高检查人员的素质，保证检测数据的科学性、准确性、及时性，本着以预防为主的方针，加强施工过程的检查、监督，及时纠正施工中出现的问题，避免出现返工现象。

(9)加强原材料、半成品、构件的检查和管理，详细做好记录，材料堆放场地要有标牌、产地、数量、规格、是否进行试化验、能否使用等。

(10)加强原材料检验工作，严格执行各种材料的送检制度。

(11)要坚持按内控标准检查验收，严格贯彻“把关”和“积极预防”相结合的管理方法，坚持预先定好标准、定样板、选材料、定做法，进场材料、半成品、加工品执行验收手续，严把试化验关，不符合要求的材料不得进场。

(12)所有装饰工程必须统一进料，做到颜色均匀一致，同一房间颜色和规格必须统一。

(13)有防水要求的分项工程都必须做闭水试验。

七 安全保证措施

(1)建立健全安全生产管理制度和安全组织机构，建立岗位责任制，增强安全教育，使现场全体人员在思想上真正树立起“安全第一”的意识，形成人人在思想上、行动上时时处处都注意安全。

(2)现场设专职安全员负责安全工作，施工中严格按部颁标准和强制性标准施工。

(3)每个分项工程施工前，必须对工人班组进行安全教育和安全交底。

(4)进入施工现场必须戴好安全帽，高空作业人员必须系好安全带，外脚手架必须采用密目网全封闭保护。

(5)施工人员必须身体健康，持证上岗。

(6)现场临时用电严格按部颁标准和强制性标准执行，采用 TN-S 系统即“三相五线制”，实行三级配电，二级保护，做到一机一闸一箱一保护。

(7)施工现场危险地界必须有明显的安全标志，设有警示牌。

(8)加强对“四洞口，五临边”的防护，设置钢筋护栏，电梯井口设置开启式钢筋护栏并设踢脚板。

(9)所有设备必须经检验合格后方可使用。

(10)所有脚手架使用前，必须经安全员或工长验收合格后方可使用，使用过程中严禁超载。

(11)塔吊、客货电梯必须按规范操作，严禁超载运行。

(12)加强机具设备的管理，由专人经常性检修，督促施工操作人员进行保养，发现问题及时处理，严禁带病操作。

(13)临时用电线路采用架空敷设，主干线路采用地埋敷设，并具有防水、防雨、防触电的保护设施。

(14)机械操作人员严禁酒后作业，高空作业时不得说笑打闹、聚堆。

(15)严禁高空向下抛物，出入现场必须走安全通道。

(16)卷扬机棚和安全通道设双层硬防护棚，以保证现场人员和操作人员的安全。

(17)做好安全防火工作，现场设置灭火器和砂箱等防火工具，易燃、易爆品要放入专用库内，远离火源，设专人妥善保管。

(18)生火点必须经防火部门批准，设专人负责。

(19)工人宿舍内不得使用电器，在室内严禁吸烟。

(20)遇六级以上大风时，应暂停室外高空作业。

(21)做好安全防盗工作，警卫人员必须坚守岗位，认真负责，建立岗位责任制。

(22)实行物品进出场登记制度，没有出门证的物品严禁出场。

(23)建立夜间巡逻制度和管理人员值班制度，防止偷盗事故发生。

(24)施工作业人员，必须戴好安全帽，系好安全带。

(25)进场作业前，应对全体施工人员进行安全教育，使施工作业人员牢固树立"安全第一"的思想。

(26)专业施工人员，要经常对架体进行安全检查，发现问题及时汇报处理。

(27)对安全通道口、危险地段处设立明显安全标志，以警示施工人员。

(28)没有管理人员的指令，任何人不准拆卸架子的任何杆件和部件。

(29)作业人员所用的机具、设备严禁他人动用。

(30)作业人员使用的手工工具应安全可靠，以免施工中坠落伤人。

(31)支模过程中，对临时固定的成型模板，必须相互拉结牢固，以防止风大吹倒伤人。

(32)拆模过程中，对支撑与构件严禁乱扔、乱放，拆除下来的机具要及时清理，整齐堆放备用。

(33)拆除工作完成后，做到工完场清，防止钉头杂物伤人。

(34)凡进场作业人员，均应戴好安全帽，高空作业时应系好安全带。

(35)高空作业时，自身配备的施工工具应安全可靠，避免作业时坠落伤人。

(36)凡本工程所使用钢筋加工制作机械、设备，未经允许严禁非操作人员动用，且设置专机专闸，电闸箱应具有防水设施，必须安装漏电保护器，避免电器设备漏电伤人。

(37)在使用机械设备时，应严格按操作规程作业，严禁违章、违规作业，避免机械事故的发生。

(38)钢筋绑扎过程中，搭接的钢筋在临时休息时，必须绑扎牢靠，以免倾倒伤人。

八 雨季施工措施

(1)雨季到来之前，首先做好排水通道的疏通，以保证排水通畅，同时准备好雨季施工所需的材料、机具设备，检查现场所有用电设备是否接地良好，电源线的设置是否合理，发现问题及时解决。

(2)雨季施工搅拌站应设防雨棚，电闸箱要有防雨设施，所有机电设备要有接地零线，设置漏电保护器。

(3)上人马道、架子、跳板均应绑扎防滑木条，雨后要及时检查脚手架、龙门架、塔吊是否有下沉现象，避免发生倾斜失隐。

(4)混凝土、砂浆搅拌在雨后应根据砂的实际含水率及时调整配合比，后台设专人计量，确保配合比的准确。

(5)龙门架、塔吊必须有避雷装置，现场电源、电线必须经常认真检查，防止漏电伤人事故发生。

(6)小雨天气浇筑混凝土，混凝土表面应覆盖彩条布，大雨天气混凝土不得施工，对未及时覆盖的新浇筑混凝土表面被雨水冲刷跑浆的，雨后要及时进行混凝土补浆处理。

(7)施工人员、其他专业人员施工时，严禁将泥浆带入浇筑的混凝土中，被泥浆污染的钢筋等雨后应及时清理。

(8)阴雨天室外焊接和外装饰施工暂停，屋面施工不得在雨天进行，如遇雨天施工时，被雨淋湿的分项部分待天晴晾干后，方可进行下道工序施工。

(9)遇到雨天应将室外施工作业暂停，转移到室内，从而保证施工连续进行，加快施工进度。

九 成品保护措施

(1)加强成品的保护教育，使全体员工在思想上重视，行动上落实，贯彻成品保护条例。

(2)成立成品保护领导小组，负责成品保护的落实工作。

(3)各楼层设专人负责成品保护。

(4)即将完工或已完工的房间，要及时封闭，由专人掌管钥匙，班组交接时，要对成品保护情况登记验收。

(5)合理安排施工程序，先上后下，先里后外，先湿后干的施工程序进行施工。

(6)抹灰施工完毕后，门窗口等用木板做成临时护角，防止其他工序施工时碰撞破坏。

(7)门窗安装前应入库存放，下边垫起、垫平，码放整齐防止变形；安装后对每户应临时封闭，避免人为损坏。

(8)外装饰施工时，塑钢窗下边框应设木板保护，脚手架拆除时，应严防擦碰外墙面及门窗等。

(9)楼地面施工完毕后，严禁在未达到强度前上人踩踏，严禁用硬物碰撞地面。

(10)把成品保护落实到个人，做到谁出问题谁负责，建立严格的奖罚制度。

十 消除质量通病措施

(1)必须严格按照施工组织设计，技术质量交底，规范和操作规程施工。

(2)内墙砌筑时，必须达到组砌合理，灰浆饱满，垂直平整符合规范规定。

(3)水泥砂浆地面施工时，必须将基层清理干净，并充分浇水湿润，所用原材料必须符合标准规定，压光不得少于 3 遍，必须按要求进行养护。防止空鼓，裂纹，起砂现象的发生。

(4)混凝土工程严格控制各施工程序的质量，原材料的选择要符合标准，混凝土的和易性，塌落度，振捣密实程度都要满足要求，适时养护以减少混凝土的裂缝产生。

(5)屋面保温层施工时，一定要坡向正确，厚度满足设计要求，防止积水现象的发生。

(6)屋面防水层施工时，一定要粘结牢固，搭接合理，防止渗漏。

(7)门窗安装一定精心施工，严格检查，防止缝隙不均匀，开启不灵活等现象的发生。

(8)面砖，地砖必须严格按要求施工，防止空鼓现象的发生。

十一 降低成本措施

(1)从管理上要效率，用科学的管理方法严格的规章制度，提高管理人员的素质。

(2)施工时经常进行严格的安全检查，发现隐患及时处理，杜绝重大事故的发生。

(3)严格实行科学的生产管理，合理有序的安排施工，严把质量关，做到工程质量一次达标，避免返工浪费现象的发生。

(4)加快工程进度，提高工人的工作效率，提高大型机具的使用效率，降低工程成本。

(5)有计划地安排材料进场，尽量减少成品、半成品的二次倒运，减少人工费用。

(6)合理利用新技术、新措施、新工艺降低成本。

(7)充分调动发挥技术人员的才智，使其在工作中提出合理化建议，使施工操作过程更科学合理。

(8)加强经营核算管理。

十二 文明施工措施

为了加强工程施工管理，做到文明有序，保质、保量的把工程建设的更好，制定如下文明施工管理措施：

1.文明施工的总体要求

(1)建立文明施工领导小组，主抓现场文明施工。

(2)施工现场的主要入口应设规整简朴的安全门，门旁必须设立明显的“五牌一图”。

(3)工地必须制定环境卫生及文明施工的各项管理制度。

(4)工地应有急救药品，设立医务室，配备医务人员及必要的医务设施和洗浴间。

2.施工现场场容、场貌管理

(1)建立施工现场文明施工责任制，划分区域，明确管理责任人，实行挂牌制，做到现场清洁、整齐。

(2)施工现场场地平整，道路通畅(铺设混凝土路面)，有场区排水措施。

(3)现场临时用水用电设施设专人管理，严禁出现长流水、长明灯等现象。

(4)施工现场的临时设施要严格按施工组织设计确定的施工平面布置图布设，整齐有序。

(5)工人操作地点和周围必须清洁、整齐，做到工完物清，对落地灰、混凝土等要及时清理回收，过筛后使用。

(6)砂浆、混凝土的搅拌运输、使用过程中做到：不洒、不漏、不剩。

(7)要有严格的成品保护措施，严禁损坏污染成品、堵塞管道。

(8)高层建筑清除的楼层垃圾，严禁从窗口向外抛掷，必须通过运输工具运下。

(9)施工现场不准乱堆垃圾杂物，要到指定的临时位置堆放，并及时外运。

3.现场机械管理

(1)现场所有机械设备，应按施工平面图规划布置存放，操作人员应遵守机械安全操作规程，经常保持机械本身及周围环境的清洁，机械标记明显，安全装置可靠。

(2)清洗机械排放出的污水，要集中排放到污水坑内，不得随意流淌。

(3)高层垂直运输机械，实行挂牌、专人负责制，管理人员进行定期检查机械。

本章小结

单位工程施工组织设计是本课程的重点教学内容。本章简要介绍了单位工程施工组织设计的概念、作用、编制原则，详细介绍了单位工程施工组织设计的编制内容和编制方法；重点阐述了单位工程施工方案的确定内容，重点介绍施工顺序确定原则、要求和方法，详细介绍了多层混合结构民用建筑房屋、钢筋混凝土多高层框架结构和单层钢筋混凝土装配式结构房屋的主要施工过程的施工顺序；详细介绍了各主要分部、分项工程的施工方法和施工机械的选择方法及要求；介绍了单位工程施工进度计划的作用、依据，详细介绍了施工进度计划的编制方法和编制过程；简要介绍了单位工程各项资源需用量计划的编制内容。详细介绍了单位工程施工平面图的设计内容、依据、原则、步骤，介绍了各阶段施工图设计的不同内容。

在工程设计实例中，详细列举了多层混合结构房屋和钢筋混凝土框架结构两种常见的建筑结构房屋的施工组织设计的实例，为实际编制单位工程施工组织设计提供参考。

复习思考题

6-1 什么叫单位工程施工组织设计？它在施工管理工作中有什么作用？

6-2 单位工程施工组织设计包括哪些基本内容？

6-3 单位工程的施工概况和特点分析应包括那些内容？

6-4 什么叫施工顺序？确定施工顺序时，应遵循哪些基本原则？

6-5 确定施工顺序的基本要求有哪些？

6-6 多层混合结构民用建筑结构房屋主体的施工过程主要包括那些内容？

6-7 简述多层框架结构房屋的主体结构的施工顺序？

6-8 室内外装修各有哪些施工流向？

6-9 选择施工方法和施工机械的基本要求是什么？

6-10 单位工程施工进度计划有什么作用？

6-11 编制进度计划的依据是什么？

6-12 划分施工过程应注意哪几个问题？

6-13 如何确定一个施工项目的？

第七章 建筑工程项目施工管理基本知识

【职业能力目标】

本章为施工项目管理的知识，掌握后可以胜任企业总工、项目经理、工地生产经理、技术经理等高层管理人员。项目管理的规划是项目成败的决定因素，企业、项目高层管理人员要根据实际情况对项目管理进行规划(如:设置岗位、制订制度并及时进行调整)，做到这一点就必须懂得施工项目管理的知识，现在，项目管理的规划也是施工组织设计的一项重要的内容，特别是在投标时。要进行各项管理的具体实施，还要学习大量的技术知识。普通管理人员通过学习本章，了解所在管理岗位在整个施工项目管理体系中所处的位置，知道如何与其他项目管理成员相互协作、配合，共同完成施工项目。

【学习要求】

了解工程项目管理的基本知识和施工项目管理在工程项目管理中的地位；熟悉施工项目管理的目标、任务、内容、方法；认识到施工项目管理就是施工组织设计文件的执行、落实的过程，是一个系统工程，需要各部门相互协助，各种措施综合应用，才能达到施工项目管理的目的。通过本章学习能够制定项目管理规划大纲，并能在不同的施工阶段进行调整。以便将现场的各种资源组织起来，落实施工组织中的具体施工方案、工艺，完成整个项目。

第一节　建筑工程项目管理概论

一　项目管理概念、内涵、类型

(一) 项目与项目管理

1. 项目

人们常说的“项目”，是指各种事物的门类。例如，建造一栋大楼、一座饭店、一所学校，也可以是完成某项科研课题，这些都是一个项目，它都有一定的时间、质量要求，也都是一次性任务。所以，项目是指那些作为管理对象，按限定时间、预算和质量标准完成的一次性任务。其主要有以下特征：

(1)项目的一次性；

(2)项目目标的明确性；

(3)项目作为管理对象的整体性。

例如：建设项目、科研项目都具有这三个特征。重复的大批量的生产活动及其成果则不能称其为项目。

2. 项目管理

项目管理是为使项目取得成功(实现其所要求的质量、规定的时限、批准的费用预算)所进行的全过程、全方位的规划、组织、控制与协调。因此，项目管理的对象是项目。项目管理的职能同所有管理的职能均是相同的。需要特别指出的是，项目的一次性，需求项目管理的程序性和全面性，也需要有科学性，主要是用系统工程的观念、理论和方法进行管理。

(二)施工项目与施工项目管理

1. 施工项目

施工项目是建筑施工企业对一个建筑产品的施工过程及成果，也就是建筑施工企业的生产对象。它可以是一个建设项目的施工，也可以是其中的一个单项工程或单位工程的施工。分部、分项工程不是完整的建筑产品，因此，不能称为“施工项目”。

2. 施工项目管理

施工项目管理是指施工项目主体(建筑企业)为了实现项目目标，运用系统的观点、理论和科学技术对施工项目寿命周期全过程和各种施工生产要素所进行的计划、组织、监督、控制、协调的全过程管理。施工项目管理的对象是施工项目。管理时间是一个相当长的有序的过程，少则几个月，多则几年，甚至十几年不等。

(三)建设工程项目管理的内涵和类型

1. 建设工程项目管理的内涵

建设工程项目管理的内涵是：自项目开始至项目完成，通过项目策划(Project planning)和项目控制(Project Control)，以使项目的费用目标、进度目标和质量目标得以实现。

"自项目开始至项目完成"指的是项目的实施期;"项目策划"指的是目标控制前的一系列筹划和准备工作;"费用目标"对业主而言是投资目标,对施工方而言是成本目标。项目决策期管理工作的主要任务是确定项目的定义,而项目实施期管理的主要任务是通过管理使项目的目标得以实现。

2.建设工程项目管理的类型

按建设工程生产组织的特点,一个项目往往由许多参与单位承担不同的建设任务,而各参与单位的工作性质、工作任务和利益不同,因此就形成了不同类型的项目管理。由于业主方是建设工程项目生产过程的总集成者-人力资源、物质资源和知识的集成,业主方也是建设工程项目生产过程的总组织者,因此对于一个建设工程项目而言,虽然有代表不同利益方的项目管理,但是,业主方的项目管理是管理的核心。

按建设工程项目不同参与方的工作性质和组织特征划分,项目管理有如下类型:

业主方的项目管理;

设计方的项目管理;

施工方的项目管理;

供货方的项目管理;

建设项目总承包方的项目管理。

投资方、开发方和由咨询公司提供的代表业主方利益的项目管理服务都属于业主方的项目管理。施工总承包方和分包方的项目管理都属于施工方的项目管理。材料和设备供应方的项目管理都属于供货方的项目管理。建设项目总承包有多种形式,如设计和施工任务综合的承包,设计、采购和施工任务综合的承包(简称 EPC 承包)等,它们的项目管理都属于建设项目总承包方的项目管理。

二 施工项目管理的过程

施工项目管理的对象,是施工项目寿命各阶段的工作。施工项目寿命周期可分为投标签约阶段、施工准备阶段、施工阶段、竣工验收、交工与结算阶段、使用后服务阶段五个阶段,构成了施工项目管理的全过程。

1.投标签约阶段

业主单位对建设项目进行设计和建设准备,具备了招标条件以后,便发出招标广告(或邀请函),施工单位见到招标广告或邀请函后,便发出投标决策直至中标签约,这实际上便是在进行施工项目管理工作,这是施工项目寿命周期的第一阶段。本阶段的最终管理目标是签订工程承包合同。这一阶段主要进行以下工作：

(1)施工企业从经营战略的高度作出是否投标争取承包该项目的决策；

(2)决定投标以后，从多方面(企业自身、相关单位、市场、现场等)掌握大量信息；

(3)编制既能使企业盈利，又有竞争力，可望中标的投标书；

(4)如果中标，则与招标方进行谈判，依法签订工程承包合同，使合同符合国家法律、法规和国家计划，符合平等互利、等价有偿的原则。

2.施工准备阶段

施工单位与招标单位签订了工程承包合同，交易关系正式确立以后，便应组建项目经理部，然后以项目经理部为主，与企业经营层和管理层、业主单位配合，进行施工准备，使工程具备开工和连续施工的基本条件。这一阶段主要进行以下工作：

(1)成立项目经理部，根据工程管理的需要建立机构、配备管理人员；

(2)制定施工项目管理规划(或施工组织设计)，以指导施工项目管理活动；

(3)进行施工现场准备，使现场具备施工条件，以利于进行连续的文明施工；

(4)编写开工申请报告，待批开工。

3.施工阶段

这是一个自开工至竣工的实施过程。在这一过程中，项目经理部既是决策机构，又是责任机构。经营管理层、业主单位、监理单位的作用是支持、监督与协调。这一阶段的目标是完成合同规定的全部施工任务，达到验收、交工的条件。这一阶段主要进行以下工作：

(1)按施工项目管理规划(或施工组织设计的安排)进行施工；

(2)在施工中努力做好动态控制工作，保证质量、进度、造价、安全、现场目标的实现；

(3)严格履行工程承包合同，处理好内外关系，管好合同变更，搞好索赔；

(4)做好记录、协调、检查、分析工作。

4.竣工验收、交工与结算阶段

这一阶段可称为“结束阶段”，与建设项目的竣工验收阶段协调同步进行。其目标是对项目成果进行总结、评价，对外结清债权债务，结束交易关系。本阶段主要进行以下工作：

(1)工程收尾；

(2)进行试运转；

(3)在预验的基础上接受正式验收；

(4)整理、移交竣工文件，进行财务结算，总结工作，编制竣工总结报告；

(5)办理工程交付手续；

(6)召开项目总结会，总结项目施工经验，提高管理水平，然后经理部解体。

5.回访保修阶段

这是施工项目管理的最后阶段，即在项目动用后，按合同规定的责任期进行服务、回访与保修，其目的是保证使用单位正常使用，发挥效益。在该阶段中主要进行以下工作：

(1)为保证工程正常使用而做必要的技术咨询和服务。

(2)进行工程回访，听取使用单位意见，总结经验教训，观察使用中的问题，进行必要的维护和维修。

(3)对沉降、抗震性能等进行观察。

三 施工项目管理目标、任务、方法

施工方作为项目建设的一个参与方，其项目管理主要服务于项目的整体利益和施工方本身的利益。其项目管理的目标包括施工的成本目标、施工的进度目标和施工的质量目标。

施工方的项目管理工作主要在施工阶段进行，但它也涉及设计准备阶段、设计阶段、动用前准备阶段和保修期。在工程实践中，设计阶段和施工阶段往往是交叉的，因此施工方的项目管理工作也涉及设计阶段。

施工方项目管理的任务包括：编制“项目管理规划大纲”和“项目管理实施规划”，项目进度管理，项目质量管理，项目安全管理，项目成本管理，项目人力资源管理，项目材料管理，项目机械设备管理，项目技术管理，项目资金管理，项目合同管理，项目信息管理，项目现场管理，项目组织协调，项目竣工验收，项目考核评价，项目回访保修。

对于建筑企业，施工项目管理的对象是施工项目寿命周期五个阶段的工作。第一阶段投标签约和第五阶段使用后服务的工作应由公司来做，其余三个阶段的工作则由施工项目经理部完成。施工项目管理的主体是以施工项目经理为首的项目经理部，管理的客体是具体的施工对象、施工活动及相关的生产要素。项目管理的目标界定施工项目管理的主要内容，那就是“九管理、一协调”。(进度、质量、安全、成本、资源、技术、现场、合同、信息九管理；项目组织协调)。也可以将技术管理划到资源管理中去。

施工项目管理的基本方法是目标管理。具体做法可以概括为:确定目标,明确责任,掌握情况,协调行动。

1. 确定目标

首先是确定施工项目总目标,即进度、质量、成本、安全、施工现场管理目标;其次是对总目标进行目标分解,即各阶段目标和各单位目标。例如,建设单位何时完成工程前期工作,施工单位何时进入施工现场,何时开工以及分批竣工期限,物资供应及设备加工单位何时供应各种材料、设备等。

2. 明确目标

除了确定各有关单位的子目标外,还必须明确各单位及其内部各部门的分工和为实现目标应尽的责任。如决策、执行、监督检查、提供信息、处理信息等,各单位、各部门都要明确干什么,怎么干,干到什么程度才算干好了。总之,要力求做到每个单位、部门及与项目建设有关的每个人都分工明确,责任清楚,各负其责,奖罚分明。外部单位之间都分工明确,责任及奖罚明确界定。

3. 掌握情况

管理者要随时掌握工程项目进行中的各种情况,及时作出必要的决策,以保证既定目标的实现。掌握情况的手段主要是现场召开各种会议,定期报表和业务文件。为了及时掌握情况,须建立一套科学的信息管理系统,包括报表制度、档案管理制度等。

4. 协调行动

由工程项目管理负责人主持,各有关单位派有关决策的代表参加的定期协调会或调度会,协调项目准备及实施各阶段的矛盾,落实各部门的工作。

四 施工项目经理责任制

工程项目施工应建立以项目经理为首的生产经营管理系统,实行项目经理负责制。项目经理在工程项目施工中处于中心地位,对工程项目施工负有全面管理的责任。

(一)施工企业项目经理的工作性质

施工项目经理是企业法人在工程项目管理中的全权代表,是项目决策的关键人物,是项目实施的最高责任者和组织者,因此,项目经理在项目管理中处于中心地位。在国际上,项目经理的地位和作用,以及其特征如下:

(1)项目经理是其上级任命的一个项目管理班子的负责人(领导人),但它并不一定是一个企业法定代表人在工程项目上的代表人；

(2)它的任务仅限于从事项目管理工作，其主要任务是项目目标的控制；

(3)在有些文献中明确界定，项目经理不是一个技术岗位，而是一个管理岗位；

(4)它是一个组织系统中的管理者，至于它是否有人事权、财权和物资采购权等管理权限，则由其上级确定。

(二)项目经理应具备的素质

根据我国建筑业现状，本着和国际建筑业接轨的目的，建设部取消建筑施工企业项目经理资质核准，由注册建造师代替，并设立过渡期，建筑业企业项目经理资质管理制度向建造师执业资格制度过渡的时间定为五年，即从2003年2月27日起至2008年2月27日止，过渡期内，凡持有项目经理资质证书或者建造师注册证书的人员，经其所在企业聘用后均可担任工程项目施工的项目经理。过渡期满后，大、中型工程项目施工的项目经理必须由取得建造师注册证书的人员担任；但取得建造师注册证书的人员是否担任工程项目施工的项目经理，由企业自主决定。

我国加强了对建筑业企业项目经理市场行为的监督管理，对发生重大工程质量安全事故或市场违法违规行为的项目经理，将依法予以严肃处理。

在全面实施建造师执业资格制度后仍然要坚持落实项目经理岗位责任制。项目经理岗位是保证工程项目建设质量、安全、工期的重要岗位。建筑施工企业项目经理(以下简称项目经理)，是指受企业法定代表人委托对工程项目施工过程全面负责的项目管理者，是建筑施工企业法定代表人在工程项目上的代表人；建造师是一种专业人士的名称，而项目经理是一个工作岗位的名称，应注意这两个概念的区别和关系。

项目经理应具备下列素质：

(1)具有符合施工项目管理要求的能力；

(2)具有相应的施工项目管理经验和业绩；

(3)具有承担施工项目管理任务的专业技术、管理、经济和法律、法规知识；

(4)具有良好的道德品质。

(三)施工企业项目经理的任务和权利

1.施工企业项目经理的任务

项目经理在承担工程项目施工管理过程中，履行下列职责：

(1)接受企业法定代表人的领导，接受企业管理层、发包人和监理机构的检查与监督，执行项目承包合同中由项目经理负责履行的各项条款；

(2)贯彻执行国家和工程所在地政府的有关法律、法规和政策，执行企业的各项管理制度，维护企业的合法权益。

(3)严格财务制度，加强财经管理，正确处理国家、企业与个人的利益关系；

(4)对工程项目施工进行有效控制，执行有关技术规范和标准，积极推广应用新技术；

(5)建立质量管理体系和安全管理体系并组织实施。确保工程质量和工期，实现安全、文明生产，努力提高经济效益。

2.施工企业项目经理的权力

项目经理在承担工程项目施工的管理过程中，应当按照建筑施工企业与建设单位签订的工程承包合同，与本企业法定代表人签订项目承包合同，并在企业法定代表人授权范围内，行使以下管理权力：

(1)组织项目管理班子，组织编制项目管理实施规划。

(2)以企业法定代表人的代表身份处理与所承担的工程项目有关的外部关系，受托签署有关合同；

(3)指挥工程项目建设的生产经营活动，调配并管理进入工程项目的人力、资金、物资、机械设备等生产要素，选择施工作业队伍；

(4)在授权范围内负责与企业管理层、劳务作业层、各协作单位、发包人、分包人和监理工程师等进行协调，解决项目中出现的问题。

(5)按"项目管理目标责任书"处理项目经理部与国家、企业、分包单位以及职工之间的利益，进行合理的经济分配。

(6)参与工程竣工验收，准备结算资料和分析总结，接受审计。

(7)处理项目经理部的善后工作。

(8)协助企业进行项目的检查、鉴定和评奖申报。

(9)企业法定代表人授予的其他管理权力。

五 施工项目管理组织与运行机制

施工项目管理组织，是指为进行施工项目管理而专门设立的组织机构系统，其职能是组织运行和组织调整。施工项目管理组织机构是企业管理组织机构的重要组成部分。组织机构设置的目的是为了充分发挥项目管理的作用，提高管理的整体效率，以达到项目管理的目标。

(一) 施工项目管理的组织机构

1.组织机构的作用

(1)组织机构是施工项目管理的组织保证；

(2)形成一定的权力系统以便进行集中统一指挥；

(3)形成责任制和信息沟通体系。

2.施工项目管理组织机构的设置原则

1)目的性原则

组织机构设置的根本目的是实现施工项目管理的总目标。要因目标设事，因事设机构编制，按编制设岗位，按岗位定人员，以职责定制度，按权力确保实现项目的总目标。

2)精干高效原则

施工项目组织机构和人员的设置要求做到精干高效，可设可不设的机构坚决不设，人员实行一专多能，可以一职多人，也可一职一人，还可一人多职。

3)管理跨度和管理层次统一的原则

管理跨度亦称管理幅度，是指一个主管人员直接管理的下属人员数量。管理跨度大小又与分层多少有关，层次多，跨度会小；层次少，跨度会大。对施工项目管理层来说，管理跨度应尽量少些，以集中精力于施工管理。因为，要根据领导的能力和施工项目的大小决定管理跨度与管理层次，并使二者相统一。

4)业务系统化管理原则

由于施工项目各单位工程之间，不同组织、不同工种、不同工序之间存在着大量的结合部，这就要求项目组织也必须是一个完整的组织结构系统，以便在结合部上能形成相互制约、相互联系的有机整体，防止产生职能分工、权限划分和信息沟通上的相互矛盾或重叠。

5)弹性原则

由于施工项目具有单件性、阶段性等特点，这就要求组织机构随之进行调整，该设则设，该取消则取消，人员根据情况可增可减，以便适应施工任务变化的需要。

3.施工项目组织机构的设置程序

根据上述原则要求，施工项目组织应以图 7-1 所示程序进行设置。

(二)施工项目组织形式

可根据工程管理的需要，分别采用直线制、职能制、直线职能制、矩阵制和事

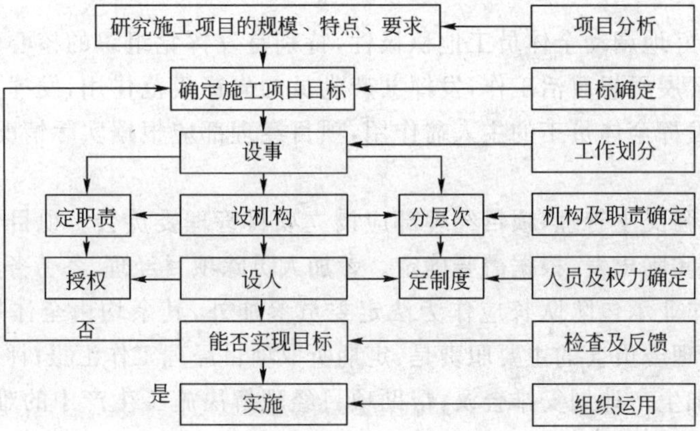

图 7-1　施工项目组织机构设置程序图

业部制等组织形式。管理人员在这些组织形式中协调人们的活动。但是在现实中,大部分组织并不是"纯粹"的一种形式,而是多种形式的结合体。

(三)施工项目经理部的组建与解体

1.施工项目经理部的组建

项目经理部是一个具有弹性的一次性的施工生产组织机构,是施工项目管理的工作班子,在项目经理的领导下进行工作。为了充分发挥它的管理作用,要把项目经理部的组织机构设计好、组建好、运转好。

1)项目经理部的作用

(1)项目经理部要为项目经理的决策提供信息依据,当好参谋。

(2)在项目经理的领导下,负责施工项目从开工到竣工全过程的生产经营管理工作。对作业层负有管理与服务的双重职能,项目经理部应以良好的工作质量来保证作业层的工作质量与工序质量。

(3)项目经理部的每一个成员应是市场竞争的主体成员,要全面履行工程承包合同,对项目经理全面负责,对业主全面负责,按质量、工期、成本要求生产最终建筑产品。

2)项目经理部的组建

项目经理部的设置目前尚无比较成熟的模式,全国各建筑企业正在摸索实践中。总的要求是应从实际出发,根据工程项目的规模、复杂程度、专业特点,以及所采取的项目管理组织机构形式,来设置项目经理部的部门和人员。由于项目经理部是具有弹性的一次性施工生产组织,在施工生产过程中应经常根据情况进行调整。

为了更好地调动全体员工地积极性，特别是发挥党组织的核心作用和战斗堡垒作用，开展思想政治工作，发挥共产党员的先锋模范作用，发挥共青团员的骨干作用，发挥全体员工的主人翁作用，项目经理部应根据实际情况建立党、团和工会组织。

为了加强民主管理，项目经理部应设立项目管理委员会。项目管理委员会的人数应从实际出发，根据需要确定。参加人员除项目经理、各劳务输出单位的领导，以及作业承包队队长应作为法定委员参加外，其余均由全体员工选举产生。项目管理委员会的主要职责是：定期听取项目经理工作汇报；评议项目经理的工作；参加生产计划安排会议；帮助项目经理解决施工生产中的难题；反映职工的建议和要求等。

2.施工项目经理部的解体

1)项目经理部解体的程序与善后工作

(1)在施工项目全部竣工验收签字之日起 15 天内，项目经理部要根据工作需要向企业工程管理部门写出项目经理部解体申请报告，经有关部门审核批准后执行。项目经理部全体人员(包括项目经理)将陆续撤离，返回有关工作岗位或者寻求新的工作岗位。

(2)施工项目经理部解体时，要组织善后工作小组，主要负责工程项目的善后工作，如维修、工程价款的结算及回收等。

(3)根据竣工时间和质量等级确定工程保修费的预留比例，一般占工程造价(不含计划利润劳保支出费)的比例是：室外工程约 2%；住宅工程 2%～5%(砖混 3%～5%，滑模 3%，框架 2%)；公共建筑 1.5%～3%(砖混 3%，滑模 2%，框架 1.5%)。保修费由公司工程管理部门统一使用。

2)项目经理部效益审计评估和债权债务处理

(1)项目经理部剩余材料原则上让售给公司物资部门；经理部自购的办公物品等移交企业，按质论价。项目经理离任时，必须按规定做到人走账清、物净，不留任何“尾巴”。

(2)由审计部门牵头，预算、财务、工程部门参加，对解体的项目经理部进行审计评价。项目经理部经审计评估为有盈余者，按规定比例分成，留作项目经理奖。审计评估为亏损者，其亏损部分由项目经理负责，按相应奖励比例从其管理人员风险抵押金中补扣。

(3)项目经理部解体后债权债务的处理，应由善后工作小组在三个月内全部清理完毕。

3)项目经理部解体时的有关纠纷裁决

项目经理部与企业有关职能部门发生矛盾时，由企业经理办公会裁决。项目经理部与劳务、专业公司及栋号作业队发生矛盾时，按业务分工分别由企业劳动人事、经营和工程管理部门裁决。

(四) 施工项目管理的运行机制

1. 施工项目运行的基本条件

施工项目运行能否有效，取决于主观与客观两方面的条件，现分述如下：

1)社会环境条件

包括国家宏观经济管理环境与行业政策、商品市场与建筑市场环境、竞争条件和建设单位的状况等。项目运行要求有与其相适宜的社会环境、公平合理的竞争市场，以及工程承包合同的顺利履行。

2)企业内部条件

包括企业经营战略、组织结构、经营机制和企业整体运行机制等。使企业在人、财、物、信息和产、供(经营)等方面，作为项目运行的基本“包装袋”。

3)项目内部条件

内部条件是决定性因素，其基本的条件是：

(1)配备强有力的项目班子，实行项目经理负责制，生产要素得到优化配置；

(2)形成以工程承包合同、项目内部承包合同为主体的内、外经济合同管理体制；

(3)有一套科学的工程项目规划、施工方案和严密的技术、质量、安全及思想政治工作保证体系；

(4)充分做好项目开工前的施工准备工作，为现场文明施工奠定良好的基础；

(5)具有完善的计划动态管理与控制体系，以现场项目台账为基础，建立以成本核算为中心的信息反馈系统。

2. 施工项目运行模式及其过程

施工项目是企业内部的基本单元，同时又是施工企业联系市场的纽带。项目目标的实现，是实现企业目标的企业经理对国家承包合同规定目标的基本保证。

项目运行的模式是以施工项目为基点的承包经营责任制、经理负责制和包括项目经理责任制在内的内部经济责任制为主干，以全面质量管理为基础的经营目标综合管理。

第二节　项目进度管理

一　进度与进度控制的含义、目的、组成和任务

(一) 建设工程项目进度控制的含义和目的

1.进度

进度通常是指工程项目实施结果的进展情况。在工程项目实施过程中要消耗时间(工期)、劳动力、资源、资金等才能完成项目的任务,项目实施结果应该以项目任务的完成情况(如工程的数量)来表达。但由于工程项目系统中技术系统的复杂性,常常很难选定一个恰当的、统一的指标来全面反映工程的进度。可能会出现虽然时间、费用与计划都吻合,但工程实物进度(工作量)未达到目标,则后期就必须投入更多的时间和费用。

在现代工程项目管理中,人们已赋予进度以综合的含义,即将工程项目任务、工期、成本有机地结合起来,形成一个综合指标,能全面反映项目的实施状况。工程活动包括项目结构图上各个层次的单元,上至整个项目,下至各个具体工作单元(有时直至最低层次网络上的工程活动)。项目进度状况通常是通过各工程活动进度(完成百分比)逐层统计汇总计算得到的。进度指标的确定对进度的表达、计算、控制有很大的影响,通常人们用如下几种量来描述进度:

(1)持续时间:人们常用已经使用的工期与工程的计划工期相比较的方法来描述工程完成程度,但同时应注意区分工期与进度在概念上的不一致性。工程的效率和速度不是一条直线,一般情况下工程项目开始时工作效率很低、工程速度较低;到工程中期投入最大,工程速度最快;而后期投入又较少。所以工期进行了一半,并不能表示进度达到了一半。

(2)工程活动的结果、状态和数量:这是主要针对专门的领域,他的生产对象和工程活动都比较简单。如混凝土工程按体积、管道按长度、预制件按数量、土石方按体积或运载量等计算。特别是当项目的任务仅为完成某个分部工程时,以此为指标能比较客观地反映实际状况。

(3)共同适用的某个工程计量单位:由于一个工程有不同的工作单元、子项目,它们具有不同性质的工程任务,必须挑选一个共同的、对所有工作单元都适用的计量单位,最常用的有劳动工时的消耗、成本等。它们具有统一性和较好的可比性,即各个工程活动直到整个项目都可用它们作为指标,这样可以统一分析

尺度。

2.工程项目的进度控制

工程项目的进度控制是指对工程项目各阶段的工作内容、工作程序、延续时间和衔接关系编制计划，将该计划付诸实施。

在实施的过程中经常检查实际进度是否按计划要求进行，对出现的偏差分析原因，采取补救措施或调整、修改原计划，使之在下一循环中达到要求，如此循环往复，直至工程竣工，交付使用。

一个工程项目能否在预定的时间内交付使用，直接关系到投资效益的发挥，尤其对建筑企业来说更是如此。因此，对工程项目进度进行有效地控制，使其顺利达到预定的目标，是业主、监理工程师和承包商在进行项目管理时的中心任务和在项目实施过程中的一项必不可少的重要环节。工程进度计划是由施工单位编制的施工组织设计中的必备文件，是实现工程进度控制的目标和标准。因此，考虑项目的约束条件、编制科学的进度计划以及在实施中采用科学的控制方法是实现施工项目进度有效控制的基本保证。

建设工程项目管理有多种类型，代表不同利益方的项目管理(业主方和项目参与各方)都有进度控制的任务，但是，其控制的目标和时间范畴是不相同的。

建设项目是在动态条件下实施的，因此进度控制也就必须是一个动态的管理过程，它包括进度目标的分析和论证，在收集资料和调查研究的基础上编制进度计划和进度计划的跟踪检查与调整。

如只重视进度计划的编制，而不重视进度计划必要的调整，则进度无法得到控制。为了实现进度目标，进度控制的过程也就是随着项目的进展，进度计划不断调整的过程。进度目标分析和论证的目的是论证进度目标是否合理，进度目标有否可能实现。如果经过科学的论证，目标不可能实现，则必须调整目标。进度计划的跟踪检查与调整包括定期跟踪检查所编制的进度计划执行情况，以及若其执行有偏差，则采取纠偏措施，并视必要调整进度计划。

进度控制的目的是通过控制以实现工程的进度目标。

3.工期控制

工期控制与进度控制是两个既互相联系，又有区别的概念。工期控制的目的是使工程实施活动与工期计划在时间上吻合，即保证各工程活动按计划及时开工、按时竣工，保证总工期不推迟。进度控制的总目标与工期控制是一致的，在控制过程中它不仅追求时间上的吻合，而且还追求劳动效率(消耗和劳动成果)的一致性。由于在实际工程中对进度的控制又常常表现为对工期的控制，有效的工期控制才能达到有效的进度控制。

4.进度、质量、费用关系

进度控制是工程项目建设中与质量控制、投资、成本并列的三大目标之一。它们之间有着相互依赖和相互制约的关系:进度加快,需要增加投资,但工程能提前使用就可以提高投资效益;进度加快有可能影响工程质量,而质量控制严格,则有可能影响进度,但如因质量的严格控制而不致返工,又会加快进度。因此,项目管理者在工作中要对三个目标全面系统地加以考虑,正确处理好进度、质量和投资的关系,提高工程建设的综合效益。特别是对一些投资较大的工程,如何确保进度目标的实现,往往对经济效益产生很大影响,尤其需要加以注意。

(二)项目施工进度计划系统

项目施工进度计划系统是由多个相互关联的进度计划组成的系统,它是项目进度控制的依据。由于各种进度计划编制所需要的必要资料是在项目进展过程中逐步形成的,因此项目进度计划系统的建立和完善也有一个过程,它是逐步形成的。

根据项目进度控制不同的需要和不同的用途,可以构建多个不同的建设工程项目进度计划系统,如:由多个相互关联的不同计划深度的进度计划组成的计划系统;由多个相互关联的不同计划功能的进度计划组成的计划系统;由多个相互关联的不同项目参与方的进度计划组成的计划系统;由多个相互关联的不同计划周期的进度计划组成的计划系统。

由不同深度的计划构成进度计划系统,包括:总进度计划;单项工程进度计划;单位工程进度计划等。

由不同功能的计划构成进度计划系统,包括:控制性进度计划;指导性进度计划;实施性进度计划等。

由不同项目参与方的计划构成进度计划系统,包括:业主方编制的整个项目实施的进度计划;专业工程进度计划;施工和设备安装进度计划;采购和供货进度计划等。

由不同周期的计划构成进度计划系统,包括:5 年建设进度计划;年度、季度、月度和旬计划等。

在建设工程项目进度计划系统中,各进度计划或各子系统进度计划编制和调整时必须注意其相互间的联系和协调,如:总进度计划、单项工程进度计划的单位工程进度计划之间的联系和协调;控制性进度计划、指导性进度计划与实施性进度计划之间的联系和协调等。

(三)建设工程项目进度控制的任务

施工方进度控制的任务是依据施工任务委托合同对施工进度的要求控制施工进度,这是施工方履行合同的义务。在进度计划编制方面,施工方应视项目的特点和施工进度控制的需要,编制深度不同的控制性、指导性和实施性施工的进度计划,以及按不同计划周期(年度、季度、月度和旬)的施工计划等,履行合同的义务。

二 进度计划编制方法

(一)横道图进度计划的编制方法

横道图进度计划法是传统的进度计划方法(其编制方法从略)。横道图计划表中的进度线(横道)与时间坐标相对应,这种表达方式较直观,易看懂计划编制的意图。

但是,横道图进度计划法也存在一些问题:工序(工作)之间的逻辑关系可以设法表达,但不易表达清楚;适用于手工编制计划;没有通过严谨的进度计划时间参数计算,不能确定计划的关键工作、关键路线与时差;计划调整只能用手工方式进行,其工作量较大;难以适应大的进度计划系统。

(二)工程网络计划的类型和应用

我国《工程网络计划技术规程》(JGJ/T 121—99)推荐的常用的工程网络计划类型包括:双代号网络计划;单代号网络计划;双代号时标网络计划;单代号搭接网络计划。

双代号网络图是以箭线及其两端节点的编号表示工作的网络图;单代号网络图是以节点及其编号表示工作,以箭线表示工作之间逻辑关系的网络图;双代号时标网络计划是以时间坐标为尺度编制的网络计划;单代号搭接网络计划是前后工作之间有多种逻辑关系的肯定型网络计划。

三 工程项目进度的监测

工程项目进度的监测是指对项目进展状态进行采样,了解其实际进度状况,将实际进度与计划进度比较,确定工程进度是否符合进度目标。它是工程项目进度控制的重要环节,只有及时发现偏差,才能尽早的采取措施。

(一)利用横道图比较法进行进度监测

横道图比较法是指将在项目实施中检查实际进度收集的信息,经整理后直接用横道线并列标于原计划的横道线处进行直观比较的方法。

在比较时,完成任务量可以用实物工程量、劳动消耗量和工作量三种量来表示。为了比较方便,一般用它们实际完成量的累计百分比与计划应完成量的累计百分比进行比较。比较方法如下:

(1)编制横道图进度计划表;

(2)在计划横道图上方标出各主要日期工作的计划完成任务累计百分比;

(3)在计划横道线的下方标出相应日期工作的实际完成任务累计百分比;

(4)用涂黑粗线依次在横道线上方和下方交替地绘制每次检查实际完成的百分比。

横道图虽可用于施工管理,但它仍难准确表示某项作业拖期对其他作业和整个工程的影响,也不能及时采用电子计算机进行跟踪和调整,因此网络计划已成为一种新的替代方法,被广泛用来对工程进行动态管理。

(二)前锋线网络计划管理技术

为了对进度计划的实施进行有效地跟踪检查控制,要求计划具有"易检性",即易于对计划的实施情况进行检查,易于将实际进度与计划进度相比出现偏差以后,接下来的施工就不能按原计划进行了,就需要对原计划进行调整。如果一出现这种情况,便认为计划编了也不用而放弃计划,结果将会使施工陷入无计划状态,使项目施工失控,可是上述误差又是经常会发生的,因此就要求进度计划具有"易改性",即易于调整修改。

易于调整修改本来是网络计划的一个优点,但由于施工进度计划常常采用带有时间坐标的网络图形式,这样时标图在吸取了横道计划图简单、直观的优点的同时,也带来了它的缺点,即修改调整不方便。情况一有变化,就会打乱原计划,原来的时标图就失去了作用,就需要重新绘制。用手工来不断地修改或重画时标图很麻烦,这往往就是实际工作中许多进度计划成为脱离实际的"墙上计划"的主要原因,而且重新画出的时标网络图不便于与原计划进行比较,不能直观地反映出实际进度与原计划的偏差及其发展趋势,也就不便于进行反馈决策。所以,用不断地重画时标图的办法来调整计划也不是好办法。

怎样解决进度计划要经常修改的难题呢?前锋线网络计划管理技术,就是针对这个难题提出来的,是对进度计划进行有效动态管理的一种科学方法。

(三)工程项目进度调整的方式

为了实现进度目标,当工程项目进度控制人员在监测中发现问题后,必须对后续工作的进度计划进行及时调整,以便按新计划实施,保证总目标实现。可行的调整方案可能有多种,究竟采取什么调整方案和调整方式,就必须在对具体的实施进度进行分析的基础上才能确定。工程项目进度调整的方式有:

1.改变工作间的逻辑关系

此种方式是通过改变关键线路和超过计划工期的非关键线路上的有关工作之间的逻辑关系,达到缩短工期的目的。主要调整方法有将依次施工的某些工作改变成平行施工或搭接施工,或改变成划分为若干个施工段的流水施工等。

2.缩短某些工作的持续时间

此种方式是不改变工作间的逻辑关系,只是缩短某些工作的持续时间,从而加快施工进度以保证实现计划工期,这些被压缩持续时间的工作必须是位于因实际施工进度的拖延而引起总工期增长的关键线路和某些非关键线路上的工作,且工作的持续时间必须允许压缩。具体压缩方法就是采用网络计划优化中的工期优化方法和工期,即费用优化方法。

3.改变施工方案

当上述两种方法均无法达到进度控制目标时,只能选择更为先进、快速的施工机具及施工方法,或采取增加劳动力的方法来加快进度。

四 控制进度方法

(一)组织措施

组织是目标能否实现的决定性因素,为实现项目的进度目标,应充分重视健全项目管理的组织体系。在项目组织结构中应有专门的工作部门和符合进度控制岗位资格的专人负责进度控制工作。

进度控制的主要工作环节包括进度目标的分析和论证、编制进度计划、定期跟踪进度计划的执行情况、采取纠偏措施,以及调整进度计划。这些工作任务和相应的管理职能应在项目管理组织设计的任务分工表和管理职能分工表中标示并落实。

应编制项目进度控制的工作流程,如:确定项目进度计划系统的组成;各类进度计划的编制程序、审批程序和计划调整程序等。

进度控制工作包含了大量的组织和协调工作，而会议是组织和协调的重要手段，应进行有关进度控制会议的组织设计，以明确：会议的类型；各类会议的主持人及参加单位和人员；各类会议的召开时间；各类会议文件的整理、分发和确认等。

完善各种影响进度的制度，如：建立进度报告制度和进度信息沟通网络；建立进度协调会议制度；建立进度计划审核制度；建立进度控制检查制度和调度制度；建立进度控制分析制度；建立图纸审查、及时办理工程变更和设计变更手续的措施。

(二)管理措施

建设工程项目进度控制的管理措施涉及管理的思想、管理的方法、管理的手段、承发包模式合同管理和风险管理等。在理顺组织的前提下，科学和严谨的管理显得十分重要。

建设工程项目进度控制在管理观念方面存在的主要问题是：缺乏进度计划系统的观念，分别编制各种独立而互不联系的计划，形成不了计划系统；缺乏动态控制的观念，只重视计划的编制，而不重视及时地进行计划的动态调整；缺乏进度计划多方案比较和选优的观念，合理的进度计划应体现资源的合理使用、工作面的合理安排、有利于提高建设质量、有利于文明施工和有利于合理地缩短建设周期。

采用多级网络计划技术和其他先进适用的计划技术；用工程网络计划的方法编制进度计划必须很严谨地分析和考虑工作之间的逻辑关系，通过工程网络的计算可发现关键工作和关键路线，也可知道非关键工作可使用的时差，工程网络计划的方法有利于实现进度控制的科学化。

承发包模式的选择直接关系到工程实施的组织和协调。为了实现进度目标，应选择合理的合同结构，以避免过多的合同交界面而影响工程的进展。工程物资的采购模式对进度也有直接的影响，对此应作比较分析。

为实现进度目标，不但应进行进度控制，还应注意分析影响工程进度的风险，并在分析的基础上采取风险管理措施，以减少进度失控的风险量。常见的影响工程进度的风险，如：组织风险；管理风险；合同风险；资源(人力、物力和财力)风险；技术风险等。

重视信息技术(包括相应的软件、局域网、互联网以及数据处理设备)在进度控制中的应用。虽然信息技术对进度控制而言只是一种管理手段，但它的应用有利于提高进度信息处理的效率、有利于提高进度信息的透明度、有利于促进进度信息的交流和项目各参与方的协同工作。

(三)经济措施

建设工程项目进度控制的经济措施涉及资源需求计划、资金供应的条件和经济激励措施等。

为确保进度目标的实现,应编制与进度计划相适应的资源需求计划(资源进度计划),包括资金需求计划和其他资源(人力和物力资源)需求计划,以反映工程实施的各时段所需要的资源。通过资源需求的分析,可发现所编制的进度计划实现的可能性,若资源条件不具备,则应调整进度计划。资金需求计划也是工程融资的重要依据。

资金供应条件包括可能的资金总供应量、资金来源(自有资金和外来资金)以及资金供应的时间。

在工程预算中应考虑加快工程进度所需要的资金,其中包括为实现进度目标将要采取的经济激励措施所需要的费用。

进度控制的具体经济方法主要有:承发包合同中写进有关工期和进度的条款;通过招标的进度优惠条件鼓励分包施工单位加快进度;通过工期提前奖励和延期罚款实施进度控制;编制保证时间保证措施;通过物资的供应数量和进度实施进行控制;及时办理预付款及工程进度款支付手续;加强索赔管理等。

用经济方法控制进度应在合同中明确,辅之以科学的核算,使进度控制产生的效果大于为此而进行的投入。

(四)技术措施

建设工程项目进度控制的技术措施涉及对实现进度目标有利的设计技术和施工技术的选用。不同的设计理念、设计技术路线、设计方案会对工程进度产生不同的影响,在设计工作的前期,特别是在设计方案评审和选用时,应对设计技术与工程进度的关系作分析比较。在工程进度受阻时,应分析是否存在设计技术的影响因素,为实现进度目标有无设计变更的可能性。

施工方案对工程进度有直接的影响,在决策期选用时,不仅应分析技术的先进性和经济合理性,还应考虑其对进度的影响。在工程进度受阻时,应分析是否存在施工技术的影响因素,为实现进度目标有无改变施工技术、施工方法和施工机械的可能性;如:组织流水作业,保证作业连续、均衡、有节奏;缩短作业时间、减少技术间歇的技术措施。

第三节 项目质量管理

一 项目质量、质量控制基本概念

建筑企业的产品是建筑物，建筑工程质量的好坏直接关系到企业的生存与发展。因此，现代施工组织中对质量管理十分重视。质量管理虽然由来已久，但随着现代生产和建设的需要及管理思想的不断发展，质量管理的目的、要求、方法也发生了显著的变化。

(一)质量管理发展的三个阶段

质量管理，是指企业为了保证和提高产品质量，为用户提供满意的产品而进行的一系列管理活动。质量管理作为现代管理中的一个十分重要的分支学科，始于20世纪20年代的美国，先后经历了质量检验阶段、统计质量管理阶段、全面质量管理阶段。质量管理在现代企业管理中处于核心地位。现代质量管理实质上就是全面质量管理(TQC)。

1.质量检验阶段

质量检验阶段是质量管理发展的最初阶段，时间大约是20世纪20年代至40年代。这一阶段的质量管理，实质上就是把检验与生产分开，成立专职检验部门，负责产品质量的检验，用检验的方法进行质量管理。这种方法只能控制产品验收时的质量，起到事后把关的作用，在大量的产品中挑出不合格品和废品，以保证产品质量合格。这是一种消极的质量管理方法，它不能预防生产过程中不合格品和废品的产生，同时会使产品的生产成本增加。

2.统计质量管理阶段

统计质量管理阶段是质量管理发展的第二个阶段，时间大约是20世纪40年代至50年代。这一阶段的质量管理，主要运用数理统计方法，从质量波动中找出规律性，消除产生质量波动的异常原因，使生产过程中的每一个环节都控制在正常而又比较理想的状态，从而保证最经济地生产出合格的产品。这种质量管理，一方面应用数理统计的方法；另一方面，着重于生产过程中的质量控制，起到预防和把关相结合的作用。这种质量管理方法由于以积极地事前预防代替消极的事后检验，因此，它的科学性比质量检验阶段有了大幅度的提高。

3.全面质量管理阶段

20世纪60年代以来，随着科学技术的发展，对安全性和可靠性的要求愈来愈高；同时，经济上的竞争也日趋激烈，人们对控制质量的认识有了升华，意识到单纯依靠统计质量管理方法已不能满足要求。因此，在1957年美国通用电气公司质量总经理朱兰·费根堡姆博士首次提出了全面质量管理的概念，并且于1961年出版了《全面质量管理》。该书强调执行质量职能是公司全体人员的责任，应该使全体人员都具有质量的概念和承担质量的责任。而要解决质量问题不能仅限于产品制造过程，在整个产品质量的产生、形成和实现的全过程中都需要进行质量管理，并且解决问题的方法是多种多样的，而不仅限于检验和数理统计方法。他指出："全面质量管理是为了能够在最经济的水平上，并考虑到充分满足顾客要求的条件下进行市场研究、设计、生产和服务，把企业各部门的研制质量、维持质量和提高质量的活动构成为一体的有效体系"。

（二）质量管理的特点和目标

质量管理是制定和实施质量方针的全部管理职能。它是企业全部管理工作的一个重要组成部分，它的职能是负责质量方针的制定和实施。质量管理工作的核心是保证产品能达到相应的技术要求；质量管理工作的依据是相应的技术要求；质量管理工作的效果取决于制造出来的产品符合设计质量要求的程度；质量管理工作的目的是保证和提高质量，使用户和企业都满意。

1973年，英国人彼得·德鲁克在总结战后管理热潮对世界各国经济发展的影响时指出："经济发展和社会发展首先就意味着管理，管理是决定性的因素。凡是在第二次世界大战以后取得经济和社会迅速进步的地方，都是由于系统而有目标地培养管理人员和发展管理的结果。"历史证明：管理已经成为支撑现代社会存在与发展的重要支柱，无论是一个国家或是一个地区，其社会经济发展，都越来越有赖于管理水平的提高。

（三）建设工程项目质量形成的影响因素

1. 质量活动的主体

人的质量意识和质量能力说明人是质量活动的主体，对建设工程项目而言，人是泛指与工程有关的单位、组织及个人，包括：建设单位；勘察设计单位；施工承包单位；监理及咨询服务单位；政府主管及工程质量监督、监测单位；策划者、设计者、作业者、管理者等。

2. 建设项目的决策因素

没有经过资源论证、市场需求预测，盲目建设，重复建设，建成后不能投入生产或使用，所形成的合格而无用途的建筑产品，从根本上是社会资源的极大浪费，不具备质量的适用性特征。同样盲目追求高标准，缺乏质量经济性考虑的决策，也将对工程质量的形成产生不利的影响。

3.建设工程项目勘察因素

包括建设项目技术经济条件勘察和工程岩土地质条件勘察，前者直接影响项目决策，后者直接关系工程设计的依据和基础资料。

4.建设工程项目的总体规划和设计因素

主总体规划关系到土地的合理利用，功能组织和平面布局，竖向设计，总体运输及交通组织的合理性；工程设计具体确定建筑产品或工程目的物的质量目标值，直接将建设意图变成工程蓝图，将适用、经济、美观融为一体，为建设施工提供质量标准和依据。建筑构造与结构的设计合理性、可靠性以及可施工性都直接影响工程质量。

5.建筑材料、构配件及相关工程用品的质量因素

它们是建筑生产的劳动对象。建筑质量的水平在很大程度上取决于材料工业的发展，原材料及建筑装饰装潢材料及其制品的开发，导致人们对建筑消费需求日新月异的变化，因此正确合理选择材料，控制材料、构配件及工程用品的质量规格、性能特性是否符合设计规定标准，直接关系到工程项目的质量形成。

6.工程项目的施工方案

包括施工技术方案和施工组织方案。前者指施工的技术、工艺、方法和机械、设备、模具等施工手段的配置，显然，如果施工技术落后，方法不当，机具有缺陷，都将对工程质量的形成产生影响。后者是指施工程序、工艺顺序、施工流向、劳动组织方面的决定和安排。通常的施工程序是先准备后施工，先场外后场内，先地下后地上，先深后浅，先主体后装修，先土建后安装等等，都应在施工方案中明确，并编制相应的施工组织设计。这些都是对工程项目的质量形成产生影响的重要因素。

7.工程项目的施工环境

包括地质水文气候等自然环境及施工现场的通风、照明、安全卫生防护设施等劳动作业环境，以及由工程承发包合同结构所派生的多单位多专业共同施工的管理关系，组织协调方式及现场施工质量控制系统等构成的管理环境对工程质量的形成产生相当的影响。

（四）建设工程项目质量控制

质量控制是GB/T 19000（等同采用ISO9000—2000）质量管理体系标准的一个质量术语。质量控制是质量管理的一部分，是致力于满足质量要求的一系

列相关活动。

质量控制包括采取的作业技术和管理活动。作业技术是直接产生产品或服务质量的条件；但并不是具备相关作业技术能力，都能产生合格的质量，在社会化大生产的条件下，还必须通过科学的管理，来组织和协调作业技术活动的过程，以充分发挥其质量形成能力，实现预期的质量目标。

质量控制是质量管理的一部分。按照 GB/T 19000 定义，质量管理是指确立质量方针及实施质量方针的全部职能及工作内容，并对其工作效果进行评价和改进的一系列工作。因此，两者的区别在于质量控制是在明确的质量目标条件下通过行动方案和资源配置的计划、实施、检查和监督来实现预期目标的过程。

建设工程项目从本质上说是一项拟建的建筑产品，它和一般产品具有同样的质量内涵，即满足明确和隐含需要的特性之总和。其中明确的需要是指法律法规技术标准和合同等所规定的要求，隐含的需要是指法律法规或技术标准尚未做出明确规定，然而随着经济发展，科技进步及人们消费观念的变化，客观上已存在的某些需求。因此建筑产品的质量也就需要通过市场和营销活动加以识别，以不断进行质量的持续改进。其社会需求是否得到满足或满足的程度如何，必须用一系列定量或定性的特性指标来描述和评价，这就是通常意义上的产品适用性、可靠性、安全性、经济性以及环境的适宜性等。

由于建设工程项目是由业主(或投资者、项目法人)提出明确的需求，然后再通过一次性承发包生产，即在特定的地点建造特定的项目。因此工程项目的质量总目标，是业主建设意图通过项目策划，包括项目的定义及建设规模、系统构成、使用功能和价值、规格档次标准等的定位策划和目标决策来提出的。工程项目质量控制，包括勘察设计、招标投标、施工安装，竣工验收各阶段，均应围绕着致力于满足业主要求的质量总目标而展开。

(五)建设工程项目质量控制的基本原理

1.PDCA 循环原理

PDCA 循环(见图 7-2)，是人们在管理实践中形成的基本理论方法。从实践论的角度看，管理就是确定任务目标，并按照 PDCA 循环原理来实现预期目标。由此可见 PDCA 是目标控制的基本方法。

1)计划 P(Plan)

可以理解为质量计划阶段，明确目标并制订实现目标的行动方案。在建设工程项目的实施中，“计划”是指各相关主体根据其任务目标和责任范围，确定质

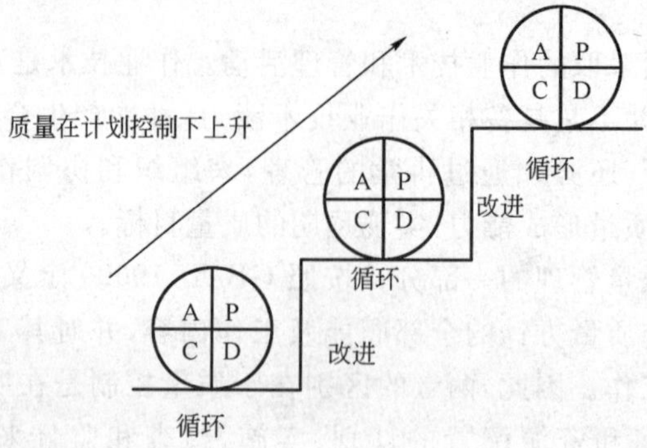

图 7-2 PDCA 循环示意图

量控制的组织制度、工作程序、技术方法、业务流程、资源配置、检验试验要求、质量记录方式、不合格处理、管理措施等具体内容和做法的文件，“计划”还须对其实现预期目标的可行性、有效性、经济合理性进行分析论证，按照规定的程序与权限审批执行。

2)实施 D(Do)

包含两个环节，即计划行动方案的交底和按计划规定的方法与要求展开工程作业技术活动。计划交底目的在于使具体的作业者和管理者，明确计划的意图和要求，掌握标准，从而规范行为，全面地执行计划的行动方案，步调一致地去努力实现预期的目标。

3)检查 C(Check)

指对计划实施过程进行各种检查，包括作业者的自检，互检和专职管理者专检。各类检查都包含两大方面：一是检查是否严格执行了计划的行动方案；实际条件是否发生了变化；不执行计划的原因。二是检查计划执行的结果，即产出的质量是否达到标准的要求，对此进行确认和评价。

4)处置 A(Action)

对于质量检查所发现的质量问题或质量不合格，及时进行原因分析，采取必要的措施，予以纠正，保持质量形成的受控状态。处理分纠偏和预防两个步骤。前者是采取应急措施，解决当前的质量问题；后者是信息反馈管理部门，反思问题症结或计划时的不周，为今后类似问题的质量预防提供借鉴。

为了解决建筑工程中的质量问题，把 PDCA 循环具体分为八个步骤：

(1)分析现状，找出问题；

(2)分析各种问题产生的原因和影响因素；

(3)找出主要的影响因素；

(4)针对主要影响因素，制订措施，提出工作计划并估计效果；

(5)执行措施和计划，即 D(实施)阶段；

(6)检查采取措施后的效果，即 C(检查)阶段；

(7)总结经验，制定相应的标准或制度；

(8)提出尚未解决的问题，转入下一个 PDCA 循环中解决。

以上(1)、(2)、(3)、(4)四个步骤为 P(计划)阶段；(5)为 D(实施)阶段；(6)为 C(检查)阶段；(7)、(8)两个步骤为 A(处理)阶段。

2.三阶段控制原理

就是通常所说的事前控制、事中控制和事后控制。这三阶段控制构成了质量控制的系统过程。

1)事前控制

要求预先进行周密的质量计划。尤其是工程项目施工阶段，制订质量计划或编制施工组织设计或施工项目管理实施规划(目前这三种计划方式基本上并用)，都必须建立在切实可行、有效实现预期质量目标的基础上，作为一种行动方案进行施工部署。目前有些施工企业，尤其是一些资质较低的企业在承建中小型的一般工程项目时，往往把施工项目经理责任制曲解成"以包代管"的模式，忽略了技术质量管理的系统控制，失去企业整体技术和管理经验对项目施工计划的指导和支撑作用，这将造成质量预控的先天性缺陷。

事前控制，其内涵包括两层意思，一是强调质量目标的计划预控，二是按质量计划进行质量活动前的准备工作状态的控制。

2)事中控制

首先是对质量活动的行为约束，即对质量产生过程各项技术作业活动操作者在相关制度管理下的自我行为约束的同时，充分发挥其技术能力，去完成预定质量目标的作业任务；其次是对质量活动过程和结果，来自他人的监督控制，这里包括来自企业内部管理者的检查检验和来自企业外部的工程监理和政府质量监督部门等的监控。

事中控制虽然包含自控和监控两大环节，但其关键还是增强质量意识，发挥操作者自我约束自我控制，即坚持质量标准是根本的，监控或他人控制是必要的补充，没有前者或用后者取代前者都是不正确的。因此在企业组织的质量活动中，通过监督机制和激励机制相结合的管理方法，来发挥操作者更好的自我控制能力，以达到质量控制的效果，是非常必要的。这也只有通过建立和实施质量体系来达到。

3)事后控制

包括对质量活动结果的评价认定和对质量偏差的纠正。从理论上分析,如果计划预控过程所制订的行动方案考虑得越是周密,事中约束监控的能力越强越严格,实现质量预期目标的可能性就越大,理想的状况就是希望做到各项作业活动"一次成功"、"一次交验合格率100%"。但客观上相当部分的工程不可能达到,因为在过程中不可避免地会存在一些计划时难以预料的影响因素,包括系统因素和偶然因素。因此当出现质量实际值与目标值之间超出允许偏差时,必须分析原因,采取措施纠正偏差,保持质量受控状态。

以上三大环节,不是孤立和截然分开的,它们之间构成有机的系统过程,实质上也就是PDCA循环具体化,并在每一次滚动循环中不断提高,达到质量管理或质量控制的持续改进。

3.三全控制管理

三全管理是来自于全面质量管理TQC的思想,同时包容在质量体系标准(GB/T 19000—ISO9000)中,它指生产企业的质量管理应该是全面、全过程和全员参与的。这一原理对建设工程项目的质量控制,同样有理论和实践的指导意义。

1)全面质量控制

是指工程(产品)质量和工作质量的全面控制,工作质量是产品质量的保证,工作质量直接影响产品质量的形成。对于建设工程项目而言,全面质量控制还应该包括建设工程各参与主体的工程质量与工作质量的全面控制。如业主、监理、勘察、设计、施工总包、施工分包、材料设备供应商等,任何一方任何环节的怠慢疏忽或质量责任不到位都会造成对建设工程质量的影响。

2)全过程质量控制

是指根据工程质量的形成规律,从源头抓起,全过程推进。GB/T 19000强调质量管理的"过程方法"管理原则。按照建设程序,建设工程从项目建议书或建设构想提出,历经项目鉴别、选择、策划、可研、决策、立项、勘察、设计、发包、施工、验收、使用等各个有机联系的环节,构成了建设项目的总过程。其中每个环节又由诸多相互关联的活动构成相应的具体过程,因此,必须掌握识别过程和应用"过程方法"进行全过程质量控制。主要的过程有:项目策划与决策过程;勘察设计过程;施工采购过程;施工组织与准备过程;检测设备控制与计量过程;施工生产的检验试验过程;工程质量的评定过程;工程竣工验收与交付过程;工程回访维修服务过程。

3)全员参与控制

从全面质量管理的观点看，无论组织内部的管理者还是作业者，每个岗位都承担着相应的质量职能，一旦确定了质量方针目标，就应组织和动员全体员工参与到实施质量方针的系统活动中去，发挥自己的角色作用。全员参与质量控制作为全面质量所不可或缺的重要手段就是目标管理。目标管理理论认为，总目标必须逐级分解，直到最基层岗位，从而形成自下到上，自岗位个体到部门团队的层层控制和保证关系，使质量总目标分解落实到每个部门和岗位。就企业而言，如果存在哪个岗位没有自己的工作目标和质量目标，说明这个岗位就是多余的，应予调整。

二 全面质量管理

全面质量管理(简称 TQC)，是指企业为了保证和提高产品质量，运用一整套的质量管理体系、手段和方法所进行的全面的、系统的管理活动。它是一种科学的现代质量管理方法。

(一)全面质量管理的特点

管理的内容是全面的。全面质量管理不仅要管好产品质量，而且还要管好与产品质量有关的各项工作质量。如以提高产品质量为中心的各部门人员的工作质量、方针决策的质量、成本质量、生产质量、交货期的质量、销售与服务的质量等，即对全面的质量进行管理。

管理的范围是全面的。管理的范围包括产品设计、制造、辅助生产、供应服务、销售直至使用的全过程的质量管理。从原来只管理生产制造过程扩大到管理市场调查、研制、设计、制造、物资供应、工艺技术、劳动人事、设备安装，以及销售服务等各个环节，即实行全过程的质量管理。

参加管理的人员是全面的。参加质量管理的人员是企业的全体职工。包括企业的领导人员、技术人员、经营管理人员直至每个工人。因为产品质量是企业的职工素质、技术素质、管理素质、领导素质的综合反映。故必须使全体职工明确：质量管理，人人有责。

管理质量的方法是全面的。管理质量的方法是多种多样的管理技术和方法，包括科学的组织工作、数理统计方法的应用、先进的科学技术手段和技术改造措施等，并要求把多种方法结合起来，综合发挥它们的作用。因为影响产品质量的因素错综复杂而且来自各个方面，要把众多的因素系统地控制起来，全面地管好，就必须综合运用不同的管理方法和措施，才能使产品质量长期、稳定地持续提高。

(二)全面质量管理的要求

全面质量管理总的要求是:根据用户的需要,以最经济的办法研制和提供用户满意的产品。具体要求如下:

(1)要真正树立"一切为用户服务,对用户负责"的质量管理思想。树立"一切为用户,对用户负责"的思想,是推行全面质量管理贯串始终的指导思想和根本原则。

(2)要做到"防检结合,以防为主"。全面质量管理的高度预防性是它的重要特点。防检结合,贵在以防为主。"以防为主",就是把所有影响质量的因素,最大限度地控制起来,把不合格品产生的可能性限制在最小的程度。"防"就是实行质量控制。而"防检结合"就是在进行质量控制的过程中,还要进行"把关"和帮助"过关"。在质量管理中,工作的重点应放在预防上,但质量检验仍是不可缺少的。

(3)树立"下道工序是用户"的思想。"下道工序是用户"的思想应体现在三个方面:每道工序的各项工作都经得起下道工序的检查,都能得到下道工序的满意;对本工序发现的质量问题应立足本工序解决,不应寄托下道工序解决;上道工序保证不合格的产品不流入下道工序,其目的是要使企业内所有的上、下工序之间形成一个相互协调、相互促进的质量管理的有机整体。

(4)以数据进行质量管理。一定的质量问题总可以表现为一定的数据。在质量管理中,只要把握住了质量问题的数量界限,就可对质量水平进行评价判断。可以说,全面质量管理是以数据为基础的管理活动。

(三)全面质量管理保证体系的建立

1.质量保证体系的概念

1)质量保证的概念

质量保证,是指企业向用户保证提供产品在规定的期限内能正常使用。按照全面质量管理的观点,质量保证还包括上道工序提供的半成品保证满足下道工序的要求,即上道工序对下道工序实行质量担保。

质量保证体现了生产者与用户之间、上道工序与下道工序之间的关系。通过质量保证,将产品的生产者和使用者密切地联系在一起,促使企业按照用户的要求组织生产,达到全面提高质量的目的。

用户对产品质量的要求是多方面的,它不仅指交货时的产品质量,还包括在使用期限内产品的稳定性以及生产者提供的维修服务质量等。因此，建筑企业的质量保证，包括建筑物交工时的质量和交工以后建筑物在使用阶段提供的维修服务质量等。

由于质量保证的建立，使企业内部各道工序之间、企业与用户之间有了一条质量纽带，带动了各方面的工作，为不断提高产品质量创造了条件。

2)质量保证体系的概念

质量保证不是生产的某一个环节问题，它涉及企业经营管理的各项工作，需要建立完整的系统。所谓质量保证体系，就是企业为保证提高产品质量，运用系统理论和方法建立的一个有机的质量工作系统。

这个系统，把企业各部门、生产经营各环节的质量管理职能组织起来，形成一个目标明确、权责分明、相互协调的整体，从而使企业的工作质量和产品质量紧密地联系起来；产品生产过程的各道工序紧密地联系在一起；生产过程与使用过程紧密地联系在一起；企业经营管理的各环节紧密地联系在一起。

由于有了质量保证体系，企业便能在生产经营的各环节及时地发现和掌握质量问题，把质量问题消灭在发生之前，实现全面质量管理的目的。

质量保证体系是全面质量管理的核心。全面质量管理实质上就是要建立质量保证体系，并使其正常运转。

2. 质量保证体系的内容

建立质量保证体系，必须和质量保证的内容相结合。建筑企业的质量保证体系的内容，包括施工准备过程、施工过程和使用过程三个部分的质量保证工作。

1)施工准备过程的质量保证

施工准备过程的质量保证，主要有以下内容：

(1)严格审查图纸。为了避免设计图纸的差错给工程质量带来影响，必须对图纸进行认真地审查。通过审查及早发现错误，采取相应的措施加以纠正。

(2)编制好施工组织设计。编制施工组织设计之前，要认真分析本企业在施工中存在的主要问题和薄弱环节，分析工程的特点，有针对性地提出防范措施，编制出切实可行的施工组织设计，以便指导施工活动。

(3)搞好技术交底工作。在下达施工任务时，必须向执行者进行全面的质量交底，使执行人员了解任务的质量特性，做到心中有数，避免盲目行动。

(4)严格材料、构配件和其他半成品的检验工作。从原材料、构配件、半成品的进场开始，就严格把好质量关，为工程施工提供良好的条件。

(5)施工机械设备的检查维修工作。施工前要搞好施工机械设备的检修工作，使机械设备经常保持良好的技术状态，不致发生机械故障，影响工程质量。

2）施工过程的质量保证

施工过程是建筑产品质量的形成过程，是控制建筑物质量的重要阶段。这个阶段的质量保证工作，主要有以下几项：

（1）加强施工工艺管理。严格按照设计图纸、施工组织设计、施工验收规范、施工操作规程施工，坚持质量标准，保证各分部分项工程的施工质量。

（2）加强施工质量的检查和验收。坚持质量检查和验收制度，按照质量标准和验收规程，对已完工的分部分项工程，特别是隐蔽工程，要及时进行检查和验收。不合格的工程，一律不验收。该返工的就返工，不留隐患。通过检查验收，促使操作人员重视质量问题，严把质量关。质量检查可采取群众自检、互检和专业检查相配合的方法。

（3）掌握工程质量的动态。通过质量统计分析，找出影响质量的主要原因，总结产品质量的变化规律。统计分析是全面质量管理的重要方法，是掌握质量动态的重要手段。针对质量波动的规律，采取相应对策，防止质量事故发生。

3）使用过程的质量保证

建筑物的使用过程，是建筑物质量经受考验的阶段。建筑企业必须保证用户在规定的期限内，正常地使用建筑物。这个阶段，主要有两项质量保证工作：

（1）及时回访。工程交付使用后，企业要组织对用户进行调查回访，认真听取用户对施工质量的意见，收集有关资料，并对用户反馈的信息进行分析，从中发现施工质量问题，了解用户的要求，采取措施加以解决并为以后的工程施工积累经验。

（2）保修。对于施工原因造成的质量问题，建筑企业应负责无偿维修，取得用户的信任；对于设计原因或用户使用不当造成的质量问题，应当协助维修，提供必要的技术服务，以保证用户正常使用。

3.质量保证体系的运行

质量保证体系在实际工程中是按照PDCA循环工作法运行的。

4.质量保证体系的建立

建立质量保证体系，要求做好下列工作：

1）建立质量管理机构

在经理领导下，建立综合性的质量管理机构。质量管理机构的主要任务是：统一组织、协调质量保证体系的活动；编制质量计划并组织实施；检查、督促各部门的质量管理职能；掌握质量保证体系活动动态，协调各环节的关系；开展质量教育，组织群众性的质量管理活动。在建立综合性的质量管理机构的同时，还应设专门的质量检查机构，负责质量检查工作。

2)制定可行的质量计划

质量计划是实现质量目标和具体组织与协调质量管理活动的基本手段，也是企业各部门、生产经营各环节质量工作的行动纲领。企业的质量计划是一个完整的计划体系，既有长远的规划，又有近期的计划；既有企业总体规划，又有各环节、各部门具体的行动计划；既有计划目标，又有实施计划的具体措施。

3)建立质量信息反馈系统

质量信息是质量管理的根本依据，它反映了建筑物质量形成过程的动态。质量管理就是根据信息反馈的问题，采取相应措施，对产品质量形成过程实施控制。没有质量信息，也就谈不上质量管理。企业质量信息主要来自两部分：一是外部信息，包括用户、原材料和构配件供应单位、协作单位、上级组织的信息；二是内部信息，包括施工工艺、各分部分项工程的质量检验结果、质量控制中的问题等。建筑企业必须建立一整套质量信息反馈系统，准确、及时地收集、整理、分析、传递质量信息，为质量管理体系的运转提供可靠的依据。

4)实现质量管理业务标准化

把重复出现的(例行的)质量管理业务归纳整理，制定管理制度，用制度进行管理，实现管理业务的标准化。它主要包括：程序标准化、处理方法规范化、各岗位的业务工作条理化等。通过标准化，使企业各个部门和全体职工，都严格遵循统一的工作程序，协调一致地行动，从而提高工作质量，保证产品质量。

三 建设工程项目施工质量控制

(一)施工质量控制的目标

施工质量控制的总体目标是贯彻执行建设工程质量法规和强制性标准，正确配置施工生产要素和采用科学管理的方法，实现工程项目预期的使用功能和质量标准。这是建设工程参与各方的共同责任。

施工单位的质量控制目标是通过施工全过程的全面质量自控，保证交付满足施工合同及设计文件所规定的质量标准(含工程质量创优要求)的建设工程产品。

(二)施工质量计划的编制

1. 施工质量计划的编制的要求

按照 GB/T 19000 质量管理体系标准，质量计划是质量管理体系文件的组成内容。在合同环境下质量计划是企业向顾客表明质量管理方针、目标及其具体实现的方法、手段和措施,体现企业对质量责任的承诺和实施的具体步骤。

施工质量计划的编制主体是施工承包企业。在总承包的情况下,分包企业的施工质量计划是总包施工质量计划的组成部分。总包有责任对分包施工质量计划的编制进行指导和审核,并承担施工质量的连带责任。

根据建筑工程生产施工的特点,目前我国工程项目施工的质量计划常用施工组织设计或施工项目管理实施规划的文件形式进行编制。

在已经建立质量管理体系的情况下,质量计划的内容必须全面体现和落实企业质量管理体系文件的要求(也可引用质量体系文件中的相关条文),同时结合本工程的特点,在质量计划中编写专项管理要求。

施工质量计划编制完毕,应经企业技术领导审核批准,并按施工承包合同的约定提交工程监理或建设单位批准确认后执行。

2.施工质量计划的内容

施工质量计划的内容一般应包括:

编制依据;工程特点及施工条件分析(合同条件、法规条件和现场条件);履行施工承包合同所必须达到的工程质量总目标及其分解目标;质量管理组织机构、人员及资源配置计划;质量控制及管理组织协调的系统描述;必要的质量控制手段;为确保工程质量所采取的施工技术方案、施工程序;材料设备质量管理及控制措施;工程检测项目计划及方法等。

3.施工质量控制点的设置

施工质量控制点的设置是施工质量计划的重要组成内容。

质量控制点是施工质量控制的重点,凡属关键技术、重要部位、控制难度大、影响大、经验欠缺的施工内容以及新材料、新技术、新工艺、新设备等,均可列为质量控制点,实施重点控制。

施工质量控制点设置的具体方法是,根据工程项目施工管理的基本程序,结合项目特点,在制定项目总体质量计划后,列出各基本施工过程对局部和总体质量水平有影响的项目,作为具体实施的质量控制点。如:高层建筑施工质量管理中,可列出地基处理、工程测量、设备采购、大体积混凝土施工及有关分部分项工程中必须进行重点控制的专题等,作为质量控制重点。又如:在工程功能检测的控制程序中,可设立建筑物构筑物防雷检测、消防系统调试检测、通风设备系统调试等专项质量控制点。

通过质量控制点的设定,质量控制的目标及工作重点就能更加明析。加强事前预控的方向也就更加明确。事前预控包括明确控制目标参数、制定实施规程(包括施工操作规程及检测评定标准)、确定检查项目数量及跟踪检查或批量检查方法、明确检查结果的判断标准及信息反馈要求。

施工质量控制点的管理应该是动态的,一般情况下在工程开工前、设计交底和图纸会审时,可确定一批整个项目的质量控制点,随着工程的展开、施工条件的变化,随时或定期进行控制点范围的调整和更新,始终保持重点跟踪的控制状态。

(三)施工质量控制的过程

施工质量控制的过程,包括施工准备质量控制、施工过程质量控制和施工验收质量控制。

施工准备质量控制是指工程项目开工前的全面施工准备和施工过程中各分部分项工程施工作业前的施工准备(或称施工作业准备)。此外,还包括季节性的特殊施工准备。施工准备质量是属于工作质量范畴,然而它对建设工程产品质量的形成会产生重要的影响。

施工过程的质量控制是指施工作业技术活动的投入与产出过程的质量控制,其内涵包括全过程施工生产及其中各分部分项工程的施工作业过程。

施工验收质量控制是指对已完工程验收时的质量控制,即工程产品质量控制。包括隐蔽工程验收、检验批验收、分项工程验收、分部工程验收、单位工程验收和整个建设工程项目竣工验收过程的质量控制。

施工方作为工程施工质量的自控主体,既要遵循本企业质量管理体系的要求,也要根据其在所承建工程项目质量控制系统中的地位和责任,通过具体项目质量计划的编制与实施,有效地实现自主控制的目标。一般情况下,对施工承包企业而言,无论工程项目的功能类型、结构型式及复杂程度存在着怎样的差异,其施工质量控制过程都可归纳为以下相互作用的八个环节:

工程调研和项目承接:全面了解工程情况和特点,掌握承包合同中工程质量控制的合同条件;施工准备:图纸会审、施工组织设计、施工力量设备的配置等;材料采购;施工生产;试验与检验;工程功能检测;竣工验收;质量回访及保修。

(四)施工生产要素的质量控制

1.影响施工质量的五大要素

(1)劳动主体——人员素质,即作业者、管理者的素质及其组织效果。

(2)劳动对象——材料、半成品、工程用品、设备等的质量。

(3)劳动方法——采取的施工工艺及技术措施的水平。

(4)劳动手段——工具、模具、施工机械、设备等条件。

(5)施工环境——现场水文、地质、气象等自然环境,通风、照明、安全等作业环境以及协调配合的管理环境。

2.劳动主体的控制

劳动主体的质量包括参与工程各类人员的生产技能、文化素养、生理体能、心理行为等方面的个体素质及经过合理组织充分发挥其潜在能力的群体素质。因此,企业应通过择优录用、加强思想教育及技能方面的教育培训;合理组织、严格考核,并辅以必要的激励机制,使企业员工的潜在能力得到最好的组合和充分的发挥。从而保证劳动主体在质量控制系统中发挥主体自控作用。

施工企业控制必须坚持对所选派的项目领导者、组织者进行质量意识教育和组织管理能力训练,坚持对分包商的资质考核和施工人员的资格考核,坚持工种按规定持证上岗制度。

3.劳动对象的控制

原材料、半成品、设备是构成工程实体的基础,其质量是工程项目实体质量的组成部分。故加强原材料、半成品及设备的质量控制,不仅是提高工程质量的必要条件,也是实现工程项目投资目标和进度目标的前提。

对原材料、半成品及设备进行质量控制的主要内容为:控制材料设备性能、标准与设计文件的相符性;控制材料设备各项技术性能指标、检验测试指标与标准要求的相符性;控制材料设备进场验收程序及质量文件资料的齐全程度等。

施工企业应在施工过程中贯彻执行企业质量程序文件中明确材料设备在封样、采购、进场检验、抽样检测及质保资料提交等一系列明确规定的控制标准。

4.施工工艺的控制

施工工艺的先进合理是直接影响工程质量、工程进度及工程造价的关键因素,施工工艺的合理可靠还直接影响到工程施工安全。因此在工程项目质量控制系统中,制订和采用先进合理的施工工艺是工程质量控制的重要环节。对施工方案的质量控制主要包括以下内容:

(1)全面正确地分析工程特征、技术关键及环境条件等资料,明确质量目标、验收标准、控制的重点和难点;

(2)制订合理有效的施工技术方案和组织方案,前者包括施工工艺、施工方法;后者包括施工区段划分、施工流向及劳动组织等;

(3)合理选用施工机械设备和施工临时设施,合理布置施工总平面图和各阶段施工平面图;

(4)选用和设计保证质量和安全的模具、脚手架等施工设备;

(5)编制工程所采用的新技术、新工艺、新材料的专项技术方案和质量管理方案；

(6)为确保工程质量，尚应针对工程具体情况，编写气象地质等环境不利因素对施工的影响及其应对措施。

5.施工设备的控制

对施工所用的机械设备，包括起重设备、各项加工机械、专项技术设备、检查测量仪表设备及人货两用电梯等，应根据工程需要从设备选型、主要性能参数及使用操作要求等方面加以控制。

对施工方案中选用的模板、脚手架等施工设备，除按适用的标准定型选用外，一般需按设计及施工要求进行专项设计，对其设计方案及制作质量的控制与验收应作为重点进行控制。

按现行施工管理制度要求，工程所用的施工机械、模板、脚手架，特别是危险性较大的现场安装的起重机械设备，不仅要对其设计安装方案进行审批，而且安装完毕交付使用前必须经专业管理部门的验收，合格后方可使用。同时，在使用过程中尚需落实相应的管理制度，以确保其安全正常使用。

6.施工环境的控制

环境因素主要包括地质水文状况，气象变化及其他不可抗力因素，以及施工现场的通风、照明、安全卫生防护设施等劳动作业环境等内容。环境因素对工程施工的影响一般难以避免。要消除其对施工质量的不利影响，主要是采取预测预防的控制方法：

对地质水文等方面的影响因素的控制，应根据设计要求，分析场地地质资料，预测不利因素，并会同设计等方面采取相应的措施，如降水排水加固等技术控制方案；

对天气气象方面的不利条件，应在施工方案中制订专项施工方案，明确施工措施，落实人员、器材等方面各项准备以紧急应对，从而控制其对施工质量的不利影响；

对环境因素造成的施工中断，往往也会对工程质量造成不利影响，必须通过加强管理、调整计划等措施，加以控制。

(五)施工作业过程的质量控制

建设工程施工项目是由一系列相互关联、相互制约的作业过程(工序)所构成，控制工程项目施工过程的质量，必须控制全部作业过程，即各道工序的施工质量。

1.施工作业过程质量控制的基本程序

(1)进行作业技术交底,包括作业技术要领、质量标准、施工依据、与前后工序的关系等。

(2)检查施工工序、程序的合理性、科学性,防止工序流程错误,导致工序质量失控。检查内容包括:施工总体流程和具体施工作业的先后顺序,在正常的情况下,要坚持先准备后施工、先深后浅、先土建后安装、先验收后交工等等。

(3)检查工序施工条件,即每道工序投入的材料,使用的工具、设备、操作工艺及环境条件等是否符合施工组织设计的要求。

(4)检查工序施工中人员操作程序、操作质量是否符合质量规程要求。

(5)检查工序施工中间产品的质量,即工序质量、分项工程质量。

(6)对工序质量符合要求的中间产品(分项工程)及时进行工序验收或隐蔽工程验收。

(7)质量合格的工序经验收后可进入下道工序施工;未经验收合格的工序,不得进入下道工序施工。

2.施工工序质量控制要求

工序质量是施工质量的基础,工序质量也是施工顺利进行的关键。为达到对工序质量控制的效果,在工序管理方面应做到:

(1)贯彻预防为主的基本要求,设置工序质量检查点,对材料质量状况、工具设备状况、施工程序、关键操作、安全条件、新材料新工艺的应用、常见质量通病,甚至包括操作者的行为等影响因素列为控制点作为重点检查项目进行预控;

(2)落实工序操作质量巡查、抽查及重要部位跟踪检查等方法,及时掌握施工质量总体状况;

(3)对工序产品、分项工程的检查应按标准要求进行目测、实测及抽样试验的程序,做好原始记录,经数据分析后,及时作出合格及不合格的判断;

(4)对合格工序产品应及时提交监理进行隐蔽工程验收;

(5)完善管理过程的各项检查记录、检测资料及验收资料,作为工程质量验收的依据,并为工程质量分析提供可追溯的依据。

(六)施工质量验收的方法

建设工程质量验收是对已完工的工程实体的外观质量及内在质量按规定程序检查后,确认其是否符合设计及各项验收标准的要求,可交付使用的一个重要环节。正确地进行工程项目质量的检查评定和验收,是保证工程质量的重要手段。

鉴于建设工程施工规模较大，专业分工较多，技术安全要求高等特点，国家相关行政管理部门对各类工程项目的质量验收标准制订了相应的规范，以保证工程验收的质量，工程验收应严格执行规范的要求和标准。

1.工程质量验收分为过程验收和竣工验收，其程序及组织包括

(1)施工过程中，隐蔽工程在隐蔽前通知建设单位(或工程监理)进行验收，并形成验收文件；

(2)分部分项工程完成后，应在施工单位自行验收合格后，通知建设单位(或工程监理)验收，重要的分部分项应请设计单位参加验收；

(3)单位工程完工后，施工单位应自行组织检查、评定，符合验收标准后，向建设单位提交验收申请；

(4)建设单位收到验收申请后，应组织施工、勘察、设计、监理单位等方面人员进行单位工程验收，明确验收结果，并形成验收报告；

(5)按国家现行管理制度，房屋建筑工程及市政基础设施工程验收合格后，尚需在规定时间内，将验收文件报政府管理部门备案。

2.建设工程施工质量验收应符合下列要求

(1)工程质量验收均应在施工单位自行检查评定的基础上进行；

(2)参加工程施工质量验收的各方人员，应该具有规定的资格；

(3)建设项目的施工，应符合工程勘察、设计文件的要求；

(4)隐蔽工程应在隐蔽前由施工单位通知有关单位进行验收，并形成验收文件；

(5)单位工程施工质量应该符合相关验收规范的标准；

(6)涉及结构安全的材料及施工内容，应有按照规定对材料及施工内容进行见证取样的检测资料；

(7)对涉及结构安全和使用功能的重要部分工程，专业工程应进行功能性抽样检测；

(8)工程外观质量应由验收人员通过现场检查后共同确认。

3.建设工程施工质量检查评定验收的基本内容及方法

(1)分部分项工程内容的抽样检查。

(2)施工质量保证资料的检查，包括施工全过程的技术质量管理资料，其中又以原材料、施工检测、测量复核及功能性试验资料为重点检查内容；

(3)工程外观质量的检查。

4.工程质量不符合要求时，应按规定进行处理

(1)经返工或更换设备的工程，应该重新检查验收；

(2)经有资质的检测单位检测鉴定,能达到设计要求的工程,应予以验收;

(3)经返修或加固处理的工程,虽局部尺寸等不符合设计要求,但仍然能满足使用要求,可按技术处理方案和协商文件进行验收;

(4)经返修和加固后仍不能满足使用要求的工程严禁验收。

四 建设工程项目质量的政府监督

(一)建设工程项目质量政府监督的职能

政府对建设工程质量监督的职能包括两大方面:

一是监督工程建设的各方主体(包括建设单位、施工单位、材料设备供应单位、设计勘察单位和监理单位等)的质量行为是否符合国家法律法规及各项制度的规定;

二是监察盘查工程实体的施工质量,尤其是地基基础、主体结构、专业设备安装等涉及结构安全和使用功能的施工质量。

(二)建设工程项目质量政府监督的实施

1.建设工程质量监督申报

在工程项目开工前,监督机构接受建设工程质量监督的申报手续,并对建设单位提供的文件资料进行审查,审查合格签发有关质量监督文件。

2.开工前的质量监督

开工前召开项目参与各方参加的首次监督会议,公布监督方案,提出监督要求,并进行第一次监督检查。监督检查的主要内容为工程参与各方的工程质量保证体系建立和是否完善的情况的审查。具体内容为:

(1)检查项目参与各方的质保体系,包括组织机构、质量控制方案及质量责任制等制度;

(2)审查施工组织设计、监理规划等文件及审批手续;

(3)各方人员的资质证书;

(4)检查的结果记录保存。

3.施工过程中的质量监督

在工程建设全过程,监督机构按照监督方案对项目施工情况进行不定期的检查。其中在基础和结构阶段每月安排监督检查。检查内容为工程参与各方的质量行为及质量责任制的履行情况、工程实体质量和质保资料的检查。

对建设工程项目结构主要部位(如桩基、基础、主体结构)除了常规检查外,在分部工程验收时进行监督,即建设单位将施工、设计、监理、建设方分别签字的质量验收证明在验收后三天内报监督机构备案。

对施工过程中发生的质量问题、质量事故进行查处。根据质量检查状况,对查实的问题签发"质量问题整改通知单"或"局部暂停施工指令单",对问题严重的单位也可根据问题情况发出"临时收缴资质证书通知书"等处理意见。

4.竣工阶段的质量监督

按规定对工程竣工验收备案工作实施监督。

竣工验收前,对质量监督检查中提出质量问题的整改情况进行复查,了解其整改情况;参与竣工验收会议,对验收过程进行监督;编制单位工程质量监督报告,在竣工验收之日起五天内提交竣工验收备案部门。对不符合验收要求的责令改正。对存在问题进行处理,并向备案部门提出书面报告。

5.建立建设工程质量监督档案

建设工程质量监督档案按单位工程建立。要求归档及时,资料记录等各类文件齐全,经监督机构负责人签字后归档,按规定年限保存。

五 工程质量统计分析方法

(一)分层法

由于工程质量形成的影响因素多,因此,对工程质量状况的调查和质量问题的分析,必须分门别类地进行,以便准确有效地找出问题及其原因,这就是分层法的基本思想。

例如一个焊工班组有 A、B、C 三位工人实施焊接作业,共抽检 60 个焊接点,发现有 18 点不合格,占 30%。究竟问题在哪里?根据分层调查的统计数据表 7-1 可知,主要是作业工人 C 的焊接质量影响了总体的质量水平。

分层调查统计数据表 表 7-1

作业工人	抽检点数	不合格点数	个体不合格率(%)	占不合格点总数百分率(%)
A	20	2	10	11
B	20	4	20	22
C	20	12	60	67
合计	60	18	—	30

(二)因果分析图法

因果分析图法,也称为质量特性要因分析法,其基本原理是对每一个质量特性或问题,逐层深入排查可能原因。然后确定其中最主要原因,进行有的放矢的处置和管理。

使用因果分析图法时,应注意的事项是:

(1)一个质量特性或一个质量问题使用一张图分析;

(2)通常采用 QC 小组活动的方式进行,集思广益,共同分析;

(3)必要时可以邀请小组以外的有关人员参与,广泛听取意见;

(4)分析时要充分发表意见,层层深入,列出所有可能的原因;

(5)在充分分析的基础上,由各参与人员采用投票或其他方式,从中选择1~5 项多数人达成共识的最主要原因。

(三)排列图法

在质量管理过程,通过抽样检查或检验试验所得到的质量问题、偏差、缺陷、不合格等统计数据,以及造成质量问题的原因分析统计数据,均可采用排列图方法进行状况描述,它具有直观、主次分明的特点。如表 7-2 表示对某项模板施工精度进行抽样检查,得到 150 个不合格点数的统计数据。然后按照质量特性不合格点数(频数)大到小的顺序,重新整理为表 7-3,并分别计算出累计频数和累计频率。

构件尺寸抽样检查统计表　　表 7-2

序　号	检查项目	不合格点数	序　号	检查项目	不合格点数
1	轴线位置	1	5	平面水平度	15
2	垂直度	8	6	表面平整度	75
3	标高	4	7	预埋设施中心位置	1
4	截面尺寸	45	8	预留孔洞中心位置	1

构件尺寸不合格点顺序排列表　　表 7-3

序　号	项　目	频　数	频　率(%)	累计频率(%)
1	表面平整度	75	50.0	50.0
2	截面尺寸	45	30.0	80.0
3	平面水平度	15	10.0	90.0

续上表

序　号	项　　目	频　数	频　率(%)	累计频率(%)
4	垂直度	8	5.3	95.3
5	标高	4	2.7	98.0
6	其他	3	2.0	100.0
合计		150	100	

根据表 7-3 的统计数据画排列图，并将其中累计频率 0～80%定为 A 类问题，即主要问题，进行重点管理；将累计频率在 80%～90%区间的问题定为 B 类问题，即次要问题，作为次重点管理；将其余累计频率在 90%～100%区间的问题定为 C 类问题，即一般问题，按照常规适当加强管理。以上方法称为 ABC 分类管理法。

(四)直方图法

1. 直方图的主要用途

整理统计数据，了解统计数据的分布特征，即数据分布的集中或离散状况，从中掌握质量能力状态；观察分析生产过程质量是否处于正常、稳定和受控状态以及质量水平是否保持在公差允许的范围内。

2. 直方图法的应用

首先是收集当前生产过程质量特性抽检的数据，然后制作直方图进行观察分析，判断生产过程的质量状况和能力。如表 7-4 为某工程 10 组试块的抗压强度数据 150 个，但很难直接判断其质量状况是否正常、稳定和受控情况，如将其数据整理后绘制成直方图，就可以根据正态分布的特点进行分析判断。如图7-3 所示。

数据整理表(N/mm)　　表 7-4

序　号	抗压强度数据					最大值	最小值
1	39.8	37.7	33.8	31.5	36.1	39.8	31.5
2	37.2	38.0	33.1	39.0	36.0	39.0	33.1
3	35.8	35.2	31.8	37.1	34.0	37.1	31.8
4	39.9	34.3	33.2	40.4	41.2	41.2	33.2
5	39.2	35.4	34.4	38.1	40.3	40.3	34.4
6	42.3	37.5	35.5	39.3	37.3	42.3	35.5

续上表

序号	抗压强度数据					最大值	最小值
7	35.9	42.4	41.8	36.3	36.2	42.4	35.9
8	46.2	37.6	38.3	39.7	38.0	46.2	37.6
9	36.4	38.3	43.4	38.2	38.0	43.4	36.4
10	44.4	42.0	37.9	38.4	39.5	44.4	37.9

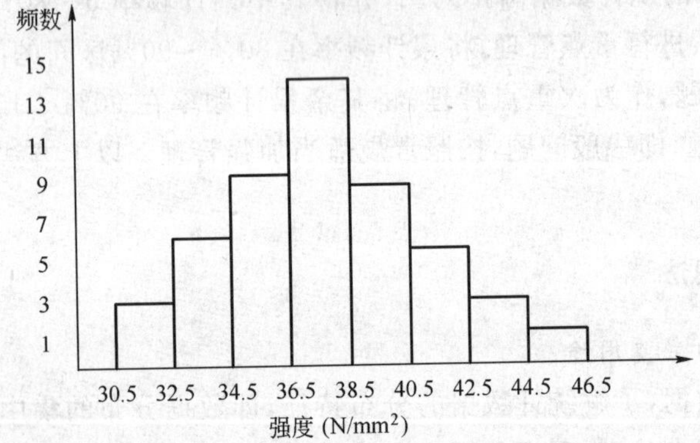

图 7-3　混凝土强度分布直方图

3. 直方图的观察分析之一——形状观察分析

所谓形状观察分析是指将绘制好的直方图形状与正态分布图的形状进行比较分析,一看形状是否相似,二看分布区间的宽窄。直方图的分布形状及分布区间宽窄是由质量特性统计数据的平均值和标准偏差所决定的。

正常直方图呈正态分布,其形状特征是中间高、两边低、成对称,如图 7-4a)所示。正常直方图反应生产过程质量处于正常、稳定状态。数理统计研究证明,当随机抽样方案合理且样本数量足够大时,在生产能力处于正常、稳定状态,质量特性检测数据趋于正态分布。

异常直方图呈偏态分布,常见的异常直方图有:折齿型、陡坡型、孤岛型、双峰型、峭壁型,如图 7-4b)、c)、d)、e)、f)所示,出现异常的原因可能是生产过程存在影响质量的系统因素,或收集整理数据制作直方图的方法不当所致,要具体分析。

4. 直方图的观察分析之二——位置观察分析

所谓位置观察分析是指将直方图的分布位置与质量控制标准的上下限范围进行比较分析。

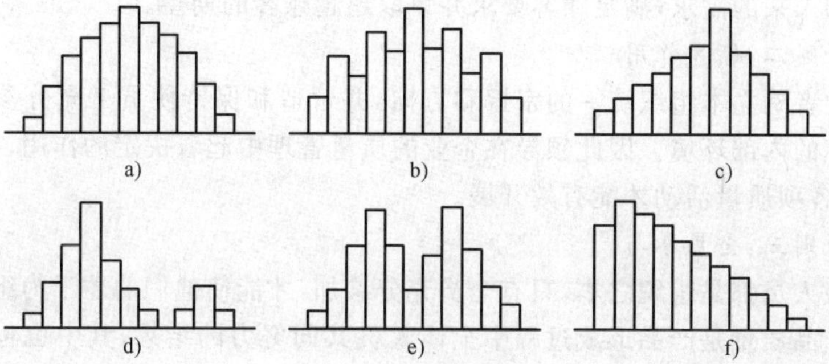

图 7-4　常见的直方图

a)正常型;b)折齿型;c)陡坡型;d)孤岛型;e)双峰型;f)峭壁型

生产过程的质量正常、稳定和受控，还必须在公差标准上、下界限范围内达到质量合格的要求。只有这样的正常、稳定和受控才是经济合理的受控状态。

质量特性数据分布偏下限，易出现不合格，在管理上必须提高总体能力。

质量特性数据的分布充满上下限，质量能力处于临界状态，易出现不合格，必须分析原因，采取措施。

质量特性数据的分布居中且边界与上下限有较大的距离，说明质量能力偏大不经济。

出现超出上下限的数据，说明生产过程存在质量不合格，需要分析原因，采取措施进行纠偏。

六 GB/T 19000—ISO9000(2000 版)质量管理体系标准

(一)质量管理的八项原则

GB/T 19000 质量管理体系标准是我国按等同原则，从 2000 版 ISO9000 族国际标准转化而成的质量管理体系标准。

八项质量管理原则是 2000 版 ISO9000 族标准的编制基础，八项质量管理原则是世界各国质量管理成功经验的科学总结，其中不少内容与我国全面质量管理的经验吻合。它的贯彻执行能促进企业管理水平的提高，并提高顾客对其产品或服务的满意程度，帮助企业达到持续成功的目的。

质量管理八项原则的具体内容：

1. 原则一：以顾客为关注焦点

组织(从事一定范围生产经营活动的企业)依存于其顾客。组织应理解顾客当前的和未来的需求，满足顾客要求并争取超越顾客的期望。

2.原则二：领导作用

领导者确立本组织统一的宗旨和方向，并营造和保持使员工充分参与实现组织目标的内部环境。因此领导在企业的质量管理中起着决定的作用。只有领导重视，各项质量活动才能有效开展。

3.原则三：全员参与

各级人员都是组织之本，只有全员充分参加，才能使他们的才干为组织带来收益。产品质量是产品形成过程中全体人员共同努力的结果，其中也包含着为他们提供支持的管理、检查、行政人员的贡献。企业领导应对员工进行质量意识等各方面的教育，激发他们的积极性和责任感，为其能力、知识、经验的提高提供机会，发挥创造精神，鼓励持续改进，给予必要的物质和精神奖励，使全员积极参与，为达到让顾客满意的目标而奋斗。

4.原则四：过程方法

将相关的资源和活动作为过程进行管理，可以更高效地得到期望的结果。任何使用资源生产活动和将输入转化为输出的一组相关联的活动都可视为过程。2000 版 ISO9000 标准是建立在过程控制的基础上。一般在过程的输入端、过程的不同位置及输出端都存在着可以进行测量、检查的机会和控制点，对这些控制点实行测量、检测和管理，便能控制过程的有效实施。

5.原则五：管理的系统方法

将相互关联的过程作为系统加以识别、理解和管理，有助于组织提高实现其目标的有效性和效率。不同企业应根据自己的特点，建立资源管理、过程实现、测量分析改进等方面的关联关系，并加以控制。即采用过程网络的方法建立质量管理体系，实施系统管理。一般建立实施质量管理体系包括：a. 确定顾客期望；b. 建立质量目标和方针；c. 确定实现目标的过程和职责；d. 确定必须提供的资源；e. 规定测量过程有效性的方法；f. 实施测量确定过程的有效性；g. 确定防止不合格并清除产生原因的措施；h. 建立和应用持续改进质量管理体系的过程。

6.原则六：持续改进

持续改进总体业绩是组织的一个永恒目标，其作用在于增强企业满足质量要求的能力，包括产品质量、过程及体系的有效性和效率的提高。持续改进是增强和满足质量要求能力的循环活动，使企业的质量管理走上良性循环的轨道。

7.原则七：基于事实的决策方法

有效的决策应建立在数据和信息分析的基础上，数据和信息分析是事实的高度提炼。以事实为依据作出决策，可防止决策失误。为此企业领导应重视数据信息的收集、汇总和分析，以便为决策提供依据。

8.原则八：与供方互利的关系

组织与供方是相互依存的，建立双方的互利关系可以增强双方创造价值的能力。供方提供的产品是企业提供产品的一个组成部分。处理好与供方的关系，涉及到企业能否持续稳定提供顾客满意产品的重要问题。因此，对供方不能只讲控制，不讲合作互利，特别是关键供方，更要建立互利关系，这对企业与供方双方都有利。

(二)质量管理体系文件的构成

GB/T 19000质量管理体系标准对质量体系文件的重要性作了专门的阐述，要求企业重视质量体系文件的编制和使用。编制和使用质量体系文件本身是一项具有动态管理要求的活动。因为质量体系的建立、健全要从编制完善体系文件开始，质量体系的运行、审核与改进都是依据文件的规定进行，质量管理实施的结果也要形成文件，作为证实产品质量符合规定要求及质量体系有效的证据。

GB/T 19000质量管理体系对文件提出明确要求，企业应具有完整和科学的质量体系文件。质量管理体系文件一般由以下内容构成：形成文件的质量方针和质量目标；质量手册；质量管理标准所要求的各种生产、工作和管理的程序性文件；质量管理标准所要求的质量记录。以上各类文件的详略程度无统一规定，以适于企业使用，使过程受控为准则。

1.质量方针和质量目标

一般都以简明的文字来表述，是企业质量管理的方向目标，应反映用户及社会对工程质量的要求及企业相应的质量水平和服务承诺，也是企业质量经营理念的反映。

2.质量手册

质量手册是规定企业组织建立质量管理体系的文件，质量手册对企业质量体系作系统、完整和概要的描述。其内容一般包括：企业的质量方针、质量目标；组织机构及质量职责；体系要素或基本控制程序；质量手册的评审、修改和控制的管理办法。

质量手册作为企业质量管理系统的纲领性文件应具备指令性、系统性、协调性、先进性、可行性和可检查性。

3.程序文件

质量体系程序文件是质量手册的支持性文件，是企业各职能部门为落实质量手册要求而规定的细则，企业为落实质量管理工作而建立的各项管理标准、规章制度都属程序文件范畴。各企业程序文件的内容及详略可视企业情况而定。一般有以下六个方面的程序为通用性管理程序，各类企业都应在程序文件中制订下列程序：文件控制程序；质量记录管理程序；内部审核程序；不合格品控制程序；纠正措施控制程序；预防措施控制程序。

除以上六个程序以外，涉及产品质量形成过程各环节控制的程序文件，如：生产过程、服务过程、管理过程、监督过程等管理程序，不作统一规定，可视企业质量控制的需要而制定。

为确保过程的有效运行和控制，在程序文件的指导下，尚可按管理需要编制相关文件，如：作业指导书、具体工程的质量计划等。

4.质量记录

质量记录是产品质量水平和质量体系中各项质量活动进行及结果的客观反映。对质量体系程序文件所规定的运行过程及控制测量检查的内容如实加以记录，用以证明产品质量达到合同要求及质量保证的满足程度。如在控制体系中出现偏差，则质量记录不仅须反映偏差情况，而且应反映出针对不足之处所采取的纠正措施及纠正效果。

质量记录应完整地反映质量活动实施、验证和评审的情况，并记载关键活动的过程参数，具有可追溯性的特点。质量记录以规定的形式和程序进行，并有实施、验证、审核等签署意见。

（三）质量管理体系的建立和运行

质量管理体系的建立是企业按照八项质量管理原则，在确定市场及顾客需求的前提下，制定企业的质量方针、质量目标、质量手册、程序文件及质量记录等体系文件，确定企业在生产（或服务）全过程的作业内容、程序要求和工作标准，并将质量目标分解落实到相关层次、相关岗位的职能和职责中，形成企业质量管理体系执行系统的一系列工作。质量管理体系的建立还包含着组织不同层次的员工培训，使体系工作和执行要求为员工所了解，为形成全员参与的企业质量管理体系的运行创造条件。

质量管理体系的建立需识别并提供实现质量目标和持续改进所需的资源，包括人员、基础设施、环境、信息等。

质量管理体系的运行是在生产及服务的全过程按质量管理文件体系制定的

程序、标准、工作要求及目标分解的岗位职责进行操作运行。

在质量管理体系运行的过程中，按各类体系文件的要求，监视、测量和分析过程的有效性和效率，做好文件规定的质量记录，持续收集、记录并分析过程的数据和信息，全面体现产品的质量和过程符合要求及可追溯的效果。

按文件规定的办法进行管理评审和考核：过程运行的评审考核工作，应针对发现的主要问题，采取必要的改进措施，使这些过程达到所策划的结果和实现对过程的持续改进。

落实质量体系的内部审核程序，有组织有计划开展内部质量审核活动，其主要目的是：评价质量管理程序的执行情况及适用性；揭露过程中存在的问题，为质量改进提供依据；建立质量体系运行的信息；向外部审核单位提供体系有效的证据。

为确保系统内部审核的效果，企业领导应进行决策领导，制定审核政策、计划，组织内审人员队伍，落实内部审核，并对审核发现的问题采取纠正措施和提供人财物等方面的支持。

(四)质量管理体系的认证与监督

1. 质量管理体系认证的意义

质量认证制度是由公正的第三方认证机构对企业的产品及质量体系作出正确可靠的评价，从而使社会对企业的产品建立信心。第三方质量认证制度自20世纪80年代以来已得到世界各国普遍重视，它对供方、需方、社会和国家的利益都具有以下重要意义：

(1)提高供方企业的质量信誉；

(2)促进企业完善质量体系；

(3)增强国际市场竞争能力；

(4)减少社会重复检验和检查费用；

(5)有利于保护消费者利益；

(6)有利于法规的实施。

2. 质量管理体系的申报及批准程序

1)申请和受理

具有法人资格，并已按 GB/T 19000—ISO9000 系统标准或其他国际公认的质量体系规范建立了文件化的质量管理体系，并在生产经营全过程贯彻执行的企业可提出申请。申请单位须按要求填写申请书，认证机构经审查符合要求后接受申请，如不符合则不接受申请，均予发出书面通知书。

2)审核

认证机构派出审核组对申请方质量体系进行检查和评定。包括文件审查、现场审核，并提出审核报告。

3)审批与注册发证

认证机构对审核组提出的审核报告进行全面审查，符合标准者批准并予以注册，发给认证证书（内容包括证书号、注册企业名称地址、认证和质量体系覆盖产品的范围、评价依据及质量保证模式标准及说明、发证机构、签发人和签发日期）。

3.获准认证后的维持与监督管理

企业获准认证的有效期限为三年。企业获准认证后，应通过经常性的内部审核，维持质量管理体系的有效性，并接受认证机构对企业质量体系实施监督管理。获准认证后的质量管理体系，维持与监督管理内容包括：

企业通报：认证合格的企业质量体系在运行中出现较大变化时，需向认证机构通报，认证机构接到通报后，视情况采取必要的监督检查措施。

监督检查：指认证机构对认证合格单位质量维持情况进行监督性现场检查，包括定期和不定期的监督检查。定期检查通常是每年一次，不定期检查视需要临时安排。

认证注销：注销是企业的自愿行为。在企业体系发生变化或证书有效期届满时未提出重新申请等情况下，认证持证者提出注销的，认证机构予以注销，收回体系认证证书。

认证暂停：是认证机构对获证企业质量体系发生不符合认证要求情况时采取的警告措施。认证暂停期间企业不得用体系认证证书作宣传。企业在规定期间采取纠正措施满足规定条件后，认证机构撤销认证暂停。否则将撤销认证注册，收回合格证书。

认证撤销：当获证企业发生质量体系存在严重不符合规定或在认证暂停的规定期限未予整改的，或发生其他构成撤销体系认证资格情况时，认证机构作出撤销认证的决定。企业不服可提出申诉。撤销认证的企业一年后可重新提出认证申请。

复评：认证合格有效期满前，如企业愿继续延长，可向认证机构提出复评申请。

重新换证：在认证证书有效期内，出现体系认证标准变更、体系认证范围变更、体系认证证书持有者变更，可按规定重新换证。

第四节　项目职业健康安全管理

一　建筑工程职业健康安全管理目的、任务和特点

(一)世界经济增长和科学技术发展带来的问题

首先,市场竞争日益加剧,随着经济的高速增长和科学技术的飞速发展,人们为了追求物质文明,生产力得到了高速发展,许多新技术、新材料、新能源涌现,使一些传统的产业和产品生产工艺逐渐消失、新的产业和生产工艺不断产生。但是,在这样一个生产力高速发展的背后,却出现了许多不文明的现象,尤其是在市场竞争日益加剧的情况下,人们往往专注于追求低成本、高利润,而忽视了劳动者的劳动条件和环境的改善,甚至以牺牲劳动者的职业健康安全为代价。

其次,生产事故和劳动疾病有增无减,据国际劳工组织(ILO)统计,全球每年发生各类生产事故和劳动疾病约为2.5亿起,平均每天68.5万起,每分钟就发生475起,其中每年死于职业事故和劳动疾病的人数多达110万人,远远多于交通事故、暴力死亡、局部战争以及艾滋病死亡的人数。特别是发展中国家的劳动事故死亡率比发达国家要高出一倍以上,有少数不发达的国家和地区要高出四倍以上。

(二)职业健康安全管理的目的和任务

建设工程项目的职业健康安全管理的目的是保护产品生产者和使用者的健康与安全。控制影响工作场所内员工、临时工作人员、合同方人员、访问者和其他有关部门人员健康和安全的条件和因素。考虑和避免因使用不当对使用者造成的健康和安全的危害。

职业健康安全管理的任务是建筑生产组织(企业)为达到建筑工程的职业健康安全管理的目的指挥和控制组织的协调活动,包括制定、实施、实现、评审和保持职业健康安全方针所需的组织机构、计划活动、职责、惯例、程序、过程和资源。如表7-5所示。表中有2行7列,构成了实现职业健康安全方针的14个方面的管理任务。不同的组织(企业)根据自身的实际情况制定方针,为实施、实现、评审和保持(持续改进)建立组织机构、策划活动、明确职责、遵守有关法律法规和惯例、编制程序控制文件,实行过程控制并提供人员、设备、资金和信息资源,保

证职业健康安全管理任务的完成。对于职业健康安全密切相关的任务,可一同完成。

职业健康安全管理的任务 表7-5

项　目	组织机构	计划活动	职责	惯例(法律法规)	程序文件	过程	资源
职业健康安全方针							

二 建设工程职业健康安全管理的特点

(一)建筑产品的固定性和生产的流动性及受外部环境影响因素多,决定了职业健康安全管理的复杂性

(1)建筑产品生产过程中生产人员、工具与设备的流动性,主要表现为:

①同一工地不同建筑之间流动;

②同一建筑不同建筑部位上流动;

③一个建筑工程项目完成后,又要向另一新项目动迁的流动。

(2)建筑产品受不同外部环境影响的因素多,主要表现为:

①露天作业多;

②气候条件变化的影响;

③工程地质和水文条件的变化;

④地理条件和地域资源的影响。

由于生产人员、工具和设备的交叉和流动作业,受不同外部环境的影响因素多,使健康安全管理很复杂,稍有考虑不周就会出现问题。

(二)产品的多样性和生产的单件性决定了职业健康安全管理的多样性

建筑产品的多样性决定了生产的单件性。每一个建筑产品都要根据其特定要求进行施工,主要表现是:

(1)不能按同一图纸、同一施工工艺、同一生产设备进行批量重复生产;

(2)施工生产组织及机构变动频繁,生产经营的"一次性"特征特别突出;

(3)生产过程中试验性研究课题多,所碰到的新技术、新工艺、新设备、新材料给职业健康安全管理带来不少难题。

因此,对于每个建设工程项目都要根据其实际情况,制定健康安全管理计划,不可相互套用。

(三)产品生产过程的连续性和分工性决定了职业健康安全管理的协调性

建筑产品不能像其他许多工业产品一样可以分解为若干部分同时生产，而必须在同一固定场地按严格程序连续生产，上一道程序不完成，下一道程序不能进行(如基础—主体—屋顶)，上一道工序生产的结果往往会被下一道工序所掩盖，而且每一道程序由不同的人员和单位来完成。因此，在职业健康安全管理中要求各单位和各专业人员横向配合和协调，共同注意产品生产过程接口部分的健康安全和环境管理的协调性。

(四)产品的委托性决定了职业健康安全管理的不符合性

建筑产品在建造前就确定了买主，按建设单位特定的要求委托进行生产建造。而建设工程市场在供大于求的情况下，业主经常会压低标价，造成产品的生产单位对健康安全管理的费用投入的减少，不符合健康安全管理有关规定的现象时有发生。这就要建设单位和生产组织都必须重视对健康安全和环保费用的投入，不可不符合健康安全管理的要求。

(五)产品生产的阶段性决定职业健康安全管理的持续性

一个建设工程项目从立项到投产使用要经历五个阶段，即设计前的准备阶段(包括项目的可行性研究和立项)、设计阶段、施工阶段、使用前的准备阶段(包括竣工验收和试运行)、保修阶段。这五个阶段都要十分重视项目的安全和环境问题，持续不断地对项目各个阶段可能出现的安全和环境问题实施管理。否则，一旦在某个阶段出现安全问题和环境问题就会造成投资的巨大浪费，甚至造成工程项目建设的夭折。

三 建设工程施工安全控制的特点、程序和基本要求

(一) 安全控制的概念

安全生产是指使生产过程处于避免人身伤害、设备损坏及其他不可接受的损害风险(危险)的状态。

不可接受的损害风险(危险)通常是指：超出了法律、法规和规章的要求；超出了方针、目标和企业规定的其他要求；超出了人们普遍接受(通常是隐含的)要求。

因此，安全与否要对照风险接受程度来判定，是一个相对性的概念。

安全控制是通过对生产过程中涉及到的计划、组织、监控、调节和改进等一系列致力于满足生产安全所进行的管理活动。

(二) 安全控制的方针与目标

安全控制的目的是为了安全生产，因此安全控制的方针也应符合安全生产的方针，即："安全第一，预防为主"。

"安全第一"是把人身的安全放在首位，安全为了生产，生产必须保证人身安全，充分体现了"以人为本"的理念。

"预防为主"是实现安全第一的最重要手段，采取正确的措施和方法进行安全控制，从而减少甚至消除事故隐患，尽量把事故消灭在萌芽状态，这是安全控制最重要的思想。

安全控制的目标是减少和消除生产过程中的事故，保证人员健康安全和财产免受损失。具体可包括：减少或消除人的不安全行为的目标；减少或消除设备、材料的不安全状态的目标；改善生产环境和保护自然环境的目标；安全管理的目标。

(三) 施工安全控制的特点

1. 控制面广

由于建设工程规模较大，生产工艺复杂、工序多，在建造过程中流动作业多，高处作业多，作业位置多变，遇到的不确定因素多，安全控制工作涉及范围大，控制面广。

2. 控制的动态性

由于建设工程项目的单件性，使得每项工程所处的条件不同，所面临的危险因素和防范措施也会有所改变，员工在转移工地后，熟悉一个新的工作环境需要一定的时间，有些工作制度和安全技术措施也会有所调整，员工同样有个熟悉的过程。

建设工程项目施工的分散性。因为现场施工是分散于施工现场的各个部位，尽管有各种规章制度和安全技术交底的环节，但是面对具体的生产环境时，仍然需要自己的判断和处理，有经验的人员也必须适应不断变化的情况。

3. 控制系统交叉性

建设工程项目是开放系统，受自然环境和社会环境影响很大，安全控制需要把工程系统和环境系统及社会系统结合。

4. 控制的严谨性

安全状态具有触发性，其控制措施必须严谨，一旦失控，就会造成损失和伤害。

（四）施工安全控制的程序

施工安全控制的程序如图 7-5 所示。

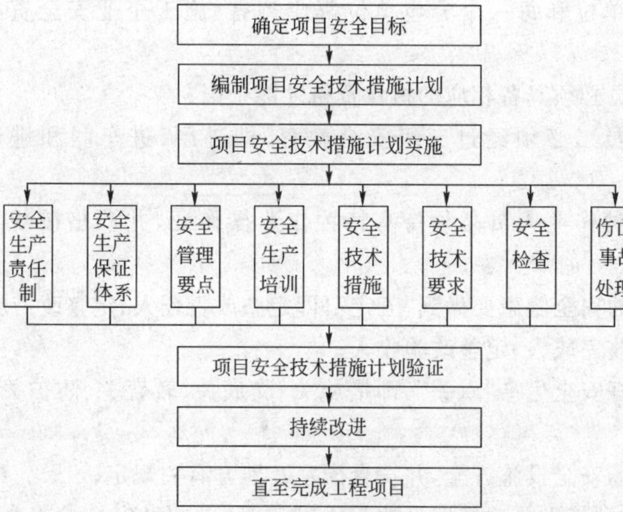

图 7-5　施工安全控制程序

1. 确定项目的安全目标

按“目标管理”方法在以项目经理为首的项目管理系统内进行分解，从而确定每个岗位的安全目标，实现全员安全控制。

2. 编制项目安全技术措施计划

对生产过程中的不安全因素，用技术手段加以消除和控制，并用文件化的方式表示，这是落实“预防为主”方针的具体体现，是进行工程项目安全控制的指导性文件。

3. 安全技术措施计划的落实和实施

包括建立健全安全生产责任制、设置安全生产设施、进行安全教育和培训、沟通和交流信息、通过安全控制使生产作业的安全状况处于受控状态。

4. 安全技术措施计划的验证

包括安全检查、纠正不符合情况，并做好检查记录工作。根据实际情况补充和修改安全技术措施。

5. 持续改进，直至完成建设工程项目的所有工作

(五) 施工安全控制的基本要求

(1)必须取得安全行政主管部门颁发的《安全施工许可证》后才可开工；

(2)总承包单位和每一个分包单位都应持有《施工企业安全资格审查认可证》；

(3)各类人员必须具备相应的执业资格才能上岗；

(4)所有新员工必须经过三级安全教育，即进厂、进车间和进班组的安全教育；

(5)特殊工种作业人员必须持有特种作业操作证，并严格按规定定期进行复查；

(6)对查出的安全隐患要做到"五定"，即定整改责任人、定整改措施、定整改完成时间、定整改完成人、定整改验收人；

(7)必须把好安全生产"六关"，即措施关、交底关、教育关、防护关、检查关、改进关；

(8)施工现场安全设施齐全，并符合国家及地方有关规定；

(9)施工机械(特别是现场安设的起重设备等)必须经安全检查合格后方可使用。

四 建设工程施工安全控制的方法

(一) 危险源的概念

1. 危险源的定义

危险源是可能导致人身伤害或疾病、财产损失、工作环境破坏或这些情况组合的危险因素和有害因素。危险因素强调突发性和瞬间作用的因素，有害因素强调在一定时期内的慢性损害和累积作用。

危险源是安全控制的主要对象，所以，有人把安全控制也称为危险控制或安全风险控制。

2. 两类危险源

在实际生活和生产过程中的危险源是以多种多样的形式存在，危险源导致事故可归结为能量的意外释放或有害物质的泄漏。根据危险源在事故发生发展中的作用把危险源分为两大类。即第一类危险源和第二类危险源。

(1)第一类危险源

可能发生意外释放的能量的载体或危险物质称作第一类危险源。能量或危险物质的意外释放是事故发生的物理本质。通常把产生能量的能量源或拥有能量的能量载体作为第一类危险源来处理。

(2)第二类危险源

造成约束、限制能量措施失效或破坏的各种不安全因素称作第二类危险源。在生产、生活中,为了利用能量,人们制造了各种机器设备,让能量按照人们的意图在系统中流动、转换和做功为人类服务,而这些设备设施又可以看成是限制约束能量的工具。正常情况下,生产过程中的能量或危险物质受到约束或限制,不会发生意外释放,即不会发生事故。但是,一旦这些约束或限制能量或危险物质的措施受到破坏或失效(故障),则将发生事故。第二类危险源包括人的不安全行为、物的不安全状态和不良环境条件三个方面。

(3)危险源与事故

事故的发生是两类危险源共同作用的结果,第一类危险源是事故发生的前提,第二类危险源的出现是第一类危险源导致事故的必要条件。在事故的发生和发展过程中,两类危险源相互依存,相辅相成。第一类危险源是事故的主体,决定事故的严重程度,决定事故发生的可能性大小。

(二) 危险源控制的方法

1. *危险源辨识的方法*

(1)专家调查法

专家调查法是通过向有经验的专家咨询、调查、辨识、分析和评价危险源的一类方法,其优点是简便、易行,其缺点是受专家的知识、经验和占有资料的限制,可能出现遗漏。常用的有:头脑风暴法(Brain storming)和德尔菲(Delphi)法。

头脑风暴法是通过专家创造性的思考,从而产生大量的观点、问题和议题的方法。其特点是多人讨论,集思广益,可以弥补个人判断的不足,常采取专家会议的方式来相互启发、交换意见,使危险、危害因素的辨识更加细致、具体。常用于目标比较单纯的议题,如果涉及面较广,包含因素多,可以分解目标,再对单一目标或简单目标使用本方法。

德尔菲法是采用背对背的方式对专家进行调查,其特点是避免了集体讨论中的从众性倾向,更代表专家的真实意见。要求对调查的各种意见进行汇总统计处理,再反馈给专家反复征求意见。

(2)安全检查表(SCL)法

安全检查表(Safety Check List)实际上就是实施安全检查和诊断项目的明细表。运用编制好的安全检查表,进行系统的安全检查,辨识工程项目存在的危险源。检查表的内容一般包括分类项目、检查内容及要求、检查以后处理意见等。可以用"是"、"否"作回答或"√"、"×"符号作标记,同时注明检查日期,并由检查人员和被检单位同时签字。

安全检查表法的优点是:简单易懂、容易掌握,可以事先组织专家编制检查项目,使安全检查做到系统化、完整化。缺点是一般只能做出定性评价。

2. 风险评价方法

风险评价是评估危险源所带来的风险大小及确定风险是否可容许的全过程。根据评价结果对风险进行分级,按不同级别的风险有针对性地采取风险控制措施。以下介绍两种常用的风险评价方法。

(1)方法 1

将安全风险的大小用事故发生的可能性(ρ)与发生事故后果的严重程度(f)的乘积来衡量,如式(7-1)。

$$R=\rho\cdot f \tag{7-1}$$

式中:R——风险大小;

ρ——事故发生的概率(频率);

f——事故后果的严重程度。

根据上述的估算结果,可按表 7-6 对风险的大小进行分级。

风 险 分 级 表 表 7-6

风险级别(大小)后果(f) / 可能性(p)	轻度损失(轻微伤害)	中度损失(伤害)	重大损失(严重伤害)
很大	III	IV	V
中等	II	III	IV
极小	I	II	III

表中:I-可忽略风险;II-可容许风险;III-中度风险;IV-重大风险;V-不容许风险。

(2)方法 2

将可能造成安全风险的大小用事故发生的可能性(L)、人员暴露于危险环境中的频繁程度(E)和事故后果(C)三个自变量的乘积衡量,如式(7-2):

$$S=L\cdot E\cdot C \tag{7-2}$$

式中:S——风险大小;

L——事故发生的可能性,按表 7-7 所给的定义取值;

E——人员暴露于危险环境中的频繁程度,按表 7-8 所给的定义取值;

C——事故后果的严重程度，按表 7-9 所给的定义取值。

此方法因为引用了 L、E、C 三个自变量，故也称为 LEC 方法。

根据经验，危险性(S)的值在 20 分以下为可忽略风险；危险性分值在 20～70 之间为可容许风险；危险性分值在 70～160 之间为中度风险；危险性的值在 160～320 之间为重大风险。当危险性值大于 320 的为不容许风险。

事故发生的可能性(L) 表 7-7

分数值	事故发生的可能性	分数值	事故发生的可能性
10	必然发生的	0.5	很不可能、可以设想
6	相当可能	0.2	极不可能
3	可能、但不经常	0.1	实际不可能
1	可能性极小、完全意外		

暴露于危险环境的频繁程度(E) 表 7-8

分数值	人员暴露于危险环境的频繁程度	分数值	人员暴露于危险环境的频繁程度
10	连续暴露	2	每月一次暴露
6	每天工作时间内暴露	1	每年几次暴露
3	每周一次暴露	0.5	非常罕见的暴露

发生事故产生的后果(C) 表 7-9

分数值	事故发生产生的后果	分数值	事故发生产生的后果
100	大灾难，许多人死亡	7	严重，重伤
40	灾难，多人死亡	3	较严重，受伤较重
15	非常严重，一人死亡	1	引人关注，较轻

3. 危险源的控制方法

(1)第一类危险源的控制方法

防止事故发生的方法：消除危险源、限制能量或危险物质、隔离。

避免或减少事故损失的方法：隔离、个体防护、设置薄弱环节、使能量或危险物质按人们的意图释放、避难与援救措施。

(2)第二类危险源的控制方法

减少故障：增加安全系数、提高可靠性、设置安全监控系统。

故障—安全设计：包括故障—消极方案(即故障发生后，设备、系统处于最低能量状态，直到采取校正措施之前不能运转)；故障—积极方案(即故障发生后，在没有采取校正措施之前使系统、设备处于安全的能量状态之下)；故障—正常方案(即保证在采取校正行动之前,设备、系统正常发挥功能)。

4. 危险源控制的策划原则

(1)尽可能完全消除有不可接受风险的危险源,如用安全品取代危险品。

(2)如果是不可能消除有重大风险的危险源,应努力采取降低风险的措施,如使用低压电器等。

(3)在条件允许时,应使工作适合于人,如考虑降低人的精神压力和体能消耗。

(4)应尽可能利用技术进步来改善安全控制措施。

(5)应考虑保护每个工作人员的措施。

(6)将技术管理与程序控制结合起来。

(7)应考虑引入诸如机械安全防护装置的维护计划的要求。

(8)在各种措施还不能绝对保证安全的情况下,作为最终手段,还应考虑使用个人防护用品。

(9)应有可行、有效的应急方案。

(10)预防性测定指标是否符合监视控制措施计划的要求。

不同的组织可根据不同的风险量选择适合的控制策略。表 7-10 为简单的风险控制策划表。

风险控制策划表　　表 7-10

风　险	措　施
可忽略的	不采取措施且不必保留文件记录
可容许的	不需要另外的控制措施,应考虑投资效果更佳的解决方案或不增加额外成本的改进措施,需要监视来确保控制措施得以维持
中度的	应努力降低风险,但应仔细测定并限定预防成本,并在规定的时间期限内实施降低风险的措施。在中度风险与严重伤害后果相关的场合,必须进一步地评价,以更准确地确定伤害的可能性,以确定是否需要改进控制措施
重大的	直至风险降低后才能开始工作。为降低风险有时必须配给大量的资源。当风险涉及正在进行中的工作时,就应采取应急措施
不容许的	只有当风险已经降低时,才能开始或继续工作。如果无限的资源投入也不能降低风险,就必须禁止工作

(三)施工安全技术措施计划及其实施

1. 建设工程施工安全技术措施

建设工程施工安全技术措施计划的主要内容包括:工程概况,控制目标,控制程序，组织机构，职责权限，规章制度，资源配置，安全措施，检查评价，奖惩制度等。

编制施工安全技术措施计划时，对于某些特殊情况应考虑：

对结构复杂、施工难度大、专业性较强的工程项目，除制定项目总体安全保证计划外，还必须制定单位工程或分部分项工程的安全技术措施；

对高处作业、井下作业等专业性强的作业，电器、压力容器等特殊工种作业，应制定单项安全技术规程，并应对管理人员和操作人员的安全作业资格和身体状况进行合格检查。

制定和完善施工安全操作规程，编制各施工工种，特别是危险性较大工种的安全施工操作要求，作为规范和检查考核员工安全生产行为的依据。

施工安全技术措施：施工安全技术措施包括安全防护设施的设置和安全预防措施，主要有17方面的内容，如防火、防毒、防爆、防洪、防尘、防雷击、防触电、防坍塌、防物体打击、防机械伤害、防起重设备滑落、防高空坠落、防交通事故、防寒、防暑、防疫、防环境污染等方面措施。

2. 施工安全技术措施计划的实施

(1)安全生产责任制

建立安全生产责任制是施工安全技术措施计划实施的重要保证。

安全生产责任制是指企业对项目经理部各级领导、各个部门、各类人员所规定的在他们各自职责范围内对安全生产应负责任的制度。

(2)安全教育的要求

广泛开展安全生产的宣传教育，使全体员工真正认识到安全生产的重要性和必要性，懂得安全生产和文明施工的科学知识，牢固树立安全第一的思想，自觉地遵守各项安全生产法律法规和规章制度。

把安全知识、安全技能、设备性能、操作规程、安全法规等作为安全教育的主要内容。

建立经常性的安全教育考核制度，考核成绩要记入员工档案。

电工、电焊工、架子工、司炉工、爆破工、机操工、起重工、机械司机、机动车辆司机等特殊工种工人，除一般安全教育外，还要经过专业安全技能培训，经考试合格持证后，方可独立操作。

采用新技术、新工艺、新设备施工和调换工作岗位时，也要进行安全教育，未经安全教育培训的人员不得上岗操作。

(3)安全技术交底

安全技术交底的基本要求：

项目经理部必须实行逐级安全技术交底制度，纵向延伸到班组全体作业人员；

技术交底必须具体、明确，针对性强；

技术交底的内容应针对分部分项工程施工中给作业人员带来的潜在危害和存在问题；

应优先采用新的安全技术措施；

应将工程概况、施工方法、施工程序、安全技术措施等向工长、班组长进行详细交底；

定期向由两个以上作业队和多工种进行交叉施工的作业队伍进行书面交底；

保持书面安全技术交底签字记录。

安全技术交底主要内容：

本工程项目的施工作业特点和危险点；

针对危险点的具体预防措施；

应注意的安全事项；

相应的安全操作规程和标准；

发生事故后应及时采取的避难和急救措施。

(四) 安全检查

工程项目安全检查的目的是为了消除隐患、防止事故、改善劳动条件及提高员工安全生产意识的重要手段，是安全控制工作的一项重要内容。通过安全检查可以发现工程中的危险因素，以便有计划地采取措施，保证安全生产。施工项目的安全检查应由项目经理组织，定期进行。

1. 安全检查的类型

安全检查可分为日常性检查、专业性检查、季节性检查、节假日前后的检查和不定期检查。

(1)日常性检查

日常性检查即经常的、普遍的检查。企业一般每年进行1～4次；工程项目组、车间、科室每月至少进行一次；班组每周、每班次都应进行检查。专职安全技术人员的日常检查应该有计划，针对重点部位周期性地进行。

(2)专业性检查

专业性检查是针对特种作业、特种设备、特殊场所进行的检查，如电焊、气焊、起重设备、运输车辆、锅炉压力容器、易燃易爆场所等。

（3）季节性检查

季节性检查是指根据季节特点，为保障安全生产的特殊要求所进行的检查。如春季风大，要着重防火、防爆；夏季高温多雨雷电，要着重防暑、降温、防汛、防雷击、防触电；冬季着重防寒、防冻等。

（4）节假日前后的检查

节假日前后的检查是针对节假日期间容易产生麻痹思想的特点而进行的安全检查，包括节日前进行安全生产综合检查，节日后要进行遵章守纪的检查等。

（5）不定期检查

不定期检查是指在工程或设备开工和停工前，检修中，工程或设备竣工及试运转时进行的安全检查。

2. 安全检查的注意事项

（1）安全检查要深入基层、紧紧依靠职工，坚持领导与群众相结合的原则，组织好检查工作。

（2）建立检查的组织领导机构，配备适当的检查力量，挑选具有较高技术业务水平的专业人员参加。

（3）做好检查的各项准备工作，包括思想、业务知识、法规政策和检查设备、奖金的准备。

（4）明确检查的目的和要求。既要严格要求，又要防止一刀切，要从实际出发，分清主、次矛盾，力求实效。

（5）把自查与互查有机结合起来。基层以自检为主，企业内相应部门间互相检查，取长补短，相互学习和借鉴。

（6）坚持查改结合。检查不是目的，只是一种手段，整改才是最终目的。发现问题，要及时采取切实有效的防范措施。

（7）建立检查档案。结合安全检查表的实施，逐步建立健全检查档案，收集基本的数据，掌握基本安全状况，为及时消除隐患提供数据，同时也为以后的职业健康安全检查奠定基础。

（8）在制定安全检查表时，应根据用途和目的具体确定安全检查表的种类。安全检查表的主要种类有：设计用安全检查表；厂级安全检查表；车间安全检查表；班组及岗位安全检查表；专业安全检查表等。制定安全检查表要在安全技术部门的指导下，充分依靠职工来进行。初步制定出来的检查表，要经过群众的讨论，反复试行，再加以修订，最后由安全技术部门审定后方可正式实行。

3. 安全检查的主要内容

（1）查思想：主要检查企业的领导和职工对安全生产工作的认识。

(2)查管理:主要检查工程的安全生产管理是否有效。主要内容包括:安全生产责任制,安全技术措施计划,安全组织机构,安全保证措施,安全技术交底,安全教育,持证上岗,安全设施,安全标志,操作规程,违规行为,安全记录等。

(3)查隐患:主要检查作业现场是否符合安全生产、文明生产的要求。

(4)查整改:主要检查对过去提出问题的整改情况。

(5)查事故处理:对安全事故的处理应达到查明事故原因、明确责任并对责任者作出处理、明确和落实整改措施等要求。同时还应检查对伤亡事故是否及时报告、认真调查、严肃处理。

安全检查的重点是违章指挥和违章作业。安全检查后应编制安全检查报告,说明已达标项目,未达标项目,存在问题,原因分析,纠正和预防措施。

4. 项目经理部安全检查的主要规定

定期对安全控制计划的执行情况进行检查、记录、评价和考核。对作业中存在的不安全行为和隐患,签发安全整改通知,由相关部门制定整改方案,落实整改措施,实施整改后应予复查。

根据施工过程的特点和安全目标的要求确定安全检查的内容。安全检查应配备必要的设备或器具,确定检查负责人和检查人员,并明确检查的方法和要求。检查应采取随机抽样、现场观察和实地检测的方法,并记录检查结果,纠正违章指挥和违章作业。对检查结果进行分析,找出安全隐患,确定危险程度。

编写安全检查报告并上报。

五 建设工程职业健康安全事故的分类和处理

(一) 建设工程职业健康安全事故的分类

职业健康安全事故分两大类型,即职业伤害事故与职业病。

职业伤害事故是指因生产过程及工作原因或与其相关的其他原因造成的伤亡事故。

1. 按照职业伤害事故发生的原因分类

按照我国《企业伤亡事故分类》(GB 6441—1986)标准规定,职业伤害事故分为20类:

物体打击、车辆伤害、机械伤害、起重伤害、触电、淹溺、灼烫、火灾、高处坠落、坍塌、冒顶片帮、透水、放炮、火药爆炸、瓦斯爆炸、锅炉爆炸、容器爆炸、其他爆炸、中毒和窒息、其他伤害。

2. 按职业伤害事故后果严重程度分类

(1)轻伤事故:造成职工肢体或某些器官功能性或器质性轻度损伤,表现为劳动能力轻度或暂时丧失的伤害,一般每个受伤人员休息1个工作日以上,105个工作日以下。

(2)重伤事故:一般指受伤人员肢体残缺或视觉、听觉等器官受到严重损伤,能引起人体长期存在功能障碍或劳动能力有重大损失的伤害,或者造成每个受伤人损失105工作日以上的失能伤害。

(3)死亡事故:一次事故中死亡职工1~2人的事故。

(4)重大伤亡事故:一次事故中死亡3人以上(含3人)的事故。

(5)特大伤亡事故:一次死亡10人以上(含10人)的事故。

(6)急性中毒事故:指生产性毒物一次或短期内通过人的呼吸道、皮肤或消化道大量进人体内,使人体在短时间内发生病变,导致职工立即中断工作,并须进行急救或死亡的事故;急性中毒的特点是发病快,一般不超过一个工作日,有的毒物因毒性有一定的潜伏期,可在下班后数小时发病。

3. 职业病

经诊断因从事接触有毒有害物质或不良环境的工作而造成急慢性疾病,属职业病。2002年卫生部会同劳动和社会保障部发布的《职业病目录》列出的法定职业病为10大类共115种。该目录中所列的10大类职业病:尘肺、职业性放射性疾病、职业中毒、物理因素所致职业病、生物因素所致职业病、职业性皮肤病、职业性眼病、职业性耳鼻喉口腔疾病、职业性肿瘤、其他职业病。

(二)建设工程职业健康安全事故的处理

1. 安全事故处理的原则(四不放过的原则)

事故原因不清楚不放过;事故责任者和员工没有受到教育不放过;事故责任者没有处理不放过;没有制定防范措施不放过。

2. 安全事故处理程序

报告安全事故;处理安全事故,抢救伤员,排除险情,防止事故蔓延扩大,做好标志,保护好现场等;安全事故调查;对事故责任者进行处理;编写调查报告并上报。

3. 安全事故统计规定

企业职工伤亡事故统计实行以地区考核为主的制度。各级隶属关系的企业和企业主管单位要按当地安全生产行政主管部门规定的时间报送报表。

安全生产行政主管部门对各部门的企业职工伤亡事故情况实行分级考核。企业报送主管部门的数字要与报送当地安全生产行政主管部门的数字一致,各级主管部门应如实向同级安全生产行政主管部门报送。

省级安全生产行政主管部门和国务院各有关部门及计划单列的企业集团的职工伤亡事故统计月报表、年报表应按时报到国家安全生产行政主管部门。

4. 伤亡事故处理规定

事故调查组提出的事故处理意见和防范措施建议，由发生事故的企业及其主管部门负责处理。

因忽视安全生产、违章指挥、违章作业、玩忽职守或者发现事故隐患、危害情况而不采取有效措施以致造成伤亡事故的，由企业主管部门或者企业按照国家有关规定，对企业负责人和直接责任人员给予行政处分；构成犯罪的，由司法机关依法追究刑事责任。

在伤亡事故发生后隐瞒不报、谎报、故意迟延不报、故意破坏事故现场，或者以不正当理由，拒绝接受调查以及拒绝提供有关情况和资料的，由有关部门按照国家有关规定，对有关单位负责人和直接责任人员给予行政处分；构成犯罪的，由司法机关依法追究刑事责任。

伤亡事故处理工作应当在 90 日内结案，特殊情况不得超 180 日。伤亡事故处理结案后，应当公开宣布处理结果。

5. 工伤认定

1)职工有下列情形之一的，应当认定为工伤

在工作时间和工作场所内，因工作原因受到事故伤害的；工作时间前后在工作场所内，从事与工作有关的预备性或者收尾性工作受到事故伤害的；在工作时间和工作场所内，因履行工作职责受到暴力等意外伤害的；患职业病的；因工外出期间，由于工作原因受到伤害或者发生事故下落不明的；在上下班途中，受到机动车事故伤害的；法律、行政法规规定应当认定为工伤的其他情形

2)职工有下列情形之一的，视同工伤

在工作时间和工作岗位，突发疾病死亡或者在 48 小时之内经抢救无效死亡的；在抢险救灾等维护国家利益、公共利益活动中受到伤害的；职工原在军队服役，因战、因公负伤致残，已取得革命伤残军人证，到用人单位后旧伤复发的。

3)职工有下列情形之一的，不得认定为工伤或者视同工伤

因犯罪或者违反治安管理条例伤亡的；醉酒导致伤亡的；自残或者自杀的。

6. 职业病的处理

1)职业病报告

地方各级卫生行政部门指定相应的职业病防治机构或卫生防疫机构负责职业病统计和报告工作。职业病报告实行以地方为主，逐级上报的办法。

一切企、事业单位发生的职业病，都应按规定要求向当地卫生监督机构报告，由卫生监督机构统一汇总上报。

2)职业病处理

职工被确诊患有职业病后，其所在单位应根据职业病诊断机构的意见，安排其医疗或疗养。在医治或疗养后被确认不宜继续从事原有害作业或工作的，应自确认之日起的两个月内将其调离原工作岗位，另行安排工作；对于因工作需要暂不能调离的生产、工作的技术骨干，调离期限最长不得超过半年。

患有职业病的职工变动工作单位时，其职业病待遇应由原单位负责或两个单位协调处理，双方商妥后方可办理调转手续。并将其健康档案、职业病诊断证明及职业病处理情况等材料全部移交新单位。调出、调入单位都应将情况报告所在地的劳动卫生职业病防治机构备案。

职工到新单位后，新发生的职业病不论与现工作有无关系，其职业病待遇由新单位负责。劳动合同制工人，临时工终止或解除劳动合同后，在待业期间新发现的职业病，与上一个劳动合同期工作有关时，其职业病待遇由原终止或解除劳动合同的单位负责。如原单位已与其他单位合并，由合并后的单位负责；如原单位已撤销，应由原单位的上级主管机关负责。

第五节 项目成本管理

一 施工成本管理的任务与措施

(一) 施工成本管理的任务

施工成本管理就是要在保证工期和质量满足要求的情况下，利用组织措施、经济措施、技术措施、合同措施把成本控制在计划范围内，并进一步寻求最大限度的成本节约。施工成本管理的任务主要包括：成本预测、成本计划、成本控制、成本核算、成本分析和成本考核。

1.施工成本预测

施工成本预测就是根据成本信息和施工项目的具体情况，运用一定的专门方法，对未来的成本水平及其可能发展趋势做出科学的估计，其实质就是在施工以前对成本进行估算。成本预测，可以使项目经理部在满足业主和施工企业要求的前提下，选择成本低、效益好的最佳成本方案，并能够在施工项目成本形成过程中，针对薄弱环节，加强成本控制，克服盲目性，提高预见性。因此，施工项目成本预测是施工项目成本决策与计划的依据。预测时，通常是对施工项目计划工期内影响其成本变化的各个因素进行分析，比照近期已完工施工项目或将完工施工项目的成本(单位成本)，预测这些因素对工程成本中有关项目(成本项目)的影响程度，预测出工程的单位成本或总成本。

2.施工成本计划

施工成本计划是以货币形式编制施工项目在计划期内的生产费用、成本水平、成本降低率以及为降低成本所采取的主要措施和规划的书面方案，它是建立施工项目成本管理责任制，开展成本控制和核算的基础。一般来说，一个施工项目成本计划应包括从开工到竣工所必需的施工成本，它是该施工项目降低成本的指导文件，是设立目标成本的依据。可以说，成本计划是目标成本的一种形式。

3.施工成本控制

施工成本控制是指在施工过程中，对影响施工项目成本的各种因素加强管理，并采用各种有效措施，将施工中实际发生的各种消耗和支出严格控制在成本计划范围内，随时揭示并及时反馈，严格审查各项费用是否符合标准，计算实际成本和计划成本之间的差异并进行分析，消除施工中的损失浪费现象，发现和总结先进经验。

施工项目成本控制应贯穿于施工项目从投标阶段开始直到项目竣工验收的全过程，它是企业全面成本管理的重要环节。因此，必须明确各级管理组织和各级人员的责任和权限，这是成本控制的基础之一，必须给以足够的重视。

施工成本控制可分为事先控制、事中控制(过程控制)和事后控制。

4.施工成本核算

施工成本核算是指按照规定开支范围对施工费用进行归集，计算出施工费用的实际发生额，并根据成本核算对象，采用适当的方法，计算出该施工项目的总成本和单位成本。施工项目成本核算所提供的各种成本信息是成本预测、成本计划、成本控制、成分析和成本考核等各个环节的依据。

5.施工成本分析

施工成本分析是在成本形成过程中，对施工项目成本进行的对比评价和总结工作。它贯穿于施工成本管理的全过程，主要利用施工项目的成本核算资料，与计划成本、预算成本以及类似施工项目的实际成本等进行比较，了解成本的变动情况，同时也要分析主要技术经济指标对成本的影响，系统地研究成本变动原因，检查成本计划的合理性，深入揭示成本变动的规律，以便有效地进行成本管理。

影响施工项目成本变动的因素有两个方面，一是外部的属于市场经济的因素，二是内部的属于企业经营管理的因素。作为项目经理，应该了解这些因素，但应将施工项目成本分析的重点放在影响施工项目成本升降的内部因素上。

成本分析的基本方法包括:比较法、因素分析法、差额计算法和比率法。

6.施工成本考核

施工成本考核是指施工项目完成后,对施工项目成本形成中的各责任者,按施工项目成本目标责任制的有关规定,将成本的实际指标与计划、定额、预算进行对比和考核,评定施工项目成本计划的完成情况和各责任者的业绩,并以此给以相应的奖励和处罚。通过成本考核,做到有奖有惩,赏罚分明,才能有效地调动企业的每一个职工在各自的施工岗位上努力完成目标成本的积极性,为降低施工项目成本和增加企业的积累,做出自己的贡献。

(二)施工成本管理的措施

为了取得施工成本管理的理想成果,应当从多方面采取措施实施管理,通常可以将这些措施归纳为组织措施、技术措施、经济措施、合同措施等四个方面。

1.组织措施

组织措施是从施工成本管理的组织方面采取的措施,如实行项目经理责任制,落实施工成本管理的组织机构和人员,明确各级施工成本管理人员的任务和职能分工、权利和责任,编制本阶段施工成本控制工作计划和详细的工作流程图等。施工成本管理不仅是专业成本管理人员的工作,各级项目管理人员都负有成本控制责任。组织措施是其他各类措施的前提和保障,而且一般不需要增加什么费用,运用得当可以收到良好的效果。

2.技术措施

技术措施不仅对解决施工成本管理过程中的技术问题是不可缺少的,而且对纠正施工成本管理目标偏差也有相当重要的作用。因此,运用技术纠偏措施的关键,一是要能提出多个不同的技术方案,二是要对不同的技术方案进行技术经济分析。在实践中,要避免仅从技术角度选定方案而忽视对其经济效果的分析论证。

3.经济措施

经济措施是最易为人接受和采用的措施。管理人员应编制资金使用计划,确定、分解施工成本管理目标。对施工成本管理目标进行风险分析,并制定防范性对策。通过偏差原因分析和未完工程施工成本预测,可发现一些潜在的问题将引起未完工程施工成本的增加,对这些问题应以主动控制为出发点,及时采取预防措施。由此可见,经济措施的运用绝不仅仅是财务人员的事情。

4.合同措施

成本管理要以合同为依据,因此合同措施就显得尤为重要。对于合同措施从广义上理解，除了参加合同谈判、修订合同条款、处理合同执行过程中的索赔问题、防止和处理好与业主和分包商之间的索赔之外，还应分析不同合同之间的相互联系和影响，对每一个合同作总体和具体分析等。

二 施工成本计划的编制依据和编制方法

（一）施工成本计划的编制依据

施工成本计划的编制依据包括：合同报价书、施工预算；施工组织设计或施工方案；人、料、机市场价格；公司颁布的材料指导价格、公司内部机械台班价格、劳动力内部挂牌价格；周转设备内部租赁价格、摊销损耗标准；已签订的工程合同、分包合同（或估价书）；结构件外加工计划和合同；有关财务成本核算制度和财务历史资料；以及其他相关资料。

（二）按施工成本组成编制施工成本计划

施工成本可以按成本构成分解为人工费、材料费、施工机械使用费、措施费和间接费。

（三）按子项目组成编制施工成本计划

大中型的工程项目通常是由若干单项工程构成的，而每个单项工程包括了多个单位工程，每个单位工程又是由若干个分部分项工程构成，因此，首先要把项目总施工成本分解到单项工程和单位工程中，再进一步分解为分部工程和分项工程。

（四）编制按时间进度的施工成本计划

通常可利用控制项目进度的网络图进一步扩充而得。即在建立网络图时，一方面确定完成各项工作所需花费的时间，另一方面同时确定完成这一工作的合适的施工成本支出计划。在实践中，将工程项目分解为既能方便地表示时间，又能方便地表示施工成本支出计划的工作是不容易的，通常如果项目分解程度对时间控制合适的话，则对施工成本支出计划可能分解过细，以至于不可能对每项工作确定其施工成本支出计划。反之亦然。因此在编制网络计划时，应在充分考虑进度控制对项目划分要求的同时，还要考虑确定施工成本支出计划对项目划分的要求，做到二者兼顾。

以上三种编制施工成本计划的方法并不是相互独立的。在实践中，往往是将这几种方法结合起来使用，从而达到扬长避短的效果。例如：将按子项目分解项目总施工成本与按施工成本构成分解项目总施工成本两种方法相结合，横向按施工成本构成分解，纵向按子项目分解，或相反。这种分解方法有助于检查各分部分项工程施工成本构成是否完整，有无重复计算或漏算；同时还有助于检查各项具体的施工成本支出的对象是否明确或落实，并且可以从数字上校核分解的结果有无错误。或者还可将按子项目分解项目总施工成本计划与按时间分解项目总施工成本计划结合起来，一般纵向按子项目分解，横向按时间分解。

三 工程价款的确定

(一) 工程变更价款的确定

1. 工程变更价款的确定程序

合同中综合单价因工程量变更需调整时，除合同另有约定外，应按照下列办法确定：

(1)工程量清单漏项或设计变更引起的新的工程量清单项目，其相应综合单价由承包人提出，经发包人确认后作为结算的依据。

(2)由于工程量清单的工程数量有误或设计变更引起工程量增减，属合同约定幅度以内的，应执行原有的综合单价；属合同约定幅度以外的，其增加部分的工程量或减少后剩余部分的工程量的综合单价由承包人提出，经发包人确认后作为结算的依据。

2. 工程变更价款的确定方法

1)我国现行工程变更价款的确定方法

《建设工程施工合同(示范文本)》约定的工程变更价款的确定方法如下：

合同中已有适用于变更工程的价格，按合同已有的价格变更合同价款；

合同中只有类似于变更工程的价格，可以参照类似价格变更合同价款；

合同中没有适用或类似于变更工程的价格，由承包人提出适当的变更价格，经工程师确认后执行。

采用合同中工程量清单的单价和价格：合同中工程量清单的单价和价格由承包商投标时提供，用于变更工程，容易被业主、承包商及监理工程师所接受，从合同意义上讲也是比较公平的。

采用合同中工程量清单的单价或价格有几种情况：一是直接套用，即从工程量清单上直接拿来使用;二是换算使用,即依据工程量清单,通过换算后采用;三是部分套用,即依据工程量清单,取其价格中的某一部分使用。

例 7-1 某合同钻孔桩的工程情况是,直径为 1.0m 的共计长 1501m;直径为1.2m 的共计长 8178m;直径为 1.3m 的共计长 2017m。原合同规定选择直径为1.0m的钻孔桩做静载破坏试验。显然,如果选择直径为 1.2m 的钻孔桩做静载破坏试验对工程更具有代表性和指导意义。因此监理工程师决定变更。但在原工程量清单中仅有直径为 1.0m 静载破坏试验的价格,没有直接或其他可套用的价格供参考。经过认真分析,监理工程师认为,钻孔桩做静载破坏试验的费用主要由两部分构成,一部分为试验费用,另一部分为桩本身的费用,而试验方法及设备并未因试验桩直径的改变而发生变化。因此,可认为试验费用没有增减,费用的增减主要由钻孔桩直径变化而引起的桩本身的费用的变化。直径为 1.2m 的普通钻孔桩的单价在工程量清单中就可以找到,且地理位置和施工条件相近。因此,采用直径为 1.2m 的钻孔桩做静载破坏试验的费用为:直径为 1.0m 静载破坏试验费+直径为 1.2m 的钻孔桩的清单价格。

采用协商单价和价格:协商单价和价格是基于合同中没有或者有但不合适的情况而采取的一种方法。

例 7-2 某合同路堤土方工程完成后,发现原设计在排水方面考虑不周,为此业主同意在适当位置增设排水管涵。在工程量清单上有 100 多道类似管涵,但承包商却拒绝直接从中选择适合的作为参考依据。理由是变更设计提出时间较晚,其土方已经完成并准备开始路面施工,新增工程不但打乱了其进度计划,而且二次开挖土方难度较大,特别是重新开挖用石灰土处理过的路堤,与开挖天然表土不能等同。监理工程师认为承包商的意见可以接受,不宜直接套用清单中的管涵价格。经与承包商协商,决定采用工程量清单上的几何尺寸、地理位置等条件相近的管涵价格作为新增工程的基本单价,但对其中的"土方开挖"一项在原报价基础上按某个系数予以适当提高,提高的费用叠加在基本单价上,构成新增工程价格。

2)FIDIC 施工合同条件下工程变更的估价

工程师应通过 FIDIC(1999 年第一版)第 12.1 款和第 12.2 款商定或确定的测量方法和适宜的费率和价格,对各项工作的内容进行估价,再按照 FIDIC 第 3.5 款,商定或确定合同价格。

各项工作内容的适宜费率或价格,应为合同对此类工作内容规定的费率或价格,如合同中无某项内容,应取类似工作的费率或价格。但在以下情况下,宜对有关工作内容采用新的费率或价格。

第一种情况：

如果此项工作实际测量的工程量比工程量表或其他报表中规定的工程量的变动大于10%；工程量的变化与该项工作规定的费率的乘积超过了中标的合同金额的0.01%；由此工程量的变化直接造成该项工作单位成本的变动超过1%；这项工作不是合同中规定的"固定费率项目"。

第二种情况：

此工作是根据变更与调整的指示进行的；合同没有规定此项工作的费率或价格；由于该项工作与合同中的任何工作没有类似的性质或不在类似的条件下进行，故没有一个规定的费率或价格适用。

每种新的费率或价格应考虑以上描述的有关事项对合同中相关费率或价格加以合理调整后得出。如果没有相关的费率或价格可供推算新的费率或价格，应根据实施该工作的合理成本和合理利润，并考虑其他相关事项后得出。

工程师应在商定或确定适宜费率或价格前，确定用于期中付款证书的临时费率或价格。

(二)索赔费用的确定

1.索赔费用的组成

索赔费用的主要组成部分，同工程款的计价内容相似。按我国现行规定(参见建标［2003］206号《建筑安装工程费用项目组成》，建安工程合同价包括直接费、间接费、利润和税金。我国的这种规定，同国际上通行的做法还不完全一致。按国际惯例，建安工程直间接费包括人工费、材料费和机械使用费；间接费包括现场管理费、保险费、利息等。

从原则上说，承包商有索赔权利的工程成本增加，都是可以索赔的费用。但是，对于不同原因引起的索赔，承包商可索赔的具体费用内容是不完全一样的。哪些内容可索赔，要按照各项费用的特点、条件进行分析论证。现概述如下。

1)人工费

人工费包括施工人员的基本工资、工资性质的津贴、加班费、奖金以及法定的安全福利等费用。对于索赔费用中的人工费部分而言，人工费是指完成合同之外的额外工作所花费的人工费用；由于非承包商责任的工效降低所增加的人工费用；超过法定工作时间加班劳动；法定人工费增长以及非承包商责任工程延期导致的人员窝工费和工资上涨费等。

2)材料费

材料费的索赔包括：由于索赔事项材料实际用量超过计划用量而增加的材

料费；由于客观原因材料价格大幅度上涨；由于非承包商责任工程延期导致的材料价格上涨和超期储存费用。材料费中应包括运输费，仓储费，以及合理的损耗费用。如果由于承包商管理不善，造成材料损坏失效，则不能列入索赔计价。承包商应该建立健全的物资管理制度，记录建筑材料的进货日期和价格，建立领料耗用制度，以便索赔时能准确地分离出索赔事项所引起的材料额外耗用量。为了证明材料单价的上涨，承包商应提供可靠的订货单、采购单，或官方公布的材料价格调整指数。

3)施工机械使用费

施工机械使用费的索赔包括：由于完成额外工作增加的机械使用费；非承包商责任工效降低增加的机械使用费；由于业主或监理工程师原因导致机械停工的窝工费。窝工费的计算，如系租赁设备，一般按实际租金和调进调出费的分摊计算；如系承包商自有设备，一般按台班折旧费计算，而不能按台班费计算，因台班费中包括了设备使用费。

4)分包费用

分包费用索赔指的是分包商的索赔费，一般也包括人工、材料、机械使用费的索赔。分包商的索赔应如数列入总承包商的索赔款总额以内。

5)现场管理费

索赔款中现场管理费是指承包商完成额外工程、索赔事项工作以及工期延长期间的现场管理费，包括管理人员工资、办公、通讯、交通费等。

6)利息

在索赔款额的计算中，经常包括利息。利息的索赔通常发生于下列情况：拖期付款的利息；由于工程变更和工程延期增加投资的利息；索赔款的利息；错误扣款的利息。至于具体利率应是多少，在实践中可采用不同的标准，主要有这样几种规定：按当时的银行贷款利率；按当时的银行透支利率；按合同双方协议的利率；按中央银行贴现率加三个百分点。

7)总部(企业)管理费

索赔款中的总部管理费主要指的是工程延期期间所增加的管理费。包括总部职工工资、办公大楼、办公用品、财务管理、通讯设施以及总部领导人员赴工地检查指导工作等开支。这项索赔款的计算，目前没有统一的方法。在国际工程施工索赔中总部管理费的计算有以下几种：

按照投标书中总部管理费的比例(3%～8%)计算，如式(7-3)：

总部管理费＝合同中总部管理费比率(%)×(直接费索赔款额＋现场管理费索赔款额等)　(7-3)

按照公司总部统一规定的管理费比率计算，如式(7-4)：

总部管理费＝公司管理费比率(%)×(直接费索赔款额＋现场管理费索赔款额等)　(7-4)

以工程延期的总天数为基础，计算总部管理费的索赔额，计算步骤如式(7-5)、式(7-6)和式(7-7)：

对某一工程提取的管理费＝同期内公司的总管理费×该工程的合同额/同期内公司的总合同额　(7-5)

该工程的每日管理费＝该工程向总部上缴的管理费/合同实施天数　(7-6)

索赔的总部管理费＝该工程的每日管理费×工程延期的天数　(7-7)

8)利润

一般来说，由于工程范围的变更、文件有缺陷或技术性错误、业主未能提供现场等引起的索赔，承包商可以列入利润。但对于工程暂停的索赔，由于利润通常是包括在每项实施工程内容的价格之内的，而延长工期并未影响削减某些项目的实施，也未导致利润减少。所以，一般监理工程师很难同意在工程暂停的费用索赔中加进利润损失。

索赔利润的款额计算通常是与原报价单中的利润百分率保持一致。

2.索赔费用的计算方法

索赔费用的计算方法有：实际费用法、总费用法和修正的总费用法。

1)实际费用法

实际费用法是计算工程索赔时最常用的一种方法。这种方法的计算原则是以承包商为某项索赔工作所支付的实际开支为根据，向业主要求费用补偿。

用实际费用法计算时，在直接费的额外费用部分的基础上，再加上应得的间接费和利润，即是承包商应得的索赔金额。由于实际费用法所依据的是实际发生的成本记录或单据，所以，在施工过程中，系统而准确地积累记录资料是非常重要的。

2)总费用法

总费用法就是当发生每次索赔事件以后，重新计算该工程的实际总费用，实际总费用减去投标报价时的估算总费用，即为索赔金额，如式(7-8)：

索赔金额＝实际总费用－投标报价估算总费用　(7-8)

不少人对采用该方法计算索赔费用持批评态度，因为实际发生的总费用中可能包括了承包商的原因，如施工组织不善而增加的费用；同时投标报价估算的总费用也可能为了中标而过低。所以这种方法只有在难以采用实际费用法时才应用。

3)修正的总费用法

修正的总费用法是对总费用法的改进,即在总费用计算的原则上,去掉一些不合理的因素,使其更合理。修正的内容如下:将计算索赔款的时段局限于受到外界影响的时间,而不是整个施工期;只计算受影响时段内的某项工作所受影响的损失,而不是计算该时段内所有施工工作所受的损失;与该项工作无关的费用不列入总费用中;对投标报价费用重新进行核算:按受影响时段内该项工作的实际单价进行核算,乘以实际完成的该项工作的工程量,得出调整后的报价费用。

按修正后的总费用计算索赔金额的公式如式(7-9):

索赔金额＝某项工作调整后的实际总费用－该项工作的报价费用 (7-9)

修正的总费用法与总费用法相比,有了实质性的改进,它的准确程度已接近于实际费用法。

例 7-3 高速公路由于业主高架桥修改设计,监理工程师下令承包商工程暂停一个月。试分析在这种情况下,承包商可索赔哪些费用?

解:可索赔如下费用:

①人工费:对于不可辞退的工人,索赔人工窝工费,应按人工工日成本计算;对于可以辞退的工人,可索赔人工上涨费。

②材料费:可索赔超期储存费用或材料价格上涨费。

③施工机械使用费:可索赔机械窝工费或机械台班上涨费。自有机械窝工费一般按台班折旧费索赔;租赁机械一般按实际租金和调进调出的分摊费计算。

④分包费用:指由于工程暂停分包商向总包索赔的费用。总包向业主索赔应包括分包商向总包索赔的费用。

⑤现场管理费:由于全面停工,可索赔增加的工地管理费。可按日计算,也可按直接成本的百分比计算。

⑥保险费:可索赔延期一个月的保险费。按保险公司保险费率计算。

⑦保函手续费:可索赔延期一个月的保函手续费。按银行规定的保函手续费率计算。

⑧利息可索赔延期一个月增加的利息支出。按合同约定的利率计算。

⑨部管理费:由于全面停工,可索赔延期增加的总部管理费。可按总部规定的百分比计算。如果工程只是部分停工,监理工程师可能不同意总部管理费的索赔。

(三) 工程结算的方法

1. 承包工程价款的主要结算方式

承包工程价款结算可以根据不同情况采取多种方式。

按月结算：先预付部分工程款，在施工过程中按月结算工程进度款，竣工后进行竣工结算。

竣工后一次结算：设项目或单项工程全部建筑安装工程建设期在12个月以内，或者工程承包合同价值在100万元以下的，可以实行工程价款每月月中预支，竣工后一次结算。

分段结算：当年开工，当年不能竣工的单项工程或单位工程按照工程形象进度，划分不同阶段进行结算。分段结算可以按月预支工程款。

结算双方约定的其他结算方式。

实行竣工后一次结算和分段结算的工程，当年结算的工程款应与分年度的工作量一致，年终不另清算。

2. 工程预付款

工程预付款是建设工程施工合同订立后由发包人按照合同约定，在正式开工前预先支付给承包人的工程款。它是施工准备和所需要材料、结构件等流动资金的主要来源，国内习惯上又称为预付备料款。工程预付款的具体事宜由发承包双方根据建设行政主管部门的规定，结合工程款、建设工期和包工包料情况在合同中约定。在《建设工程施工合同(示范文本)》中，对有关工程预付款作了如下约定："实行工程预付款的，双方应当在专用条款内约定发包人向承包人预付工程款的时间和数额，开工后按约定的时间和比例逐次扣回。预付时间应不迟于约定的开工日期前7天。发包人不按约定预付，承包人在约定预付时间7天后向发包人发出要求预付的通知，发包人收到通知后仍不能按要求预付，承包人可在发出通知后7天停止施工，发包人应从约定应付之日起向承包人支付应付款的贷款利息，并承担违约责任。"

工程预付款额度，各地区、各部门的规定不完全相同，主要是保证施工所需材料和构件的正常储备。一般是根据施工工期、建安工作量、主要材料和构件费用占建安工作量的比例以及材料储备周期等因素经测算来确定。发包人根据工程的特点、工期长短、市场行情、供求规律等因素，招标时在合同条件中约定工程预付款的百分比。

工程预付款的扣回：发包人支付给承包人的工程预付款其性质是预支。随着工程进度的推进，拨付的工程进度款数额不断增加，工程所需主要材料、构件的用量逐渐减少，原已支付的预付款应以抵扣的方式予以陆续扣回。扣款的方法由发包人和承包人通过洽商用合同的形式予以确定，可采用等比率或等额扣款的方式。也可针对工程实际情况具体处理，如有些工程工期较短、造价较低，就无需分期扣还；有些工期较长，如跨年度工程，其备料款的占用时间很长，根据需要可以少扣或不扣。

3.工程进度款

1)工程进度款的计算

工程进度款的计算,主要涉及两个方面:一是工程量的计量[参见《建设工程工程量清单计价规范》(GB 50500—2003)];二是单价的计算方法。

单价的计算方法,主要根据由发包人和承包人事先约定的工程价格的计价方法决定。目前我国一般来讲,工程价格的计价方法可以分为工料单价和综合单价两种方法。二者在选择时,既可采取可调价格的方式,即工程价格在实施期间可随价格变化而调整,也可采取固定价格的方式,即工程价格在实施期间不因价格变化而调整,在工程价格中已考虑价格风险因素并在合同中明确了固定价格所包括的内容和范围。

工程价格的计价方法:可调工料单价法将人工、材料、机械再配上预算价作为直接成本单价,其他直接成本、间接成本、利润、税金分别计算;因为价格是可调的,其人工、材料等费用在竣工结算时按工程造价管理机构公布的竣工调价系数或按主材计算差价或主材用抽料法计算,次要材料按系数计算差价而进行调整;固定综合单价法是包含了风险费用在内的全费用单价,故不受时间价值的影响。由于两种计价方法的不同,因此工程进度款的计算方法也不同。

工程进度款的计算:当采用可调工料单价法计算工程进度款时,在确定已完工程量后,可按以下步骤计算工程进度款:根据已完工程量的项目名称、分项编号、单价得出合价;将本月所完全部项目合价相加,得出直接工程费小计;按规定计算措施费、间接费、利润;按规定计算主材差价或差价系数;按规定计算税金;累计本月应收工程进度款。

用固定综合单价法计算工程进度款比用可调工料单价法更方便、省事,工程量得到确认后,只要将工程量与综合单价相乘得出合价,再累加即可完成本月工程进度款的计算工作。

2)工程进度款的支付

工程进度款的支付,一般按当月实际完成工程量进行结算,工程竣工后办理竣工结算。

4.竣工结算工程

竣工验收报告经发包人认可后28天内,承包人向发包人递交竣工结算报告及完整的结算资料,双方按照协议书约定的合同价款及专用条款约定的合同价款调整内容,进行工程竣工结算。专业监理工程师审核承包人报送的竣工结算报表并与发包人、承包人协商一致后,签发竣工结算文件和最终的工程款支付证书。

5.建安工程价款的动态结算

建安工程价款的动态结算就是要把各种动态因素渗透到结算过程中,使结算大体能反映实际的消耗费用。下面介绍几种常用的动态结算办法。

1)按实际价格结算法

2)按主材计算价差发包人在招标文件中列出需要调整价差的主要材料表及其基期价格(一般采用当时当地工程造价管理机构公布的信息价或结算价),工程竣工结算时按竣工当时当地工程造价管理机构公布材料信息价或结算价,与招标文件中列出的基期价比较计算材料差价。

3)竣工调价系数法

按工程价格管理机构公布的竣工调价系数及调价计算方法计算差价。

4)调值公式法(又称动态结算公式法)

即在发包方和承包方签订的合同中明确规定了调值公式。价格调整的计算工作比较复杂,其程序是:

首先,确定计算物价指数的品种,一般地说,品种不宜太多,只确立那些对项目投资影响较大的因素,如设备、水泥、钢材、木材和工资等。这样便于计算。

其次,要明确以下两个问题:一是合同价格条款中,应写明经双方商定的调整因素,在签订合同时要写明考核几种物价波动到何种程度才进行调整。一般都在±10%左右。二是考核的地点和时点:地点一般在工程所在地,或指定的某地市场价格;时点指的是某月某日的市场价格。这里要确定两个时点价格,即基准日期的市场价格(基础价格)和与特定付款证书有关的期间最后一天的 49 天前的时点价格。这两个时点就是计算调值的依据。

第三,确定各成本要素的系数和固定系数,各成本要素的系数要根据各成本要素对总造价的影响程度而定。各成本要素系数之和加上固定系数应该等于1。

建筑安装工程费用的价格调值公式:

建筑安装工程费用价格调值公式包括固定部分、材料部分和人工部分三项。但因建筑安装工程的规模和复杂性增大,公式也变得更长更复杂。典型的材料成本要素有钢筋、水泥、木材、钢构件、沥青制品等,同样,人工可包括普通工和技术工。调值公式一般为式(7-10):

$$P = P_0(a_0 + a_1 A/A_0 + a_2 B/B_0 + a_3 C/C_0 + a_4 D/D_0) \quad (7\text{-}10)$$

式中: P——调值后合同价款或工程实际结算款;

P_0——合同价款中工程预算进度款;

A_0——固定要素，代表合同支付中不能调整的部分；

a_0、a_1、a_2、a_3、a_4——代表有关成本要素（如：人工费用、钢材费用、水泥费用、运输费等）在合同总价中所占的比重 $a_0+a_1+a_2+a_3+a_4=1$；

A_0、B_0、C_0、D_0——基准日期与 a_1、a_2、a_3、a_4 对应的各项费用的基期价格指数或价格；

A、B、C、D——与特定付款证书有关的期间最后一天的 49 天前与 a_1、a_2、a_3、a_4、对应的各成本要素的现行价格指数或价格。

各部分成本的比重系数在许多标书中要求承包方在投标时即提出，并在价格分析中予以论证。但也有的是由发包方在标书中规定一个允许范围，由投标人在此范围内选定。

四 施工成本控制和分析的依据和方法

（一）施工成本控制的依据

施工成本控制的依据包括以下内容。

1. 工程承包合同

施工成本控制要以工程承包合同为依据，围绕降低工程成本这个目标，从预算收入和实际成本两方面，努力挖掘增收节支潜力，以求获得最大的经济效益。

2. 施工成本计划

施工成本计划是根据施工项目的具体情况制定的施工成本控制方案，既包括预定的具体成本控制目标，又包括实现控制目标的措施和规划，是施工成本控制的指导文件。

3. 进度报告

进度报告提供了每一时刻工程实际完成量，工程施工成本实际支付情况等重要信息。施工成本控制工作正是通过实际情况与施工成本计划相比较，找出二者之间的差别，分析偏差产生的原因，从而采取措施改进以后的工作。此外，进度报告还有助于管理者及时发现工程实施中存在的隐患，并在事态还未造成重大损失之前采取有效措施，尽量避免损失。

4. 工程变更

在项目的实施过程中，由于各方面的原因，工程变更是很难避免的。工程变更一般包括设计变更、进度计划变更、施工条件变更、技术规范与标准变更、施工次序变更、工程数量变更等。一旦出现变更，工程量、工期、成本都必将发生变化，从而使得施工成本控制工作变得更加复杂和困难。因此，施工成本管理人员就应当通过对变更要求当中各类数据的计算、分析，随时掌握变更情况，包括已发生工程量、将要发生工程量、工期是否拖延、支付情况等重要信息，判断变更以及变更可能带来的索赔额度等。

除了上述几种施工成本控制工作的主要依据以外，有关施工组织设计、分包合同文本等也都是施工成本控制的依据。

(二)施工成本控制的步骤

在确定了项目施工成本计划之后，必须定期地进行施工成本计划值与实际值的比较，当实际值偏离计划值时，分析产生偏差的原因，采取适当的纠偏措施，以确保施工成本控制目标的实现。其步骤如下：

1. 比较

按照某种确定的方式将施工成本计划值与实际值逐项进行比较，以发现施工成本是否已超支。

2. 分析

在比较的基础上，对比较的结果进行分析，以确定偏差的严重性及偏差产生的原因。这一步是施工成本控制工作的核心，其主要目的在于找出产生偏差的原因，从而采取有针对性的措施，减少或避免相同原因的再次发生或减少由此造成的损失。

3. 预测

根据项目实施情况估算整个项目完成时的施工成本。预测的目的在于为决策提供支持。

4. 纠偏

当工程项目的实际施工成本出现了偏差，应当根据工程的具体情况、偏差分析和预测的结果，采取适当的措施，以期达到使施工成本偏差尽可能小的目的。纠偏是施工成本控制中最具实质性的一步。只有通过纠偏，才能最终达到有效控制施工成本的目的。

5. 检查

它是指对工作的进展进行跟踪和检查，及时了解工程进展状况以及纠偏措施的执行情况和效果，为今后的工作积累经验。

(三)施工成本控制的方法

施工成本控制的方法很多，这里着重介绍偏差分析法。

1.偏差的概念

在施工成本控制中，把施工成本的实际值与计划值的差异叫做施工成本偏差，如式(7-11)：

施工成本偏差 = 已完工程实际施工成本 − 已完工程计划施工成本 (7-11)

式中：已完工程实际施工成本＝已完工程量×实际单位成本；

已完工程计划施工成本＝已完工程量×计划单位成本。

结果为正确表示施工成本超支，结果为负表示施工成本节约。但是，必须特别指出，进度偏差对施工成本偏差分析的结果有重要影响，如果不加考虑就不能正确反映施工成本偏差的实际情况。如：某一阶段的施工成本超支，可能是由于进度超前导致的，也可能由于物价上涨导致。所以，必须引入进度偏差的概念，如式(7-12)。

进度偏差(I)＝已完工程实际时间−已完工程计划时间 (7-12)

为了与施工成本偏差联系起来，进度偏差也可表示为式(7-13)：

进度偏差(II)＝拟完工程计划施工成本−已完工程计划施工成本 (7-13)

所谓拟完工程计划施工成本，是指根据进度计划安排在某一确定时间内所应完成的工程内容的计划施工成本。如式(7-14)：

拟完工程计划施工成本＝拟完工程量(计划工程量)×计划单位成本 (7-14)

进度偏差为正值，表示工期拖延；结果为负值表示工期提前。用进度偏差(II)来表示进度偏差，其思路是可以接受的，而表达并不十分严格。在实际应用时，为了便于工期调整，还需将用施工成本差额表示的进度偏差转换为所需要的时间。

2.偏差分析的方法

偏差分析可采用不同的方法，常用的有横道图法、表格法和曲线法。

1)横道图法

用横道图法进行施工成本偏差分析，是用不同的横道标志已完工程计划施工成本、拟完工程计划施工成本和已完工程实际施工成本，横道的长度与其金额成正比例。

横道图法具有形象、直观、一目了然等优点，它能够准确表达出施工成本的绝对偏差，而且能一眼感受到偏差的严重性。但这种方法反映的信息量少，一般在项目的较高管理层应用。

2)表格法

表格法是进行偏差分析最常用的一种方法。它将项目编号、名称、各施工成本参数以及施工成本偏差数综合归纳入一张表格中，并且直接在表格中进行比较。由于各偏差参数都在表格中列出，使得施工成本管理者能够综合地了解并处理这些数据。用表格法进行偏差分析具有如下优点：

灵活、适用性强。可根据实际需要设计表格，进行增减项；信息量大。可以反映偏差分析所需的资料，从而有利于施工成本控制人员及时采取针对性措施，加强控制；表格处理可借助于计算机，从而节约大量数据处理所需的人力，并大大提高速度，如表 7-11。

偏差分析表

表 7-11

项目编码	(1)	041	042	043
项目名称	(2)	木门窗安装	钢门窗安装	铝合金门窗安装
单位	(3)			
计划单位成本	(4)			
拟完工程量	(5)			
拟完工程计划施工成本	(6)=(4)×(5)	30	30	40
已完工程量	(7)			
已完工程计划施工成本	(8)=(4)×(7)	30	40	40
实际单位成本	(9)			
其他款项	(10)			
已完工程实际施工成本	(11)=(7)×(9)+(10)	30	50	50
施工成本局部偏差	(12)=(11)-(8)	0	10	10
施工成本局部偏差程度	(13)=(11)÷(8)	1	1.25	1.25
施工成本累计偏差	(14)=∑(12)			
施工成本累计偏差程度	(15)=∑(11)÷∑(8)			
进度局部偏差	(16)=(6)-(8)	0	-10	0
进度局部偏差程度	(17)=(6)÷(8)	1	0.75	1
进度累计偏差	(18)= ∑(16)			
进度累计偏差程度	(19)=∑(6)÷∑(8)			

3)曲线法

曲线法是用施工成本累计曲线(S形曲线)来进行施工成本偏差分析的一种方法。两条曲线：施工成本实际值曲线和施工成本计划值曲线，两条曲线之间的竖向距离表示施工成本偏差。

在用曲线法进行施工成本偏差分析时，首先要确定施工成本计划值曲线。施工成本计划值曲线是与确定的进度计划联系在一起的，也应考虑实际进度的影响，应当引入三条曲线施工成本参数曲线，即已完工程实际施工成本曲线，已完工程计划施工成本曲线和拟完工程计划施工成本曲线。已完工程实际施工成本曲线与已完工程计划施工成本曲线的竖向距离表示施工成本偏差，已完工程计划施工成本曲线与拟完工程计划施工成本曲线的水平距离表示进度偏差。用曲线法进行偏差分析同样具有形象、直观的特点，但这种方法很难直接用于定量分析，只能对定量分析起一定的指导作用。

(四)施工成本分析

1.施工成本分析的依据

施工成本分析，就是根据会计核算、业务核算和统计核算提供的资料，对施工成本的形成过程和影响成本升降的因素进行分析，以寻求进一步降低成本的途径；另一方面，通过成本分析，可从账簿、报表反映的成本现象看清成本的实质，从而增强项目成本的透明度和可控性，为加强成本控制，实现项目成本目标创造条件。

1)会计核算

会计核算主要是价值核算。会计是对一定单位的经济业务进行计量、记录、分析和检查，做出预测，参与决策，实行监督，旨在实现最优经济效益的一种管理活动。它通过设置账户、复式记账、填制和审核凭证、登记账簿、成本计算、财产清查和编制会计报表等一系列有组织有系统的方法，来记录企业的一切生产经营活动，然后据以提出一些用货币来反映的有关各种综合性经济指标的数据。资产、负债、所有者权益、营业收入、成本、利润等会计六要素指标，主要是通过会计来核算。至于其他指标，会计核算的记录中也是可以有所反映的，但在反映的广度和深度上有很大的局限性，一般不用会计核算来反映。由于会计记录具有连续性、系统性、综合性等特点，所以它是施工成本分析的重要依据。

2)业务核算

业务核算是各业务部门根据业务工作的需要而建立的核算制度，它包括原始记录和计算登记表，如单位工程及分部分项工程进度登记，质量登记，工效、定额计算登记，物资消耗定额记录，测试记录等等。业务核算的范围比会计、统计核算要广，会计和统计核算一般是对已经发生的经济活动进行核算，而业务核算，不但可以对已经发生的，而且还可以对尚未发生或正在发生的经济活动进行核算，看是否可以做，是否有经济效果。它的特点是，对个别的经济业务进行单项核算。只是记载单一的事项，最多是略有整理或稍加归类，不求提供综合性、总括性指标。核算范围不太固定，方法也很灵活，不像会计核算和统计核算那样有一套特定的系统的方法。例如各种技术措施、新工艺等项目，可以核算已经完成的项目是否达到原定的目的，取得预期的效果，也可以对准备采取措施的项目进行核算和审查，看是否有效果，值不值得采纳，随时都可以进行。业务核算的目的，在于迅速取得资料，在经济活动中及时采取措施进行调整。

3)统计核算

统计核算是利用会计核算资料和业务核算资料，把企业生产经营活动客观现状的大量数据，按统计方法加以系统整理，表明其规律性。它的计量尺度比会计宽，可以用货币计算，也可以用实物或劳动量计量。它通过全面调查和抽样调查等特有的方法，不仅能提供绝对数指标，还能提供相对数和平均数指标，可以计算当前的实际水平，确定变动速度，可以预测发展的趋势。统计除了主要研究大量的经济现象以外，也很重视个别先进事例与典型事例的研究。有时，为了使研究的对象更有典型性和代表性，还把一些偶然性的因素或次要的细节问题予以剔除；为了对主要问题进行深入分析，不一定要求对企业的全部经济活动做出完整、全面、时序的反映。

2.施工成本分析的方法

成本分析的主要方法，施工成本分析的方法包括：比较法、因素分析法、差额计算法、比率法等基本方法。

1)比较法

比较法，又称“指标对比分析法”，就是通过技术经济指标的对比，检查目标的完成情况，分析产生差异的原因，进而挖掘内部潜力的方法。这种方法，具有通俗易懂、简单易行、便于掌握的特点，因而得到了广泛的应用，但在应用时必须注意各技术经济指标的可比性。比较法的应用，通常有下列形式。

将实际指标与目标指标对比。以此检查目标完成情况，分析影响目标完成的积极因素和消极因素，以便及时采取措施，保证成本目标的实现。在进行实际指标与目标指标对比时，还应注意目标本身有无问题。如果目标本身出现问题，则应调整目标，重新正确评价实际工作的成绩。

本期实际指标与上期实际指标对比。通过这种对比，可以看出各项技术经济指标的变动情况，反映施工管理水平的提高程度。

与本行业平均水平、先进水平对比。通过这种对比，可以反映本项目的技术管理和经济管理与行业的平均水平和先进水平的差距？进而采取措施赶超先进水平。

2)因素分析法

因素分析法又称连环置换法。这种方法可用来分析各种因素对成本的影响程度。在进行分析时，首先要假定众多因素中的一个因素发生了变化，而其他因素则不变，然后逐个替换，分别比较其计算结果，以确定各个因素的变化对成本的影响程度。因素分析法的计算步骤如下：

确定分析对象，并计算出实际数与目标数的差异；确定该指标是由哪几个因素组成的，并按其相互关系进行排序；以目标数为基础，将各因素的目标数相乘，作为分析替代的基数；将各个因素的实际数按照上面的排列顺序进行替换计算，并将替换后的实际数保留下来；将每次替换计算所得的结果，与前一次的计算结果相比较，两者的差异即为该因素对成本的影响程度；各个因素的影响程度之和，应与分析对象的总差异相等。

3)差额计算法

差额计算法是因素分析法的一种简化形式，它利用各个因素的目标值与实际值的差额来计算其对成本的影响程度。

4)比率法

比率法是指用两个以上的指标的比例进行分析的方法。它的基本特点是：先把对比分析数值变成相对数，再观察其相互之间的关系。常用的比率法有以下几种。

相关比率法由于项目经济活动的各个方面是相互联系，相互依存，又相互影响的，因而可以将两个性质不同而又相关的指标加以对比，求出比率，并以此来考察经营成果的好坏。例如：产值和工资是两个不同的概念，但它们的关系又是投入与产出的关系。在一般情况下，都希望以最少的工资支出完成最大的产值。因此，用产值工资率指标来考核人工费的支出水平，就很能说明问题。

构成比率法又称比重分析法或结构对比分析法。通过构成比率，可以考察成本总量的构成情况及各成本项目占成本总量的比重，同时也可看出量、本、利的比例关系（即预算成本、实际成本和降低成本的比例关系），从而为寻求降低成本的途径指明方向。

动态比率法，就是将同类指标不同时期的数值进行对比，求出比率，以分析该项指标的发展方向和发展速度。动态比率的计算，通常采用基期指数和环比指数两种方法。

3.综合成本的分析方法

所谓综合成本，是指涉及多种生产要素，并受多种因素影响的成本费用，如分部分项工程成本，月(季)度成本、年度成本等。由于这些成本都是随着项目施工的进展而逐步形成的，与生产经营有着密切的关系。因此，做好上述成本的分析工作，无疑将促进项目的生产经营管理，提高项目的经济效益。

1)分部分项工程成本分析

分部分项工程成本分析是施工项目成本分析的基础。分部分项工程成本分析的对象为已完成分部分项工程。分析的方法是：进行预算成本、目标成本和实际成本的“三算”对比，分别计算实际偏差和目标偏差，分析偏差产生的原因，为今后的分部分项工程成本寻求节约途径。

分部分项工程成本分析的资料来源是：预算成本来自投标报价成本，目标成本来自施工预算，实际成本来自施工任务单的实际工程量、实耗人工和限额领料单的实耗材料。由于施工项目包括很多分部分项工程，不可能也没有必要对每一个分部分项工程都进行成本分析。特别是一些工程量小、成本费用微不足道的零星工程。但是，对于那些主要分部分项工程则必须进行成本分析，而且要做到从开工到竣工进行系统的成本分析。这是一项很有意义的工作，因为通过主要分部分项工程成本的系统分析，可以基本上了解项目成本形成的全过程，为竣工成本分析和今后的项目成本管理提供一份宝贵的参考资料。

2)月(季)度成本分析

月(季)度成本分析，是施工项目定期的、经常性的中间成本分析。对于具有一次性特点的施工项目来说，有着特别重要的意义。因为通过月(季)度成本分析，可以及时发现问题，以便按照成本目标指定的方向进行监督和控制，保证项目成本目标的实现。

月(季)度成本分析的依据是当月(季)的成本报表。分析的方法，通常有以下几个方面。

通过实际成本与预算成本的对比，分析当月(季)的成本降低水平；通过累计实际成本与累计预算成本的对比，分析累计的成本降低水平，预测实现项目成本目标的前景。

通过实际成本与目标成本的对比，分析目标成本的落实情况，以及目标管理中的问题和不足，进而采取措施，加强成本管理，保证成本目标的落实。

通过对各成本项目的成本分析，可以了解成本总量的构成比例和成本管理的薄弱环节。例如：在成本分析中，发现人工费、机械费和间接费等项目大幅度超支，就应该对这些费用的收支配比关系认真研究，并采取对应的增收节支措施，防止今后再超支。如果是属于预算定额规定的“政策性”亏损，则应从控制支出着手，把超支额压缩到最低限度。

通过主要技术经济指标的实际与目标对比，分析产量、工期、质量、“三材”节约率、机械利用率等对成本的影响。

通过对技术组织措施执行效果的分析，寻求更加有效的节约途径。

分析其他有利条件和不利条件对成本的影响。

3)年度成本分析

企业成本要求一年结算一次，不得将本年成本转入下一年度。而项目成本则以项目的寿命周期为结算期，要求从开工、竣工到保修期结束连续计算，最后结算出成本总量及其盈亏。由于项目的施工周期一般较长，除进行月(季)度成本核算和分析外，还要进行年度成本的核算分析。这不仅是为了满足企业汇编年度成本报表的需要，同时也是项目成本管理的需要。因为通过年度成本的综合分析，可以总结一年来成本管理的成绩和不足，为今后的成本管理提供经验和教训，从而可对项目成本进行更有效的管理。

年度成本分析的依据是年度成本报表。年度成本分析的内容，除了月(季)度成本分析的六个方面以外，重点是针对下一年度的施工进展情况规划提出切实可行的成本管理措施，以保证施工项目成本目标的实现。

4)竣工成本的综合分析

凡是有几个单位工程而且是单独进行成本核算(即成本核算对象)的施工项目，其竣工成本分析应以各单位工程竣工成本分析资料为基础，再加上项目经理部的经营效益(如资金调度、对外分包等所产生的效益)进行综合分析。如果施工项目只有一个成本核算对象(单位工程)，就以该成本核算对象的竣工成本资料作为成本分析的依据。

单位工程竣工成本分析，应包括以下三方面内容：竣工成本分析；主要资源节超对比分析；主要技术节约措施及经济效果分析。

通过以上分析，可以全面了解单位工程的成本构成和降低成本的来源，对今后同类工程的成本管理很有参考价值。

第六节　项目技术管理

科学技术是第一生产力，技术是企业发展的源泉，因此，技术管理是施工项目管理的重要组成部分，施工项目生产活动的各个方面都涉及许多技术问题。技术管理工作所强调的是对技术工作的管理，即运用管理的职能去促进技术工作的开展，而并非是指技术本身。施工项目活动是在一定的技术要求和技术标准控制下进行的，施工成果的好坏，取决于企业的科学技术水平和装备水平。要使施工顺利进行和不断提高技术水平，就必须通过科学管理，正确地贯彻执行国家颁布的现行规范、规程和上级制定的各项管理制度，应用先进的施工技术和切实可行的管理措施准确无误地将工程项目设计要求贯彻到施工生产的全过程，多快好省地生产出合格的建筑产品。

一 技术管理的任务、内容和原则

(一)技术管理的任务

施工企业的技术管理，就是对企业中各项技术活动过程和技术工作的各种要素进行科学管理的总称。这里所说的“各项技术活动过程”和“技术工作的各种要素”构成了技术管理的对象。

“各项技术活动过程”指的是：图纸会审、编制施工组织设计、技术交底、技术检验等施工技术准备工作；质量技术检查、技术核定、技术措施、技术处理、技术标准和规程的实施等施工过程中的技术工作；科学研究、技术改造、技术革新、技术培训、新技术试验等技术开发工作。它们构成了技术管理的基本工作。

“技术工作的各种要素”指的是技术工作赖以进行的技术人才、技术装备、技术情报、技术文件、技术资料、技术档案、技术标准规程、技术责任制等，它多属于技术管理的基础工作。

技术管理的基本任务是：正确贯彻执行国家的技术政策和上级有关技术工作的指示与决定，科学地组织各项技术工作，建立良好的技术秩序，充分发挥技术人员和技术装备的作用，不断改进原有技术和采用先进技术，保证工程质量，降低工程成本，推动企业技术进步，提高经济效益。

(二)技术管理的内容

施工企业技术管理分为基础工作和业务工作两大部分内容。

1.基础工作

为有效地进行技术管理，必须做好技术管理的基础工作。基础工作包括：技术责任制、技术标准与规程、技术原始记录、技术档案、技术情报工作等。这些工作一般由企业管理层完成。

2.业务工作

技术管理的业务工作，是技术管理中日常开展的各项业务活动。业务工作包括：施工技术准备工作（如图纸会审、编制施工组织设计、技术交底、技术检验、安全交底等）、施工过程中的技术工作（如质量技术检查、技术核定、技术措施、技术培训、环保技术、“五新”试验等）和技术开发与更新工作（如科学研究、技术革新、技术改造、技术培训、技术引进、技术试验等），这些工作一般在施工项目上实施。

（三）技术管理的原则

技术管理必须按科学技术规律办事，要遵循以下三个基本原则：

(1)要按科学技术的规律办事。即要尊重科学技术原理，尊重科学技术本身的发展规律，用科学的态度和科学的工作方法去进行技术管理，不能唯心地去作主观的管理。

(2)要认真贯彻执行国家的各项技术政策和法令。国家的技术政策规定了一定时期内的建筑技术标准和技术发展方向，应无条件地遵守。

(3)要讲究技术管理工作的经济效益。技术和经济是辩证的统一，先进的技术应带来良好的经济效果，良好的经济效果又要用先进的技术去获得。所以，在技术管理中要把技术和节约统一起来，进行多方面的核算和比较全面地技术经济分析。在建筑工程技术管理中尽量采用“五新”，即新结构、新材料、新工艺、新技术、新设备。

二 技术管理的基础工作

（一）建立和健全技术管理机构和相应的责任制、制度

1. 技术管理机构

在多数施工企业，技术管理机构和施工项目管理机构是一致的，它不但受到现场施工规模、条件的影响，还受到公司的管理体制的影响。主要有直线制、职能制、矩阵制等几种组织形式。在企业分两级管理的情况下，应建立以总工程师为首的企业技术管理组织机构，总工程师、项目工程师（技术负责人）分别在公司总经理、项目部经理的直接领导下进行工作。各级都设立技术管理的职能机构，配备技术人员，形成技术管理系统，全面负责企业的技术工作。

2. 技术责任制

责任制，是适应现代化大生产需要所建立起来的一种严格的科学的管理制度。施工企业的技术责任制，就是对企业的技术工作系统和各级技术人员规定

明确的职责范围，从而充分调动各级技术人员的积极性，使他们有职、有权、有责。技术责任制是企业技术管理的核心。

建立各级技术负责制，必须正确划分各级技术管理权限，明确各级技术领导的职责。

3.技术管理制度

技术管理制度是技术管理一系列准则的总和，贯彻执行各项技术管理制度是搞好技术管理工作的核心，是科学地组织企业各项技术工作，建立正常的施工秩序的保证。

技术管理制度的作用是把整个企业的技术工作科学地组织起来，保证技术工作合理地开展起来，从而完成技术管理的任务。建筑企业的施工技术管理制度主要有以下几项：

1)图纸会审制度

即对图纸的熟悉、审查和管理制度。图纸是进行施工的依据，熟悉图纸是为了了解和掌握设计意图，以便正确无误地施工；审查的目的在于发现并更正图纸中的差错，对不明确的设计意图进行补充，对不便于施工的设计内容进行协商更正；而图纸的管理则是为了施工时更好地应用及竣工后妥善归档备查。

2)技术交底制度

技术交底是在正式施工以前对参与施工的有关管理人员、技术人员和工人讲解工程对象的设计情况、建筑和结构特点、技术要求、施工工艺等，以便他们详细地了解工程，心中有数，掌握关键环节，避免发生指导错误及操作错误。

3)施工组织设计制度

每项工程开工前必须做出施工组织设计以指导施工的全过程，处理好人、物、空间、时间、施工工艺、质量与数量、专业与协作等施工要素及其相互间的关系，以便取得好的经济效益。

4)材料检验制度

材料检验制度是对施工用材料、构件、配件和设备的质量、性能进行试验、检验，对有关设备进行调整和试运转，以便正确、合理地使用，保证工程质量。

5)工程质量检查和验收制度

质量检查和验收制度规定，必须按照有关质量标准逐项检查操作质量和产品质量，根据建筑安装工程的特点分别对隐蔽工程、分项工程、分部工程和竣工工程进行验收，从而逐环节地保证工程质量。

6)工程技术档案制度

工程技术档案是指反映建筑工程的施工过程、技术状况、质量状况等有关的技术文件，这些都需要妥善保管，以备工程交工、维护管理、改建扩建使用，并对工程历史资料进行保存和积累。

7)技术复核及审批制度

该制度规定对重要的或影响全工程的技术对象进行复核，避免发生重大差错影响工程的质量和使用。复核的内容视工程的情况而定，一般包括建筑物位置、标高和轴线、基础、设备基础、模板、钢筋混凝土、砖砌体、大样图、主要管道、电气等。审批内容为合理化建议、技术措施、技术革新方案，对其他工程内容也应按质量标准规定进行有计划的复查和检查。

8)科学研究和技术开发管理制度

建筑企业科学研究的目的在于为生产或工程提供必要的理论依据、技术方案和技术参数；技术开发的目的在于运用科学研究中所获得的知识，以试验为主要手段，验证技术可行性和经济合理性，使科学技术转变为直接生产力。它主要包括新技术、新产品、新材料、新设备的开发。搞好科学研究和技术开发工作，是提高施工技术水平，确保工程质量、缩短建设周期、降低工程成本的重要条件之一。

(二)贯彻技术标准和技术规程

技术标准和技术规程是企业进行技术管理、安全管理和质量管理的依据和基础，是标准化的重要内容。正确制定和贯彻执行技术标准和技术规程是建立正常的生产技术秩序、完成建设任务所必需的重要前提。它反映了国家、地区或企业在一定时期内的生产技术水平，在技术管理上具有法律作用。任何工程项目，都必须按照技术标准和技术规程进行施工、检验。执行技术标准和技术规程要严肃、认真。

1.技术标准

建筑安装工程的技术标准是对建筑安装工程的质量规格及其检验方法等所作的技术规定，可据此进行施工组织、施工检验和评定工程质量等级。技术标准是由国家委托有关部委制定颁发，属于法令性文件。

(1)建筑安装工程施工及验收规范它规定了分部、分项工程的技术要求、质量标准和检验方法。

(2)建筑安装工程质量检验及评定标准是根据按施工及验收规范进行检验所得的结果，评定分部工程、分项工程及单位工程的等级标准。质量检验及评定标准的内容分三部分：质量要求、检验方法、质量等级评定。体现了验、评分离的原则。

(3)ISO9000 质量管理和质量保证标准。它是有助于建筑企业的质量管理与国际惯例接轨，建立适合国际建筑市场的质量体系，并取得认证，建筑企业就有了在国际建筑市场上的通行证。

(4)建筑安装材料、半成品的技术标准及相应的检验标准它规定了各种常用的材料、半成品的规格、性能、标准及检验方法等。如水泥检验标准、木材检验标准、混凝土强度检验评定标准。

2.技术规程

建筑安装工程技术规程是施工及验收规范的具体化，对建筑安装工程的施工过程、操作方法、设备和工具的使用、施工安全技术要求等做出具体技术规定，用以指导建筑安装工人进行技术操作。

在贯彻施工及验收规范时，由于各地区的操作习惯不完全一致，有必要制定符合本地区实际情况的具体规定，技术规程就是各地区(各企业)为了更好地贯彻执行国家的技术标准，根据施工及验收规范的要求，结合本地区(企业)的实际情况，在保证达到技术标准的前提下所作的具体技术规定，技术规程属于地方性技术法规，施工中必须严格遵守，但它比技术标准的适用范围要窄一些。

常用的技术规程有下列四类：

(1)施工工艺规程：它规定了施工的工艺要求、施工顺序、质量要求等。

(2)施工操作规程：它规定了各主要工种在施工中操作方法、技术要求、质量标准、安全技术等。工人在生产中必须严格执行施工操作规程，以保证工程质量和生产安全。

(3)设备维护和检修规程：它按设备磨损的规律，对设备的日常维护和检修作出的规定，以使设备的零部件完整齐全、清洁、润滑、紧固、调整、防腐蚀等技术性能良好，安全操作，原始记录齐全。

(4)安全操作规程是为了保证在施工过程中人身安全和设备运行安全所做的规定。技术标准和技术规程一经颁发就必须严格执行。但是技术标准和技术规程不是一成不变的，随着技术和经济发展，要适时地对它们进行修订。

(三)建立和健全技术原始记录

技术原始记录，包括材料、构配件、建筑安装工程质量检验记录，质量、安全事故分析和处理记录，设计变更记录和施工日志等。

技术原始记录是评定产品质量、技术活动质量及产品交付使用后制订维修、加固或改建方案的重要技术依据。

(四)建立工程技术档案

工程技术档案，是国家整个技术档案的一个组成部分。它是记述和反映本单位施工、技术、科研等活动，具有保存价值，并且按一定的归档制度，作为真实的历史记录集中保管起来的技术文件材料。

施工企业工程技术档案的内容包括以下两个部分：

1.为工程交工验收准备的技术资料

这部分技术档案要根据规范和地方规定，随同工程交工，提交建设单位保存，作为评定工程质量和使用、维护、改造的技术依据之一。

2.施工单位建立的施工技术档案

这一部分技术档案是施工企业自己保存，供今后施工参考的技术文件，主要是施工生产中积累的具有参考价值的经验。其内容有：施工组织设计及经验总结；技术革新建议的试验、采用、改进的记录；重大质量事故、安全事故情况分析及补救措施和办法；有关技术管理的经验总结及重要技术决定；施工日志等，作为继续进行生产、科研以及对外进行技术交流的重要依据。

工程技术档案的建立、汇集和整理工作应当从施工准备开始，直至交工为止，贯穿于施工全过程之中。凡列入技术档案的技术文件及资料必须如实地反映情况，不得擅自修改、伪造及事后补做。技术文件和资料要经各级技术负责人正式审定后才有效。工程技术档案必须严加管理，不得遗失、损坏，人员调动时要办理交接手续。

(五)加强技术情报管理

技术情报，是指国内外建筑生产技术发展动态和信息。包括有关科技图书、刊物、报告、专门文献、学术论文、实物样品等。

技术情报要有计划、有目的、有组织的收集、加工、存贮、检索和管理，技术情报要走在科研和施工前面，有目的地跟踪、及时交流和普及，技术情报要做到准确、可靠、及时。

技术情报是促进科学技术发展的重要手段，技术情报工作要为施工生产、企业改进技术、科学试验和技术开发服务。

三 技术管理的主要业务工作

(一) 图纸会审

图纸会审是指工程开工之前，由建设单位组织，由设计单位交底和施工单位参加对施工图纸进行审查。其目的是为了领会设计意图，熟悉图纸内容，明确技术要求，及早发现并消除图纸中的错误，以便正确无误地进行施工。

图纸会审的要点是：主要尺寸、标高、轴线、孔洞、预埋件等是否有错误；建筑、结构、安装之间有无矛盾；标准图与设计图有无矛盾；设计假定与施工现场实际情况是否相符；企业是否具备采用新技术、新结构、新材料的可能性；某些结构的强度和稳定性，对安全施工有无影响等。

图纸会审后，应将会审中提出的问题，修改意见等用会审纪要的形式加以明确，必要时由设计单位另出修改图纸。会审纪要由三方签字后下发，它与图纸具有同等的效力，是组织施工、编制预算的依据。

(二)技术交底

技术交底是指开工之前，由各级技术负责人就施工中有关技术要求逐级向下贯彻，直到执行者。其目的是使参加施工的人员对工程及其技术要求做到心中有数，以便科学地组织施工和按合理的工序、工艺进行作业。要做好技术交底工作，必须明确技术交底的内容，并搞好技术交底的分工。

1.技术交底的内容

(1)图纸交底：目的是使施工人员了解施工工程的设计特点、做法要求、抗震处理、使用功能等，以便掌握设计关键，认真按图施工。

(2)施工组织设计交底：要将施工组织设计的全部内容向施工人员交代，以便掌握工程特点、施工部署、任务划分、施工方法、施工进度、各项管理措施、平面布置等，用先进的技术手段和科学的组织手段完成施工任务。

(3)设计变更和洽商交底：将设计变更的结果向施工人员和管理人员做统一的说明，便于统一口径，避免差错，算清经济账。

(4)分项工程技术交底：主要包括施工工艺，技术安全措施，规范要求，质量标准，新结构、新工艺、新材料工程的特殊要求等。

2.技术交底的分工

技术交底应分级进行。重点工程、大型工程和技术复杂的工程，由企业总工程师组织有关科室向项目经理部和分包施工单位技术负责人交底，主要依据是公司编制的施工组织总设计。

在施工现场，由项目工程师(技术负责人)向工长、班组长及职能人员进行交底，交底要求细致、齐全。要结合具体操作部位，贯彻落实上级技术领导的要求，关键部位的质量要求、操作要点及注意事项等。对关键性的项目和部位，推广使用新技术的项目和部位，工长接受交底后，应反复、细致地向操作班组进行交底，除口头和文字交底外，必要时要用图表、样板、示范操作等方法进行交底。班组长在接受交底后，应组织工人进行认真讨论，保证明确施工意图。施工企业内部的技术交底都必须是书面形式的，技术交底必须经过检查与审核，应留底稿，字迹清楚，有签发人、审核人、接受人的签字。

（三）技术复核

技术复核，是指在施工过程中对重要部位的施工，依据有关标准和设计要求进行的复查、核对工作。技术复核的目的是避免在施工中发生重大差错，保证工程质量。技术复核一般在分项工程正式施工前进行，重点检查的项目和内容见表 7-12 所列。

技术复核项目及内容表 表 7-12

项　目	复 核 内 容
建(构)筑物定位	测量定位的标准轴线桩、水平桩、龙门板、轴线标高
基础及设备基础	土质、位置、标高、尺寸
模板	尺寸、位置、标高、预埋件、预留孔、牢固程度、模板内部的清理工作、温润情况
钢筋混凝土	现浇混凝土的配合比、现场材料的质量和水泥品种、标号、预制构件的位置、标高、型号、搭接长度、焊缝长度、吊装构件的强度
砖砌体	墙身轴线，皮数杆、砂浆配合比
大样图	钢筋混凝土柱、屋架、吊车梁以及特殊项目大样图的形状、尺寸、预制位置
其他	根据工程需要复核的项目

（四）材料及构、配件检验

材料及构、配件的质量好坏，对工程质量影响极大，必须十分重视对它们的检查、检验。凡施工用的原材料，如水泥、钢材、砖、焊条等，都应有出厂合格证明或检验单；对混凝土、砂浆、防水胶结材料及耐酸、耐腐、绝缘、保温等配合的材料或半成品，均要有配合比设计以及按规定制作试块检验；对预制构件，预制厂要有出厂合格证明，工地可作抽样检查；对新材料、新的结构件、代用材料等，要有技术鉴定合格证明，才能使用。

施工企业要加强对材料及构配件试验检验工作的领导，建立试验、检验机构，配备试验人员，充实试验、检验仪器设备，提高试验与检验的质量。

钢筋、水泥、砖、焊条等结构用材料，除应有出厂证明外，还必须根据规范和设计要求进行检验。土建材料检验项目见表 7-13 所列。

土建材料检验项目　　表 7-13

序号	名称	必验项目	必要时需验项目	备注
1	水泥	标号	安定性、凝结时间	
2	钢筋	屈服强度、极限强度、延伸率	冷弯、冲击韧性、化学成分、疲劳强度	包括结构用型钢,进口钢材
3	焊条	极限强度、延伸率、冲击韧性	化学成分	
4	砖	标号、外观规格	吸水率	
5	沥青	针入度、软化点、延伸率	闪火点、比重、沥青含量	
6	其他	根据工程情况、具体规定		

(五) 技术资料的整理

为工程交工验收准备的技术资料是一项重要的基本工作,其内容包括以下几部分:

1. 施工技术资料

工程概况;单位工程质量综合评定表;单位工程质量等级证书;基础工程质量验收证明;主体工程质量验收证明;工程开工报告;竣工验收证明;工程地质勘察报告;设计交底及图纸会审记录;设计变更及技术核定单;重要会议记录及工期证明;定位放线记录及测量复核单;地基验槽记录;隐蔽工程验收记录;工程质量事故报告及处理;建筑物垂直度及高度测量记录;建筑物沉降观测记录;其他有关记录。

2. 质量控制资料

钢材质保书及试验报告;水泥质保书及试验报告;砖或砌块质保书及试验报告;粗骨料试验报告;细骨料试验报告;防水材料质保书及试验报告;混凝土构件合格证。木制品合格证;门窗合格证;焊接材料合格证及焊接试验记录;砂浆试块试压记录及强度评定表;混凝土试块试压记录强度评定表;混凝土抗渗试验记录;混凝土坍落度测定记录;混凝土非破损测定强度报告;砂垫层环刀测定报告;回填土密实度测定报告;屋面或楼面灌水试验记录。

3. 施工管理资料

施工组织设计;技术交底记录;分部分项技术复核记录;混凝土浇灌及施工记录;预制构件吊装记录;砂浆及混凝土配合比通知单;单位工程质量保证资料核查表;单位工程感观测量评定表;分部分项工程质量检验评定表;施工日记;安全生产活动记录。

4.竣工图

凡原施工图无变更的，可在新的原施工图上加盖“竣工图”标志后作为竣工图。无大变更的可在原图上改绘；有重大变更的应重新绘制竣工图。

工程技术资料的整理与归档应从施工准备开始，直到交工为止，贯穿施工的全过程之中。进度和技术资料必须同步。

(六)工程质量检查和验收

为了保证工程质量，在施工过程中，除根据国家规定的《建筑安装工程质量检验评定标准》逐项检查操作质量外，还必须根据建筑安装工程特点，分别对隐蔽工程、分项工程和交工工程进行检查和验收。

1.隐蔽工程检查验收

隐蔽工程检查与验收，是指本工序操作完成后将被下道工序所掩埋、包裹而无法再检查的工程项目，在隐蔽前所进行的检查与验收。如钢筋混凝土中的钢筋，基础工程中的地基土质和基础尺寸、标高等。

隐蔽工程需在下道工序施工前，由技术负责人主持，邀请监理、设计和建设单位代表共同进行检查验收。经检查后，办理隐蔽验收手续，列入工程档案，对不符合质量要求的问题要认真进行处理，未经检查合格者不能进行下道工序施工。

2.分部、分项工程预先检查验收

一般是在某一分项工程完工后由施工队自己检查验收，但对基础、主体结构、重点、特殊项目及推行新结构、新技术、新材料的分项工程，在完工后应由监理、建设、设计和施工共同检查验收，并签证验收记录纳入工程技术档案。

3.工程交工验收

是在所有建设项目和单位工程规定内容全部竣工后，进行的一次综合性检查验收，评定质量等级。交工验收工作由建设单位组织，监理单位、设计单位和施工单位参加。并报政府有关部门备案，接受政府质量监督。

四 技术革新和技术开发

(一)技术革新

1.技术革新的内容

技术革新是对现有技术的改进、更新和突破。施工企业要提高技术素质，就必须不断地进行技术革新。施工企业的技术革新主要包括以下内容：

改进或改革施工工艺和操作方法；改进施工机械设备和工具；改进原料、材料、燃料的利用方法；改进建筑结构和建筑产品的质量；改革管理工具和管理方法；改革质量检验技术和材料试验技术等。

2.技术革新的组织管理

技术革新是一项群众性的技术工作，因此要加强组织管理，充分发动群众，调动各方面的积极性和创造性。为此，必须加强组织领导和管理，做好以下工作。

(1)制订好技术革新计划，为了使计划作为技术革新的行动纲领，必须密切结合生产和施工的实际需要，发动群众在认真总结以往技术革新经验的基础上，充分挖掘潜力，明确重点，分期分批攻关，坚持一切经过试验的原则，由点到面，逐步推广。既要有长远规划，又要有年度计划。计划要在技术主管的领导下进行编制。

(2)开展群众性的合理化建议活动要充分发动群众积极提建议，找关键，挖潜力，鼓励群众积极完成技术革新任务，推广使用革新成果，总结提高，力求完善，由点到面，不断扩大。要发动群众广泛提合理化建议，搞小改小革。

(3)组织攻关小组解决技术难关。

(4)做好成果的应用推广和鉴定、奖励工作技术革新完成后，要经过鉴定和验收。

(5)完全成功以后才能投入生产。凡是技术上切实可行、经济上合算的技术革新成果，就应该在生产中推广使用。革新成果采纳后，要根据经济效益的大小，按国家规定给技术革新者一定的奖励，以资鼓励。

(二)技术开发

技术开发是指在科学技术的基础研究和应用研究的基础上，将新的科研成果应用于生产实践的开拓过程。

1.技术开发的途径

技术开发的途径有：独创型，通过研究获得科技上的发现和发明并具有实用价值的新技术；引进型(转移型)，从企业外部引进新技术，经过消化、吸收和创新后，具有实用价值的新技术；综合和延伸型，通过对现有技术的综合和延伸，开发和应用的新技术；总结提高型，通过对企业生产经营实践的总结并充实和提高的新技术。

2.技术开发程序

技术开发工作应遵循以下程序：

(1)技术预测:施工企业进行技术开发,首先应对建筑技术发展动态,企业现有技术水平,技术薄弱环节等进行深入调查分析,预测施工技术的发展趋势。

(2)选择技术开发课题:选择课题应从本企业的生产实际出发,研究和解决生产技术上的关键问题,这些问题归纳起来有:施工工艺改革问题,节约利用原材料问题,提高工程质量问题,降低能源消耗问题,机械设备改进问题,防止施工公害问题,改善施工条件问题,提高组织管理水平问题等。选中的开发课题既要反映技术发展的方向,又必须经济适用。

(3)组织研制和试验开发课题选定后,就应集中人力、物力、财力,加速研制和试验,按计划拿出成果。

(4)分析评价对研制和试验的成果进行分析评价,提出改进意见,为推广应用作准备。

(5)推广应用将研究成果在生产实践中加以应用,并对推广应用的效果加以总结,为今后进一步开发积累经验。

3.技术开发的组织管理

(1)要建立专门的技术开发组织机构,如科研所(室),负责日常工作。

(2)要搞技术开发规划,明确技术发展方向和水平,确立技术开发项目。

(3)技术开发要和技术革新活动相结合,要充分利用企业现有的设备和技术力量,必要时与科研机构、大专院校协作,共同攻关。

(4)要检查落实计划执行情况和组织对成果的鉴定和推广工作。

第七节　项目现场管理

施工现场管理是施工企业经营管理的一个重要组成部分。它是企业为了完成建筑产品的施工任务,从接受施工任务开始到交工验收为止的全过程中,围绕施工对象和施工现场而进行的生产事务的组织管理工作。

建筑产品的施工,是一项非常复杂的生产活动,它不仅需要有诸如计划、质量和成本等项目标管理和劳动力、建设物资、工程机械、工程技术及财务资金等项要素管理,而且要完成施工目标和合理组织各施工要素的生产事务管理,就必须进行有效的现场管理,否则就难以充分地利用施工条件,发挥施工要素的作用,甚至无法进行正常的施工活动,实现施工目标。

施工企业的生产管理和施工管理是有区别的。生产管理对象,是一个企业全部工程的基本生产活动和附属、辅助生产活动;而施工管理的对象,则是具体的建筑工程项目和施工现场,它是构成生产管理的主要部分。

一 现场施工管理的任务和内容

(一)现场施工管理的基本任务

现场施工管理的基本任务是根据生产管理的普遍规律和施工的特殊规律，以每一个具体工程(建筑物或构筑物)和相应的施工现场为对象，正确地处理好施工过程中的劳动力、劳动对象和劳动手段的相互关系及其在空间布置上和时间安排上的各种矛盾，做到人尽其才、物尽其用，又快、又好、又省、又安全地完成施工任务，为国家提供更多、更好的建筑产品。

(二)现场施工管理的基本内容

现场施工管理的基本内容包括：

(1)施工作业计划并组织实施，全面完成计划指标。

(2)施工现场的平面管理，合理利用空间，创造良好的施工条件。

(3)做好施工中的调度工作，及时协调土建工种和专业工种之间、总包与分包之间的关系，组织交叉施工。

(4)做好施工过程中的作业准备工作，为连续施工创造条件。

(5)认真填写施工日志和施工记录，为交工验收和技术档案积累资料。

(6)规范场容、环境保护、文明施工

(三)现场施工管理的原则

现场施工管理是全部施工管理活动的主体，应遵照下述四个原则进行管理。

1.讲求经济效益

施工生产活动，既是建筑产品实物形态的形成过程，同时又是工程成本的形成过程。施工企业施工管理，除了保证生产出合格产品外，还应努力降低工程成本，以最少的劳动消耗和资金占用，生产出优良的产品。

2.组织均衡生产

均衡生产，是指施工过程中在相等时间内完成的工作量基本相等或稳定递增。即有节奏、按比例的生产。不论是整个企业，还是某一项工程，都要求做到均衡生产。

组织均衡生产符合科学管理的要求。因为，均衡生产有利于保证设备和人力的均衡负荷，提高设备利用率和工时利用率；有利于建立正常的生产秩序和管理秩序，保证产品质量和生产安全；有利于节约物资消耗，减少资金占用，降低成本。

3.组织连续生产

连续生产，指施工生产过程连续不断地进行。建筑施工生产由于自身固有的特点，极容易出现施工间隔情况，造成人力、物力的浪费。要求施工管理通过统筹安排，科学地组织生产过程，使其连续地进行，尽量减少中断，避免设备闲置、人力窝工，充分发挥企业的生产潜力。

4.讲究科学管理

为了达到提高经济效益的目的，必须讲究科学管理，就是要求在生产过程中运用符合现代化大工业生产规律的管理制度和方法。因为现代施工企业从事的是多工种协作的大工业生产，不能只凭经验管理，而必须形成一套管理制度，用制度控制生产过程，这样才能保证生产高质量的产品，取得良好的经济效益。

二 施工作业计划、施工任务书

(一)施工作业计划的含义和作用

1.施工作业计划的含义

施工作业计划包括月度作业计划和旬作业计划两种，以月度作业计划为主。这种计划由于其计划期限短，所以计划目标比较明确具体，一般说实现计划的条件比较可靠落实，实施性较强，而预测成分少，具有作业性质，因此称之为作业计划。

2.施工作业计划的作用

月度作业计划是施工企业具体组织施工生产活动的主要指导文件，是基层施工单位安排施工活动的依据，是年(季)施工生产计划的具体化。旬作业计划是基层施工单位内部组织施工活动的作业计划，主要是组织协调班组的施工活动，实际上是月计划的短安排，以保证月计划的顺利完成。月度施工作业计划的具体作用是：

(1)把企业年(季)度计划的任务和指标层层分解在时间上，落实到每月每旬甚至每天；在空间上落实到各施工队、生产班组。使企业的经营生产目标，变为全体职工每一时刻的具体行动纲领。

(2)协调施工秩序通过对人力、材料、设备、构配件等进出场的具体安排，以及各工种在空间上的协调配合，保证施工现场的文明和施工过程的连续、均衡，从而达到协调施工秩序的目的。

(3)调节各基层施工单位之间的关系施工现场的条件经常变化，年或季度计划不可能考虑得十分周密，各基层施工单位的任务及各类资源常会出现不平衡现象。这些都需要通过月度作业计划进行调节，保证各施工单位处于正常的平衡关系，充分利用企业拥有的资源。

(4)考核基层施工单位的依据。

(5)施工管理人员进行施工调度的依据。

3.月度施工作业计划的编制依据

(1)年(季)度计划规定的指标。

(2)各单位工程的施工组织设计。

(3)施工图纸、施工预算等。

(4)劳动力、材料、构配件以及机械设备等资源的落实情况。

(5)上月计划预计完成情况(包括工程形象进度、竣工项目、施工产值)和新开工程的施工前期准备工作进展情况。

(二)月度施工作业计划的内容及编制说明

月度施工作业计划由于各施工企业规模、体制不一、管理水平不一，其内容不尽相同，有繁有简。月度施工作业计划一般有以下几个方面内容：

1.施工进度计划(表7-14)

月度施工作业计划表　　表7-14

单位工程名称	序号	分部分项工程名称	工程量		劳动量		施工天数	施工进度										
								上旬										…
			单位	数量	计划用工	每天投入人数		1	2	3	4	5	6	7	8	9	10	…
××住宅	1	砌四层砖墙	m^3	200	180	36	5											
	2	绑四层构造柱钢筋	kg	980	10	5	2											
	3	支四层构造柱模板	m^2	100	30	10	3											
	4	浇筑四层构造柱	m^3	40	20	10	2											
…	…	…	…	…	…	…	…											

(1)施工进度计划表只列在本月施工的分部分项工程，主要参照年(季)度分月计划及单位工程施工组织设计而定，但不能简单摘录，要根据上月度工程实际

进度,对照控制指标,摸清每一工程的施工状况,在认真进行"六查"(查图纸、机具、劳动力、构配件、材料、施工和技术条件)的基础上确定。不具备条件的不能列入计划。

(2)工程量在施工预算中摘录,没有施工预算的,按工程量计算规则直接计算。

(3)计划用工指完成某分部分项工程计划工程量所需的计划工日数,如式(7-15)。

$$计划用工(工日)=工程量\times时间定额/计划效率 \tag{7-15}$$

式中:计划效率=计划每工产量/定额每工产量×100%。

(4)每天平均投入工人数指某工种在月度计划内每天平均能投入施工生产的人数。

(5)施工天数指某分部分项工程施工连续时间。

(6)施工进度一栏用横线条表示该分部分项工程的施工起止日期。

2. 月度劳动力计划(表7-15)

月度施工分项计划 表7-15

编制单位: 年 月

施工队伍	施工分项名称	每天投入人数	投入天数	合计工日	产值(元)	计划形象进度
瓦工	砌筑	36	25	900	200000	六层砌筑完
…	…	…	…	…	…	…

(1)表中施工队伍指项目内部的基层单位(包括分包单位)。

(2)表中每天投入人数、投入天数、形象进度等在月度施工进度计划表中查得。

(3)一般情况,本表只对主要工种进度平衡。表中计划需用量(人)就是编制施工进度计划用到的计划人数。将计划人数和现有人数比较,得到平衡余差,最后拟定平衡意见。

(4)表中施工产值按施工图预算的方法或综合单价计算。

3. 月度实物工程量计划(表7-16)

月度实物工程量计划表 表7-16

编制单位: 年 月

分项工程	砌体	土方	垫层	模板	钢筋	混凝土	找平层	抹灰	油漆	…
板										
梁										
合计										

（1）本表是月度施工进度计划表中的工程量汇总，为资源计划提供依据。

（2）分项工程和施工定额项目一致，便于直接套用定额编资源计划。

4. 月度材料、构配件需用量计划（表7-17）

月度材料、构配件需用量计划表 表7-17

编制单位： 年 月

材料、构配件名称	型号规格	单位	计划需用量	计划供应日期			备注
				上旬	中旬	下旬	
红砖	标准	千块					
水泥	42.5	t					
石灰							
…							

（1）表中材料、构配件需用量根据施工进度计划要求，在施工预算中摘录或根据实物工程量计划套材料消耗定额计算。

（2）计划供应日期按施工进度确定，要明确各旬供应的数量。

（三）月度施工作业计划的编制程序

月度施工作业计划由项目经理部编制，采用"两上两下"的编制程序。即先由工程处（施工队）提出月计划指标建议上报项目经理部，项目经理部经平衡后下达计划控制指标，项目经理部据此编制正式计划上报，公司经综合平衡后，审批下达。在实行了内部承包责任制的企业，也可采用"自下而上"的编制程序，由内部承包单位编制计划，上报公司审批。

（四）旬施工作业计划

旬施工作业计划是月计划的具体化，使月计划任务进一步落实到班组的工种、工程旬分日进度计划，其内容一般仅包括工程数量、施工进度要求和劳动数量。

（五）施工任务书

贯彻施工作业计划的有力手段是抓好施工任务书和生产调度工作。

施工任务书是向班组贯彻施工作业计划的有效形式，也是企业实行定额管理、贯彻按劳分配，实行班组经济核算的主要依据。通过施工任务书，可以把企业生产、技术、质量、安全、降低成本等各项技术经济指标分解为小组指标落实到班组和个人,使企业各项指标的完成同班组和个人,使企业各项指标的完成同班组和个人的日常工作和物质利益紧密连在一起,达到多快好省和按劳分配的要求。

1.施工任务书的内容

施工任务书的形式很多,一般包括下列内容:

(1)施工任务书:是班组进行施工的主要依据,内容有项目名称、工程量、劳动定额、计划工数、开竣工日期、质量及安全要求等。

(2)小组记工单:是班组的考勤记录,也是班组分配计件工资或奖励工资的依据。

(3)限额领料卡:是班组完成任务所必需的材料限额,是班组领退材料和节约材料的凭证。

2.施工任务书的管理

1)签发

施工工长根据月或旬施工作业计划,负责填写施工任务书中的执行单位、单位工程名称、分项工程名称(工作内容)、计划工程量、质量及安全要求等;预算员根据劳动定额、填写定额编号、时间定额并计算所需工日;材料员根据材料消耗定额或施工预算填写限额领料卡。生产负责人或项目经理审批并签发。

2)执行

施工任务书签发后,技术员会同施工工长负责向班组进行技术、质量、安全等方面的交底;班组长组织全班讨论,制订完成任务的措施。在施工过程中,各管理部门要努力为班组完成任务创造条件,班组考勤员和材料员必须及时准确地记录用工用料情况。

3)验收

班组完成任务后,施工队组织有关人员进行验收。工长负责验收完成工程量;质安员负责评定工程质量和安全并签署意见;材料员核定领料情况并签署意见;预算员将验收后的施工任务书回收登记,并计算实际完成定额的百分比,交劳资员作为班组计件工资结算的依据。

(六)生产的调度工作

生产的调度工作是落实作业计划的一个有力措施,通过调度工作及时解决施工中已发生的各种问题,并预防可能发生的问题。另外,通过调度工作也对作业计划不准确的地方给予补充,实际是对作业计划的不断调整。

1.调度工作的主要内容

(1)督促检查施工准备工作。

(2)检查和调节劳动力和物资供应工作。

(3)检查和调节现场平面管理。

(4)检查和处理总分包协作配合关系。

(5)掌握气象、供电、供水等情况。

(6)及时发现施工过程中的各种故障,调节生产中的各个薄弱环节。

2.调度工作的原则和方法

调度工作是建立在施工作业计划和施工组织设计的基础上,调度部门无权改变作业计划的内容。但在遇到特殊情况无法执行原计划时,可通过一定的批准手续,经项目经理部同意,按下列原则进行调度:一般工序服从于重点工序;非关键路线上的工序从于关键路线上的工序;简单的工序服从于复杂的工序。

调度工作必须做到准确及时、严肃、果断。搞好调度工作,关键在于深入现场,掌握第一手资料,细致地了解各个施工具体环节,针对问题,研究对策,进行调度。除了危及工程质量和安全行为应当机立断随时纠正或制止外,对于其他方面的问题,一般应采取班组长碰头会进行讨论解决。

三 施工现场的场容管理

(一)施工现场场容管理的意义和内容

1.施工现场场容管理的意义

施工现场的场容管理,实际上是根据施工组织设计的施工总平面图,对施工现场进行的管理。它是保持良好的施工现场秩序,保证交通道路和水电畅通,实现文明施工的前提。场容管理的好坏,不仅关系到工程质量的优劣,人工材料消耗的多少,而且还关系到生命财产的安全,因此,场容管理体现了建筑工地管理水平和精神状态。

2.施工现场场容管理的主要内容

(1)严格按照施工总平面图的规定兴建各项临时设施,堆放大宗材料、成品、半成品及生产设备。

(2)审批各单位需用场地的申请,根据不同时间和不同需要,结合实际情况,在总平面图设计的基础上进行合理调整。

(3)贯彻当地政府关于场容管理有关条例,实行场容管理责任制度,做到场容整齐、清洁、卫生、安全、防火、交通畅通、防止污染。

(二)施工现场平面管理中常见的问题

开工之初，一般工地场容管理较好，随着工程铺开，由于控制不严，未按施工程序办事，场容逐渐乱起来，常见的场容问题有：随意弃土与取土，形成坑洼和堵塞道路；临时设施搭设杂乱无章；全场排水无统一规划，洗刷机械和混凝土养护排出的污水遍地流淌，道路积水，泥浆飞溅；地方材料进场，不按规定场地堆放，也不做方码笼；某些材料、构件过早进场，造成场地拥塞，特别是预制构件不分层和不分类堆放，随地乱摆，大量损坏；施工余料残料清理不及时，日积月累，废物成堆；拆下的模板、支撑、脚手杆、扣件、卡子等周转材料任意堆放，甚至用来垫路铺沟，被埋入土中；管沟长期不回填，到处深沟壁垒，影响交通，危及安全；管道损坏，阀门不严，水流不断；乱接电源，乱拉电线。

(三)施工现场场容管理的原则和方法

1.按施工总平面图和场容管理规定，进行动态管理

施工现场的情况是随着工程进展不断变化的，为了适应这种变化，不可避免地要经常对现场平面布置进行调整，但必须在总平面图的控制下，严格按照场容管理的各项规定进行。

2.实行场容管理责任制度

按专业分工种实行场容管理责任制，把场容管理的目标进行分解，落实到有关专业和工种，是实行场容管理责任制的基本任务。例如，土方施工必须按指定地点堆土，谁挖土，谁负责。现场混凝土搅拌站，水泥库，砂石堆场的场容，由混凝土搅拌站人员管理，搅拌站前的道路清理，污水排放，由使用混凝土的单位负责。砌筑、抹灰用的砂浆搅拌机，水泥、砖、砂堆场和落地灰、余料的清理，由瓦工、抹灰工负责。模板、支撑及配件，钢木门窗的清理码放，由木工负责。钢筋及其半成品，余料的堆放，由钢筋工负责。脚手杆、跳板、扣件等的清理堆放，由架子工负责。预制构件，材料的堆放由经管材料、构件的人员负责。水暖管材及配件的清理、归堆、码放由管工负责。为了明确场容管理的责任，可以通过施工任务或承包合同落实到责任者。

3.勤于检查，及时整改

场容管理检查工作要从工程施工开始直至竣工交验为止。检查结果要和各工种的施工任务书的结算结合起来，凡是责任区内场容不符合规定的，不予结算，责令限期整改。

(四)文明施工与文明工地

文明施工是指保持施工场良好的作业环境、卫生环境和工作秩序,科学组织施工、施工程序合理的一种施工现象。

实现文明施工主要包括以下几个方面的工作:规范施工现场的场容,保持作业环境的整洁卫生;科学组织施工,使生产有序进行;减少施工对周围居民和环境的影响;保证职工的安全和身体健康。而且还要做好现场材料、机械、安全、技术、保卫、消防和生活卫生等方面的管理工作。

1.文明施工的意义

(1)文明施工能促进企业综合管理水平的提高。保持良好的作业环境和秩序,对促进安全生产、加快施工进度、保证工程质量、降低工程成本、提高经济和社会效益有较大作用。文明施工涉及人、财、物各个方面,贯穿于施工全过程之中,一个工地的文明施工水平是该工地乃至所在企业在工程项目施工现场的综合管理水平综合体现。

(2)文明施工是适应现代化施工的客观要求。现代化施工更需要采用先进的技术、工艺、材料、设备和科学的施工方案,需要严密组织、严格要求、标准化管理和较好的职工素质等。文明施工能适应现代化施工的要求,是实现优质、高效、低耗、安全、清洁、卫生的有效手段。

(3)文明施工代表企业的形象。良好的施工环境与施工秩序,可以得到社会的支持和信赖,提高企业的知名度和市场竞争力。

(4)文明施工有利于员工的身心健康,有利于培养和提高施工队伍的整体素质。文明施工可以提高职工队伍的文化、技术和思想素质,培养尊重科学、遵守纪律、团结协作的大生产意识,促进企业精神文明建设。从而还可以促进施工队伍整体素质的提高。

2.文明施工的组织与管理

(1)组织和制度管理

施工现场应成立以项目经理为第一责任人的文明施工管理组织。分包单位应服从总包单位的文明施工管理组织的统一管理,并接受监督检查。

各项施工现场管理制度应有文明施工的规定。包括个人岗位责任制、经济责任制、安全检查制度、持证上岗制度、奖惩制度、竞赛制度和各项专业管理制度等。

加强和落实现场文明检查、考核及奖惩管理,以促进施工文明管理工作提高。检查范围和内容应全面周到,包括生产区、生活区、场容场貌、环境文明及制度落实等内容。检查发现的问题应采取整改措施。

(2)建立收集文明施工的资料及其保存的措施

包括:上级关于文明施工的标准、规定、法律法规等资料;施工组织设计(方案)中对文明施工的管理规定,各阶段施工现场文明施工的措施;文明施工自检资料;文明施工教育、培训、考核计划的资料;文明施工活动各项记录资料。

(3)加强文明施工的宣传和教育

主要有:在坚持岗位练兵基础上,要采取派出去、请进来、短期培训、上技术课、登黑板报、广播、看录像、看电视等方法狠抓教育工作;要特别注意对临时工的岗前教育;专业管理人员应熟悉掌握文明施工的规定。

3.现场文明施工的基本要求

(1)施工现场必须设置明显的标牌,标明工程概况(工程规模、性质、用途、发包人、设计人、承包人、监理单位名称和开、竣工日期、施工许可证批准文号)、安全纪律牌、防火须知牌、安全无重大事故计时牌、安全生产及文明施工牌、施工总平面图、项目经理部组织架构及主要管理人员名单。施工单位负责施工现场标牌的保护工作。

(2)建立文明施工责任制,划分区域,明确管理负责人,实行挂牌制,做到现场清洁整齐,施工现场的管理人员在施工现场应当佩戴证明其身份的证卡。

(3)施工现场:场地平整,道路坚实畅通,有排水措施,基础、地下管道施工完后要及时回填平整、清除积土;现场施工临时水电要有专人管理,不得有长流水、长明灯。

(4)施工现场的临时设施,包括生产、生活、办公用房、仓库、料场、临时上下水管道以及照明、动力线路,要严格按施工组织设计确定的施工平面图布置,搭设或埋设整齐。

(5)应保证施工现场道路畅通,排水系统处于良好的使用状态;保持场容场貌的整洁,随时清理建筑垃圾。在车辆、行人通行的地方施工,应当设置施工标志,并对沟井坎穴进行覆盖。

(6)施工现场的各种安全设施和劳动保护器具,必须定期进行检查和维护,及时消除隐患,保证其安全有效。

(7)施工现场应当设置各类必要的职工生活设施,并符合卫生、通风、照明等要求。职工的膳食、饮水供应等应当符合卫生要求。

(8)应当做好施工现场安全保卫工作,采取必要的防盗措施,在现场周边设立围护设施。

(9)应当严格依照《中华人民共和国消防条例》的规定,在施工现场建立和执行防火管理制度，设置符合消防要求的消防设施，并保持完好的备用状态。在容易发生火灾的地区施工，或者储存、使用易燃易爆器材时，应当采取特殊的消防安全措施。

(10)施工现场的用电线路、用电设施的安装和使用必须符合安装规范和安全操作规程，并按照施工组织设计进行架设，严禁任意拉线接电。施工现场必须设有保证施工安全要求的夜间照明；危险潮湿场所的照明以及手持照明灯具，必须采用符合安全要求的电压。

(11)作业区：应当按照施工总平面布置图设置各项临时设施，现场堆放的大宗材料、成品、半成品和机具设备不得侵占场内道路及安全防护等设施；工人操作地点和周围必须清洁整齐，做到活完脚下清、工完场地清，丢洒在楼梯、楼板上的砂浆、混凝土要及时清除，落地灰要回收，过筛使用；砂浆、混凝土在搅拌、运输、使用过程中，要做到不洒、不漏、不剩，使用地点盛放砂浆、混凝土必须有容器或垫板，如有洒、漏要及时清理。高层建筑要设临时便桶，严禁建筑物内大小便。

(12)施工机械应当按照施工总平面布置图规定的位置和线路设置，不得任意侵占场内道路。施工机械进场须经过安全检查，经检查合格的方能使用。施工机械操作人员必须建立机组责任制，并依照有关规定持证上岗，禁止无证人员操作。

(13)要有严格的成品保护措施，严禁损坏污染成品，堵塞管道。

(14)建筑物内清除的垃圾渣土，要通过临时搭设的竖井或利用电梯井或其他措施稳妥下卸，严禁从门窗口向外抛掷；施工现场不准乱堆垃圾及余物，应在适当地点设置临时堆放点，并定期外运。清运渣土垃圾及流体物品，要采取遮盖防漏措施。

(15)施工现场门前及围挡附近应保持整洁，不得有垃圾、废弃物。位于主要街道两侧现场的主要出入口应设专人指挥车辆，防止发生交通事故；针对施工现场情况设置宣传标语和黑板报。

(16)各地政府及有关部门制定了与施工现场场容有关的一系列法规，各工地应结合具体情况制订文明施工条例。

4.现场文明施工的检查、评定

为了推动建筑工地的文明施工，一些地区和企业对各工地的文明施工情况进行检查、评定。对优秀的工地授予文明工地的称号。对不合格的工地，令其限期整改，甚至予以适当的经济处罚。

文明施工的检查、评定一般是按文明施工的要求，按其内容的性质分解为场容、材料、技术、机械、安全、保卫消防和生活卫生等管理分项，分别由各有关业务部门列出具体项目，逐项检查、评分，最后汇总得出总分。根据检查评分结果，确定工地文明施工等级，如文明工地、合格工地或不合格工地等。

表7-18是场容管理部分的评分表，检查部门是工程管理部门。各管理分项也有相应的类似表7-18的评分表。最后把各分项的评分结果填入现场文明施工评定表(汇总表)中，在此不一一列出。

场容文明施工检查评分表　　表7-18

施工单位		工地名称		
序号	检查项目	应得分	实得分	检查意见
1	工地人口及标牌	6		
2	场容管理责任制	8		
3	现场场地平整，道路坚实畅通	10		
4	临时水电专人管理	6		
5	临时设施错设	8		
6	工完场清	12		
7	砂浆、混凝土在搅拌、运输、使用过程中不洒、不漏、不剩	12		
8	成品保护措施和设施	8		
9	建筑物内的垃圾、渣土的清除、下卸	10		
10	建筑垃圾的堆放及外运	8		
11	施工现场的围挡	6		
12	现场宣传标语及黑板报	6		
应得分：100　实得分： 折合标准分值为20×　%=				

检查人：　　检查日期：　　年　月　日

四 施工日志和工程施工记录

(一)施工日志、工程施工记录的性质和作用

施工日志和工程施工记录都是工程技术档案的重要组成部分。

施工日志是在建筑工程整个施工阶段有关施工活动(包括施工组织管理和施工技术)和现场情况变化的综合性记录，也是施工技术员处理施工问题的备忘录和总结施工管理经验的基本素材。工程投入使用后制订维修和加固方案也要用它作为重要依据。施工日志在工程竣工后由施工单位列入技术档案保存。

工程施工记录，简称施工记录，系指工程施工及验收规范中规定的各种记录，是检验施工操作和工程质量是否符合设计要求的原始数据，作为技术资料，在工程完交工时提交建设单位列入工程技术档案保存。

(二)填写施工日志的要求和内容

1. 填写施工日志的要求

1)施工日志应按单位工程填写，到竣工交验为止，逐日记载，不容许中断。

2)施工日志记录要真实，同时切忌把施工日志记成流水账。

3)在施工过程中途发生施工人员调动，应办理交接手续，保持施工日志的连续、完整。如一个施工技术员负责几个单位工程，切忌把几个工程的施工活动记在一起。

2. 施工日志填写的内容

施工日志的内容没有千篇一律的标准，以下内容应作为记录的重点：

工程开、竣工日期以及主要分部分项工程的施工起止日期，技术资料供应情况；因设计与实际情况不符，由设计单位在现场解决的设计问题和对施工图修改的记录；重要工程的特殊质量要求和施工方法；在紧急情况下采取的特殊措施和施工方法；质量、安全、机械事故的情况，发生原因及处理方法的记录；有关领导或部门对工程所作的生产、技术方面的决定或建议；气候、气温、地质以及其他特殊情况（如停电、停水、停工待料）的记录等。

施工日志还应将技术管理和质量管理活动及效果作如下重点记录：工程准备工作的记录，包括现场准备，施工组织设计学习，各级技术交底要求，熟悉图纸中的重要问题、关键部位和应抓好的措施，向班组交底的日期、人员及主要内容，有关计划安排等；进入施工以后，对班组自检活动的开展情况及效果，组织互检和交接检的情况及效果、施工组织设计及技术交底的执行情况及效果的记录和分析；分项工程质量评定，隐蔽工程验收、预检及上级组织的检查活动等技术性活动的日期、结果、存在问题及处理情况的记录；原材料检验结果、施工检验结果的记录，包括日期、达到效果及未达到要求的问题处理情况及结论；质量、安全事故的记录，包括事故原因调查分析、责任者、处理结论等；有关洽商变更情况、交代的方法、对象和结果的记录；有关归档技术资料的转交时间、对象及主要内容的记录；有关新工艺、新材料的推广使用情况，以及小改小革活动的记录；施工过程中组织的有关会议、参观学习主要收获、推广效果的记录。

(三)施工记录的内容

工程施工记录在工程施工及验收规范中有明确的规定。在土建工程中，通常有混凝土工程，钢筋混凝土工程的混凝土工程记录，测温记录，桩和承台及各种灌注桩基础记录；预应力混凝土工程的预应力钢筋冷拉记录，千斤顶张拉记录，电热法施加预应力记录；基础钻探记录（附钎探编号平面布置图）；建筑物、构筑物沉降观测记录（附沉降观测点布置图）。此外，还有各种测量记录，在专业工种中有水压、气压严密性和真空度试验记录，照明动力配线记录等。

工程施工记录和隐蔽工程验收记录一样，是检验衡量建筑工程质量关键性的技术资料。因此，现场施工技术员必须认真按规定表格逐项填写。有些记录，还应附有关机具、仪表核验和试验证明资料，并经有关人员签证后方可生效。

第八节　项目生产要素管理

一　劳动管理

在生产力诸要素中，人是最主要的要素。施工企业劳动管理就是关于劳动力的计划、教育、考核、激励和人力资源的组织及最优利用。它的任务是合理安排和节约使用劳动力，正确贯彻社会主义物质利益原则和按劳分配原则，充分调动全体职工的劳动积极性，不断提高劳动生产率。施工企业劳动管理的内容包括劳动定额、劳动定员、劳动组织、劳动计划、技术培训、劳动纪律、劳动保险等各方面。本书主要介绍劳动组织、劳动计划、技术培训、劳动纪律。

（一）劳动组织

1.劳动组织的概念

劳动组织是企业内部劳动者在劳动活动中相互结合的组织形式，以及正确处理劳动者在劳动活动中分工与协作的关系，调整和改善劳动组织形式的管理活动的总称。在这个定义中，劳动组织有静态与动态两种含义：

静态含义是指劳动者之间相互结合而形成的一定的劳动组织形式。

动态含义是指在劳动活动中正确处理劳动者之间以及劳动者与劳动工具、劳动对象之间的关系，充分利用劳动时间和机具，不断提高劳动生产率，是一种管理活动。

2.基层劳动组织的基本形式

施工企业基层劳动组织形式有专业队（班组）和混合队（班组）两种基本形式。

专业队（班组）按分项工程的工艺由单一工种工人组成，有时根据需要配备一定数量的辅助工。例如:瓦工队(组)、木工队(组)、钢筋队(组)、抹灰队(组)等。专业队(班组)任务较单一,易于提高技术水平,但不利交叉施工中多工种密切配合,往往使工时浪费,它适用于专业技术要求较高又有较大专业工程量的场合。

混合队(班组)由完成一个分部工程或单位工程所需、相互密切联系的几个工种所组成。例如:装饰施工队(组)、钢筋混凝土施工队(组)等。它具有综合施工能力,便于领导,工种间的协作配合好,便于调节忙闲,有利于加快工期,提高质量和工效,但要求工人需一专多能,否则易造成浪费。

3.改进劳动组织的原则

施工企业劳动组织,应根据具体的工程对象、生产条件、施工方法和工人的技术水平,灵活组织并及时调整,以适应施工生产任务的变化,促进生产不断发展。

应根据工程对象的特点,如建筑性质,结构特点,技术复杂程度,工程量的大小等,分别采用不同的劳动组织形式。劳动组织形式随着施工工艺的改进,施工机具的革新及时进行调整。

要与工人的技术水平,企业的技术装备水平相适应。随着企业施工新技术、新工艺、新材料的出现,机具的改革就会对劳动组织提出新要求,就需要改进劳动组织。

要保持劳动组织的稳定性,使工人相对稳定,使各工种等级的工人密切结合形成长期合作的融洽关系。

(二)劳动纪律

劳动纪律是劳动者在劳动生产中必须共同遵守的准则。劳动纪律和其他管理手段一样,具有两重性的性质。劳动纪律的自然属性表现为,劳动纪律是人们进行生产活动的必要条件。劳动纪律的社会属性表现为,劳动纪律在不同社会所维护的生产关系不同。社会主义社会劳动者是国家的主人,社会主义的劳动纪律能为广大劳动者自觉接受,但因劳动者的行为不可能在没有约束条件下,完全依靠自觉形成一致,所以仍然具有强制作用。

施工企业的劳动纪律主要内容包括:

(1)遵守企业的一切规章制度。如岗位责任制、技术操作规范和规程、安全生产操作规程等。

(2)服从组织纪律。如下级服从上级、个人服从组织,服从组织分配,服从工作上的调动和安排等。

(3)遵守考勤制度。

(4)遵守奖惩制度。

(三)施工企业提高劳动生产率的主要途径

(1)促进企业的技术进步。

(2)搞好职工培训,提高职工素质。

(3)不断改进企业管理,科学组织施工生产。

(4)贯彻按劳分配原则,正确处理国家、企业和职工个人之间的利益关系,不断完善劳动组织;

(5)加强劳动纪律,培养职工自觉劳动的态度。

二 料具管理

施工现场的料具管理,属于生产领域物资使用过程的管理,是施工企业物资管理的基本环节。现场料具管理的内容包括施工前的料具准备。施工过程中的料具供应、现场堆放保管耗用监督,竣工后的料具清理、回收、盘点、核算与转移等内容。现场料具管理是保证工程进度、质量、合理使用材料工具、降低工程成本的重要环节。

(一)料具管理的概念及料具分类

1.料具及料具管理的概念

料具是材料和工具的总称。

材料是劳动对象,指人们为了获得某些物质财富在生产过程中以劳动作用其上的一些物品。按其在施工中的作用;它可分为主要材料、辅助材料、周转材料等等。

工具是劳动资料,也称做劳动手段,指人们用以改变或影响劳动对象的一切物质资料。它包括机械性的劳动手段,例如锹、铺、锯等,也包括只当作劳动对象容器的劳动手段,例如瓶、桶、箱等。

料具管理是指为满足施工所需的各种料具而进行计量、供应、保管、使用、监督和调节等的总称。它包括流通(供应)和消费两个过程。

2.料具的分类

料具按在施工生产中的作用分类。主要有:

1)主要材料

指直接用于工程(产品)上,构成工程(产品)实体的各种材料。如砂、石、水泥、钢材、木材、玻璃、油毡、沥青等。

2)结构件

指经过安装后能构成工程实体的各种加工件。如钢构件、钢筋混凝土构件、木构件等。结构件由建筑材料加工而成。

3)机械配件

指维修机械设备所需的各种零件和配件。如活塞、曲轴、轴承等。

4)低值易耗品

指使用期较短或价值较低,不够固定资产标准的各种物品。如用具、工具、劳保用品、玻璃器皿等。

5)周转材料

指在施工生产中能多次反复使用,而又基本保持原有形态并逐渐转移其价值的材料。如脚手架、脚手板、模板等。

6)其他材料

指不构成工程(产品)实体,但有助于工程(产品)形成,或便于施工生产进行的各种材料。如燃料、油料、氧气、电石、催化剂、促凝剂、减水剂等。

(二)现场材料管理

建筑工程施工现场是建筑材料(包括形成工程实体的主要材料、结构件以及有助于工程形成的其他材料)的消耗场所,现场材料管理和材料使用过程的管理,在施工生产不同阶段有其不同的管理内容。

1.施工准备阶段的现场材料管理工作

施工准备阶段的现场材料管理工作的主要内容是:了解工程概况,调查现场条件;计算材料用量,编制材料计划;确定供料时间和存放位置。

(1)根据施工预算,提出材料需用量计划及构、配件加工计划,做到品种、规格、数量准确。

(2)根据施工组织设计确定的施工平面图,布置、搭设堆料场地和仓库。堆料场地要平整、不积水,构件存放地点要夯实。仓库要符合防雨、防潮、防盗、防火要求。木料场必须有足够的防火设施。料场和仓库附近道路畅通,有回旋余地,便于进料和出料,雨季有排水措施。

(3)根据施工组织设计确定的施工进度,考虑材料供应的间隔期,安排各种材料的进场次序和时间,以便组织材料分批分期进场,做到堆料场地的充分周转利用。

2.施工阶段的现场材料管理工作

这一阶段现场材料管理工作的主要内容是:进场材料验收、现场材料保管和使用。

1)进场材料的验收现场

材料管理人员应全面检查、验收入场材料。应特别注意以下几点:

规格问题:规格代用是经常发生的问题,如钢材大截面代小截面,水泥高标号代低标号等。因此,在收料时,如发现供料不符合施工用料的规格,必须办理经济签证及技术核定手续后方可收料。

质量问题:对主体结构用的材料,必须具有质量合格证明,无材质证明者不能验收。有的材料虽有质量合格证明,但材料过了期的也不能验收。

数量问题:就是要防止进料不足,保证进料数量准确。因此在进料时应坚持对钢材按理论重量检尺换算查定实际重量;对水泥按进场批次抽查重测;对木材分等级、规格进行按件检尺;对砂石,在地主要进行量方,在车上要进行检尺;对石灰要进行过磅或量方;对砖、瓦要进行成垛点数。

2)现场材料的保管

现场材料要妥善保管,减少损耗。下面举例说明几种主要材料的保管要求。

水泥是水硬性材料,怕水怕潮,具有时效性(三个月),有条件的都应建库保管。露天存放必须覆盖、垫高,做到防雨防潮。水泥应按品种、标号、出厂批号分别码放,垛高以10袋为宜。落地灰要随时过筛装袋。坚持先进先出,专人管理。

石灰是气硬性材料,生石灰在空气中吸收湿气而变成粉末状熟石灰,当熟石灰与空气中二氧化碳发生作用时又还原为石灰石,因而失去胶凝作用。因此,生石灰不宜露天长期存放,应随到随用水淋化在石灰池内,用水封存,以供随时使用。

成型钢筋一般会同生产班组按加工计划验收后,交班组使用,按进度耗料。存放场地要平整,垫起30cm,分品种规格码放,及时除草、防止水气腐蚀。

大堆材料要按品种规格分别存放,场地要平整,地面软的要穿实,防止倒垛损失,要清底使用。砖一般每丁码200块,砂、石尽量高堆,方格砖和各种瓦不得平放,耐火砖不得淋雨受潮。

板、方木等木材要按树种、规格、长短、新旧分别码垛。堆垛保持一定空隙、稀疏堆放,注意通风、防火、防潮、防止霉烂,避免暴晒、开裂翘曲。

现场存放的爆炸品(如雷管、炸药)、腐蚀品(如硫酸、盐酸)、有毒品(如亚硝酸钠)、易燃品(如油料)等危险物品,应标有明显的有关危险物品标志,并有专人专库保管,以防发生意外。

钢筋混凝土预制构件存放的场地必须平整夯实，垫木规格一致，位置上下垂直，和垫楞成一直线，垛位码放整齐，垛位作到一头齐，各垛形成一条线。同时要注意正反方向和安装的顺序，把先用的堆在上面。

钢木门窗应注意配套，分品种、规格、型号堆放。木门窗口及存放时间短的钢门窗，可露天存放、用垫楞垫高 30cm，防止雨淋日晒。木门窗扇、木附件及存放时间较长的钢门窗，要存入库棚内，挂牌标明品名、规格、数量。

3)现场材料的使用

现场材料的使用主要是按限额领料、节约用料。应着重抓好以下几项工作：认真执行限额领料制度；认真执行退料、回收制度，对施工剩余材料、残旧材料及时组织退库；实行包装品回收奖励制度；结合现场文明施工，实行划区分片，包干负责，做到活完脚下清；贯彻节约用料的各项技术措施。

3.施工收尾阶段的现场材料管理工作

这一阶段的工作主要是保证施工材料的顺利转移，其主要工作有：

(1)严格控制进料，防止大量剩余。在工程主要部位(结构、装修)接近完成70%左右时，检查现场存料，估算未完成工程用量，调整原用料计划，消减多余，补充不足，以防止剩料，为工完料清创造条件。

(2)对不再使用的临时设施提前拆除，并充分考虑这部分材料的利用，直运新使用工地，减少二次搬运。

(3)对施工中产生的建筑垃圾及时过筛、挑拣复用，随时处理不能利用的建筑垃圾。

(4)工程完工后，及时核算材料消耗，分析节约、超支原因，总结经验，以便材料定额的完善。

4.限额领料

限额领料就是按定额领料，是施工班组任务书管理的重要组成部分。它以班组所承担的施工任务为依据，规定了班组完成任务应消耗的各种材料数量。这是一项经常性的用料、领料、退料、发料的基本制度。在施工现场，限额领料大体按下列程序实行：

1)签发限额领料单

限额领料单是执行材料消耗定额的具体形式，它既是领料和发料的凭证，又是实际耗用材料和班组核算的凭证。限额领料单内容一般包括：施工班组、定额编号、工程项目、工程量、单方定额用量、领料记录、节约要求、节超原因分析、包装容器回收等。

限额领料单一般采用施工定额，正确签发限额领料单的关键是准确选用定额项目。在定额不足部分“三结合”制定。由预算员根据班组任务书签发限额领料单,会同工长向班组下达和交底。

2)限额领料单执行过程的检查

班组凭限额领料单领料,按交底要求正确使用,工长和预算员要指导检查执行情况,对发现的问题,要及时帮助班组解决,使班组能正常执行定额用料,落实节约措施。

3)限额领料单的回收和结算

为了考核班组执行限额领料单的实际效果,正确地进行材料成本核算和开展经济活动分析,限额领料单必须及时回收核算。限额领料单回收与结算的一般程序是:

回收施工任务书的同时回收限额领料单由工长验收实际完成的工程项目和工程量;质量员验收工程质量;材料员验收现场活完脚下清;预算员根据验收合格的任务书回收限额领料单。

结算限额领料单现场材料员结算班组实际用料数量,办理余料、包装容器的退料手续;预算员根据班组实际完成项目的工程量,据实调整定额用料量,与班组实际耗料对比,计算节约或超耗的材料数量,并分析盈亏原因。

公布班组材料节超结果并根据材料节超办法,计算奖罚金额。

5.材料承包办法

材料承包是定额领料的高级阶段。它是一种责、权、利统一的经济责任制度。主要有以下三种形式:

1)单位工程材料费承包

这种形式一般由栋号责任工长为首承包单位工程施工预算的全部材料费、实行节约提成,然后由责任工长对班组实行单项承包或实行定额用料。这种办法一般用于工期短,比较独立的单位工程。

2)部位实物承包

一般分为基础、结构、装修三个部位,按照施工预算的各种材料用量由主要工种为首组成混合队承包,实行节约奖,超耗罚。这种办法适用于较大的单位工程。

3)单项实物承包

一般以分项工程为对象按照施工预算的材料用量由专业班组承包,实行节约奖超耗罚。这种办法实质上是在定额用料的基础上增加了经济责任和经济利益。它的核算范围小,见效快,特别适用于某一种材料的管理。

(三)工具管理

1. 工具的分类

1)按工具的价值和使用期限划分:

固定资产工具:指单位价值达到固定资产的标准,使用年限在一年以上的工具。

低值易耗工具:指单位价值未达到固定资产标准,使用年限在一年以内的工具。

消耗性工具:指单位价值很低(5 元以下)或使用后无法回收作多次使用的工具。

2)按工具的使用范围分

专用工具:指根据施工生产特殊需要而专门加工制作的工具。

通用工具:指市场定型产品。

3)按工具的使用方式分

个人使用工具:指个人随手使用的工具。如瓦工、抹灰工等工种的工人个人使用保管的工具。

班组共用工具:指工人班组共同使用保管的工具。

4)按贮存和保管情况分

在库工具:指库存的工具。

在用工具:指已发放给个人、班组等使用的工具。

2. 工具管理方法

为了管好施工工具,延长寿命,降低消耗,在工具的使用过程中,按工具的性质,建立租赁、定包和个人工具费办法等三种经济责任制。

1)大型工具的租赁办法

就是将大型工具集中一个部门经营管理,对基层施工单位实行内部租赁,并独立核算。基层施工单位在使用前要提出计划,主管部门经平衡后,双方签订租赁合同,明确双方权利、义务和经济责任,规定奖罚界限。

2)小型生产工具"定包"办法

小型工具指不同工种班组配备使用的低值易耗工具和消耗工具。这部分工具对班组实行定包,就是根据现行的劳动组织和工具配备,在总结历史消费水平的基础上,以价值形式制定分工种的日作业工具消费定额,班组在定额内向企业领用,凡实际领用数低于定额者,在其差额中提取一定比例的奖金,超支部分酌情罚款,或移作下月抵补。

3)个人工具费津贴办法

就是个人随手使用的工具,由个人自备,企业按其实际作业工日,发给工具磨损费的办法,工具磨损津贴标准,是根据一定时期的施工方法、工艺要求确定随手工具配备品种、数量，在采用经验统计法测算该工种工具的历史消耗水平的基础上制定的。

（四）周转材料管理

1. 周转材料的概念、特点及作用

周转材料是指重复使用的材料。它反复使用于生产过程，而又基本上保持其原有形态的一种工具型材料，如预制或现浇混凝土用的模板，施工中搭设的脚手架、跳板等。

周转材料种类较多，一般每次使用期较短，周转、更换频繁。为满足再生产的需要，多数单位列为流动资产管理，如各种木模、组合式钢模、脚手架等。但预制用的固定大型钢模板和现场大钢模板，有的单位列为固定资产管理。

周转材料在施工生产过程中，并不构成建筑产品的实体，可以多次周转使用，它的费用按每次使用中所消耗的那部分价值，通过摊销的办法计入工程成本。

2. 木模板的管理

1）制作和发放

木模板一般采用统一配料、统一制作、统一回收、统一管理的办法。现场使用模板时，事先向木工车间提计划，车间根据要求，按库存新旧木料合理选用，统一制作，发给工地使用。

2）保管

木模板可以多次使用，使用中保管维护由使用单位负责。包括安装、拆卸、整理等工作。实行节约有奖、超耗受罚的经济责任制。

3）核算

模板每次使用过程，包括配料、安装、拆除和回收、维修整理，随时都会产生一定的损耗。这种损耗既表现为一定的数量，又表现为一定的价值。在投入和回收总量不变的条件下，投入的是新料和长料，回收的是旧料和短料，木模板的核算不仅要计算出损耗的数量，还要计算损耗的价值。但是施工生产是连续不断进行的，为了保证流水作业的正常进行和加速模板的周转，分部分项核算有一定困难，一般可采用以下核算方法。

定额摊销：按完成的混凝土实物工程量，按定额摊销计价。采用这种核算方法，要分清发放和回收木模板的新旧成色，按新旧成色计价。

租赁法：按木模板的材质、规格、成色等，分别制订租赁费标准，使用单位租用期间按标准核算租赁费，作为计价依据。

五五摊销法：即新木料制作的模板，第一次投入使用摊销原值的50%，余下的50%价值直到报废时再行摊销。

另外,还有原值摊销法,余额摊销法等。

3.组合钢模板的管理

组合钢模板由钢模板和配件两部分组成。钢模板包括平面模板、阳角模板、阴角模板和联结角模。

配件中的联结件包括U形卡、L形插销、钩头螺栓、紧固螺栓、扣件等;配件中的支承件包括柱箍、钢楞、支柱、斜撑、钢街架等。

1)组合钢模板的管理方式

组合钢模板使用时间长,磨损小,通常采用租赁和专业队管理方式。

租赁方式:施工单位租用钢模板,按租用天数计算租赁费。租用模板应办理相应的手续,通常签订租用合同,明确双方的责权利及奖惩办法等。

专业队管理:即成立模板专业队集中管理钢模板的方法。属专业承包性质,它适用于混凝土量较大、工程比较集中,工期较长的工程。钢模板专业队不仅负责模板制作、管理和回收,而且还负责工地混凝土工程模板的安装和拆除,实行经济包干,节约有奖,超耗受罚。

2)钢模板的管理应注意作好的几项工作:

(1)钢模板及其配件,应设专人保管与维护,应按种类、规格分别堆放,建立账卡。发放和回收要有交接手续,不合格的钢模及配件不能发放使用。

(2)钢模板在露天堆放时,要上盖下垫,防止生锈。

(3)钢模板在使用和保管期间,发现油漆脱落应及时刷防锈漆,应先除锈后涂漆。

(4)钢模板由于联结或其他需要,必须在板面开孔时,用完之后应立即用钢板补焊,并用砂轮磨平。

(5)钢模板发生变形时,应在整理时加以校正、平直,开焊处要补焊牢固。

(6)钢模板使用后,应将板面残留的混凝土清除干净,且应注意防止板面刮伤。

(7)严禁将钢模板作为跳板和用来铺路、垫场地。

4.脚手架料管理

脚手架的种类很多,目前使用的主要是钢制脚手架,多数项目采取租赁管理方式,具体方法与钢模板相似。脚手架大多在露天使用。搭拆频繁,损耗较大,因此必须加强维护和管理,及时做好回收、清理、保管、整修、防锈等项工作,应特别注意做好以下几项工作:

1)使用完毕的脚手架料和零配件要及时回收,分类整理,分类存放,堆放地点要场地平坦,排水良好,下设支垫。钢管、角钢、钢桁架和其他钢构件最好放在室内,如果露天堆放,应用毡席加盖。扣件、螺栓及其他小零件,应用木箱、钢筋笼或麻袋、草包等分类贮存,放在室内。

2)弯曲的钢杆件要调直,损坏的构件要修复,损坏的扣件、零件要更换。

3)做好钢铁件的防锈处理钢管处壁在湿度较大地区(相对湿度大于75%),应每年涂刷防锈漆一次;其他地区可两年涂刷一次。涂刷时涂层不宜过厚,经彻底除锈后,涂一遍红丹即可。钢管内壁可根据地区情况,每隔2~4年涂刷一次,每次涂刷二遍。角钢、钢桁架和其他铁件可每年涂刷一次。扣件要涂油,螺栓宜镀锌防锈,使用3~5年保护层剥落后应再次镀锌。没有镀锌条件时,应在每年使用后用煤油洗涤并涂机油防锈。

搬运长钢管、长角钢,应防止弯曲。街架应拆成单片装运,装卸时不得抛丢,防止损坏。

三 机械管理

现场机械的种类很多,多数项目采取租赁管理方式。

(一)施工机械设备计划

机械设备供应计划如表7-19、表7-20是机械管理的重要环节,合理的供应计划是保证施工生产顺利进行的保障之一。工程机械设备供应计划是根据施工进度计划、施工段划分、施工工艺、类似工程施工经验和现有可调配机械编制。主要施工机械有:

拟投入某工程的主要机械设备表　　表7-19

序号	机械或设备名称	型号规格	数量	国别产地	制造年份	额定功率(kW)	生产能力	用于施工部位	备注
1	塔吊	QTZ80-C	1	济南	2003	55	55m	结构	
2	施工电梯	SCD200/200J	1	济南	2002	40	2T	结构、装饰	
…	…	…	…	…	…	…	…	…	…

主要施工机械设备进场计划表　　表7-20

序号	机械或设备名称	型号规格	数量	进场时间	用于施工部位	备注
1	塔吊	QTZ80-C	1	2006年3月1日	结构	
2	施工电梯	SCD200/200J	1	2006年6月15日	结构装饰	
…	…	…	…	…	…	…

(1)垂直运输机械：塔吊、施工电梯等；

(2)混凝土、砂浆的搅拌和运输机械：当前，商品混凝土已广泛使用，其水平场外运输一般采用混凝土运输车。场内运输多采用混凝土泵；

(3)钢筋加工及运输机械：调直机、切断机、弯曲机，闪光焊机、电渣压力焊机、电弧焊机等；

(4)木工机械：压刨、平刨、圆锯等；

(5)预应力施工机械：千斤顶(无粘结用)、高压油泵、挤压机、切割机、磨光机。

小型机械一般纳入工具管理。

(二)保证机械设备供应的措施

(1)编制合理的机械设备供应计划，在时间、数量、性能方面满足施工生产的需要。合理安排各类机械设备在各个施工队(组)间和各个施工阶段在时间和空间上的合理搭配，以提高机械设备的使用效率及产出水平，从而提高设备的经济效益。

(2)根据供应计划作好供应准备工作，编制大型机械设备运输、进场方案，保证按时、安全地组织进场。

(3)加强机械设备的维修和保养，提高机械设备的完好率，使计划供应数量满足施工要求。

(4)合理组织施工，保证施工生产的连续性，提高机械设备的利用率。

第九节　项目合同管理

一　建设工程合同订立的主要方式

(一)建设工程招标

1. 建设工程招标的概念

建设工程招标是指招标人率先提出工程的条件和要求，发布招标广告吸引或直接邀请众多投标人参加投标并按照规定程序从中选择中标人的行为，如勘察招标、设计招标、工程监理招标、施工招标等。

2. 建设工程施工招标的必备条件

建设工程招标应具备以下条件：

1)招标人已经依法成立；

2)初步设计及概算应当履行审批手续的，已经批准；

3)招标范围、招标方式和招标组织形式等应当履行核准手续的，已经核准；

4)有相应资金或资金来源已经落实；

5)有招标所需的设计图纸及技术资料。

3. 建设工程招标的方式

1)公开招标

公开招标亦称无限竞争性招标，是指招标人以招标公告的方式邀请不特定的法人或者其他组织投标。建设工程项目一般应采用公开招标方式。

2)邀请招标

邀请招标亦称有限招标，是指招标人以投标邀请书的方式邀请特定的法人或者其他组织投标。

有下列情形之一的，经批准可以进行邀请招标：项目技术复杂或有特殊要求，只有少量几家潜在投标人可供选择的；受自然地域环境限制的；涉及国家安全、国家秘密或者抢险救灾，适宜招标但不宜公开招标的；拟公开招标的费用与项目的价值相比，不值得的；法律、法规规定不宜公开招标的。

(二)建设工程投标

1. 建设工程投标的概念

建设工程投标是指投标人在同意招标人拟订好的招标文件的前提下，对招标项目提出自己的报价和相应条件，通过竞争以求获得招标项目的行为。

2. 建设工程投标程序

1)编制投标文件

步骤：结合现场踏勘和投标预备会的结果，进一步分析招标文件；校核招标文件中的工程量清单；根据工程类型编制施工规划或施工组织设计，根据工程价格构成进行工程估价，确定利润方针，计算和确定报价；形成投标文件；进行投标担保。

投标文件一般包括下列内容：投标函；投标报价；施工组织设计；商务和技术偏差表。

投标担保招标人可以在招标文件中要求投标人提交投标保证金，投标保证金除现金外，也可以是银行出具的银行保函、保兑支票、银行汇票或现金支票。

2)投标文件的送达

投标人应当在招标文件要求提交投标文件的截止时间前，将投标文件密封送达投标地点。投标人在招标文件要求提交投标文件的截止时间前，可以补充、修改或者撤回已提交的投标文件，并书面通知招标人。补充、修改的内容为投标文件的组成部分。

在提交投标文件截止时间后到招标文件规定的投标有效期终止之前，投标人不得补充、修改、替代或者撤回其投标文件。投标人补充、修改、替代投标文件的，招标人不予接受；投标人撤回投标文件的，其投标保证金将被没收。

3. 有关投标人的法律禁止性规定

1)禁止投标人之间串通投标

包括：投标人之间相互约定抬高或压低投标报价；投标人之间相互约定，在招标项目中分别以高、中、低价位报价；投标人之间先进行内部竞价，内定中标人，然后再参加投标；投标人之间其他串通投标报价的行为。

2)禁止投标人与招标人之间串通投标

包括：招标人在开标前开启投标文件，并将技标情况告知其他投标人，或者协助投标人撤换投标文件，更改报价；招标人向投标人泄露标底；招标人与投标人商定，投标时压低或抬高标价，中标后再给投标人或招标人额外补偿；招标人预先内定中标人。

3)禁止其他串通投标行为

包括：投标人不得以行贿的手段谋取中标；投标人不得以低于成本的报价竞标；投标人不得以非法手段骗取中标。

4)其他禁止行为

包括：非法挂靠或借用其他企业的资质证书参加投标；投标文件中故意在商务上和技术上采用模糊的语言骗取中标，中标后提供低档劣质货物、工程或服务；投标时递交假业绩证明、资格文件；假冒法定代表人签名，私刻公章，递交假的委托书等。

(三)建设工程合同谈判与签约

1. 合同谈判的主要内容

1)关于工程内容和范围的确认

合同的“标的”是合同最基本的要素，建设工程合同的标的量化就是工程承包内容和范围。对于在谈判讨论中经双方确认的内容及范围方面的修改或调整，应和其他所有在谈判中双方达成一致的内容一样，以文字方式确定下来，并以“合同补遗”或“会议纪要”方式作为合同附件并说明它构成合同的一部分。

对于为监理工程师提供的建筑物、家具、车辆以及各项服务，也应逐项详细地予以明确。对于一般的单价合同，如发包人在原招标文件中未明确工程量变更部分的限度，则谈判时应要求与发包人共同确定一个“增减量幅度”，当超过该幅度时，承包人有权要求对工程单价进行调整。

2)关于技术要求、技术规范和施工技术方案

3)关于合同价格条款

合同依据计价方式的不同主要有总价合同、单价合同和成本加酬金合同，在谈判中根据工程项目的特点加以确定。

4)关于价格调整条款

一般建设工程工期较长，遭受货币贬值或通货膨胀等因素的影响，可能给承包人造成较大损失。价格调整条款可以比较公正地解决这一非承包人可控制的风险损失。

可以说，价格调整和合同单价(对“单价合同”)及合同总价共同确定了工程承包合同的实际价格，直接影响着承包人的经济利益。在建设工程实践中，价格向上调整的机会远远大于价格下调，有时最终价格调整金额会高达合同总价的10%甚至15%以上，因此承包人在投标过程中，尤其是在合同谈判阶段务必对合同的价格调整条款予以充分的重视。

5)关于合同款支付方式的条款

工程合同的付款分四个阶段进行，即预付款、工程进度款、最终付款和退还保留金。

6)关于工期和维修期

被授标的承包人首先应根据投标文件中自己填报的工期及考虑工程量的变动而产生的影响，与发包人最后确定工期。关于开工日期，如可能时应根据承包人的项目准备情况、季节和施工环境因素等洽商一个适当的时间。

对于单项工程较多的项目，应当争取(如原投标书中未明确规定时)在合同中明确允许分部位或分批提交发包人验收(例如成批的房建工程应允许分栋验收；分多段的公路维修工程应允许分段验收；分多片的大型灌溉工程应允许分片验收等，并从该批验收时起开始算该部分的维修期，应规定在发包人验收并接收前，承包人有权不让发包人随意使用等条款，以缩短自己责任期限，最大限度地保障自己的利益。

承包人应通过谈判(如原投标书中未明确规定时)使发包人接受并在合同文本明确承包人保留由于工程变更(发包人在工程实施中增减工程或改变设计)、恶劣的气候影响，以及种种“作为一个有经验的承包人也无法预料的工程施工过程中条件(如地质条件、超标准的洪水等)的变化”等原因对工期产生不利影响时

要求合理地延长工期的权利。

合同文本中应当对保修工程的范围和保修责任及保修期的开始和结束时间有明确的说明，承包人应该只承担由于材料和施工方法及操作工艺等不符合合同规定而产生的缺陷。如承包人认为发包人提供的投标文件（事实上将构成为合同文件）中对它们说明得不满意时，应该与发包人谈判清楚，并落实在“合同补遗”上。

承包人应力争以维修保函来代替发包人扣留的保留金，维修保函对承包人有利，主要是因为可提前取回被扣留的现金，而且保函是有时效的，期满将自动作废。同时，它对发包人并无风险，真正发生维修费用，发包人可凭保函向银行索回款项。因此，这一做法是比较公平的。维修期满后应及时从发包人处撤回保函。

7)关于完善合同条件的问题

主要包括：关于合同图纸；关于合同的某些措辞；关于违约罚金和工期提前奖金；工程量验收以及衔接工序和隐蔽工程施工的验收程序；关于施工占地；关于开工和工期；关于向承包人移交施工现场和基础资料；关于工程交付；预付款保函的自动减额条款。

2. 建设工程合同最后文本的确定和合同签订

1)合同文件内容

建设工程合同文件构成：合同协议书；工程量及价格单；合同条件，一般由合同一般条件和合同特殊条件两部分构成；投标人须知；合同技术条件（附投标图纸）；发包人授标通知；双方代表共同签署的合同补遗（有时也以合同谈判会议纪要形式表示）；中标人投标时所递交的主要技术和商务文件（包括原投标书的图纸，承包人提交的技术建议书和投标文件的附图）；其他双方认为应该作为合同的一部分文件，如投标阶段发包人发出的变动和补遗，发包人要求投标人澄清问题的函件和承包人所做的文字答复，双方往来函件，以及投标时的降价信等。

对所有在招标投标及谈判前后各方发出的文件、文字说明、解释性资料进行清理。对凡是与上述合同构成相矛盾的文件，应宣布作废。可以在双方签署的合同补遗中，对此做出排除性质的声明。

2)关于合同协议的补遗

在合同谈判阶段双方谈判的结果一般以合同补遗的形式，有时也可以以合同谈判纪要形式，形成书面文件。这一文件将成为合同文件中极为重要的组成部分，因为它最终确认了合同签订人之间的意志，所以它在合同解释中优先于其他文件。为此不仅承包人对它重视，发包人也极为重视，它一般是由发包人或其监理工程师起草。因合同补遗或合同谈判纪要会涉及合同的技术、经济、法律等所有方面，作为承包人主要是核实其是否忠实于合同谈判过程中双方达成的一致意见及其文字的准确性。对于经过谈判更改了招标文件中条款的部分，应说明已就某某条款进行修正，合同实施按照合同补遗某某条款执行。

同时应该注意的是，建设工程承包合同必须遵守法律。对于违反法律的条款，即使由合同双方达成协议并签了字，也不受法律保障。因此，为了确保协议的合法性，应由律师核实，才可对外确认。

3)签订合同

发包人或监理工程师在合同谈判结束后，应按上述内容和形式完成一个完整的合同文本草案，并经承包人授权代表认可后正式形成文件，承包人代表应认真审核合同草案的全部内容。当双方认为满意并核对无误后由双方代表草签，至此合同谈判阶段即告结束。此时，承包人应及时准备和递交履约保函，准备正式签署承包合同。

二 建设工程合同的类型

(一)按照工程建设阶段分类

建设工程的建设过程大体上经过勘察、设计、施工 3 个阶段，围绕不同阶段订立相应合同。

(1)建设工程勘察：是指根据建设工程的要求，查明、分析、评价建设场地的地质地理环境特征和岩土工程条件，编制建设工程勘察文件的活动。建设工程勘察合同即发包人与勘察人就完成商定的勘察任务明确双方权利义务的协议。

(2)建设工程设计：是指根据建设工程的要求，对建设工程所需的技术、经济、资源、环境等条件进行综合分析、论证，编制建设工程设计文件的活动。建筑工程设计合同即发包人与设计人就完成商定的工程设计任务明确双方权利义务的协议。

(3)建设工程施工：是指根据建设工程设计文件的要求，对建设工程进行新建、扩建、改建的活动。建筑工程施工合同即发包人与承包人为完成商定的建设工程项目的施工任务明确双方权利义务的协议。

(二)按照承发包方式分类

1. 勘察、设计或施工总承包合同

勘察、设计或施工总承包，是指发包人将全部勘察、设计或施工的任务分别发包给一个勘察、设计单位或一个施工单位作为总承包人，经发包人同意，总承包人可以将勘察、设计或施工任务的一部分分包给其他符合资质的分包人。据此明确各方权利义务的协议即为勘察、设计或施工总承包合同。在这种模式中，发包人与总承包人订立总承包合同，总承包人与分包人订立分包合同，总承包人与分包人就工作成果对发包人承担连带责任。

2. 单位工程施工承包合同

单位工程施工承包，是指在一些大型、复杂的建设工程中，发包人可以将专业性很强的单位工程发包给不同的承包人，与承包人分别签订土木工程施工合同、电气与机械工程承包合同，这些承包人之间为平行关系。单位工程施工承包合同常见于大型工业建筑安装工程。据此明确各方权利义务的协议即为单位工程施工承包合同。

3. 工程项目总承包合同

工程项目总承包，是指建设单位将包括工程设计、施工、材料和设备采购等一系列工作全部发包给一家承包单位，由其进行实质性设计、施工和采购工作，最后向建设单位交付具有使用功能的工程项目。工程项目总承包实施过程可依法将部分工程分包。据此明确各方权利义务的协议即为工程项目总承包合同。

4. BOT 合同(又称特许权协议书)

BOT 承包模式，是指由政府或政府授权的机构授予承包人在一定的期限内，以自筹资金建设项目并自费经营和维护，向东道国出售项目产品或服务，收取价款或酬金，期满后将项目全部无偿移交东道国政府的工程承包模式。据此明确各方权利义务的协议即为 BOT 合同。

(三)按照承包工程计价方式分类

1. 总价合同

总价合同一般要求投标人按照招标文件要求报一个总价，在这个价格下完成合同规定的全部项目。总价合同还可以分为固定总价合同、调价总价合同等。

2. 单价合同

这种合同指根据发包人提供的资料，双方在合同中确定每一单项工程单价，结算则按实际完成工程量乘以每项工程单价计算。

单价合同还可以分为：估计工程量单价合同；纯单价合同；单价与包干混合式合同等。

3. 成本加酬金合同

这种合同是指成本费按承包人的实际支出由发包人支付，发包人同时另外向承包人支付一定数额或百分比的管理费和商定的利润。

(四)与建设工程有关的其他合同

1. 建设工程委托监理合同

建设工程监理合同是指委托人与监理人签订,为了委托监理人承担监理业务而明确双方权利义务关系的协议。

2. 建设工程物资采购合同

建设工程物资采购合同是指出卖人转移建设工程物资所有权于买受人,买受人支付价款的明确双方权利义务关系的协议。

3. 建设工程保险合同

建设工程保险合同是指发包人或承包人为防范特定风险而与保险公司明确权利义务关系的协议。

4. 建设工程担保合同

建设工程担保合同是指义务人(发包人或承包人)或第三人与权利人(承包人或发包人)签订为保证建设工程合同全面、正确履行而明确双方权利义务关系的协议。

三 建设工程合同的主要内容

(一)施工总承包合同的主要内容

建设部和国家工商行政管理总局于1999年发布了《建设工程施工合同(示范文本)》(GF—1999—0201)(以下简称《示范文本》),这是一种主要适用于施工总承包合同。该《示范文本》由《协议书》、《通用条款》和《专用条款》三部分组成。

1.《协议书》内容

(1)工程概况:工程名称;工程地点;工程内容;工程立项批准文号;资金来源。

(2)工程承包:承包人承包的工作范围和内容。

(3)合同工期:开工日期;竣工日期;合同工期应填写总日历天数。

(4)质量标准:工程质量必须达到国家标准规定的合格标准,双方也可以约定达到国家标准规定的优良标准。

(5)合同价款:合同价款应填写双方确定的合同金额。

(6)组成合同的文件:合同文件应能相互解释,互为说明。除专用条款另有约定外，组成合同的文件及优先解释顺序如下：本合同协议书；中标通知书；投标书及其附件；本合同专用条款；本合同通用条款；标准、规范及有关技术文件；图纸；工程量清单；工程报价单或预算书。

(7)本协议书中有关词语含义与本合同第二部分《通用条款》中分别赋予它们的定义相同。

(8)承包人向发包人承诺按照合同约定进行施工、竣工并在质量保修期内承担工程质量保修责任。

(9)发包人向承包人承诺按照合同约定的期限和方式支付合同价款及其他应当支付的款项。

(10)合同的生效。

2.《通用条款》内容

1)词语定义及合同文件

词语定义通用条款；专用条款；发包人；项目经理；设计单位；监理单位；工程师；工程造价管理部门；工程；合同价款；追加合同价款；费用；工期；开工日期；竣工日期；图纸；施工场地；书面形式；违约责任；索赔；不可抗力；小时或天。

合同文件及解释顺序同本条前文《协议书》内容中的有关说明。

2)双方一般权利和义务

3)施工组织设计和工期

4)质量与检验

5)安全施工

6)合同价款与支付

7)材料设备供应

8)工程变更

9)竣工验收与结算

10)违约、索赔和争议

11)其他

3.《专用条款》

(1)《专用条款》谈判依据及注意事项；

(2)《专用条款》与《通用条款》是相对应的；

(3)《专用条款》具体内容是发包人与承包人协商将工程的具体要求填写在合同文本中；

(4)建设工程合同《专用条款》的解释优于《通用条款》。

(二)工程分包合同的主要内容

1. 工程分包的概念

工程分包,是相对总承包而言的。所谓工程分包,是指施工总承包企业将所承包建设工程中的专业工程或劳务作业发包给其他建筑业企业完成的活动。分包分为专业工程分包和劳务作业分包。

2. 分包资质管理

《建筑法》第 29 条和《合同法》第 272 条同时规定,禁止(总)承包人将工程分包给不具备相应资质条件的单位,这是维护建设市场秩序和保证建设工程质量的需要。

1)专业承包资质

专业承包序列企业资质设 2 至 3 个等级,60 个资质类别,其中常用类别有:地基与基础、建筑装饰装修、建筑幕墙、钢结构、机电设备安装、电梯安装、消防设施、建筑防水、防腐保温、园林古建筑、爆破与拆除、电信工程、管道工程等。

2)劳务分包资质

劳务分包序列企业资质设 1 至 2 个等级,13 个资质类别,其中常用类别有:木工作业、砌筑作业、抹灰作业、油漆作业、钢筋作业、混凝土作业、脚手架作业、模板作业、焊接作业、水暖电安装作业等。如同时发生多类作业可划分为结构劳务作业、装修劳务作业、综合劳务作业。

3. 总、分包的连带责任

《建筑法》第 29 条规定,建筑工程总承包单位按照总承包合同的约定对建设单位负责;分包单位按照分包合同的约定对总承包单位负责。总承包单位和分包单位就分包工程对建设单位承担连带责任。

4. 关于分包的法律禁止性规定

《建设工程质量管理条例》第 25 条明确规定,施工单位不得转包或违法分包工程。

1)违法分包

根据《建设工程质量管理条例》的规定,违法分包指下列行为:总承包单位将建设工程分包给不具备相应资质条件的单位,这里包括不具备资质条件和超越自身资质等级承揽业务两类情况;建设工程总承包合同中未有约定,又未经建设单位认可,承包单位将其承包的部分建设工程交由其他单位完成的;施工总承包单位将建设工程主体结构的施工分包给其他单位的;分包单位将其承包的建设工程再分包的。

2)转包

转包是指承包单位承包建设工程后，不履行合同约定的责任和义务，将其承包的全部建设工程转给他人或者将其承包的全部工程肢解后以分包的名义分别转给他人承包的行为。

3)挂靠

挂靠是与违法分包和转包密切相关的另一种违法行为；转让、出借资质证书或者以其他方式允许他人以本企业名义承揽工程的；项目管理机构的项目经理、技术负责人、项目核算负责人、质量管理人员、安全管理人员等不是本单位人员，与本单位无合法的人事或者劳动合同、工资福利以及社会保险关系的；建设单位的工程款直接进入项目管理机构财务的。

5. 建设工程施工专业分包合同示范文本的主要内容

建设部和国家工商行政管理总局于 2003 年发布了《建设工程施工专业分包合同(示范文本)》(GF—2003—0213)。该文本由《协议书》、《通用条款》、《专用条款》三部分组成。

1)《协议书》内容包括

分包工程概况分包工程名称；分包工程地点；分包工程承包范围；分包合同价款；工期开工日期；竣工日期；合同工期总日历天数；工程质量标准；组成合同的文件包括：本合同协议书；中标通知书(如有时)；分包人的报价书；除总包合同工程价款之外的总包合同文件；本合同专用条款；本合同通用条款；本合同工程建设标准、图纸及有关技术文件；合同履行过程中，承包人和分包人协商一致的其他书面文件；本协议书中有关词语含义与本合同第二部分《通用条款》中分别赋予它们的定义相同；分包人向承包人承诺，按照合同约定的工期和质量标准，完成本协议书第一条约定的工程，并在质量保修期内承担保修责任；承包人向分包人承诺，按照合同约定的期限和方式，支付本协议书第二条约定的合同价款，及其他应当支付的款项；分包人向承包人承诺，履行总包合同中与分包工程有关的承包人的所有义务，并与承包人承担履行分包工程合同以及确保分包工程质量的连带责任；合同的生效。

2)《通用条款》内容包括

词语定义及合同文件，包括词语定义，合同文件及解释顺序，语言文字和适用法律、行政法规及工程建设标准，图纸；双方一般权利和义务，包括承包人的工作和分包人的工作；工期；质量与安全，包括质量检查与验收和安全施工；合同价款与支付，包括合同价款及调整、工程量的确认和合同价款的支付；工程变更；竣工验收与结算；违约、索赔及争议；保障、保险及担保；其他，包括材料设备供应、文件、不可抗力、分包合同解除、合同生效与终止、合同件数和补充条款等规定。

3)《专用条款》内容包括

词语定义及合同文件；双方一般权利和义务；工期；质量与安全；合同价款与支付；工程变更；竣工验收与结算；违约、索赔及争议；保障、保险及担保；其他。

《专用条款》与《通用条款》是相对应的，《专用条款》具体内容是承包人与分包人协商将工程的具体要求填写在合同文本中，建设工程专业分包合同《专用条款》的解释优于《通用条款》。

(三)劳务分包合同的主要内容

建设部和国家工商行政管理总局于 2003 年发布了《建设工程施工劳务分包合同(示范文本)》(GF-2003-0214)，其规范了劳务分包合同的主要内容。

1.劳务分包合同主要条款

劳务分包合同主要包括：劳务分包人资质情况；劳务分包工作对象及提供劳务内容；分包工作期限；质量标准；合同文件及解释顺序；标准规范；总(分)包合同；图纸；项目经理；工程承包人义务；劳务分包人义务；安全施工与检查；安全防护；事故处理；保险；材料、设备供应；劳务报酬；工量及工程量的确认；劳务报酬的中间支付；施工机具、周转材料供应；施工变更；施工验收；施工配合；劳务报酬最终支付；违约责任；索赔；争议；禁止转包或再分包；不可抗力；文物和地下障碍物；合同解除；合同终止；合同价数；补充条款；合同生效。

2.工程承包人与劳务分包人的义务

1)工程承包人的义务

组建与工程相适应的项目管理班子，全面履行总(分)包合同，组织实施施工管理的各项工作，对工程的工期和质量向发包人负责。

除非本合同另有约定，工程承包人完成劳务分包人施工前期的下列工作并承担相应费用：向劳务分包人交付具备本合同劳务作业开工条件的施工场地；完成水、电、热、电信等施工管线和施工道路，并满足完成本合同劳务作业所需的能源供应、通信及施工道路畅通的时间和质量要求；向劳务分包人提供相应的工程地质和地下管网线路资料；办理下列工作手续：各种证件、批件、规费，但涉及劳务分包人自身的手续除外；向劳务分包人提供相应的水准点与坐标控制点位置；向劳务分包人提供生产、生活临时设施。

负责编制施工组织设计，统一制定各项管理目标，组织编制年、季、月施工计划、物资需用量计划表，实施对工程质量、工期、安全生产、文明施工，计量分析、实验化验的控制、监督、检查和验收。

负责工程测量定位、沉降观测、技术交底，组织图纸会审，统一安排技术档案资料的收集整理及交工验收。

统筹安排、协调解决非劳务分包人独立使用的生产、生活临时设施、工作用水、用电及施工场地。

按时提供图纸，及时交付应供材料、设备，所提供的施工机械设备、周转材料、安全设施保证施工需要。

按本合同约定，向劳务分包人支付劳动报酬。

负责与发包人、监理、设计及有关部门联系，协调现场工作关系。

2)劳务分包人义务

对本合同劳务分包范围内的工程质量向工程承包人负责，组织具有相应资格证书的熟练工人投入工作；未经工程承包人授权或允许，不得擅自与发包人及有关部门建立工作联系；自觉遵守法律法规及有关规章制度。

劳务分包人根据施工组织设计总进度计划的要求按约定的日期(一般为每月底前若干天)提交下月施工计划，有阶段工期要求的提交阶段施工计划，必要时按工程承包人要求提交旬、周施工计划，以及与完成上述阶段、时段施工计划相应的劳动力安排计划，经工程承包人批准后严格实施。

严格按照设计图纸、施工验收规范、有关技术要求及施工组织设计精心组织施工，确保工程质量达到约定的标准；科学安排作业计划，投入足够的人力、物力，保证工期；加强安全教育，认真执行安全技术规范，严格遵守安全制度，落实安全措施，确保施工安全；加强现场管理，严格执行建设主管部门及环保、消防、环卫等有关部门对施工现场的管理规定，做到文明施工；承担由于自身责任造成的质量修改、返工、工期拖延、安全事故、现场脏乱造成的损失及各种罚款。

自觉接受工程承包人及有关部门的管理、监督和检查；接受工程承包人随时检查其设备、材料保管、使用情况，及其操作人员的有效证件、持证上岗情况；与现场其他单位协调配合，照顾全局。

按工程承包人统一规划堆放材料、机具，按工程承包人标准化工地要求设置标牌，搞好生活区的管理，做好自身责任区的治安保卫工作。

按时提交报表、完整的原始技术经济资料，配合工程承包人办理交工验收。

做好施工场地周围建筑物、构筑物和地下管线和已完工程部分的成品保护工作，因劳务分包人责任发生损坏，劳务分包人自行承担由此引起的一切经济损失及各种罚款。

妥善保管、合理使用工程承包人提供或租赁给劳务分包人使用的机具、周转材料及其他设施。

劳务分包人须服从工程承包人转发的发包人及工程师的指令。

除非本合同另有约定，劳务分包人应对其作业内容的实施、完工负责，劳务分包人应承担并履行总(分)包合同约定的、与劳务作业有关的所有义务及工作程序。

3.安全防护及保险

1)安全防护

劳务分包人在动力设备、输电线路、地下管道、密封防振车间、易燃易爆地段以及临街交通要道附近施工时，施工开始前应向工程承包人提出安全防护措施，经工程承包人认可后实施，防护措施费用由工程承包人承担。

实施爆破作业，在放射、毒害性环境中工作(含储存、运输、使用)及使用毒害性、腐蚀性物品施工时，劳务分包人应在施工前10天以书面形式通知工程承包人，并提出相应的安全防护措施，经工程承包人认可后实施，由工程承包人承担安全防护措施费用。

劳务分包人在施工现场内使用的安全保护用品(如安全帽、安全带及其他保护用品)，由劳务分包人提供使用计划，经工程承包人批准后，由工程承包人负责供应。

2)保险

劳务分包人施工开始前，工程承包人应获得发包人为施工场地内的自有人员及第三方人员生命财产办理的保险，且不需劳务分包人支付保险费用。

运至施工场地用于劳务施工的材料和待安装设备，由工程承包人办理或获得保险，且不需劳务分包人支付保险费用。

工程承包人必须为租赁或提供给劳务分包人使用的施工机械设备办理保险，并支付保险费用。

劳务分包人必须为从事危险作业的职工办理意外伤害保险，并为施工场地内自有人员生命财产和施工机械设备办理保险，支付保险费用。

保险事故发生时，劳务分包人和工程承包人有责任采取必要的措施，防止或减少损失。

4.劳务报酬

(1)劳务报酬采用以下方式：

固定劳务报酬(含管理费)；约定不同工种劳务的计时单价(含管理费)，按确认的工时计算；约定不同工作成果的计件单价(含管理费)，按确认的工程量计算。

(2)劳务报酬，除本合同约定或法律政策变化，导致劳务价格变化的，均为一次包死，不再调整。

(3)劳务报酬最终支付

全部工作完成，经工程承包人认可后14天内，劳务分包人向工程承包人递交完整的结算资料，双方按照本合同约定的计价方式，进行劳务报酬的最终支付。

工程承包人收到劳务分包人递交的结算资料后14天内进行核实，给予确认或者提出修改意见。工程承包人确认结算资料后14天内向劳务分包人支付劳务报酬尾款。

劳务分包人和工程承包人对劳务报酬结算价款发生争议时，按本合同关于争议的约定处理。

5.违约责任

(1)当发生下列情况之一时，工程承包人应承担违约责任：工程承包人违反合同的约定，不按时向劳务分包人支付劳务报酬；工程承包人不履行或不按约定履行合同义务的其他情况。

(2)工程承包人不按约定核实劳务分包人完成的工程量或不按约定支付劳务报酬或劳务报酬尾款时，应按劳务分包人同期向银行贷款利率向劳务分包人支付拖欠劳务报酬的利息，并按拖欠金额向劳务分包人支付违约金。

(3)工程承包人不履行或不按约定履行合同的其他义务时，应向劳务分包人支付违约金，工程承包人尚应赔偿因其违约给劳务分包人造成的经济损失，顺延延误的劳务分包人工作时间。

(4)当发生下列情况之一时，劳务分包人应承担违约责任；劳务分包人因自身原因延期交工的；劳务分包人施工质量不符合本合同约定的质量标准，但能够达到国家规定的最低标准时；劳务分包人不履行或不按约定履行合同的其他义务时，劳务分包人尚应赔偿因其违约给工程承包人造成的经济损失，延误的劳务分包人工作时间不予顺延。

(5)一方违约后，另一方要求违约方继续履行合同时，违约方承担上述违约责任后仍应继续履行合同。

四 建设工程合同实施的管理

(一)建设工程合同分析

1.合同分析的必要性

进行合同分析在是基于以下原因:合同条文繁杂,内涵意义深刻,法律语言不容易理解;同在一个工程中,往往几份、十几份甚至几十份合同交织在一起,有十分复杂的关系;合同文件和工程活动的具体要求(如工期、质量、费用等)的衔接处理;工程小组、项目管理职能人员等所涉及的活动和问题不是合同文件的全部,而仅为合同的部分内容,如何全面理解合同对合同的实施将会产生重大影响;合同中存在问题和风险,包括合同审查时已经发现的风险和还可能隐藏着的尚未发现的风险;合同条款的具体落实;在合同实施过程中,合同双方将会产生的争议。

2.建设工程合同分析的内容

合同分析在不同的时期,为了不同的目的,有不同的内容。

1)合同的法律基础

分析订立合同所依据的法律、法规,通过分析,承包人了解适用于合同的法律的基本情况(范围、特点等),用以指导整个合同实施和索赔工作。对合同中明示的法律应重点分析。

2)承包人的主要任务

明确承包人的总任务,即合同标的。承包人在设计、采购、生产、试验、运输、土建、安装、验收、试生产、缺陷责任期维修等方面的主要责任,施工现场的管理,给发包人的管理人员提供生活和工作条件等责任;明确合同中的工程量清单、图纸、工程说明、技术规范的定义。工程范围的界限应很清楚,否则会影响工程变更和索赔,特别对固定总价合同,在合同实施中,如果工程师指令的工程变更属于合同规定的工程范围,则承包人必须无条件执行;如果工程变更超过承包人应承担的风险范围,则可向发包人提出工程变更的补偿要求;明确工程变更的补偿范围,通常以合同金额一定的百分比表示。通常这个百分比越大,承包人的风险越大;明确工程变更的索赔有效期,由合同具体规定,一般为28天,也有14天的。一般这个时间越短,对承包人管理水平的要求越高,对承包人越不利。

3)发包人责任

发包人雇用工程师并委托他全权履行发包人的合同责任；发包人和工程师有责任对平行的各承包人和供应商之间的责任界限做出划分，对这方面的争执做出裁决，对他们的工作进行协调，并承担管理和协调失误造成的损失；及时做出承包人履行合同所必需的决策，如下达指令、履行各种批准手续、做出认可、答复请示，完成各种检查和验收手续等；提供施工条件，如及时提供设计资料、图纸、施工场地、道路等；按合同规定及时支付工程款，及时接收已完工程等。

4)合同价格分析

合同所采用的计价方法及合同价格所包括的范围；工程计量程序，工程款结算（包括进度付款、竣工结算、最终结算）方法和程序；合同价格的调整，即费用索赔的条件、价格调整方法，计价依据，索赔有效期规定；拖欠工程款的合同责任。

5)施工工期

在实际工程中，工期拖延极为常见和频繁，而且对合同实施和索赔的影响很大，所以要特别重视。

6)违约责任

如果合同一方未遵守合同规定，造成对方损失，应受到相应的合同处罚。承包人不能按合同规定工期完成工程的违约金或承担发包人损失的条款；由于管理上的疏忽造成对方人员和财产损失的赔偿条款；由于预谋或故意行为造成对方损失的处罚和赔偿条款等；由于承包人不履行或不能正确地履行合同责任，或出现严重违约时的处理规定；由于发包人不履行或不能正确地履行合同责任，或出现严重违约时的处理规定，特别是对发包人不及时支付工程款的处理规定。

7)验收、移交和保修

验收包括许多内容，如材料和机械设备的现场验收、隐蔽工程验收、单项工程验收、全部工程竣工验收等。

在合同分析中，应对重要的验收要求、时间、程序以及验收所带来的法律后果作说明。竣工验收合格即办理移交。移交作为一个重要的合同事件，同时又是一个重要的法律概念，它表示：发包人认可并接收工程，承包人工程施工任务的完结；工程所有权的转让；承包人工程照管责任的结束和发包人工程照管责任的开始；保修责任的开始；合同规定的工程款支付条款有效。

8)索赔程序和争执的解决

它决定着索赔的解决方法。这里要分析：索赔的程序；争执的解决方式和程序;仲裁条款,包括仲裁所依据的法律、仲裁地点、方式和程序、仲裁结果的约束力等。

(二)建设工程合同交底

合同和合同分析的资料是工程实施管理的依据。合同分析后,应由合同管理人员向各层次管理者作"合同交底",把合同责任具体地落实到各责任人和合同实施的具体工作上。

(1)合同管理人员向项目管理人员和企业各部门相关人员进行"合同交底",组织大家学习合同和合同总体分析结果,对合同的主要内容做出解释和说明。

(2)将各种合同事件的责任分解落实到各工程小组或分包人。

(3)在合同实施前与其他相关的各方面,如发包人、监理工程师、承包人沟通,召开协调会议,落实各种安排。

(4)在合同实施过程中还必须进行经常性的检查、监督,对合同作解释。

(5)合同责任的完成必须通过其他经济手段来保证。对分包商,主要通过分包合同确定双方的责权利关系,保证分包商能及时地按质按量地完成合同责任。

(三)建设工程合同实施的控制

1.合同控制的作用

通过合同实施情况分析,找出偏离,以便及时采取措施,调整合同实施过程,达到合同总目标,所以合同跟踪是决策的前导工作。

在整个工程过程中,能使项目管理人员一直清楚地了解合同实施情况,对合同实施现状、趋向和结果有一个清醒的认识。

2.合同控制的依据

合同和合同分析的结果,如各种计划、方案、洽商变更文件等,它们是比较的基础,是合同实施的目标和依据。

各种实际的工程文件,如原始记录,各种工程报表、报告、验收结果、计量结果等。工程管理人员每天对现场情况的书面记录。

3.合同控制措施

(1)合同诊断包括如下内容:分析合同执行差异的原因;分析合同差异责任;问题的处理。

(2)对工程问题有如下四类措施:

技术措施;组织和管理措施;经济措施;合同措施。

(四)建设工程合同档案管理

1. 合同资料种类

在实际工程中与合同相关的资料面广量大,形式多样,主要有:

(1)合同资料,如各种合同文本、招标文件、投标文件、图纸、技术规范等。

(2)合同分析资料,如合同总体分析、网络图、横道图等。

(3)工程实施中产生的各种资料。如发包人的各种工作指令、签证、信函、会谈纪要和其他协议,各种变更指令、申请、变更记录,各种检查验收报告、鉴定报告。

(4)工程实施中的各种记录、施工日记等,官方的各种文件、批件;反映工程实施情况的各种报表、报告、图片等。

2. 合同资料文档管理的内容

(1)合同资料的收集合同包括许多资料、文件;合同分析又产生许多分析文件;在合同实施中每天又产生许多资料,如记工单、领料单、图纸、报告、指令、信件等。

(2)资料整理原始资料必须经过信息加工才能成为可供决策的信息,成为工程报表或报告文件。

(3)资料的归档所有合同管理中涉及到的资料不仅目前使用,而且必须保存,直到合同结束。为了查找和使用方便必须建立资料的文档系统。

(4)资料的使用合同管理人员有责任向项目经理、向发包人作工程实施情况报告;向各职能人员和各工程小组、分包商提供资料;为工程的各种验收、为索赔和反索赔提供资料和证据。

第十节　项目信息管理

一　建设工程项目信息管理的含义、目的和任务

(一)建设工程项目信息管理的含义和目的

我国从工业发达国家引进项目管理的概念、理论、组织、方法和手段,历时20年左右,取得了不少成绩。但是,应认识到,在项目管理中最薄弱的工作环节是信息管理。至今多数业主方和施工方的信息管理还相当落后,其落后表现在对信息管理的理解,以及信息管理的组织、方法和手段基本上还停留在传统的方

式和模式上。

信息指的是用口头的方式、书面的方式或电子的方式传输(传达、传递)的知识、新闻,或可靠的或不可靠的情报。声音、文字、数字和图像等都是信息表达的形式。建设工程项目的实施需要人力资源和物质资源,应认识到信息也是项目实施的重要资源之一。

信息管理指的是信息传输的合理的组织和控制。

项目的信息管理是通过对各个系统、各项工作和各种数据的管理,使项目的信息能方便和有效地获取、存储、存档、处理和交流。项目的信息管理的目的旨在通过有效的项目信息传输的组织和控制为项目建设的增值服务。

建设工程项目的信息包括在项目决策过程、实施过程(设计准备、设计、施工和物资采购过程等)和运行过程中产生的信息,以及其他与项目建设有关的信息,它包括:项目的组织类信息、管理类信息、经济类信息、技术类信息和法规类信息。

据国际有关文献资料介绍,建设工程项目实施过程中存在的诸多问题,其中三分之二与信息交流(信息沟通)的问题有关;建设工程项目10%～33%的费用增加与信息交流存在的问题有关;在大型建设工程项目中,信息交流的问题导致工程变更和工程实施的错误约占工程总成本的3%～5%。由此可见信息管理的重要性。

(二)建设工程项目信息管理的任务

(1)施工方和项目参与各方都有各自的信息管理任务,为充分利用和发挥信息资源的价值、提高信息管理的效率,以及实现有序的和科学的信息管理,各方都应编制各自的信息管理手册,以规范信息管理工作。信息管理手册描述和定义信息管理做什么、谁做、什么时候做和其工作成果是什么等,它的主要内容包括:信息管理的任务(信息管理任务目录);信息管理的任务分工表和管理职能分工表;信息的分类;信息的编码体系和编码;信息输入输出模型;各项信息管理工作的工作流程图;信息流程图;信息处理的工作平台及其使用规定;各种报表和报告的格式,以及报告周期;项目进展的月度报告、季度报告、年度报告和工程总报告的内容及其编制;工程档案管理制度;信息管理的保密制度等制度。

(2)项目管理班子中各个工作部门的管理工作都与信息处理有关,而信息管理部门的主要工作任务是:负责编制信息管理手册,在项目实施过程中进行信息管理手册的必要的修改和补充,并检查和督促其执行;负责协调和组织项目管理班子中各个工作部门的信息处理工作;负责信息处理工作平台的建立和运行维护;与其他工作部门协同组织收集信息、处理信息和形成各种反映项目进展和项目目标控制的报表和报告;负责工程档案管理等。

(3)各项信息管理任务的工作流程

信息管理手册编制和修订的工作流程;

为形成各类报表和报告,收集信息、录入信息、审核信息、加工信息、信息传输和发布的工作流程;

工程档案管理的工作流程等。

(4)由于建设工程项目大量数据处理的需要,在当今的时代应重视利用信息技术的手段进行信息管理。其核心的手段是基于网络的信息处理平台。

(5)在国际上,许多建设工程项目都专门设立信息管理部门(或称为信息中心),以确保信息管理工作的顺利进行;也有一些大型建设工程项目专门委托咨询公司从事项目信息动态跟踪和分析,以信息流指导物质流,从宏观上对项目的实施进行控制。

二 建设工程项目信息的分类、信息编码的方法和信息处理的方法

(一)建设工程项目信息的分类

业主方和项目参与各方可根据各自的项目管理的需求确定其信息管理的分类,但为了信息交流的方便和实现部分信息共享,应尽可能作一些统一分类的规定,如项目的分解结构应统一。

可以从不同的角度对建设工程项目的信息进行分类,如:

按项目管理工作的对象,即按项目的分解结构,如子项目1、子项目2等进行信息分类;

按项目实施的工作过程,如设计准备、设计、招投标和施工过程等进行信息分类;

按项目管理工作的任务,如投资控制、进度控制、质量控制等进行信息分类;

按信息的内容属性,如组织类信息、管理类信息、经济类信息、技术类信息和法规类信息。

为满足项目管理工作的要求,往往需要对建设工程项目信息进行综合分类,即按多维进行分类,如:

第一维:按项目的分解结构;

第二维:按项目实施的工作过程;

第三维:按项目管理工作的任务。

(二)建设工程项目信息编码的方法

编码由一系列符号(如文字)和数字组成,编码是信息处理的一项重要的基础工作。一个建设工程项目有不同类型和不同用途的信息,为了有组织地存储信息,方便信息的检索和信息的加工整理,必须对项目的信息进行编码,如:项目的结构编码;项目管理组织结构编码;项目的政府主管部门和各参与单位编码(组织编码);项目实施的工作项编码(项目实施的工作过程的编码);项目的投资项编码(业主方)/成本项编码(施工方);项目的进度项(进度计划的工作项)编码;项目进展报告和各类报表编码;合同编码;函件编码;工程档案编码等。

以上这些编码是因不同的用途而编制的,如投资项编码(业主方)/成本项编码(施工方)服务于投资控制工作/成本控制工作;进度项编码服务于进度控制工作。但是有些编码并不是针对某一项管理工作而编制的,如投资控制/成本控制、进度控制、质量控制、合同管理、编制项目进展报告等都要使用项目的结构编码,因此就需要进行编码的组合。

项目的结构编码依据项目结构图,对项目结构的每一层的每一个组成部分进行编码。项目管理组织结构编码依据项目管理的组织结构图,对每一个工作部门进行编码。项目的政府主管部门和各参与单位的编码包括:政府主管部门;业主方的上级单位或部门;金融机构;工程咨询单位;设计单位;施工单位;物资供应单位;物业管理单位等。

项目实施的工作项编码应覆盖项目实施的工作任务目录的全部内容,它包括:设计准备阶段的工作项;设计阶段的工作项;招投标工作项;施工和设备安装工作项;项目动用前的准备工作项等。

项目的投资项编码并不是概预算定额确定的分部分项工程的编码,它应综合考虑概算、预算、标底、合同价和工程款的支付等因素,建立统一的编码,以服务于项目投资目标的动态控制。

项目成本项编码并不是预算定额确定的分部分项工程的编码,它应综合考虑预算、投标价估算、合同价、施工成本分析和工程款的支付等因素,建立统一的编码,以服务于项目成本目标的动态控制。

项目的进度项编码应综合考虑不周层次、不同深度和不同用途的进度计划工作项的需要,建立统一的编码,服务于项目进度目标的动态控制。

项目进展报告和各类报表编码应包括项目管理形成的各种报告和报表

的编码。

合同编码应参考项目的合同结构和合同的分类，应反映合同的类型、相应的项目结构和合同签订的时间等特征。

函件编码应反映发函者、收函者、函件内容所涉及的分类和时间等，以便函件的查询和整理。

工程档案的编码应根据有关工程档案的规定、项目的特点和项目实施单位的需求而建立。

(三)建设工程项目信息处理的方法

在当今的时代，信息处理已逐步向电子化和数字化的方向发展，但建筑业和基本建设领域的信息化已明显落后于许多其他行业，建设工程项目信息处理基本上还沿用传统的方法和模式。应采取措施，使信息处理由传统的方式向基于网络的信息处理平台方向发展，以充分发挥信息资源的价值，以及信息对项目目标控制的作用。

基于网络的信息处理平台由一系列硬件和软件构成：数据处理设备(包括计算机、打印机、扫描仪、绘图仪等)；数据通讯网络(包括形成网络的有关硬件设备和相应的软件)；软件系统(包括操作系统和服务于信息处理的应用软件)等。

数据通信网络主要有如下三种类型：局域网(LAN—由与各网点连接的网线构成网络，各网点对应于装备有实际网络接口的用户工作站)；城域网(MAN—在大城市范围内两个或多个网络的互联)；广域网(WAN—在数据通信中，用来连接分散在广阔地域内的大量终端和计算机的一种多态网络)。

互联网是目前最大的全球性的网络，它连接了覆盖100多个国家的各种网络，如商业性的网络(.com或.co)、大学网络(.ac或.edu)、研究网络(.org或.net)和军事网络(.mil)等，并通过网络连接数以千万台的计算机，以实现连接互联网的计算机之间的数据通信。互联网由若干个学会、委员会和集团负责维护和运行管理。

建设工程项目的业主方和项目参与各方往往分散在不同的地点，或不同的城市，或不同的国家，因此其信息处理应考虑充分利用远程数据通信的方式，如：通过电子邮件收集信息和发布信息；通过基于互联网的项目专用网站(PSWS—Project Specific WebSite)实现业主方内部、业主方和项目参与各方，以及项目参与各方之间的信息交流、协同工作和文档管理。

通过基于互联网的项目信息门户(PIP—Project Information Portal)的为众多项目服务的公用信息平台实现业主方内部、业主方和项目参与各方，以及项目参与各方之间的信息交流、协同工作和文档管理;召开网络会议;基于互联网的远程教育与培训等。

基于互联网的项目信息门户(PIP)属于是电子商务(E－Business)两大分支中的电子协同工作(E－Collaboration)。项目信息门户在国际学术界有明确的内涵:即在对项目实施全过程中项目参与各方产生的信息和知识进行集中式管理的基础上,为项目的参与各方在互联网平台上提供一个获取个性化项目信息的单一入口,从而为项目的参与各方提供一个高效的信息交流(Project－Communication)和协同工作(Collaboration)的环境。它的核心功能是在互动式的文档管理的基础上,通过互联网促进项目参与各方之间的信息交流和促进项目参与各方的协同工作,从而达到为项目建设增值的目的。

基于互联网的项目专用网站(PSWS)是基于互联网的项目信息门户的一种方式,是为某一个项目的信息处理专门建立的网站。但是基于互联网的项目信息门户也可以服务于多个项目,即成为为众多项目服务的公用信息平台。

基于互联网的项目信息门户如美国的 Buzzsaw. com(于 1999 年开始运行)和德国的 PKM. com(于 1997 年开始运行),都有大量用户在其上进行项目信息处理。由此可见,建设工程项目的信息处理方式已起了根本性的变化。

本章小结

施工项目寿命周期可分为投标签约阶段、施工准备阶段、施工阶段、竣工验收、交工与结算阶段、使用后服务阶段五个阶段,构成了施工项目管理的全过程。

对于建筑企业,施工项目管理的对象是施工项目寿命周期五个阶段的工作。第一阶段投标签约和第五阶段使用后服务的工作应由公司来做,其余三个阶段的工作则由施工项目经理部完成。施工项目管理的主体是以施工项目经理为首的项目经理部,管理的客体是具体的施工对象、施工活动及相关的生产要素。项目管理的目标界定施工项目管理的主要内容,那就是“四控制、五管理、一协调”。(进度、质量、安全、成本四控制;资源、技术、现场、合同、信息五管理;项目组织协调)。

本章主要介绍了施工项目管理的程序性、目标性的知识,技术性知识较少。要进行管理具体实施,还要学习大量的技术知识,才能够完成施工项目管理。

复习思考题

7-1 项目管理概念、内涵、类型？

7-2 施工项目管理的过程？

7-3 施工项目管理目标、任务、方法？

7-4 项目经理应具备的素质？

7-5 施工项目组织机构的设置程序？

7-6 项目目标动态控制的工作程序？

7-7 进度计划编制方法？

7-8 工程项目进度的监测方法？

7-9 控制进度方法？

7-10 全面质量管理的特点？

7-11 施工单位在建设工程项目施工阶段的质量控制目标？

7-12 施工作业过程质量控制的基本程序？

7-13 工程质量统计分析方法？

7-14 2000 版 ISO9000 族标准的八项质量管理原则？

7-15 建设工程职业健康安全管理的特点？

7-16 安全控制的方针与目标？

7-17 建设工程职业健康安全事故的处理原则？

7-18 施工成本控制的步骤、方法？

7-19 技术管理的基础工作？

7-20 技术管理的主要业务工作？

7-21 现场施工管理的原则？

7-22 现场环境保护的意义？

7-23 施工记录的内容？

7-24 保证机械设备供应的措施？

7-25 施工总承包合同的主要内容？

7-26 关于分包的法律禁止性规定？

7-27 合同控制措施？

7-28 项目管理信息系统的功能？

第八章 计算机在工程施工组织、管理中的应用

【职业能力目标】

本章为计算机在工程施工组织、管理中应用的知识，掌握后能帮助施工企业及现场管理人员学习应用各种软件，施工企业及现场管理人员都应了解和掌握，以便借用计算机的强大功能帮助完成施工现场管理工作、编制施工组织设计、绘制网络图、流水施工图。

【学习要求】

了解建筑工程施工组织与管理中计算机应用现状；熟悉应用软件的基本功能；并结合具体软件，掌握如何绘制横道图、网络图。

第一节　概　　况

科学管理是建设工程项目管理多年来一直追求的目标，而在计算机飞速发展的今天，科学管理又离不开计算机技术的推广应用。它是建筑施工企业加强工程项目科学管理的重要保证，是企业提高竞争能力和实现现代化管理的必由之路。

在建筑施工中，计划管理是施工管理的核心环节，如何形象地表达施工计划的内容以及各种复杂关系，一直是工程师关注的问题。过去表达工作进度计划普遍应用横道图和各种资源计划的直方图。20 世纪 60 年代发展起来并得到广

泛应用的网络计划技术，为计算机在施工管理中的应用奠定了基础。进入20世纪90年代后，国内开始陆续出现自行开发的适用于施工企业的应用软件，其切入点为可明显减少人的手工操作或简单劳动，并能很快地见到成效。

如今，工程项目的规模和要求出现了许多根本性的变化，工程项目面临一系列的问题和机会，项目管理工作也日趋复杂。对工程施工全面规划和动态控制，需要处理大量的信息，并要求时间短，速度快，而且要准确，以便及时提供相关的项目决策信息。对工程建设中产生的大量数据，单靠人工方法整理和计算是远远不能满足项目管理的要求的。因此，应用计算机辅助施工管理，进行施工管理信息的快速准确处理，已成为工程施工管理的必需手段。

(1)计算机能够快速、高效地处理项目产生的大量数据，提高信息处理的速度，准确提供项目管理所需的最高信息，辅助项目管理人员及时、正确地作出决策，从而实现对工程项目目标的控制。

(2)计算机能够存储大量的信息和数据，采用计算机辅助信息管理，可以集中储存与项目有关的各种信息，并能随时取出被存储的数据，使信息共享，为施工管理提供有效的服务。

(3)计算机能够方便地形成各种形式、不同需求的项目报告报表，为工程师提供不同等级的管理信息。

(4)利用计算机网络，可以提高数据传递的速度和效率，充分利用信息资源，沟通信息联系。

运用计算机作为手段辅助施工管理具有非常重要的意义。它可以帮助人们编制施工方案，进行经济评价，安排生产，规划施工总平面布置，并可帮助实施跟踪检查。本章就计算机在施工中的运用作一些介绍。

第二节　建筑施工企业的计算机网络管理

一　建立建筑施工企业计算机网络管理系统

企业管理计算机网络化是现代企业管理的必经之路。建筑施工企业在选择网络形式时，如考虑到经济实用，可采用国际互联网传输数据的方式。这种方式非常简单，几乎不需要增加什么设备，可以就地和任何人进行数据交流，就像打电话一样方便。对于长距离项目，尤其是有些工地受条件限制，它不仅经济、方便，而且容易实现。

企业计算机网络平台系统应以实用性、先进性和可扩展性为指导思想。实用性是指采用的网络技术和硬软件产品要满足项目信息传输和管理的需要，要考虑项目的具体特点和环境；先进性是指采用当今先进的网络技术和产品，拥有用户较多并经较长时间考验的设备；可扩展性是指满足将来业务发展的需要，保护投资，满足计算机发展的需要和将来系统升级的需要。

二 建筑施工企业计算机网络管理系统应用范围

项目管理工作涉及的内容很多，因此，要管理好一个项目，最重要的就是要建立一套行之有效的项目控制系统，即管理信息系统。而一套有效的管理信息系统应具有下列的基本特点：

(1)决策信息能很好向下传达，现场信息能够迅速准确的汇总；

(2)迅速的处理大量的信息；

(3)设置分类信息库及在需要时能够随时调用及查询。

从计算机的作用和有效管理信息系统的特点可知，项目管理工作恰好符合有效地应用计算机的所有条件。项目管理的主要工作是控制项目的进度、成本和资源(人力、机械设备、资金、材料等)，其他的工作还包括质量控制、合同管理、信息管理和组织协调等。

三 建筑系列软件运行和使用现状

随着我国改革开放的不断深入、经济的飞速发展，建筑行业有了长足的进步。“十五”期间国家斥巨资加强基础设施建设在每年固定资产投入3.5万亿元基础上，保持8%的增长。这为建筑行业带来了一片商机。但是市场是现实的、竞争是残酷的，各企业为了增强企业自身的总体实力，能更好的参与竞争，多方面下大力气。目前各企业正致力于电子信息技术的建立及应用，想要通过先进的IT技术帮助公司快速发展，为入关后的激烈竞争打下坚实的基础。建筑施工集成软件系统正是一个可以在多方面帮助其实现这一目标的好帮手。

虽然项目管理软件已经发展了数十年，但对广大用户，特别是不常用计算机和不常接触真正的项目管理工作的用户来说，还是比较难学习和使用的，只有真正的项目管理专业人员才能较好地使用。现在，这种状况已开始改变。20世纪90年代至今，随着计算机的普及，市场上也推出了不少通用和专用项目管理软件，其功能和用户界面也在不断发展和改进，使越来越多的用户可以在短时间内学会和应用。可以说，项目管理软件的应用已成为当今项目管理工作的一个主要内容。随着各种项目管理软件的推出和流行，已使得愈来愈多的施工项目管理人员能够运用自如。

建筑系列软件可以做到：

(1)大大缩短工程招投标时间，提高中标机率。

利用专门标书制作系统中成型的模板素材库和专家资料库，可以使其的工作事半功倍，快速的完成规范的、具有企业自身特色的标书及标书附件。可导入其他模块生成的各种资源图表、施工网络计划图、施工平面图及施工现场的临时水电设计计算书等。

(2)大大的缩短预算时间，提高预算精确性，从而提高效益。

图形自动算量和智能钢筋统计软件使以往枯燥、乏味并且工作量极大的算量和抽筋工作变得轻松、便捷；同时减少了手工计算的失误，提高了计算的精确度，能为用户更好的服务。利用同一套建筑结构模型高度自动化精确统计钢筋。计算出的工程量可以自动接入报表软件中。

(3)强大的清单计价功能，顺应市场变化。

工程量清单计价软件是建设部《建设工程工程量清单计价规范》指定配套软件。建设部由 2003 年 7 月份开始实行清单报价，这对我们建筑企业提出了更高的要求。清单软件可直接读取算量软件中的计算数据，轻松、方便的导出工程量清单，使企业在清单计价招投标中更胜一筹。

(4)真正实现四控制、四管理、一提供的项目管理，使您管理更轻松。

项目管理软件是依据项目管理规程研制开发的。软件利用网络计划技术实现项目计划控制，利用赢得值原理实现成本控制，利用《建筑安装质量验评标准》和专家知识库进行质量、安全控制，利用该软件可方便地进行施组设计和现场、合同、信息、生产要素的管理，该软件率先实现了设计、概预算施工一体化，最大限度地实现了信息共享。利用该软件可以大大提高企业的管理水平，增强企业竞争力。

(5)提供了快捷方便的技术资料和工程质量验评电子表格，使企业彻底地摆脱手写方式，竣工资料的填写不再成为烦恼。

(6)基坑支护、模板设计、脚手架设计、混凝土砂浆配合比、冬季施工等方案的书写将会轻松自如。本软件提供了强大计算功能，能形成图文并茂的计算书和自动统计各种材料。软件中大量的施工技术构造图会为技术施工方案增光添彩。

(7)结构计算工具箱能为您提供一个设计环境，对一些小的工程完全可以实现自己设计、施工一条龙。

当前主要的软件有两大类别：即施工系列软件和工程造价系列软件，这些软件的分类和功能介绍如下：

(一)施工系列软件(如表 8-1)

施工系列软件列表　　表 8-1

<table>
<tr><th colspan="3">施工系列软件</th><th>主要功能</th></tr>
<tr><td rowspan="9">施工管理</td><td rowspan="4">投标系列</td><td>标书制作软件</td><td>专门标书制作系统和成型的模板素材库,人员、机械管理系统</td></tr>
<tr><td>进度管理软件</td><td>能够读取概预算软件的数据自动生成带有工程量和资源分配的施工工作,自动生成各种复杂网络模型</td></tr>
<tr><td>施工现场平面图软件</td><td>施工平面图包含施工现场的临时水电设计计算书等计算功能</td></tr>
<tr><td>施组设计方案图库软件</td><td>自动生成各类资源需求曲线等图表和施工日志;能自动生成打印出带有资源的网络进度计划图;系统提供多种优化方案;大型复杂工程可采用国际上流行的“工作包”管理控制模式</td></tr>
<tr><td>管理系列</td><td>项目管理软件</td><td>真正实现四控制、四管理、一提供的项目管理</td></tr>
<tr><td rowspan="3">资料系列</td><td>施工技术资料软件</td><td>快捷方便的施工技术资料电子表格</td></tr>
<tr><td>质量验评资料软件</td><td>快捷方便的工程质量验评电子表格</td></tr>
<tr><td>施工安全资料软件</td><td>快捷方便的施工安全资料电子表格</td></tr>
<tr><td colspan="3"></td></tr>
<tr><td rowspan="7">施工技术</td><td rowspan="4">技术系列</td><td>模板设计软件</td><td>大模板设计,小钢模设计,大竹胶板模板设计的模板计算软件</td></tr>
<tr><td>脚手架设计软件</td><td>脚手架设计安全计算及设计方案模块</td></tr>
<tr><td>施工安全计算软件</td><td>临时用电等项目的计算</td></tr>
<tr><td>结构计算工具箱软件</td><td>简单的结构计算工具箱的设计功能</td></tr>
<tr><td rowspan="2">基础系列</td><td>基坑支护软件</td><td>基坑支护的三维计算</td></tr>
<tr><td>降水计算软件</td><td>降水的三维计算</td></tr>
<tr><td>其他</td><td>冬季施工软件</td><td>混凝土砂浆配合比、冬季施工等方案</td></tr>
</table>

(二)工程造价系列软件

主要有:工程量计算软件、钢筋统计软件、概预算报表软件、工程量清单软件等。

功能有：

(1)可以接设计图形数据(包括PKPM软件和其他CAD软件)自动生成模型；

(2)实现了三维立体编辑；

(3)可以出三维消隐图和进行三维效果图渲染作为标书封面；

(4)实现了自动套取定额子目、自动完成墙厚、板厚换算及层高换算的功能；

(5)实现了外立面的装饰工程量的细部划分计算功能；

(6)实现了自动接结构计算数据生成钢筋的功能；

(7)实现了统计工程量与钢筋计算共用同一模型数据；

(8)钢筋计算采用全图形显示，对话框修改的快速编辑功能；

(9)实现了计算规则与定额库固化同时界面对用户开放的功能；

(10)实现了建筑系列软件的集成系统(包括设计、概预算、施工管理)；

(11)实现了取费的模板化、调价自动化；

(12)软件具有漏项检查功能；

(13)实现了自由组价、自行编制企业定额的功能；

(14)实现了报表的即时编辑、自由设计的功能。

一些软件公司还具备软件的特色定制能力，可根据企业的需求开发相应的软件。

第三节　PKPM管理软件应用

项目管理是施工管理的核心模块，该软件具有很高的集成性，行业上可以和设计系统集成，施工企业内部可以同施工预算、进度等模块数据共享。该软件是以《建设工程施工网络计划管理规范》为依据进行开发的，首先该软件采用网络计划技术实现施工进度计划的编制，软件提供了多种划分施工工序的方法，既可以自动读取建筑工程的预算数据，结合施工企业定额库，生成带工程量和资源的施工工序；也可通过施工工艺模板库生成施工工序，该模板库可由用户修改维护，若有预算数据，生成的工序自动带工程量和资源；还可通过其他类似工程导入生成施工工序。生成各类资源需求量计划、施工作业计划以及质量安全责任目标，其次在项目过程控制方面，软件通过流水作业方案、进度报表、前锋线等手段实施进度的动态跟踪与控制，通过质量测评、预控及通病防治实施质量控制，利用安全知识库辅助实施安全控制。项目经理利用该软件可以大大提高项目的管理水平，增强企业的竞争力。

一 功能及特点

(1)网络计划管理能够实现对项目的进度、质量及安全的控制,同时可对项目进行有效的管理,为施工组织协调提供依据。

(2)网络计划软件采用树型结构的方式对项目进度计划文件进行管理。

(3)提供了多种自动建立施工工序的方法。

(4)根据工程量、工作面和资源计划安排及实施情况自动计算各工序的工期、资源消耗、换算日历时间,找出关键路径。

(5)可同时生成横道图、单代号、双代号网络图和施工日志。

(6)具有多级子网功能,可处理各种复杂工程,有利于工程项目的微观和宏观控制。

(7)具有自动布图,能处理各种搭接网络关系、中断和强制时限。

(8)自动生成各类资源需求曲线等图表具有所见即所得的打印输出功能。

(9)通过前锋线功能动态跟踪与调整实际进度,及时发现偏差并采取调整措施。

(10)对于大型、复杂及进度、计划等都难以控制的工程项目,可采用国际上流行的"工作包"管理控制模式。

(11)利用工艺规范库、技术交底、质量预控专家知识库进行质量保证和对质量的控制。

(12)可编制月度、旬作业计划、技术交底,收集各种现场资料等进行现场管理。

二 操作流程

《网络计划软件》的主要操作步骤可以划分为:建立施工进度(各工序进度)→调整、修改计划→各种图表→进度控制→质量控制→安全控制。

三 系统安装

详见 PKPM 安装说明。

四 横道图

横道图是在带有日期坐标的图表上以一根横线表示施工工序的施工计划图(如图 8-1 所示),从图可见横道图可分为两个部分:左边部分是一个表格,它列出了各工序的一些主要参数,右边部分则是与左边工序对应的工序的图形,其上部是日期坐标,坐标的格式和参数都可以随时进行设置(设置方法请参阅"设置"-"图形参数"有关内容)。

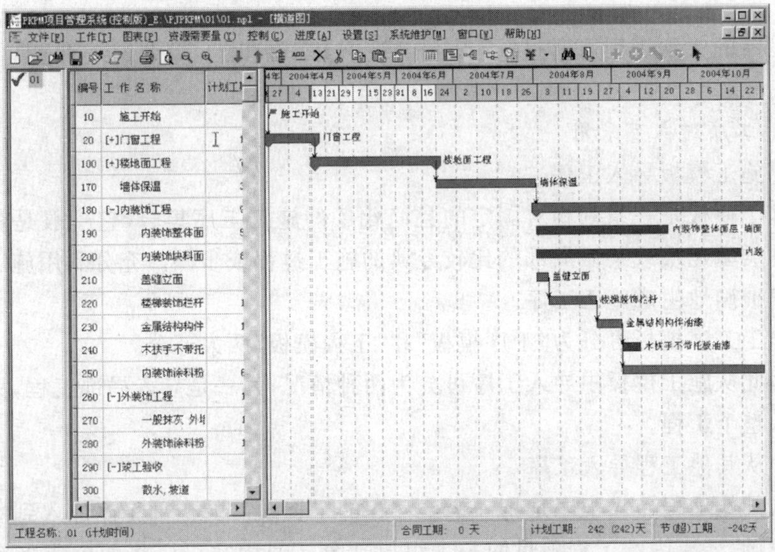

图 8-1 横道图示意

横道图中的图形可以分别设置显示"最早时间"、"最迟时间"、"计划时间"、"实际时间"和"优化时间",系统默认为"计划时间",在显示"计划时间"状态下用户还可设置显示的横道图是否带逻辑关系、是否带自由时差和是否显示进度(前锋线)。

单击工具栏上"放大"、"缩小"按钮(或按下[F7]、[F8]键)可将横道图横向放大缩小。

横道图左右两部分的宽度可以调整:移动光标至左右两部分的交界处,此时光标变成东西方向箭头状 ↔,按住鼠标左键拖动鼠标,左右两部分的分界线随着光标左右移动,移到合适位置时松开鼠标即可。

1. 工序的分类方法

按大纲级别分为三类:一级工序、二级工序和三级工序,一级工序为主工序,二级工序为一级工序的子工序,三级工序为二级工序的子工序。在工序参数表格中不同级别的工序表现为工序名称的缩进长度上:一级工序不缩进,二级工序缩进两个字符,三级工序缩进四个字符。

如果某个工序含有下一级工序,那么在参数表格中其名称项前面会带有一个“[+]”或“[-]”,“[+]”表示其子工序呈收起状态,不可见,“[-]”表示其子工序呈展开状态,可见,可通过单击工序参数表的“编号”项进行展开或收起操作。

工序的大纲级别可通过【上升大纲级别】菜单和【下降大纲级别】菜单进行升降。

2. 工序建立可采用

1)施工模板导入工序

施工模板是一系列相对固定的且简化了的施工工序集合,它一般是各种结构各种类型建筑或某一局部的比较经典的施工过程或步骤。充分利用施工模板可快速准确地生成施工工序。

施工工序模板可分为“工序模板”和“工程模板”两大部分。

因此从施工模板中导入工序可分为两种情况;其一是导入局部工程,另一个是导入整个工程。

2)从其他工程导入工序

从其他工程导入工序是将一个已存在的工程项目的全部工序加入到本工程项目中,使之成为本工程项目的一个组成部分。使用它可以将两个或多个工程项目合并为一个综合性的大工程项目。

3. 增加

使用此功能可为当前工程项目中增加一条工作记录。操作方法如下:

4. 删除

使用此功能可将一个或多个施工工作从当前工程中删除。

5. 复制

①选择要复制的工作(方法同“删除”);

②单击【工作】→【复制】菜单(或按[CTRL]+[C]键);将当前工作及工作信息复制到剪切工作集合中。

6. 剪切

①选择要拷贝的工序(方法同“删除”);

②单击【工作】→【剪切】菜单;可将当前工序及工序信息剪切到剪切工序集合中。

7. 粘贴

将复制(或剪切)下来存放在另一个工作集合的工作粘贴到当前工作中。

8. 合并

将两个或多个工作合并为一个工作。

被合并的工作应满足：

1)必须是同一大纲级别，如果是子工作还必须是同一父工作的子工作；

2)工作面必须相同，工程量有加累加性。

9. 降低大纲级别

降低大纲级别即是将当前工作的大纲级别下降一级，使之成为子工作。

一般而言当降低当前工序的大纲级别时，都会自动生成一个摘要工作，作为这些降低级别工序的父工序。但是，如果待降工序的兄工序有子序，也可将待降工序降低为其兄的子工序，此时会弹出一个对话框，询问是否将待降工序降低为其兄的子工序？用户可作出不同的选择。

10. 上升大纲级别

上升大纲级别即是将子工作上升同其父工作同级的工作。是降低大纲级别的逆操作。

11. 参数查阅修改

每个工作都有很多参数，这些参数决定(或影响)着这个工作的持续时间及性质。因此合理地设置工作参数显得相当重要。

12. 组织流水施工

流水施工是组织施工的有效方法。本系统也具有“组织流水施工”功能：

1)选择要流水的工作(施工过程)进行流水

2)确定工作可以流水的施工层

3)划分施工段及输入流水参数

4)计算流水子网工期

13. 子网浏览

子网浏览：可将一个子网从整个网络中单独提出来进行浏览编辑。

14. 划分施工层

将一个或多个工序按施工层进行分解，生成新的施工工序。

15. 搭接关系

如果紧前工作与紧后工作间已存在有搭接关系，则弹出的搭接关系窗口中“删除”按钮呈有效状态(如图8-2所示)，因此不仅可利用上述操作对其搭接关系进行修改，而且可以单击“删除”按钮将删除该搭接关系。

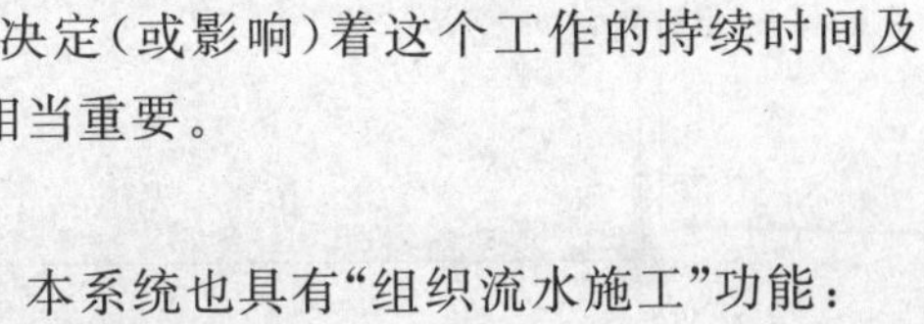

图 8-2 建立搭接关系提示

16. 调整计划持续时间

当光标移到想要的适当位置时，松开鼠标，此时图形长度所发映的持续时间即是当前的计划持续时间(如图 8-3 所示)。

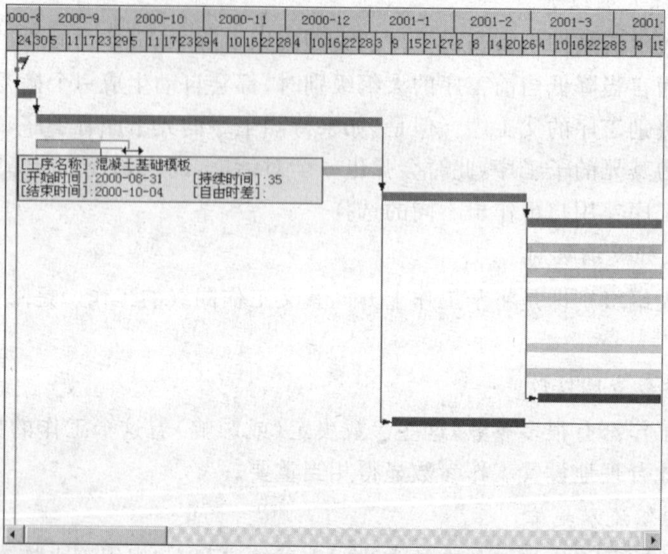

图 8-3 计划持续时间调整示意

17. 调整强制时间

按下鼠标左键，并水平拖动鼠标(如图 8-4 所示)，此时窗口上会出现一个黄色的信息框，提示用户所拖动的工序在目录位置的开始时间和结束时间。

18. 调整横道图时间标尺

有三种方法可以调整时间标尺：

1)放大缩小按钮；

2)在时间标尺上按住鼠标拖动放大缩小；

3)在时间标尺上单击鼠标右键，弹出菜单。

19. 带资源图的横道图

在横道图上单击鼠标右键弹出菜单，选择【浏览资源】菜单。如果看不到资源，就按[F5]刷新(如图 8-5 所示)。

20. 存图及打印(预览)

当施工计划横道图调整(设置)好后，可以将横道图另存为其它格式的图形文件或将其打印出来。

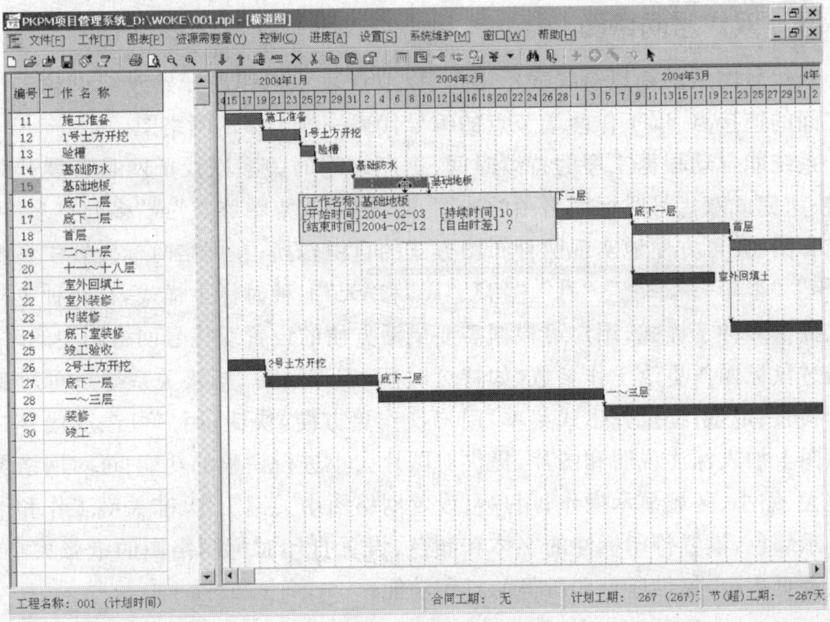

图 8-4 强制时间调整示意

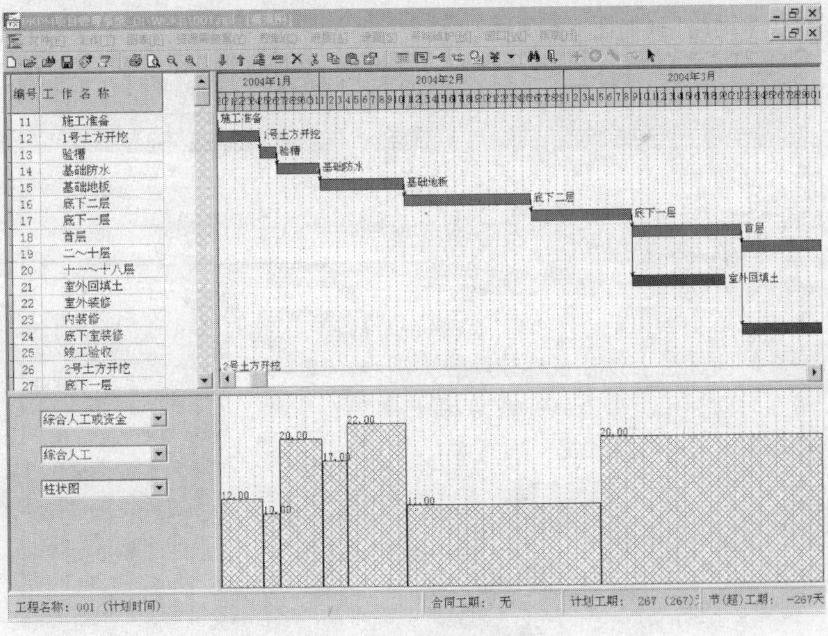

图 8-5 带资源图的横道图

五 双代号网络图

双代号网络图是以箭线表示工作、以节点表示工作的开始或结束状态及工作之间的连接点、以工作两端节点的编号代表一项工作的网络图。

系统能自动根据工序的持续时间、工序之间的关系以及子网是否展开等情况，快速完成双代号时标网络图的布图；可按"单起点单终点"或"多起点多终点"方式布图，并可方便地实现两种布图方式的自由转换；在网络时标设置中系统提供"年"、"半年"、"季度"、"月"、"旬"、"周"和"天"七种时标主样式，在每种主样式中又提供多种子样式，用户可根据需要灵活方便的设置双代号网络图中的时标；可通过鼠标操作更改工作参数(如持续时间、工作资源、搭接关系等)；可对工作进行检索、定位；提供弹出式菜单，用户操作更方便，快捷；用户可在双代号时标网络图上加入标注说明和图片，提供对图片大小进行调整的功能；可对网络图进入放大、缩小、区域显示操作；用户可设置网络图中关键工作、非关键工作和子网的显示颜色，设置打印标注的字体和颜色；设置打印时标网络图的纸张大小，页数以及页边距，提供所见即所得的打印功能；

1. 进入双代号网络图

单击菜单【图表】→【双代号网络图】(或单击工具条[双代号网络图]按钮)，打开双代号网络图(如图 8-6 所示)。

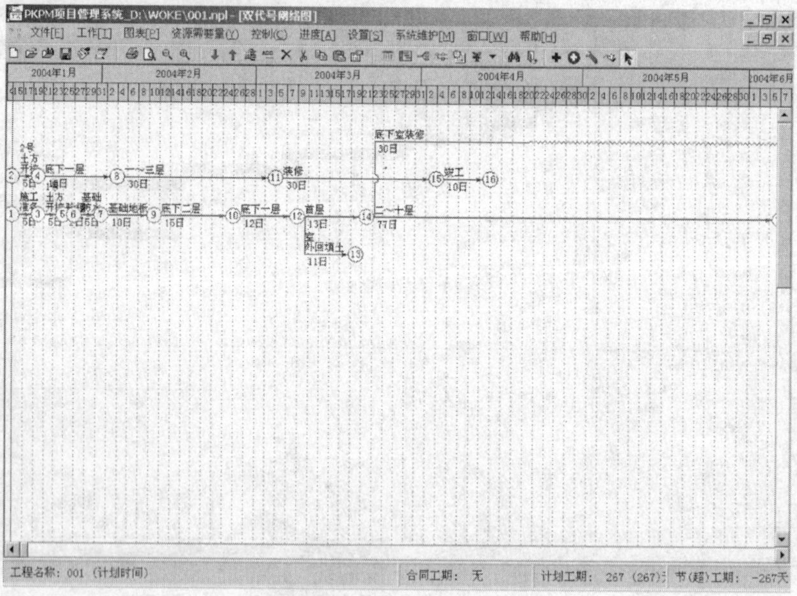

图 8-6 双代号网络图

2. 双代号网络图的图形操作

1)改变工作、结点和关系线的垂直位置

在双代号网络图中可以调整工作、结点和关系线的上下位置。先用窗口方式(在第一点按住鼠标左键,移动到第二点松开)选择元素,然后将鼠标移至已经被选择的任意工序、结点或关系线上,当鼠标变成上下尺寸线↕时单击鼠标左键不放,上下拖动鼠标(鼠标左键不能松开,保持按下状态),这时随着鼠标的拖动,将出现一阴影线,将阴影线移至目标位置,松开鼠标左键,即可改变所有被选择工序、结点或关系线的位置(如图 8-7)。

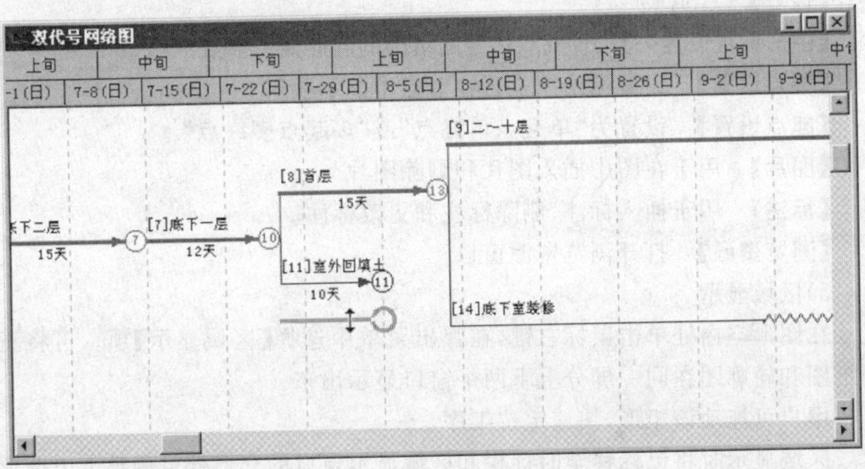

图 8-7　双代号网络图调整示意

2)调整工作

当鼠标位于工序上方变为上下尺寸线↕时双击鼠标左键(短时间单击鼠标两次)将弹出工序信息窗口,您可在窗口中查看和更改的工作的名称、持续时间、开工时间等参数。具体请参考第五章。

3)放大缩小显示图形

使用工具条中的[放大]、[缩小]按钮来放大缩小显示图形。

4)弹出菜单简介

在图形空白处单击鼠标右键将弹出下图所示的弹出菜单。用鼠标选择,单击鼠标左键,则系统执行相应操作(如图 8-8)。

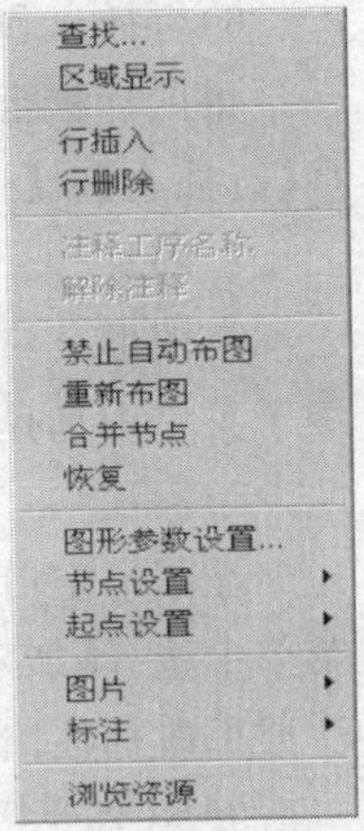

图 8-8　弹出菜单

【查找…】　用于快速查找工序

【区域显示】 启用区域显示功能

【行插入】 在鼠标所处行下加入一行

【行删除】 删除鼠标所处行

【注释工序名称】 在当前工序上加上注释

【解除注释】 解除工序名称注释

【禁止自动布图】 禁止自动布图开关

【重新布图】 重新布置双代号图

【合并节点】 “单起点单终点”时,合并终点

【恢复】 UNDO

【图形参数设置…】 设置双代号网络图的图形显示参数

【节点设置】 设置网络图是否在节点中显示数字

【起点设置】 设置为“单起点单终点”或“多起点多终点”

【图片】 用于在图中插入图片和删除图片

【标注】 用于插入标注、删除标注和更改标注

【浏览资源】 打开浏览资源窗口

5)区域显示

在图形空白处单击鼠标右键,在弹出菜单中选择【区域显示】项。可将正常网络图和轮廓图在同一屏分上下两个窗口显示出来。

用户可拖动该矩形,快速定位工序。

区域显示时将鼠标移至时标栏和区域显示窗口的交界处可调整上下两窗口的大小。

6)行插入和删除

将鼠标移至用户要插入和删除行的空白处,单击鼠标右键,在弹出菜单中选择【行插入】或【行删除】项后,即可在鼠标处插入或删除一个空行。

7)图片

在图形空白处单击鼠标右键,将鼠标指向弹出菜单中的【图片】在弹出的下级子菜单中选择【加入图片】或【删除图片】。

8)标注

在图形空白处单击鼠标右键,在弹出式菜单中选择【标注】在弹出的下级子菜单中选择【加入标注】、【删除标注】或【更改标注】可在双代号图中加入,删除标注或更改标注。

3. 双代号网络图的图形设置

1)节点设置

在图形空白处单击鼠标右键，在弹出菜单中选择【节点设置】项，弹出下级子菜单选择【节点显示数字】或【节点不显示数字】即可设置节点是否显示数字（如图 8-9）。

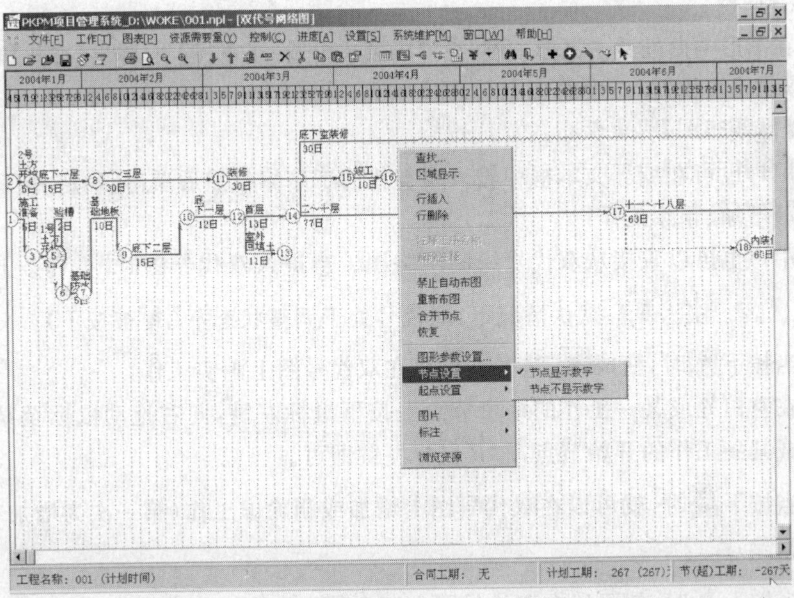

图 8-9　双代号网络图节点设置

- 【节点显示数字】
- 【节点不显示数字】

2)起点设置

在图形空白处单击鼠标右键，在弹出菜单中选择【起点设置】项，在弹出的下级子菜单中选择【单起单终】和【多起多终】两种状态。

3)双代号网络图的其他参数设置

在图形空白处单击鼠标右键，在弹出菜单中选择【图形参数设置】项后弹出【页面设置窗口】在窗口中有六个页框分别为【时间刻度】、【双代号】、【文字样式】、【打印设置】、【页边距及页数】、【图形样式】，用户可选择设置相应的参数。

4)页边距及页数

设置打印时上、下、左、右页边距以及分页打印时横向和纵向的页数。横向和纵向页数设置会对打印时的时间单位产生影响，随着横向页数的增加每日的单位长度随之加长（利用这一特性，用户可更改打印时时标的长度）。

5)图形样式

该页面可设置关键工序，非关键工序，完成工作量等项目的显示颜色及样式。

6)查找

在图形空白处单击鼠标右键，在弹出菜单中选择【查找】项，弹出【查找】窗口。

双击【查找】窗口中的工序名，在网络图中会自动定位至该工序，系统将给工作加粗显示。

用户也可在编号文本框中输入要查找的工序编号然后单击[确定]按钮。

7)增加、删除工作

用户也可以直接从双代号绘制网络图。当进入双代号图时，工具条上多了按钮，默认情况下，双代号处于调整状态下(被按下)。

当按下时，变成，这时就可以在双代号图上画实工作：

在空白处或某一工作的结束节点上按下鼠标左键，向右拖动鼠标至某一空白处或某一工作的开始节点，放开鼠标左键即可。

当按下时，就可以在双代号图上增加或删除虚工作(第一次为增加，第二次为删除)；

当按下时，就可以在双代号图上双击某一个实工作来删除该工作；

当按下时，就可以在双代号图上拖动工作名称，移动位置；

8)自动布图

用户在图形空白处单击鼠标右键，在弹出菜单中选择【自动布图】项，系统将自动根据逻辑关系完成布图操作。

9)带资源的双代号图

横道图上带资源时，在双代号上单击鼠标右键弹出菜单，选择“浏览资源”将显示相同资源。

10)打印及打印预览

在双代号网络图编辑完成后，单击工具条上的[打印]按钮，可直接打印双代号网络图。用户也可单击工具条上的[打印预览]按钮，系统进入[打印预览]窗口。

另外 PKPM 此款软件还有下列功能：

(1)绘制单代号网络图

(2)绘制资源图

(3)绘制需求计划图

(4)协助进行进度控制

(5)协助进行成本控制

(6)协助进行质量保证和控制

本章小结

现在是信息时代,项目管理的成败某种程度上取决于获得信息的多少,计算机能帮助我们获得和处理大量的信息,帮助我们科学的利用信息。现在,各种管理、技术软件的大量出现极大的提高了项目管理的质量和效率。本章主要介绍了计算机及软件应用的现状,结合具体的软件讲解了如何用计算机绘制横道图、网络图。

复习思考题

8-1　建筑系列软件作用?

8-2　当前主要软件的分类和功能?

8-3　应用 PKPM 管理软件绘制第四章住宅楼双代号网络图?

参考文献

[1] 周国恩.建筑施工组织与管理.第一版.北京:高等教育出版社,2002.
[2] 全国一级建造师执业资格考试用书编写委员会.建设工程项目管理.第一版.北京:中国建筑工业出版社,2004.
[3] 赵仲琪.建筑施工组织.第一版.北京:冶金工业出版社,1993.
[4] 全国建筑施工企业项目经理培训教材编写委员会.施工组织设计与进度管理.第一版.北京:中国建筑工业出版社,1995.
[5] 全国建筑施工企业项目经理培训教材编写委员会.施工项目成本管理.第一版.北京:中国建筑工业出版社,1995.
[6] 全国建筑施工企业项目经理培训教材编写委员会.施工项目质量与安全管理.第一版.北京:中国建筑工业出版社,1995.
[7] 全国建筑施工企业项目经理培训教材编写委员会.施工项目技术知识.第一版.北京:中国建筑工业出版社,1995.
[8] 山东省建筑工程管理局.工程项目施工管理.
[9] GB/T 50326—2001 建设工程项目管理规范,2002.
[10] 黄展东.建筑施工组织与管理.第三版.北京:中国环境科学出版社,2002.
[11] 徐家铮.建筑施工组织与管理.中国建筑工业出版社,2003.
[12] 毛小玲.建筑施工组织.武汉理工大学出版社,2003.